黄河下游引黄闸改建工程
监理实施细则

刘瑞伟　张　生　主编

黄河水利出版社
·郑州·

内 容 提 要

本书主要是针对黄河下游引黄闸改建工程施工项目内容,依据《水利工程施工监理规范》(SL 288—2014)和《水闸施工规范》(SL 27—2014)等相关技术规范、规程,由山东龙信达咨询监理有限公司编制完成,全书共分为5篇22章。本书根据黄河下游引黄闸改建工程项目涉及的施工内容,对下游各引黄闸改建施工项目的重难点进行了分析,并提出了监理对策。对各专业工作、专项工程编写了监理依据、监理工作内容、控制要点、技术要求、质量检验标准、工程验收质量评定等工作程序,依据《水利工程施工监理规范》(SL 288—2014)提供了相关施工监理用表等事项。

本书可作为从事黄河下游引黄闸改建工程施工的监理人员及其他参建单位人员工作的依据,同时也可作为从事水利工程建筑施工人员的业务技术指导用书。

图书在版编目(CIP)数据

黄河下游引黄闸改建工程监理实施细则/刘瑞伟,张生主编. —郑州:黄河水利出版社,2022.8
ISBN 978-7-5509-3362-0

Ⅰ.①黄…　Ⅱ.①刘…　②张…　Ⅲ.①黄河-下游-水闸-改建-施工监理　Ⅳ.①TV882.1

中国版本图书馆 CIP 数据核字(2022)第 157405 号

出　版　社:黄河水利出版社　　　　　　　　　　网址:www.yrcp.com
　　　　　地址:河南省郑州市顺河路黄委会综合楼14层　　邮政编码:450003
发行单位:黄河水利出版社
　　　　　发行部电话:0371-66026940、66020550、66028024、66022620(传真)
　　　　　E-mail:hhslcbs@126.com
承印单位:广东虎彩云印刷有限公司
开本:787 mm×1 092 mm　1/16
印张:26.25　　　　　　　　　　　　　　印数:1—1 000
字数:606 千字
版次:2022 年 8 月第 1 版　　　　　　　　印次:2022 年 8 月第 1 次印刷

定价:130.00 元

《黄河下游引黄闸改建工程监理实施细则》

编 委 会

主　　编　　刘瑞伟　张　生

副主编　　常宏伟　杨　栋　张书龙

　　　　　　林　慧　吴浩文　修林发

　　　　　　王德利　孟晓祎　王　晔

　　　　　　杨　鹏　陈茂军　张　昭

前 言

黄河下游干流共有黄委直属引黄涵闸（即引黄闸）111座，其中河南段47座、山东段64座。本期黄河下游引黄闸改建共涉及40座，其中河南黄河河务局18座、山东黄河河务局22座，涵闸改建采用拆除重建方式。涵闸重建主要包括闸前渐变段、混凝土或浆砌石挡墙、节制闸、穿堤涵洞、出口渐变段、消力池、海漫、护坡；上下游与原渠道平顺连接；节制闸包括检修闸、工作闸和控制室。

为做好黄河下游引黄闸改建施工监理工作，山东龙信达咨询监理有限公司结合多年水闸工程施工监理工作实践的经验，组织相关专家，从2021年12月开始着手，依据《水利工程施工监理规范》（SL 288—2014）、《水闸施工规范》（SL 27—2014）等相关技术标准规范要求，在参考兄弟监理单位监理实施细则相关资料的基础上完成了本书的编写工作。

本书的编写结合了黄河下游引黄闸改建工程相关项目的施工方法和专业特点，突出了监理工作"四控、三管、一协调"的工作内容，阐述了黄河下游引黄闸改建工程专业工作的监理工作特点、工作内容、工作范围、技术要求和工作程序等，编写成了相对完整的监理实施细则，具有较强的针对性、可行性和可操作性。特别是针对专项工程，明确了相应的监理依据、监理工作内容、控制要点、技术要求、质量检验标准、质量评定等工作程序，有助于提高监理人员的专业技术水平，以保证监理工作的规范、高效、有抓手，便于监理人员有针对性地开展现场监理工作。

根据《水利工程建设监理单位安全生产标准化评审规程》（T/CWEC 18—2020）督促现场落实安全生产、文明施工及防扬尘污染措施要求，本书还明确了安全生产和文明施工的工作特点、工作内容、目标要求及控制要点。

工程建设监理工作是一项专业性较强的服务职业，监理工作服务质量的高低、业务知识掌握的熟练程度，项目建设的规范化、标准化推进以及技术创新等关系到工程项目建设的成败。为实现监理工作的规范化、标准化管理，同时，不断推进新技术、新工艺、新材料的运用，特编写《黄河下游引黄闸改建工程监理实施细则》予以应用。

通过编写监理实施细则的各项具体内容，提高了监理工作的服务质量，有利于适应黄河下游引黄闸改建工程监理工作的新要求，可供工程建设各参建单位人员参考。

本书在编写过程中，得到了山东黄河河务局副局长谢军、副局长崔存勇两位领导的指导和支持，在此一并表示感谢！

由于编者水平有限，书中难免有不足之处，敬请各位同仁在使用过程中给予批评指正。

编　者

2022年5月

目 录

第五篇 安全生产、文明施工监理实施细则

第一篇　监理概论

第一章　监理实施细则编写及主要内容

第一节　监理实施细则编写要点

（1）监理实施细则应在专项工程或专业工程施工前，由项目和专业监理工程师编制完成，相关各监理人员参与，并经总监理工程师批准。

（2）监理实施细则应符合监理规划的基本要求，充分体现工程特点和合同约定的要求，结合工程项目的施工方法和专业特点，具有明显的针对性。

（3）监理实施细则要体现工程总体目标的实施和有效控制，明确控制措施和方法，具备可行性和可操作性。

（4）监理实施细则应突出监理工作的预控性，要充分考虑可能发生的各种情况，针对不同情况制定相应的对策和措施，突出监理工作的事前审批、事中监督和事后检验。

（5）监理实施细则可根据实际情况按进度、分阶段进行编制，但应注意前后的连续性、一致性。

（6）总监理工程师在审核时，应注意各个监理实施细则间的衔接与配套，以组成系统、完整的监理实施细则体系。

（7）在监理实施细则条文中，应具体写明引用的规程、规范、标准及设计文件的名称、文号，文中涉及采用的报告、报表时，应写明报告、报表采用的格式。

（8）在监理工作实施过程中，监理实施细则应根据实际情况进行补充、修改和完善。

（9）监理实施细则的主要内容及条款可随工程不同而有所调整。

第二节　监理实施细则的主要内容

一、总则

（1）编制依据。

①包括施工合同文件、设计文件与图纸、监理规划、经监理机构批准的施工组织设计及技术措施、作业指导书。

②由生产厂家提供的有关材料、构配件和工程设备的使用技术说明，工程设备的安装调试、检验等技术资料。

（2）适用范围：写明该监理实施细则适用的项目或专业。

（3）负责该项目或专业工程的监理人员及职责分工。

（4）适用工程范围内使用的全部技术标准、规程、规范的名称、文号。

（5）发包人为该项工程开工和正常进展应提供的必要条件。

二、开工审批内容和程序

开工审批内容和程序包括单位工程、分部工程开工审批程序和申请内容,混凝土浇筑开仓审批程序和申请内容。

三、质量控制的内容、措施和方法

(1)质量控制标准与方法。根据技术标准、设计要求、合同约定等,具体明确工程质量的质量标准、检验内容及质量控制的措施,明确质量控制点及旁站监理方案。

(2)材料、构配件和工程设备质量控制。具体明确材料、构配件和工程设备的运输、储存管理要求,报验、签认程序,检查内容与标准。

(3)工程质量检测试验。根据工程施工实际需要,明确对承包人检测实验室配置与管理的要求,对检测试验的工作条件、技术条件、试验仪器设备、人员岗位资格与素质、工作程序与制度等方面的要求;明确监理机构检验的抽样方法或控制点的设置、试验方法、结果分析以及试验报告管理。

(4)施工过程质量控制。明确施工过程质量控制要点、方法和程序。

(5)工程质量评定程序。根据规范、规程、标准、设计要求等,具体明确质量评定内容与标准,并写明引用文件的名称与章节。

(6)质量缺陷和质量事故处理程序。

四、进度控制的内容、措施和方法

(1)进度目标控制体系。该项工程的开工、完工时间,阶段目标或里程碑时间,关键节点时间。

(2)进度计划的表达方法。

(3)施工进度计划的申报。明确进度计划(包括总进度计划、单位工程进度计划、分部工程进度计划、年度计划、月计划等)的申报时间、内容、形式、份数等。

(4)施工进度计划的审批。明确进度计划审批的职责分工、要点、时间等。

(5)施工进度的过程控制。明确施工进度监督与检查的职责分工;拟订检查内容(包括形象进度、劳动效率、资源、环境因素等);明确进度偏差分析与预测的方法和手段(如采用的图表、计算机软件等);制定进度报告、进度计划修正与赶工措施的审批程序。

(6)停工与复工。明确停工与复工的程序。

(7)工期索赔。明确控制工期索赔的措施与方法。

五、投资控制的内容、措施和方法

(1)投资目标控制体系。包括投资控制的措施和方法,各年的投资使用计划。

(2)计量与支付。计量与支付的依据、范围和方法;计量申请与付款申请的内容及应提供的资料;计量与支付的申报、审批程序。

(3)实际投资额的统计与分析。

(4)控制费用索赔的措施和方法。

六、施工安全与环境保护控制的内容、措施和方法

(1)监理机构内部的施工安全控制体系。
(2)承包人应建立的施工安全保证体系。
(3)工程不安全因素分析与预控措施。
(4)环境保护的内容与措施。

七、合同管理主要内容

(一)工程变更管理
明确变更处理的监理工作内容与程序。
(二)索赔管理
明确索赔处理的监理工作内容与程序。
(三)违约管理
明确合同违约管理的监理工作内容与程序。
(四)工程担保
明确工程担保管理的监理工作内容。
(五)工程保险
明确工程保险管理的监理工作内容。
(六)工程分包
明确工程分包管理的监理工作内容与程序。
(七)争议的解决
明确合同双方争议的调解原则、方法与程序。
(八)清场与撤离
明确承包人清场与撤离的监理工作内容。

八、信息管理

(1)信息管理体系。包括设置管理人员及职责,制定文档资料管理制度。
(2)编制监理文件格式、目录。制定监理文件分类方法与文件传递程序。
(3)通知和联络。明确监理机构与发包人、承包人之间通知和联络的方式。
(4)监理日志。制定监理人员填写监理日志制度,拟订监理日志格式、内容和管理办法。
(5)监理报告。明确监理月报、监理工作报告和监理专题报告的内容和提交时间、程序。
(6)会议纪要。明确会议纪要的记录要点和发放程序。
(7)工程验收与移交程序和内容:
①明确分部工程验收程序与监理工作内容。
②明确阶段验收程序与监理工作内容。

③明确单位工程验收程序与监理工作内容。

④明确合同项目完工验收程序与监理工作内容。

⑤明确工程移交程序与监理工作内容。

（8）其他根据项目或专业应包括的内容。

第二章　监理职责及目标

第一节　监理机构职责

监理机构应在监理合同授权范围内行使职权,发包人不得擅自做出有悖于监理机构合同授权的决定、指示和通知。

一、监理机构的基本职责与权限

监理机构的基本职责与权限应包括下列各项:

(1)审查承包人拟选择的分包项目和分包人,报发包人审批。

(2)核查并签发施工图纸。

(3)审批、审核或确认承包人提交的各类文件。

(4)签发指示、通知、批复等监理文件。

(5)监督、检查现场施工安全,发现安全隐患及时要求承包人整改或暂停施工。

(6)监督、检查文明施工情况。

(7)监督、检查施工进度。

(8)核验承包人申报的原材料、中间产品的质量,复核工程施工质量。

(9)参与或组织工程设备的交货验收。

(10)审核工程计量,签发各类付款证书。

(11)审批施工质量缺陷处理措施计划,监督、检查施工质量缺陷的处理情况,组织施工质量缺陷备案表的填写。

(12)处置施工中影响工程质量和安全的紧急情况。

(13)处理变更、索赔和违约等合同事宜。

(14)依据有关规定参与工程质量评定,主持或参与工程验收。

(15)主持施工合同履行中发包人和承包人之间的协调工作。

(16)监理合同约定的其他职责与权限。

二、监理人员职责

(一)总监理工程师职责

(1)在公司领导下,监理部内部实行总监理工程师负责制。总监理工程师全面负责本工程各阶段的建设监理工作;督促、检查和指导质量控制部门工作,协调发包人与承包人的现场矛盾,及时了解现场出现的重大问题。确定监理机构部门职责及监理人员的职责权限;协调监理机构内部工作;负责监理机构中监理人员的工作考核,调换不称职的监理人员;根据工程建设进展情况,调整监理人员。

(2)受发包人的委托,在公司授权下,总监按照监理合同中的规定对业主和承包人签订的工程建设合同进行综合性管理,全面掌握工程进度情况、质量情况、投资完成情况、工程建设合同执行情况等,处理与承包人有关的工程进度、提供技术措施、提供设计图纸、施工质量管理、进场设备及材料检查、合同变更与争端、支付审核、工程验收签证等具体业务,履行监理合同中所规定的总监理工程师的职责。

(3)协助发包人进行工程的施工招标及合同签订工作,以及协助业主进行设备采购招标与发包工作。

(4)主持编制监理规划,制定监理机构工作制度,审批监理实施细则。

(5)主持第一次监理工地会议,主持或授权监理工程师主持监理例会和监理专题会议。根据工程施工情况,发布开工、停工、复工指令。

(6)组织研究有关设计变更、索赔和合同纠纷,对合同纠纷进行处理。

(7)签署工程变更(包括工程项目、工程单价)等有关文件,签署监理工程师发出的各种通知、函件及其他文件。

(8)主持周进度会议和协调会议,签发会议纪要给与会者。参加业主、承包人等各方参加的有关工程的重要会议。

(9)配合业主聘请的咨询专家工作,结合工程情况提出咨询课题,研究采纳专家的合理建议,及时书面报告业主。

(10)及时解决施工中出现的重大工程问题,并书面报告给业主。总监理工程师具有最终解释合同条款中技术规范的权力。

(11)批准承包人提交的施工方案、施工总布置和总进度计划;审查承包人提出的材料和设备清单及其所列的规格和质量,以及承包人执行工程承包合同和工程技术标准情况。

(12)审定向业主提交的月、季、年等定期报告,报告内容将格式化,主要内容包括施工形象进度、工程质量及存在问题、工程计量及支付状况、合同重大变更及索赔情况、咨询专家重大建议、合同管理中存在的主要问题及建议等。

(13)协助业主与设计单位关于供图协议进行商定和签订。

(14)主持审核承包人报送的月付款申请表,签发月进度付款凭证;检查工程进度和施工质量,验收分部分项工程,签署工程付款凭证。

(15)组织设计单位和承包人进行工程竣工初步验收,向有关部门提出竣工验收申请报告;审批承包人编制的竣工资料和竣工报告,组织监理部各部门人员编写监理总结;组织"竣工检验"并向业主提交"最终报表"和"结算单",签署工程竣工最终验收证书,办理工程移交。

(16)组织并指导监理工程师的内、外业工作,主持监理部内部每半月召开一次的例会,交流监理工作情况,统一思想。

(17)组织并指导内业及资料管理人员进行工程资料档案管理,最后办理向业主移交手续。

(18)协调和检查现场各级监理人员的工作,经常向公司汇报现场监理情况,取得公司的理解和支持。

（19）责成项目部内部负责人及有关人员定期与业主和有关部门就重要问题交换意见，沟通情况，以求得相互理解和支持。

（20）涉及合同执行中出现的变更和索赔问题，均慎重研究后以书面报告形式提交业主，得到批准后予以执行。

（21）总监理工程师不在现场期间，现场监理工作由指定的监理人员全权负责。

（22）总监理工程师可书面授权副总监理工程师或监理工程师履行其部分职责，但是下列工作除外：

①主持编制监理规划，审批监理实施细则。

②主持审查承包人提出的分包项目和分包人。

③审批承包人提交的合同工程开工申请、施工组织设计、施工总进度计划、年施工进度计划、专项施工进度计划、资金流计划。

④审批承包人按有关安全规定和合同要求提交的专项施工方案、度汛方案和灾害应急预案。

⑤签发施工图纸。

⑥主持第一次监理工地会议，签发合同工程开工通知、暂停施工指示和复工通知。

⑦签发各类付款证书。

⑧签发变更、索赔和违约有关文件。

⑨签署工程项目施工质量等级评定意见。

⑩要求承包人撤换不称职或不宜在本工程工作的现场施工人员或技术人员、管理人员。

⑪签发监理月报、监理专题报告和监理工作报告。

⑫参加合同工程完工验收、阶段验收和竣工验收。

（二）监理工程师职责

监理工程师应按照总监理工程师所授予的职责权限开展监理工作，是所执行监理工作的直接责任人，并对总监理工程师负责。其主要职责应包括下列各项：

（1）参与编制监理规划，编制监理实施细则。

（2）预审承包人提出的分包项目和分包人。

（3）预审承包人提交的合同工程开工申请、施工组织设计、施工总进度计划、年施工进度计划、专项施工进度计划、资金流计划。

（4）预审承包人按有关安全规定和合同要求提交的专项施工方案、度汛方案和灾害应急预案。

（5）根据总监理工程师的安排核查施工图纸。

（6）审批分部工程或分部工程部分工作的开工申请报告、施工措施计划、施工质量缺陷处理措施计划。

（7）审批承包人编制的施工控制网和原始地形的施测方案；复核承包人的施工放样成果；审批承包人提交的施工工艺试验方案、专项检测试验方案，并确认试验成果。

（8）协助总监理工程师协调参建各方之间的工作关系；按照职责权限处理施工现场发生的有关问题，签发一般监理指示和通知。

（9）核查承包人报验的进场原材料、中间产品的质量证明文件；核验原材料和中间产品的质量；复核工程施工质量；参与或组织工程设备的交货验收。

（10）检查、监督工程现场的施工安全和文明施工措施的落实情况，指示承包人纠正违规行为；情节严重时，向总监理工程师报告。

（11）复核已完成工程量报表。

（12）核查付款申请报表。

（13）提出变更、索赔及质量和安全事故处理等方面的初步意见。

（14）按照职责权限参与工程的质量评定工作和验收工作。

（15）收集、汇总、整理监理资料，参与编写监理月报，核签或填写监理日志。

（16）施工中发生重大问题和遇到紧急情况时，及时向总监理工程师报告、请示。

（17）指导、检查监理员的工作，必要时可向总监理工程师建议调换监理员。

（18）完成总监理工程师授权的其他工作。

（三）监理员职责

监理员应按照职责权限开展监理工作，其主要职责应包括下列各项：

（1）核实进场原材料和中间产品报验单并进行外观检查，核实施工测量成果报告。

（2）检查承包人用于工程建设的原材料、中间产品和工程设备等的使用情况，并填写现场记录。

（3）检查、确认承包人单元工程（工序）施工准备情况。

（4）检查并记录现场施工程序、施工工艺等实施过程情况，发现施工不规范行为和质量隐患，及时指示承包人改正，并向监理工程师或总监理工程师报告。

（5）对所监理的施工现场进行定期或不定期的巡视检查，依据监理实施细则实施旁站监理和跟踪检测。

（6）协助监理工程师预审分部工程或分部工程部分工作的开工申请报告、施工措施计划、施工质量缺陷处理措施计划。

（7）核实工程计量结果，检查和统计计日工情况。

（8）检查、监督工程现场的施工安全和文明施工措施的落实情况，发现异常情况及时指示承包人纠正违规行为，并向监理工程师或总监理工程师报告。

（9）检查承包人的施工日志和现场实验室记录。

（10）核实承包人质量评定的相关原始记录。

（11）填写监理日志，依据总监理工程师或监理工程师授权填写监理日志。

第二节　监理工作的指导思想

为完成建设监理工作，组建工程项目监理部。严格遵照国家及地方的有关法律、法规、规范、标准，公司的有关规章制度和监理合同，维护社会利益，做到既对发包人负责，又对国家和社会负责。

本着"廉洁、守法、公正、诚信"的原则，以重合同、守信用、质量第一、信誉至上的经营宗旨，精益求精。以改革创新、与时俱进的姿态，抓住机遇、加快发展，为发包人提供优质高效的服务。

　　牢固树立"安全责任重于泰山、质量责任重于泰山、廉政责任重于泰山"的思想意识，强化责任，完善制度，规范管理，严把工程质量关，确保工程质量。对承包人严格要求，热情服务，公正行使权力，达到降低工程造价、提高工程质量、保证施工工期的目的。

一、监理工作指导思想实施的前提

　　坚持以合同为依据，以国家和地方法律、法规、规范、规程为准绳，秉持"严格监理、热情服务、秉公办事、一丝不苟"的原则，谨慎而勤奋地履行监理服务。

　　坚持科学态度和实事求是原则，独立自主地开展工作，不为任何外来干扰而影响正常监理业务。不在施工、材料生产供应单位兼职，不为所监理项目指定施工队伍、工程材料、构配件和施工方法，不收受被监理单位任何礼金。不泄露所监理工程的各方认为需要保密的事项。确保安全、质量、工期和造价目标的实现。

　　坚持以主动控制、事前控制为主，积极主动，密切配合工程各方工作。在造价控制上认真严格，针对本工程采取有效措施，努力协助建设单位降低投资。在合同管理上尊重建设单位，树立为建设单位服务的观念。代表建设单位的利益，从工程项目的目标控制出发，对项目施工不同阶段的全过程采取不同的服务方式，进行项目建设过程的有效管理，采取经济、技术、组织、合同手段，认真、勤奋地工作。从项目组织和管理的角度采取措施，对项目进行主动管理和动态控制。协助建设单位实现施工合同预定的投资目标、进度目标和质量目标。

　　总而言之，监理工作的指导思想就是以工程项目为目标，建立健全组织管理机构、完善管理制度和规范监理工作程序，按照合同文件，从组织与管理角度，采取合同措施、技术措施、组织措施和经济措施，对工程项目进行全面的监督和管理。在工作中，本着"质量为本，安全第一"，实事求是，创建优质工程，使建设单位认可、社会满意的原则，提高本企业的社会知名度和美誉度。

二、监理工作指导思想实施的基本方针

　　全面响应和理解监理合同条款。以施工合同文件为依据，以设计图纸、技术规范为准绳，组织和动员监理部全体监理人员发扬团结、奋进、求实、奉献精神，坚决贯彻执行监理工作守则，遵循"严格监理、热情服务、公正科学、廉洁自律"的职业准则，对所监理工程项目实施全方位、全过程、有效的监督管理，确保工程质量、进度、安全、投资处于受控状态，在保证工程建设优质高效地全面实现合同目标的同时，树立良好的企业形象和风尚，为提高企业的知名度和美誉度，促进工程建设监理事业健康有序发展而努力奋斗。

　　利用经济和法律相结合的合同手段，使工程项目所涉及的各方，本着平等互利和诚信的原则，建立起相互协调、配合默契的权利义务关系，共同为实现工程项目的进度、质量、费用、安全目标，各尽自己应尽的合同义务和权利。尽职、尽责，为建设单位提供满意的服务，但也不能把自己当作是建设单位代表的下属，或者把与建设单位的合同关系视同雇用关系。遇有意见分歧则采取主动联系、事先提醒、及时沟通的方法，化解可能出现的矛盾，消除误会。通过协调达到监理与建设单位之间的认知统一、关系和谐。

总之,在工程建设中需要监理人员依据国家有关法律、法规和建设单位与施工单位所签订的施工承包合同文件及监理单位与建设单位签订的委托监理合同,通过目标规划、动态控制、组织协调、合同管理来对工程项目进行工程质量、工程进度、工程造价管理及履行安全生产管理法定职责。监理部将遵循"守法、诚信、务实、创新"的思想,认真贯彻执行工程施工监理的各项政策、法律、法规和规范、规程,制订切实可行的工作计划,明确岗位职责,严格检查,坚持全过程、全方位、全天候的监理,以系统的机制,健全的组织机构,完善的技术经济手段,严格的、规范化的工作方法和程序,通过目标规划、动态控制、组织协调、合同管理来圆满完成建设单位委托的监理任务。

三、监理工作实施过程中需要贯彻的指导思想和意识

(1)主动意识。主动承担监理工作,当好建设单位的参谋,将建设单位的部分工作纳入监理的工作范围,主动提醒,避免造成不利于建设单位的索赔发生。

(2)典范意识。在建设单位和政府主管部门的支持下,通过监理的工作,使本工程成为质量的典范、安全文明工地的典范、规范化管理的典范。

(3)服务意识。恪守满足建设单位要求的信条,以建设单位满意为宗旨,对承包方严格监理,热情服务,一切以工程大局为重。

四、监理工作指导思想的实施

(一) 总监理工程师负责制

1. 总监理工程师的地位

1) 总监理工程师在监理单位内部的地位

总监理工程师是开展项目监理工作的监理机构的唯一代表人。

总监理工程师是项目监理机构的组织者。

总监理工程师是项目监理工作的指挥者。

2) 总监理工程师在项目建设与管理中的地位

在授权的范围内,总监理工程师是建设单位的代表。在建设工程施工合同示范文本中,总监理工程师和建设单位委派的代表都称为"工程师",但建设单位对总监理工程师和建设单位委派的代表两者的授权应有所区别,不应互相交叉。因此,总监理工程师的地位应等同于建设单位委派的代表。同时,总监理工程师也要保障承包单位的合法利益。因为承包单位一旦不能获得合同约定的工作条件或合理的付款,可能会导致工程项目的拖延、中断、纠纷或合同争议,使工程项目不能如期建成并投入使用,最终损失最大的仍然是建设单位,所以总监理工程师虽然是建设单位委托的代表,仍然要保障施工单位符合合同约定的利益。

总监理工程师是项目组织协调的主要成员之一。当建设工程施工合同的双方发生合同争议后,由于总监理工程师最了解合同实施的全部情况,同时总监理工程师具有合同管理的职责,所以合同争议的双方或一方需要总监理工程师调解合同争议。项目监理机构接到建设单位或施工单位合同争议调解以后,总监理工程师应指示有关的人员了解合同争议的具体情况,并提出调解方案与合同双方进行协商。当总监理工程师经过多次协商

仍不能达成一致时,总监理工程师可根据合同条款的规定提出处理意见供双方参考。如果合同双方未能在施工合同规定的时间内提出不同意见,总监理工程师提出的意见应当是最后决定。这一情况的前提条件是在施工合同中含有明确的有关总监理工程师调解合同争议的条款。

2.总监理工程师的权力

(1)选择总承包人的建议权。

(2)选择工程分包人的认可权。投标书或施工合同中没有约定的分包要经过总监理工程师的认可。

(3)审批施工组织设计和技术方案,按照"保质量、保工期及降成本"的原则向承包人提出建议,并向建设单位提出书面报告。

(4)主持工程建设有关协作单位的组织协调,有关重要事项应当事先向建设单位报告;征得建设单位同意,监理人有权发布开工令、停工令、复工令,但应当事先向建设单位报告。当在紧急情况下未能事先报告时,则应当在24小时内向建设单位提出书面报告。

(5)工程上使用材料和施工质量的检验权。对于不符合设计要求、合同约定和质量标准的材料、构配件,有权通知承包人停止使用;对于不符合规范和质量标准的检验批、分部分项工程和不安全施工作业,有权通知承包人停工整改、返工。承包人得到监理机构复工令后才能复工。

(6)工程施工进度的检查、监督权,以及工程实际竣工日期提前或超过工程施工合同规定的竣工期限的签认权。

(7)在工程施工合同约定的工程价格范围内,工程款支付的审核和签认权,以及工程结算的复核确认权与否决权。未经总监理工程师签字确认,委托人不支付工程款。根据建设工程监理规范和建设工程施工合同示范文本的规定,总监理工程师还具有以下几项权力:

①工程延期的确定权。如施工合同规定"承包人必须按照协议书约定的竣工日期或工程师同意顺延的工期竣工"。

②费用索赔的确定权。但是费用索赔的确定要经过与建设单位和承包单位进行协商,当建设单位和承包单位对总监理工程师所确定的索赔额有不同意见时,可按照解决争议的办法进行仲裁或诉讼。

③工程变更指令的发布权。不管工程变更是由哪一方提出的,都应当提交总监理工程师进行审查,并通过总监理工程师协商工程变更价格。

④合同争议的准仲裁权。这一权力来自施工合同的规定。

(二)主动控制与被动控制相结合的指导思想

1.主动控制

主动控制是指预先分析目标偏离的可能性,并且拟定和采取各项预防措施,以使计划目标得以实现的一种控制类型。下列措施可以帮助监理机构进行主动控制:

(1)详细调查并分析研究工程项目外部环境条件,以确定哪些是影响建设目标实现和计划运行的各种有利因素和不利因素,并将它们考虑在工程建设的计划和有关的管理或监理工作职能当中。

（2）努力将各种影响建设目标实现和计划实行的潜在因素揭示出来，为风险分析和风险管理提供依据，并在工程项目的建设管理和监理工作当中做好风险管理工作。

（3）用科学的方法制定计划。制定工程建设的计划要考虑一定的风险量，使监理工作保持主动。

（4）高质量地做好监理机构的组织工作，把监理的目标控制任务落实到监理机构的每一个成员，做到职权明确、通力协作。

（5）制定必要的备用方案以应付可能出现的意外情况。

（6）保证信息传递渠道的畅通，并加强信息收集和信息处理工作，为预测工程建设的未来发展状况提供全面、及时和可靠的信息。

2. 被动控制

被动控制是指当工程建设按计划进行时，监理或管理人员对计划（包括质量管理方案）的实施进行跟踪，把输出的结果信息进行加工整理，并与原来的计划值进行对比，从中发现偏差，从而采取措施纠正偏差的一种控制类型。

监理工作要采取主动控制与被动控制相结合的原则。主动控制可以防患于未然，对于具有单件性的工程项目建设来说，它应该是首选的控制类型，它可以帮助监理人员或管理人员避免一些不应发生的偏差，保障工程项目建设的成功。在监理规范中，审查施工方案、进度计划，对原材料及其配合比进行检验，以及核验特殊工种作业人员的上岗证书等许多措施均属于主动控制类型的措施。但是，工程项目的建设受到很多因素的干扰，主动控制也可能发生偏差。因此，当采取主动控制的措施之后，是否不发生偏差还很难肯定。为了保证工程项目顺利建成，不出现任何的不合格项，被动控制的措施是不能被取代的。

（三）程序化控制的指导思想

程序是对操作或事务处理流程的一种描述、计划和规定。科学地制订各种程序，并按照程序进行控制是建设监理目标控制中一个非常重要的原则。

1. 程序的作用

程序是一种计划。

程序是一种标准。

程序是一种系统。

监理人员进行程序控制时，要制定正确、先进、高效的控制程序。第一，要保证控制程序的实施与执行有利于工程建设目标的实现，无论如何，监理人员必须要明确控制目标；第二，控制程序要简洁、明确；第三，控制程序要切合具体的工程建设项目的特点及目标控制系统的实际情况；第四，控制程序要运用现有的管理与控制理论及前人的建设监理目标控制的经验。

2. 进行程序化控制的指导思想

监理人员在进行程序化控制时应遵循下列原则：

（1）使程序数量精减到最低程度。对于项目的总监理工程师来说，最重要的指导思想之一就是限制所用程序的数量。

（2）确保程序的计划性。既然程序也是计划，因而程序的设计必须考虑到有助于实现整个工程项目的建设目标(而不能仅仅是某个单位或部门)和提高整个工程项目建设的效率(而不仅仅是监理工作)。

3.把程序看成是一个系统

使程序具有权威性,包括以下三个方面:

(1)程序的制定和发布要具有权威性,要由总监理工程师组织制定,并会同建设单位和承包方(设计及施工)最后审定,并且要在正式的文件上予以发布。

(2)总监理工程师及其项目监理机构包括建设单位的主管人员要带头遵守,并且不得破例和损坏程序的执行。

(3)必须坚持对程序的实施进行检查与监督,对于违反程序的行为,不论是否造成事故或损失都要进行追究和处理。

控制程序的制定,要考虑工程项目的建设总目标及其分解目标,以及该程序所涉及的组织及其成员、事务、信息反馈等实际特点,并结合同类工程项目的控制经验来进行。程序的形式可采用流程图并结合文字说明的形式。《建设工程监理规范》(GB/T 50319—2013)规定了工程造价控制、施工进度控制和工程变更等程序,在规范的许多条文中要求监理工作应遵守建设工程施工合同约定的程序、法律法规所规定的程序。可以看出,《建设工程监理规范》(GB/T 50319—2013)非常强调监理工作的程序化控制。

尽管如此,由于工程项目建设及项目监理的复杂性,监理规范不可能制定一个适合所有项目监理工作的规范性程序,因此总监理工程师及项目监理机构在实际监理工作中,要根据项目的具体情况和具体要求制定符合项目建设和项目监理特点的监理工作程序。

第三节　监理工作目标

在工程施工阶段,施工监理的工作内容就是质量控制、进度控制、成本控制、变更控制,合同管理、信息管理、安全生产管理,组织协调和履行的监理工作,即"四控、三管、一协调"。

质量控制、进度控制、成本控制、变更控制是监理工作的中心任务,合同管理、信息管理、安全生产管理及法定职责履行是监理工作中的方法和手段,组织协调在工程建设过程中,有效协调业主单位、承建单位以及各相关单位和机构的关系,为工程的顺利实施提供组织上的保证,服务于中心任务。要实现对工程有效的控制,就要确定控制目标,针对控制目标来制定控制措施。

一、监理工作总目标

以"科学管理、信法执业,提供满意的服务"为宗旨,加强工程建设管理,以使工程建设达到质量优、进度快、投资省、效益高、施工安全文明,全面满足合同要求的总目标。

二、合法建设控制目标

督促、协调建设单位办理好各种工程资料的报批事宜,确保与工程建设相关的一切行为全面符合国家和地方的有关政策、法规;合理使用监理手段,控制施工单位在工程的一切施工行为全面符合国家和地方的相关政策;在公司的有力监管下,确保监理班子全体人员在本工程中的一切监理行为全面符合国家与地方有关政策、法规。

三、监理工作质量目标

(一)质量目标

满足国家现行标准《水利工程施工监理规范》(SL 288—2014)及设计要求,实现监理合同签订目标要求。

(二)质量管理承诺

严格执行一系列施工与验收规范,确保工程一次性验收合格。要求是监理单位通过有效的质量控制工作和具体的质量控制措施,在满足投资和进度要求的前提下,实现工程质量达到国家合格标准,确保优良工程。

(三)工作重点

施工阶段建设工程质量控制的主要任务是通过对施工投入、施工过程、施工工艺进行全过程控制,以及对参加施工的单位和人员的资质、材料、施工机械和机具、施工方案和施工方法、施工环境实施全面控制,以期按优良标准达到预定的施工质量目标。

为完成施工阶段质量控制任务,监理工程师应当做好以下工作:协助建设单位做好施工现场准备工作,为施工单位提交质量合格的施工现场;确认施工单位资质;审查确认施工分包单位;做好材料和设备检查工作,确认其质量,检查施工机械和机具,保证施工质量;审查施工组织设计检查并协助搞好各项生产环境、劳动环境、管理环境条件;进行施工工艺过程的质量控制工作;检查工序质量,严格工序交接检查制度;做好各项隐蔽工程的检查工作;做好工程变更方案的比选,保证工程质量;进行质量监督,行使质量监督权;认真做好质量见证的工作;行使质量否决权,协助做好付款控制;组织质量协调会;做好中间质量验收准备工作;做好竣工验收工作;审核竣工图等。

杜绝发生重大质量事故和一级一般事故,有效防止发生二、三级一般质量事故,尽可能少发生质量问题;清除质量通病,以达到确保工程质量的目的。

(四)监理措施

监理质量控制工作从检验批抓起,设定质量控制点,制定质量控制措施,加强预控和主动控制,检查和督促工程的施工质量,审查承包单位的材料采购清单,检查测试工程使用的材料、构件的规格和质量,对成品、制品的质量检验,对材料、成品、制品的质量进行跟踪,按设计及施工规范要求独立、平行地进行检测工作,验收分项、分部及单位工程,确保工程质量目标的实现。

监理工作将"各项工程必须符合有关施工验收规范的要求及设计文件的要求"作为质量控制目标,采取如下措施进行控制:

(1)建立承包商和监理两级质量保证体系,严格执行承包人自检、监理抽检制度。

(2)制定各项工程试验、中间检查监理程序,并严格执行。

(3)严格执行检验批管理的分项工程交工验收制度,保证上一道检验批或分项工程质量合格后才能进行下一道检验批或分项工程的施工。

(4)建立控制工程质量通病的攻关小组。根据以往的监理工作经验,对工程重要部位和容易出现质量通病的部位,拿出一套行之有效的监理措施,以避免工程质量问题的发生。

(5)加强监理人员工作的管理,提高监理工作效率。

(6)加强"检验批验收"监理工作管理,除特殊检验批或特殊情况外,原则上强调现场验收,现场签字,不搞过后补签。验收必须以测量、试验数据为依据,不准搞感观臆断。

(7)加强"检验批验收"监理工作的监督。总监在工地巡视时,随时检查现场监理人员检验批验收手续及数据的真实性。

(8)加强监理日志的管理。强调每日必记、每事必记,不准搞隔日回忆,日志上必须详细记录原始数据,监理工程师每月进行日志检查,工程交工时存入监理档案。

(9)工程项目一次性验收合格,通过竣工备案。

(10)在实施过程中,以国家技术标准规范、设计文件、施工承包合同为控制依据,重视事前预控工作,在事中进行跟踪检查,把好事后控制关,实行全过程施工旁站的监理制度,严格执行质量标准,保证强制性标准条文贯彻执行,确保达成质量目标。

(11)在施工过程中,当承包单位对已批准的施工组织设计进行调整、补充或变动时,项目监理机构应审查、签认。

(12)审核承包单位报送重点、关键检验批的施工工艺和确保工程质量的措施,同意后予以签认。

(13)采用新材料、新工艺、新技术、新设备时,要求承包单位报送相应的施工工艺措施和证明材料,组织专题论证,经审定后予以签认。

(14)项目监理机构应针对承包单位在施工过程中报送的施工测量放线成果进行复验和确认。

(15)对承包单位的实验室进行考核。

(16)对承包单位报送的成批进场工程材料、构配件和工程材料/构配件/设备报审表及其质量证明资料进行审核,并对进场的实物按照监理合同约定或有关工程质量管理文件规定的比例采用平行检验或见证取样方式进行抽检。针对未经监理人员验收或验收不合格的工程材料、构配件,监理人员应签发监理工程师通知单,书面通知承包单位限期将不合格的工程材料、构配件撤出现场。

(17)定期检查承包单位直接影响工程质量的计量设备的技术状况。

(18)对施工过程进行巡视和检查。对隐蔽工程的隐蔽过程、下一道检验批施工完成后难以检查的重点部位进行旁站监理。根据承包单位报送的隐蔽工程报检申请表和自检结果进行现场检查,符合要求予以签认。对未经监理人员验收或验收不合格的检验批,监理人员应拒绝签认,并要求承包单位严禁进行下一道工序的施工。

(19)对承包单位报送的分项工程质量验评资料进行审核,符合后予以签认;对承包单位报送的分部工程和单位工程质量验评资料进行审核和现场检查,符合要求的予以签认。

(20)对施工过程中出现的质量缺陷,及时下达监理工程师通知,要求承包单位整改,并检查整改结果。发现施工存在重大质量隐患和可能造成质量事故以及已造成质量事故时,及时下达工程暂停令,要求承包单位停工整改,整改完毕并经监理人员复查,符合规定要求后,及时签署工程复工报审表。对需要返工处理或加固补强的质量事故,责令承包单位报送质量事故调查报告和经设计单位等相关单位认可的处理方案,对质量事故的处理过程和处理结果进行跟踪检查与验收,及时向建设单位提交有关质量事故的书面报告。

四、监理工作进度目标

(一)服务期限

自本工程开工开始至本工程缺陷责任期结束之日止。实际服务期限计算以开工报告为准。

(二)承诺

监理单位通过有效的进度控制工作和具体的进度控制措施,在满足投资和质量要求的前提下,力求使工程实际工期不超过计划工期。

(三)工作重点

施工阶段建设工程进度控制的主要任务是通过完善建设工程控制性进度计划、审查施工单位进度计划、做好各项动态控制工作、协调各单位关系、预防并处理好工期索赔,以求实际施工进度达到计划施工进度的要求。

为完成施工阶段进度控制任务,监理工程师应做好以下工作:根据施工招标和施工准备阶段的工程信息,进一步完善建设工程控制性进度计划,并据此进行施工阶段进度控制;审查施工单位施工进度计划,确认其可行性并满足建设工程控制性进度计划要求;制订建设单位材料供应的进度计划并进行控制,使其满足施工的要求;审查施工单位进度控制报告,督促施工单位做好施工进度控制;对施工进度进行跟踪,掌握施工动态;研究制定预防工期索赔的措施,做好工期索赔工作;在施工过程中,做好对人力、材料、机具设备等的投入控制以及转换控制工作、信息反馈工作、对比和纠正工作,使进度控制定期连续进行;开好进度协调会议,及时协调有关各方的关系,使工程施工顺利进行。

(四)监理措施

合同总工期即为监理进度控制的目标,通过协助承包单位编写开工申请报告,完善项目控制性进度计划,审查施工单位施工进度计划,施工准备阶段及施工过程中对工程设计文件及施工文件进行审核,认真组织图纸会审工作,审核认定工程设计变更,管理各项动态控制工作,协调各单位关系,预防并及时地处理好工期索赔,对进度目标风险进行分析,制定防范性对策等措施,根据批准的施工进度计划进行跟踪检查,实时分析,及时纠偏,督促施工方严格按计划执行,使工程实际工期不超过合同工期要求。工程进度控制以合同规定工期为进度控制目标,采取如下措施来保证工程按期完成:

(1)严格要求承包商制订总体进度计划,认真审核承包商提交的总体进度计划和施工组织计划。

(2)狠抓分项工程及阶段性计划的编制、审批。分项计划必须符合总体进度计划的目标,并且各分项计划必须严密衔接,环环紧扣。

(3)随时跟踪、检查进度计划的执行情况,发现问题及时采取措施,修正计划,尽快纠偏。

(4)按规定的程序进行工程进度控制。

（5）依据施工合同的有关条款、施工图及经过批准的施工组织设计制定进度控制方案，对进度目标进行风险分析，制定防范性对策，审定后报送招标人。

（6）检查计划的实施，并记录实际进度及相关情况，当发现实际进度滞后于计划进度时，应签发监理工程师通知单，指令承包单位采取调整措施。当实际进度严重滞后于计划进度时，及时与建设单位商定采取进一步措施。

（7）在监理月报中向建设单位报告工程进度和所采取进度控制措施的执行情况，并提出合理预防由建设单位原因导致的工程延期及其相关费用索赔的建议。

五、监理工作投资目标

（一）承诺

监理单位通过有效的投资控制工作和具体的投资控制措施，在满足质量和进度要求的前提下，力求使工程实际投资不超过计划投资。

（二）工作重点

施工阶段建设工程投资控制的主要任务是通过工程付款控制、工程变更费用控制、预防并处理好费用索赔、挖掘节约投资潜力来努力实现实际发生的费用不超过计划投资。

为完成施工阶段投资控制的任务，监理工程师应做好以下工作：

（1）制订本阶段资金使用计划，严格进行付款控制，做到既不多付，也不少付、不重复付；严格控制工程变更，力求减少变更费用。

（2）研究确定预防费用索赔的措施，以避免、增加对方的索赔数额；及时处理费用索赔，并协助建设单位进行反索赔。

（3）根据有关合同的要求，协助做好应由建设单位完成的，与工程进展密切相关的各项工作，如按期提交合格的施工现场，按质、按量、按期提供材料等工作，做好工程计量工作，审核施工单位提交的工程结算书等。

施工中要求监理工程师细致认真，一丝不苟。在计量过程中，建议建设单位、跟踪审计、监理、施工四方共同进行。

（三）监理措施

在实施过程中，将以合同为依据，做好计量及支付审核，合理控制工程变更，对施工过程中潜在的会导致工程费用增加的因素进行风险分析并采取相应对策，处理好索赔与反索赔工作，多提合理化建议，使追加工程价款控制在施工承包合同条款约定的合同价内，杜绝不符合合同规定的工程造价发生，使工程造价控制目标永远处于最佳状态和切合实际。

工程投资以合同价总额作为控制目标（变更另计），严格控制支付，采取如下控制措施：

（1）计划管理。认真审核承包商合同金额支付计划、现金流动计划及建设单位所要求的其他计划，并根据工程完成情况及时修正计划。

（2）计量支付管理。制定详细的工程款项结算、审核、支付办法，进行动态控制。

（3）合同管理。定期检查合同执行情况，预见并纠正合同及其附件的纰漏，尽可能避免索赔，严格执行合同管理及索赔监理程序。

采取各种技术措施,结合工地实际情况,优化设计,挖掘施工、材料、动力等方面的潜力,节约资金。

严格执行变更设计程序,控制变更增量。

建立支付台账,控制合同支付总量。

按规定的程序进行工程计量。工程款支付以及竣工结算,按施工合同约定的工程量计算规则和支付条款进行工程量计算和工程款支付,及时按施工合同的有关规定进行竣工结算,并应对竣工结算的价款总额与建设单位和承包单位进行协商。

依据施工合同的有关条款、施工图,对工程项目造价目标进行风险分析,并应制定防范性对策。

从造价、项目的功能要求、质量和工期等方面审查工程变更的方案,并及时与建设单位、承包单位协商确定工程变更的价款。

及时建立月完成工程量和工作量统计表,对实际完成量与计划完成量进行比较、分析,制定调整措施,并应在监理月报中向建设单位报告。

专业监理工程师应及时收集、整理有关的施工和监理资料,为处理费用索赔提供证据。

未经监理人员质量验收合格的工程量,或不符合施工合同规定的工程量,监理人员应拒绝计量,拒绝该部分的工程款支付申请。

六、监理工作安全文明施工管理目标

(一)安全文明生产监理目标

以施工承包合同签订的安全生产目标为监理目标,确保做到工程施工无重大安全事故发生。

(二)承诺

严格执行《建设工程安全生产管理条例》(国务院令 393 号)规定:"工程监理单位应当审查施工组织设计中的安全技术措施或者专项施工方案是否符合工程强制性标准。""工程监理单位在实施监理过程中,发现存在安全事故隐患的,应当要求施工单位整改;情况严重的,应当要求施工单位暂停施工,并及时报告建设单位。施工单位拒不整改或者不停止施工的,工程监理单位应当及时向有关主管部门报告。""工程监理单位和监理工程师应当按照法律、法规和工程建设强制性标准实施监理,并对建设工程安全生产承担监理责任。"

(三)工作重点

严格执行《中华人民共和国建筑法》(2019 年修正)、《建设工程安全生产管理条例》的规定。

(四)监理措施

督促施工单位按照构筑物施工安全生产法规和标准组织落实各项安全技术措施,落实安全生产的组织保证体系,建立健全安全生产责任制,审查施工方案及安全技术措施,要求所有的施工人员学习和掌握安全操作规程及安全生产、文明施工条例,监督检查现场的消防工作,根据工程情况在固定或不固定的时间组织安全施工大检查,有效地杜绝各类安全隐患。

　　监理单位的法定代表人对本单位承担监理的建设工程项目的安全监理工作全面负责;项目总监理工程师对所承担的具体工程项目的安全监理工作负总责;项目其他监理人员在总监理工程师的领导下,按照职责分工,对各自承担的安全监理工作负责。施工现场配备专职安全监理工程师,实施安全监理。

　　定期组织安全生产会议或监理例会,督促建设单位、勘察设计单位、施工单位及其他与建设工程安全生产有关的单位,按照《建设工程安全生产管理条例》等有关法律法规和工程建设强制性标准的规定,在各自职责范围内承担安全生产责任,并支持和配合监理单位做好安全监理工作。

　　监理单位在施工准备阶段的安全监理工作包括以下内容:

　　制定安全监理工作文件,建立岗位责任制;

　　协助建设单位办理建设工程安全报监备案手续;

　　协助建设单位与施工单位签订建设工程项目安全生产协议书,签署《建设工程安全文明生产承诺书》;

　　在审查勘察、设计文件时,发现不满足有关法律、法规、强制性标准的规定,或存在较大施工安全风险时,应及时向建设单位、施工单位提出;

　　审查总包单位、专业分包和劳务分包单位资质、安全生产许可证;

　　审查施工现场专职安全员及电工、焊工、架子工、起重机械工、爆破工等特种作业人员资格;

　　审查施工单位编制的施工组织设计、专项安全施工方案等;

　　检查施工单位是否制定确保安全生产的各项规章制度、建立岗位责任制;

　　检查施工单位是否针对施工现场实际制定应急救援预案、建立应急救援体系;

　　检查施工单位拟投入施工使用的大型施工机械的检测检验、验收、备案手续;

　　检查施工现场的实体安全施工前提条件。

　　监理单位编制的建设工程项目监理规划应当包含安全监理方案,并明确安全监理内容、工作程序、工作制度和有关措施。编制的监理实施细则应包含安全监理的具体措施和方法。

　　监理单位及监理人员应按以下要求建立和收集安全监理全过程资料:

　　监理单位应当建立严格的安全监理资料管理制度,规范资料管理工作;

　　安全监理资料必须真实、完整,能够反映出监理单位及监理人员依法履行安全监理职责的全貌,在实施安全监理过程中,应当以文字材料作为传递、反馈、记录各类信息的凭证;

　　监理人员应在监理日志中记录当天施工现场安全生产和安全监理工作情况,记录发现和处理的安全问题,总监理工程师应定期审阅并签署意见。

　　监理月报应包含安全监理内容,对当月施工现场的安全施工状况和安全监理工作做出评述,报建设单位。必要时,应当报工程所在地建设行政主管部门(安全监督机构)。

　　使用音像资料记录施工现场安全生产重要情况和施工安全隐患,并摘要载入安全监理月报。

七、监理工作合同管理目标

(一) 合同管理目标
确保合同履行，避免合同索赔。

(二) 承诺
严格履行委托监理合同，协助建设单位严格对施工阶段工程相关的各类合同进行管理。督促承包单位严格履行工程承包合同，确保该工程按期、按质、按量竣工。

(三) 工作重点
由于投资控制、进度控制和质量控制均要以合同为依据，因此合同措施就显得尤为重要。对于合同措施要从广义上理解，除拟定合同条款、参加合同谈判、处理合同执行过程中的问题、防止和处理索赔等措施外，还要协助建设单位确定对目标控制有利的建设工程组织管理模式和合同结构，分析不同合同之间的相互联系和影响，对每一个合同作总体和具体分析等。这些合同措施对目标控制有全局性的影响，其作用也就更大。另外，在采取合同措施时，要特别注意合同中所规定的建设单位和监理工程师的义务与责任。

(四) 监理措施
按照施工合同和委托监理合同的约定签发工程暂停及复工指令。工程暂停时，如实记录所发生的情况。在施工暂停原因消失、具备复工条件时，审查承包单位报送的复工申请及有关材料，符合要求并同意后签署工程复工报审表，指令承包单位继续施工。在签发工程暂停令到签发工程复工报审表之间的时间内，会同有关各方按照施工合同的约定，处理因工程暂停引起的与工期、费用等有关的问题。

审查工程变更时，对工程变更的费用和工期做出评估，就工程变更费用及工期的评估情况与承包单位和建设单位进行协调。签发工程变更单，根据工程变更单监督承包单位实施。在项目监理机构签发工程变更之前，承包单位不得实施工程变更，否则监理机构不得予以计量。

受理和审查承包单位提出的费用索赔，就费用索赔的额度与承包单位和建设单位进行协商，签署费用索赔审批表。

受理和审查承包单位提出的工期索赔，批准临时工程延期或最终的工程延期之前与承包单位和招标人进行协商，批准临时工程延期和最终的工程延期。

调解合同争议。

合同的解除。

八、监理工作信息管理目标

(一) 信息管理目标
信息传递顺畅，文档完备齐全。

(二) 承诺
按有关规范规定的要求，向建设单位提供完整的监理资料。

(三) 工作的重点
通过对信息的来源、种类以及传递方式进行分类，合理组织信息流程，建立信息档案，以计算机辅助管理为手段,实现"四控、三管、一协调"中的信息管理。

(四)监理措施

统一信息管理格式,设立信息管理人员,负责工程实施阶段全过程的信息收集整理、分发及存档,供各级领导决策之用。

总监理工程师负责组织定期工地会议和监理工作会议,信息员负责记录并整理,经总监理工程师签认后打印分发。

专业监理工程师负责检查施工单位的工程质量,督促承包单位及时整理施工技术资料,并将验收资料交由资料管理员归档,重要文件须经总监理工程师签认。

各专业监理工程师应及时向总监理工程师报告并提供有关信息资料。

九、监理工作组织协调管理目标

(一)组织协调工作的目标

建立团结协作、效率优先、和谐共赢的体系,确保工程顺利进行。

(二)承诺

严格遵守公平、公正、独立、守法、诚信、科学的基本原则。在具体的人力和物力、主要和次要、供给和消耗、使用和储存、运用和修整、时间安排和空间排向等各个层面进行科学的组织部署,达到建设项目最优化的目标。

公平、公正、独立:监理单位是独立的第三方,要敢于坚持正确观点,实事求是,要善于综合分析。

守法:相关合同是执行监理的依据。遵守法律法规、标准规范。

诚信:为人做事守时。

科学:准确、依据、程序。

(三)工作重点

建立一个高效率的组织协调机构,各参建单位的主要负责人实行定期碰头会制度,及时解决工程中存在的各种问题,协调各类矛盾,为工程建设创造一个良好的内部环境,努力提高工作效率,尽量避免因协调不到位而影响工程建设。

从理顺承包人的队伍内部人员关系、承包人与建设单位的关系、设计与施工的关系方面入手,进行组织协调工作,通过实施积极的协调,使整个建设体系处于高效运转的状态,建立一个团结协作、效率优先、和谐共赢的体系,确保工程能够顺利进行。

协调相关问题的准备(会议、专题讨论、现场确认等活动前),需讨论问题的准备,查阅资料、理清思路。最好做出文字准备,做到条理清晰、准备无误、打有准备之仗。

营造良好的协调气氛,建立良好的人际关系,掌握好协调尺度利于监理工作的开展,但不能以牺牲监理程序和原则为代价。

人际关系方面注意两种情况:对建设单位经常沟通,了解建设意图。对施工单位不可过于亲近,避免建设单位产生想法。协调力度张弛有度。

监理程序执行严格,个别情况需有灵活性。

明确协调内容,控制整体局面,充分体现监理工作的存在与价值。防止施工方态度很好,但工作进度不报告,无实质性的进展。阶段工程开工之前通报监理,对施工内容、点位、方法交底,阶段工程完工报验。

有针对性地召开专题协调会,下发监理通知单。

协调必有结论,事后必须落实。树立监理的威信,体现技术方面的权威。取得发包方的信任,看到实实在在的工作效果。说了算,定了办。不能说了不算,定了可办可不办。

监理措施包括以下内容:

(1)监理例会。

建设单位组织:以建设单位为主、以注意大事件为主,监理不能事无巨细,说起来没完。与施工方相关的细节问题,会后沟通。

监理组织,建设单位参加:注意会前准备,如会议议程,内容要落实,注意邀请建设单位参加。

监理组织,建设单位不参加:详细讨论,全面落实安排,应以主要负责人身份出现,并可对专题进行讨论。

总监组织,相关协作单位参加:只对本专业事件发表意见。

(2)专题会议。

建设单位组织:以建设单位人员为主。主要做技术支持。

监理组织召集:应有专题、有结论。会后有落实。抓住落实不放。

充分发挥监理作用,是专业技术水平的体现。

(3)监理通知单。

监理协调控制的重要体现(工作);

简洁、完整、结构化;

注重文字描述准确性,不能有纰漏;

应特别注重,是日后备查的重要依据;

与施工方沟通,解决发包方不了解的问题。

(4)监理通知回复单。

跟踪回复,是对监理通知单的落实;

监理通知单的严肃性,建立施工方对监理通知单内容的重视意识;

短期(周、月)汇总进度;

关键确认相关各方的会签。

十、项目各阶段竣工验收目标

(1)承诺:检验批、分项工程、分部(子分部)工程、单位(子单位)工程合格率达100%。

(2)检验批合格质量规定如下:

主控项目和一般项目的质量经抽样检验合格;

具有完整的施工操作依据、质量检查记录;

分项工程所含的检验批均应符合合格质量规定;

分项工程所含的检验批的质量验收记录应完整。

(3)分部(子分部)工程质量验收合格应符合下列规定:

分部(子分部)工程所含分项工程的质量均应验收合格;

质量控制资料应完整;

土建、安装、装饰、弱电等分部工程有关安全及功能的检验和抽样检测结果应符合有关规定;

观感质量验收应符合要求。

(4)单位(子单位)工程质量验收合格应符合下列规定:

单位(子单位)工程所含分部(子分部)工程的质量应验收合格;

质量控制资料应完整;

单位(子单位)工程所含分部工程有关安全和功能的检验资料应完整;

主要功能项目的抽查结果应符合相关专业质量验收规范的规定;

观感质量验收应符合要求。

依据有关法律、法规、工程建设强制性标准、设计文件及施工合同,对承包单位报送的竣工资料进行审查,并对工程质量进行竣工预验收。对存在的问题,应及时要求承包单位进行整改。整改完毕后签署工程竣工报验单,并在此基础上提出工程质量评估报告。

参加有招标人组织的竣工验收,并提供工程竣工相关监理资料。对验收中提出的整改问题,监理机构应要求承包单位进行整改。工程质量符合要求,会同参加验收的各方签署竣工验收报告。

第三章　施工监理工作程序、方法和制度

第一节　施工监理工作程序

一、监理机构的基本工作程序

监理机构的基本工作程序如下:

(1)签订监理合同,明确监理范围、内容和责权。

(2)依据监理合同,组建现场监理机构,选派总监理工程师、监理工程师、监理员和其他工作人员。

(3)熟悉工程建设有关法律、法规、规章以及技术标准,熟悉工程设计文件、施工合同文件和监理合同文件。

(4)编制监理规划。

(5)进行监理工作交底。

(6)编制监理实施细则。

(7)实施施工监理工作。主要监理工作程序可参照《水利工程施工监理规范》(SL 288—2014)附录 C 执行。

(8)整理监理工作档案资料。

(9)参加工程验收工作,参加发包人与承包人的工程交接和档案资料移交。

(10)结清监理报酬。

(11)向发包人提交有关档案资料、监理工作报告。

(12)向发包人移交其所提供的文件资料和设施设备。

二、监理工作实施程序

为确保监理工作有序开展,顺利完成合同规定的各项监理服务工作,依据《水利工程施工监理规范》(SL 288—2014),根据本工程规模和特点,制定了施工准备阶段监理、工程质量控制、工程进度控制、工程投资控制、索赔处理、合同管理、信息管理、工程文件等系列监理工作程序。

签订监理合同,明确监理范围、内容和责权。

依据监理合同,组建现场监理机构,选派总监理工程师、监理工程师、监理员和其他工作人员。

熟悉工程建设的有关法律、法规、规章以及技术标准,熟悉工程设计文件、施工合同文件和监理合同文件。

编制项目监理规划。

进行监理工作交底。

编制各专业、各项目监理实施细则。

实施施工监理工作。主要监理工作流程参照《水利工程施工监理规范》(SL 288—2014)有关章节。

督促承包人及时整理、归档各类资料。

参加验收工作,签发工程移交证书和工程保修责任终止证书。

结清监理费用。向发包人提交有关档案资料,监理工作总结报告。

向发包人移交其所提供的文件资料和设施设备。

第二节　监理工作制度

一、内部组织管理制度

按照项目总监、专业监理工程师及其助理层次建立施工监理组织,建立岗位责任制度,规范工作程序。

项目总监是行使监理合同的全权负责人,行使监理合同赋予的职权,并领导各专业监理工程师开展工作。各级监理人员履行职责,对项目总监负责。

监理人员相对固定,人员变动要经建设单位同意。

二、廉洁自律制度

监理单位的员工不得接受施工单位的宴请。项目驻地监理处的员工不得接受配合单位(包括建设单位)的任何馈赠。如建设单位对监理部个别工作人员有任何奖励意图,务请提前知会监理部负责人。

除非监理部负责人许可并邀请建设单位等有关单位参加,驻地监理部员工不得在非公开场合推荐任何产品或供货单位,不得与设计、材料供应商等任何相关单位发生涉及个人经济利益等方面的联系。如有违反,建设单位可以投诉。

三、投诉管理制度

在第一次工地例会上告知与会单位此制度目的及投诉途径;所有对监理项目部或项目部人员的投诉,项目总监必须在 24 小时内通知监理部。

四、会议制度

监理会议制度主要内容包括但不仅限于以下方面,监理工程师可根据需要定期或临时召集有关会议:

(1)监理程序交底会。

(2)设计方案、设计图纸质量评审会。

(3)重要部位设计方案评审会。

(4)施工组织设计、施工技术方案审定会。

（5）重要分项工程或施工难点部位施工技术方案评审会。

（6）分部工程质量验收会。

（7）工程质量事故分析调查处理会议。

（8）每周例会。

（9）设计图纸交底会议。

（10）监理工作例会。

五、图纸交底、会审制度

工程开工前,应由驻地监理部组织设计、施工等有关单位对设计、施工图及有关技术说明进行交底并会审。

会审组织者应提前将图纸会审的日期及地点安排通知有关单位,以便他们认真熟悉图纸,领会设计意图,并对设计存在的问题提出意见。

图纸会审中设计方首先进行技术交底,施工方和监理方的现场专业人员对图纸中的问题提出意见,由设计方或建设单位(主要是设计方)做出解答,并做好详细记录,最终由监理方汇总,交设计方进行最后确认,经设计方确认的会审记录,由与会各方签署意见并加盖公章,形成正式的会审纪要,返还施工单位及有关单位作为施工图的一部分加以实施。

图纸交底会审应形成会议纪要,图纸会审记录将作为图纸技术资料,并应汇总作为会议纪要的附件。

六、设计变更处理制度

设计变更可能由设计单位、承包人、监理或发包人提出。不论谁提出,均需由设计单位发出修改通知。

设计单位下发的设计变更须由监理工程师审查签发给承包人执行。

变更后的工程不能降低使用标准、技术上可行、使用上可靠、费用合理、工艺简单,尽量不影响工期。

属于方案性的变更由发包人审批,变更后费用增加较多,或变更后的工程对使用或工期带来直接影响的,必须与发包人充分协商,征得发包人书面同意后予以批准。一般性的变更事先与发包方代表通气协商。

七、施工组织设计审核制度

工程开工前,施工单位必须结合实际编制《施工组织设计》,其主要内容应包括工程概况、施工方案、施工组织管理机构、施工准备工作计划、施工总进度计划、网络计划、各项资源需用量计划、施工总平面图、主要技术组织措施等,并报送监理单位审查。

监理单位在收到施工单位报送的经施工单位主要技术领导签认的《施工组织设计》后,应由该项目总监理工程师组织审查并提出监理单位的审核意见。

根据监理审核意见,施工单位应修改《施工组织设计》,并将修改后的《施工组织设计》正式报送监理单位,由总监理工程师确认。

督促施工单位根据施工总进度计划编制年、季、月、周进度并报送建设单位和监理单位审查,经审核同意的施工作业计划应认真执行。施工单位应按工程特点编制分部、分项工程施工方案并报送监理单位审查,施工单位应按审核同意的施工方案进行施工。

八、设备、材料、半成品质量检验制度

工程材料检验制度建立的依据是一切材料必须符合招标文件规定的质量标准、国家有关规范标准。

工程施工中所使用的主要设备、材料在订货前应向监理工程师申报,并提供样品、单价和订货厂家情况,经监理工程师会同发包方审查同意后方可订货。

进入施工现场的工程材料,在使用前的一定期限内应向监理工程师报送出厂合格证明或检验单、承包人的试验报告等,经监理工程师认可后方可使用。严禁使用非正规厂家生产的产品。主要设备进场后,还应按交货合同规定的期限开箱查验。

对混凝土、砂浆、防水材料、止水铜片等,所使用的原材料,应经监理工程师确认批准。配合比的设计、试配可由工地实验室完成或送有资质的试验单位完成,报监理工程师审批,承包人不得擅自更改经批准的配合比。

对预制成品、半成品,应由承包人自检,并向监理工程师提交自检报告,由监理工程师审查,必要时可做抽测检查。

对高压电缆、电绝缘材料,应进行耐压试验后方可使用。

对新材料、新构件,要经技术鉴定合格,经监理工程师审核批准后才能在工程中使用。

监理工程师有权拒绝不合格的材料,并且有权指示承包人在规定时间内从现场清除不合格的工程材料。

九、工程开工申请制度

总承包方与建设单位签订施工合同后,正式进驻现场,进行临时设施搭建,按照安全施工、文明施工的措施进行实施,各种大型施工机械设备安装报审。

以上各项完成并准备就序后,由施工单位填写开工申请报告。

监理工程师对开工条件逐项进行核查,并签署意见,若条件尚不成熟,则责成施工单位继续完成开工前的准备工作,直到达到开工条件。

总监正式签发开工令,施工单位接到总监签发的开工令当天开始计算工期。

十、监理日记制度

从监理人员进驻现场,施工单位接到总监签发的开工令当天开始计算工期。开始履行监理职责时就必须建立监理日志,监理日志要分专业建立,某一专业有不同分工的人员,还要建立日志的台账制度,有关人员都要详细记录所负责项目的详细情况。主要记录内容如下:完成工程量的情况,完成进度的情况,有无对计划进行调整;完成质量的情况,有无发现质量问题,是否进行处理,处理方式的选用;安全生产、文明施工的情况;与发包方、施工单位之间的工作往来。监理日志必须当天完成,数据要准确,内容要全面,尤其对将产生现场签证以及不可复查的项目要认真记录。

十一、监理月报制度

由项目总监指定一名监理工程师负责编写月报,月报素材由各专业监理工程师提供,编写完成后经总监审定成文。监理月报应包含以下主要内容:本月施工环境条件,本月工程进度评述,本月工程质量评述,本月投资完成情况,现场管理和安全施工情况,对下月工作安排的建议。每月月底将监理月报报建设单位2份。

十二、抽样检查制度

抽样检查是对各项工程实施中的实际内在品质进行符合性检查,内容应包括各种材料的物理性能、混凝土的强度等的测定和试验,抽样检查应按以下要求进行:

(1)监理工程师按相关规范及设计要求,对承包人的各种材料的抽样频率、取样方法及试验过程进行检查。若不能满足相关技术规范要求的频率,则要求增加频率。

(2)在承包人的实验室按技术规范的规定进行全频率抽样试验的基础上,试验监理工程师按一定频率独立进行抽样试验,以鉴定承包人的抽样试验结果是否有效。

(3)当施工现场的旁站监理工程师对施工质量或材料产生疑问并提出要求时,试验监理工程师随时进行抽样试验,必要时可要求承包人增加抽样频率。

十三、旁站监理制度

项目监理规划中应编制旁站监理方案,旁站监理方案应明确旁站监理的范围、内容和实施细则。旁站监理方案须发给施工单位,以便其配合旁站监理工作。

旁站监理依据旁站监理方案的要求施行。具体旁站人员由总监或总监代表安排。

旁站监理人员必须在施工现场跟班监督,切实履行旁站监理的职责,旁站监理人员的主要职责如下:

检查施工企业现场管理人员到岗、特殊工种人员持证上岗,以及施工机械、建筑材料准备的情况;

在现场跟班监督关键部位、关键工序的施工,执行施工方案以及工程建设强制性标准的情况;

核查进场建筑材料、金属结构物配件、机电设备和商品混凝土的质量检验报告等,并可在现场监督施工企业进行检验或者委托具有资格的第三方进行复验;

如实、准确地做好旁站监理记录,谁旁站谁签字谁负责;同时签认相关施工记录。

旁站监理人员应及时发现并处理旁站过程中出现的质量问题;若发现施工单位有违反设计要求和施工操作规程的行为,有权责令施工单位立即整改;发现其施工活动已经或者可能危及工程质量的,应当及时向总监理工程师报告,由总监理工程师下达局部暂停施工指令或者采取其他应急措施。

凡旁站监理人员和施工企业现场质检员未在旁站监理记录上签字的,不得进行下一道工序施工。

十四、隐蔽工程检查验收制度

在隐蔽工程验收前,施工单位必须进行自检,并提前24小时书面通知监理单位。监理工程师应在规定时间内进行复验,合格者予以签认,不合格者由施工单位返工后重新检验。监理方在签发隐蔽验收单前,应考虑各个专业的隐蔽检查工作进展情况,如预留孔、预埋管线等是否经过有关专业检查签证。

隐蔽工程验收后,根据检查情况,施工单位要向监理方填报申请隐蔽施工单,经监理工程师和建设单位代表审核签字后可进入下一道工序。

十五、关键工序质量控制制度

加强施工过程巡视与检查,关键部位、重要工序建立监理值班制度,保证在施工现场不离人,对施工过程旁站监理,督促承包人发挥自身质保体系的作用并及时解决现场发生的问题,同时做好值班记录。对重要工程部位和关键工序设置的质量控制点应重点控制与检查;质量检查过程中发现存在的问题及时要求承包人整改,必要时下发有关指令。

坚持工序交接检查、停工后复工前的检查、隐蔽工程检查等质量检查制度。

十六、工程质量、安全事故处理制度

事故发生后,承办人应立即采取紧急处理措施(包括暂停施工),同时填写事故报告单报监理方。

一般质量、安全事故的处理,由总监或总监代表、专业监理工程师及有关方面人员参加,分析其事故原因,经设计单位和安全部门核验,并责成事故责任方及时写出事故报告和提出处理方法,监理工程师认可后由承建单位进行处理。

对重大质量、安全事故,应报请当地政府质检或安全部门共同做出处理意见。

若事故原因迟迟不能查明,总监理工程师认为事故隐患尚未消除,则可不发复工命令,或再次发出暂停指令,直到事故原因查明后方可发出恢复施工、进行事故处理的指令。事故处理后,责任方应提出事故原因分析和处理结果等文件,并对处理技术负责。专业监理工程师负责监督执行,并对处理结果进行检查验收。将处理文件及处理结果情况书面报送建设单位及监理部。

十七、单位工程中间验收制度

当组成一个工程的单项、分部或分项工程完工后,承包人的自检人员应再进行一次系统的自检,汇总各道工序的检查记录及测量和抽样试验的结果,提出交工报告,自检资料不全的交工报告,专业监理工程师可拒绝验收。

专业监理工程师对完工的单项工程进行一次系统的检查验收,必要时做测量或抽样试验,检查合格后提请总监签发“中间完工证书”。未经中间交工检验或检验不合格的单项工程,不得进行下一项工程施工。

对填发了“中间完工证书”的单项工程、分部工程、分项工程,方可进行填发“中间计量证书”,完工项目的竣工资料不全或结束整理工作未完,不得计量支付。

十八、紧急情况报告制度

当施工现场发生紧急情况时,监理机构应立即指示承包人采取有效的紧急处理措施,并向发包人报告。

十九、工程建设标准强制性条文(水利工程部分)符合性审核制度

监理机构在审核施工组织设计、施工措施计划、专项施工方案、安全技术措施、度汛方案和灾害应急预案等文件时,应对其与工程建设标准强制性条文(水利工程部分)的符合性进行审核。

二十、监理报告制度

监理机构应及时向发包人提交监理月报、监理专题报告;在工程验收时,应提交工程建设监理工作报告。上述报告的内容可参照《水利工程施工监理规范》(SL 288—2014)附录 D 编制。

二十一、重大事项会审及报告制度

(1)为加强重大事项处理的综合指挥能力,提高重大事项的反应速度和协调水平,确保重大事项的科学、民主决策,特制定本制度。

本制度所说的重大事项包括:

①组织结构、人事的重要调整。

②规划设计的重要变更。

③招标方案的重大变化。

④资金使用计划及融资措施的重大调整。

⑤参建单位的重大奖励处罚决定。

⑥进度计划变更的重要调整。

⑦重大质量事故的分析处理。

⑧重大安全事故的分析处理。

⑨其他事项。

(2)重大事项报告的工作流程(见图 1-3-1):

图 1-3-1　重大事项报告的工作流程

(3)重大事项报告的编制内容如下:

①重大事项产生的原因。

②重大事项产生的过程。

③重大事项对工程的影响程度。

④重大事项处理方案的建议。

（4）重大事项的初议。

监理部在接到重大事项报告后,立即开会迅速对事项进行以下评议：

①报告的内容是否属实。

②是否属于"重大事项"的范畴。

③处理方案是否可行。

④重大事项的及时上报。

⑤监理部在对重大事项提出初步评议后及时上报建设单位。

（5）重大事项处理后的实施：

①建设单位在形成处理措施意见后,监理部应当及时落实。

②实施单位（监理单位）将实施过程信息反馈到建设单位。

二十二、分包单位管理制度

为保证建设单位利益及工程质量,对分包单位的资质必须进行严格的审查,并要求总包单位负起总包合同中的分包管理责任。

分包工程必须事先经过建设单位的同意。

工程分包时必须签订有关的分包合同或协议书,并要求在合同中明确规定总包的责任、权利和义务。

总承包人不因工程分包而减少其对分包工程在总承包合同中应承担的责任、权利和义务。

二十三、现场安全管理制度

（一）监理部要求施工项目部建立健全安全生产管理制度

1. 安全生产责任制

各单位主要负责人为安全生产第一责任人,按照"管生产必须管安全"和"谁主管谁负责"的原则,规定各级各类人员的安全责任、奖罚标准,并逐级签订安全承包责任状,确保安全生产贯穿于施工全过程。

2. 安全培训制度

所有参加工程施工的人员均应在施工前进行安全培训,合格者方能上岗作业,培训时安全监理工程师应参与。监理部特殊工作岗位的操作人员应经过有关专业部门或机构的培训而获得合法操作证书。

3. 安全技术交底制度

监理部要求分项分部工程在开工前必须由项目总工程师向参加施工的人员介绍工程概况、施工方法和安全技术措施,并对各项工作安全技术措施的执行情况进行检查。

4. 安全检查制度

监理部和施工方共同开展对施工全过程的安全检查,包括对开工前的安全措施准备工作进行检查,对施工过程中的安全落实进行检查,对生活区的安全用电进行检查,对防洪的安全检查及对重点部位和危险物品进行检查等。

5.安全会议制度

监理部定期召开工地安全会议,及时针对工地的施工安全情况做出决策、决定和建议。

6.安全设施及其管理制度

监理部定期进行安全设备和设施的检查、测试,并检查保养记录,督促及时清除及替换不符合标准或难以修理的设备,并做好记录。

7.安全报告制度

监理部定期按有关要求编制施工安全报告,一旦发生安全事故,除按照事先制定的事故报告处理办法规定的程序迅速处理外,还必须在事件和事故发生后及时向建设单位提交书面报告。

8.安全奖励制度

在监理过程中,定期对在实施安全计划与法定条例方面表现良好的单位和个人进行奖励,对违反安全制度的单位和个人进行惩罚。

9.安全生产应急预案制度

监理部建立健全安全生产应急预案措施,做到未雨绸缪。一旦发生安全事故,立即启动,将损失减少到最低限度。

(二)安全生产保证措施

(1)监理部要求施工单位建立健全安全生产领导机构,落实安全生产责任制,层层签订安全生产责任状,落实安全措施和责任,做到分工明确、责任清楚、措施具体、管理到位。

(2)监理部要求施工单位在全体参建人员中开展安全思想教育,强化安全意识。贯彻"安全第一、预防为主、综合治理"的方针,强化"安全为了生产,生产必须安全"的意识,把有关安全知识的学习落到实处,在工地上形成人人重视安全、搞好安全的风尚。要求深化安全教育,所有施工人员上岗前必须进行安全教育和技术培训,牢记"安全第一"宗旨,安全员持证上岗。

(3)监理部督促施工项目部经常对操作人员进行安全教育,遵守机械、车辆操作规程,避免出现伤亡事故。编制安全和防护手册发给全体参建人员,所有人员上岗前应进行安全操作的考试和考核,合格者才准上岗。

(4)监理部和施工项目部配置专职安全员,制定安全用电、防火、防盗、防毒、救护、治安等安全措施。

(5)监理部督促施工项目部结合本工程特点制定安全作业规章制度,在施工中做到各项工作有章可循。严格检查执行安全操作规程,实施标准化作业的落实情况,严格杜绝违章指挥与违章操作,要求保证防护设施的投入,务必保证安全管理工作建立在管理科学、技术先进的基础上。

(6)监理部督促施工项目部在生活区、工地现场、料场,派专人24小时值班。防止生活和办公用品、材料设备被盗及其他事故发生。

(7)监理部监督施工项目部推行安全标准化工地建设,抓好现场管理,搞好文明施工。以施工现场作业控制为重点,严格按规范、程序、标准施工,杜绝违章操作、违章指挥、违反劳动纪律现象,最大限度地减少事故的发生概率。

(8)监理部监督、检查施工项目部认真贯彻落实《构筑物安装工人安全操作规程》,结合工地实际情况制定安全生产实施细则,有效控制人的不安全行为和物的不安全状态,消除或避免事故隐患,给劳动者提供有效的安全保证,保障施工的顺利进行,圆满完成施工任务。

(9)监理部监督施工项目部落实现场管理,易燃易爆物品保管,工程材料合理堆放,各种交通、施工信号标识和警示牌设置,供电线路架设等事项。

(10)监理部督促施工项目部主动与有关部门联系,纳入其联防、联控范围,把施工安全置于安全监督体系之中,重点部位请专业安全监察人员跟班监督,保证全体人员接受安全监察人员的监督检查。

(11)监理部会同施工项目部认真开展安全检查。在建立健全安全检查组织和制度的基础上,落实安全生产责任制和作业标准化,重点检查劳动条件、生产设备、现场管理、安全卫生以及生产人员的行为,发现不安全因素,必须果断消除,杜绝事故的发生。严把设备使用的检验关,不得将有危险状态的设备投入运行,预防人、机运动轨迹交叉,发生伤害事故。

(12)监理部督促施工项目部重视天气预报,做好雨水和气象灾害的防护工作,一旦发现可能危及工程和人身财产安全的雨水或气象灾害的预兆,立即采取有效的防洪措施和防灾措施,确保工程和人员财产安全。

(三)监理部督促施工项目部建立安全生产应急预案

建立事故应急救援机构。

健全安全生产规章制度。

强化安全生产技能培训。

二十四、工程验收制度

在承包人提交验收申请后,监理机构应对其是否具备验收条件进行审核,并根据有关水利工程验收规程或合同约定,参与或主持工程验收。

二十五、监理档案管理制度

编制文件档案分类表,以此为依据对档案资料分类管理;

要求所有来往文件资料必须按行文规则传递,并由单位签章;

对于各种技术资料如设计变更、施工联系单等应确定相应的发放管理程序并执行;

所有质量数据资料定期整理,按监理部 ISO 9001 质量保证体系要求进行数据统计工作;

工程计量档案如工程款批复、现场签证等要建立相应台账以备查;

其他监理记录资料按有关规范及建设单位的相关要求填写。

二十六、签证制度

为了加强工程签证的管理,合理控制投资,降低工程造价,维护建设单位的合法利益,使施工过程中发生的工程签证客观、真实地得到及时确认,特制定签证制度。

(一)本制度所指的工程签证

施工图、设计变更图以外由承包单位完成的工作,非承包单位原因发生的返工费用及由建设单位要求所完成的零星工作。

(二)工程签证的划分

为便于区分情况分别处理,将签证分为三类:现场情况与设计资料或合同约定不一致的为第一类;合同内容之外增加内容须现场确定工程量的为第二类;有设计单位正式设计变更书面通知,可以确定工程量的为第三类。

(三)工程签证类别的处理

对第一类签证,承包单位发现施工现场与设计或有关合同约定的条件出现差异或因其他原因需要改变清单工程量时,应立即停止差异处的施工并保护好现场,同时通知监理单位,由监理单位通知建设单位、跟踪审计单位,约定时间共同到场进行测量和确认。到场人员应在有关计量资料上签字。资料签字后承包单位即可继续施工。

对第二类签证,承包单位应通过监理单位向建设单位提出现场测量确认申请,建设单位、跟踪审计单位、监理和承包单位按约定的时间到现场测量。

对第三类签证,不需要到现场确认的,承包单位以书面形式上报变更工程量,监理、审计单位、建设单位签字确认后即可实施。

(四)工程签证的程序

承包单位填写的工程签证单必须经承包单位技术负责人审核,项目经理签字。

承包单位将工程签证单送达现场监理部,相关专业监理工程师负责核实并签署意见,经总监理工程师签字后,报建设单位签字。

(五)工程签证单填写规范

理由充分,内容真实,原始资料应有监理工程师的签字。

时间准确,地点翔实,配有简图。

内容明确,图示准确,用词简洁。

必须填写各相关单位审核意见,意见的填写应字迹工整并注明日期。

对各单体工程,工程签证单应按事件发生顺序分别编号,且签证资料必须附带必要的影像资料,影像资料要显示现场情况和测量过程及主要测量仪器刻度,现场测量确认工作由监理单位负责组织实施,并认真做好记录。

工程签证单的格式要统一,各审核单位必须保存原件一份。

(六)工程签证单的时效性

对第一、二类需要到现场确认的变更签证,监理单位收到承包单位上报资料后应签署意见并在 24 小时内以书面形式报建设单位,建设单位应在接到监理单位上报资料后立即安排和通知施工、监理在约定的时间到现场测量和确认。现场确认后需进行计算和资料整理的签证(第一、二类),承包单位应在现场测量成果确认后 7 天内将计算表格和资料报监理审核。不需到现场确认的签证(第三类),承包单位应在收到建设单位通知后 7 天内,将工程量和单价确认资料报监理审核,监理应在 3 天内将审核结果和承包单位所报资料一并上报建设单位。建设单位应在 7 天内办理完毕,签证资料返还监理、承包单位。

施工签证是工程结算的重要依据,应严格控制办理施工签证。

经建设单位批准的施工组织设计(或施工方案)和施工图纸及其附件是工程建设施工的指导文件,坚决杜绝采用施工签证方式组织施工。

按照委托监理合同和施工合同,监理工程师要对工程质量、进度和造价负责,对工程建设中发生的施工签证进行监督和签署意见,及时发现、解决施工签证中的问题,确有困难的应当及时向建设单位驻工地代表反映并取得解决办法,不得延误。

二十七、监理廉政工作制度

根据工程情况,监理办公用房主要设置监理办公室、质量检验室、合同计量室、文档室、会议室,各办公室应设名牌和工作去向牌。

为保证以上纪律切实在监理过程中得到落实,我们将在明显的位置设置"监理单位廉政监督牌",并公开总经理电话,同时接受建设单位、承包单位以及材料供应等各单位的监督、投诉。

监理廉政工作要求如下:

遵守国家的法律和政府的有关条例、规定和办法。

不泄露所监理工程需保密的任何事项。

不得接受被监理单位的任何津贴、报酬和礼金。

不参加被监理单位的任何宴请或娱乐活动。

不与材料供应单位发生任何经济往来,并不得推荐任何材料。

不准在工作时间内喝酒,不准酗酒或借酒闹事。

不准和被监理的施工单位发生任何不正当的经济往来,更不准利用职权吃、拿、卡、要,为难施工单位或与施工单位串通一气坑害建设单位的利益。

不准在监理工作中弄虚作假,擅自脱离岗位,不负责任,马虎了事。

(一)监理人员岗位职责及职业道德和行为守则的规章制度

1. 总监理工程师的岗位职责

(1)确定项目监理机构人员的分工和岗位职责。

(2)主持编写项目监理规划、审批项目监理实施细则,并负责管理项目监理机构的日常工作。

(3)审查分包单位的资质,并提出审查意见。

(4)检查和监督监理人员的工作,根据工程项目的进展情况可进行人员调配,对不称职的人员应调换其工作。

(5)主持监理工作会议,签发项目监理机构的文件和指令。

(6)审定承包单位提交的开工报告、施工组织设计、技术方案、进度计划。

(7)审核签署承包单位的申请、支付证书和竣工结算。

(8)审查和处理工程变更。

(9)主持或参与工程质量事故的调查。

(10)调解建设单位与承包单位的合同争议,处理索赔,审批工程延期。

(11)组织编写并签发监理月报、监理工作阶段报告、专题报告和项目监理工作总结。

(12)审核签认分部工程和单位工程的质量检验评定资料,审查承包单位的竣工申请,组织监理人员对待验收的工程项目进行质量检查,参与工程项目的竣工验收。

(13)主持整理工程项目的监理资料。

2. 总监理工程师代表的岗位职责

(1)负责总监理工程师指定或交办的监理工作。

(2)按总监理工程师的授权,行使总监理工程师的部分职责和权力。

3. 专业监理工程师的岗位职责

(1)负责编制本专业的监理实施细则。

(2)负责本专业监理工作的具体实施。

(3)组织、指导、检查和监督本专业监理员的工作,当人员需要调整时,向总监理工程师提出建议。

(4)审查承包单位提交的涉及本专业的计划、方案、申请、变更,并向总监理工程师提出报告。

(5)负责本专业分项工程验收及隐蔽工程验收。

(6)定期向总监理工程师提交本专业监理工作实施情况报告,对重大问题及时向总监理工程师汇报和请示。

(7)根据本专业监理工作实施情况做好监理日记。

(8)负责本专业监理资料的收集、汇总及整理,参与编写监理月报。

(9)核查进场材料、设备、构配件的原始凭证、检测报告等质量证明文件及其质量情况,根据实际情况认为有必要时对进场材料、设备、构配件进行平行检验,合格时予以签认。

(10)负责本专业的工程计量工作,审核工程计量的数据和原始凭证。

4. 监理员的岗位职责

(1)在专业监理工程师的指导下开展现场监理工作。

(2)检查承包单位投入工程项目的人力、材料、主要设备及其使用、运行状况,并做好检查记录。

(3)复核或从施工现场直接获取工程计量的有关数据并签署原始凭证。

(4)按设计图及有关标准,对承包单位的工艺过程或施工工序进行检查和记录,对加工制作及工序施工质量检查结果进行记录。

(5)担任旁站工作,发现问题及时指出并向专业监理工程师报告。

(6)做好监理日记和有关的监理记录。

5. 安全监理职责

(1)总监理工程师负责组织审查《施工组织设计》中有关安全与文明施工的措施。

(2)总监理工程师审核施工单位是否已申请安全监督。

(3)总监理工程师组织专业监理工程师检查承包单位的安全措施落实情况。重点是临时设施的安全、施工用电安全、施工机械使用安全、高空作业安全、消防安全。

(4)专业监理工程师日常巡查工地人员的安全情况,包括安全防护措施和文明施工、安全教育情况,发现问题及时警告承包单位,并要求及时纠正。

(5)总监理工程师应定期组织工地安全与文明施工检查,发现问题及时警告承包单位,并要求及时纠正。

(6)总监理工程师组织做好特大自然灾害的预防工作。

(7)总监理工程师及时组织落实安全整改措施。

(二)监理人员职业道德

(1)遵守国家的法律和政府的有关条例、规定和办法。

(2)认真履行工程监理合同所承诺的义务,承担约定的责任。

(3)不泄露所监理工程需保密的任何事项。

(4)不得接受被监理单位的任何津贴、报酬和礼金。

(5)不参加被监理单位的任何宴请或娱乐活动。

(6)不与材料供应单位发生任何经济往来,并不得推荐任何材料。

(7)注重监理人员文明管理:

①所有的监理人员均应佩戴岗位证上岗,上岗证有统一的样式,或统一制作,在上岗证上标明监理人员姓名、岗位、证书等。

②统一着装,工作服应美观舒适,并符合安全要求。监理人员进入施工现场一律要求戴安全帽,安全帽样式统一,在安全帽上标明公司名称。

③严禁监理人员赤膊、穿拖鞋进入施工现场。

④工地严禁赌博等不良行为。

(8)监理人员工作守则:监理人员应按照"严格监理、优质服务、服从建设单位、总体协调"的原则认真贯彻执行有关施工监理的各项方针、政策、法规。

(9)严格执行监理工作制度、规范和建设单位的要求,严格按照监理程序办事,做好"质量、进度、费用、安全、环保"的五大控制,严格合同管理。

(10)严格检查制度,现场监理工作做到全方位巡视、全过程旁站监理、全环节的检查。

(11)坚持原则,秉公办事,遵纪守法,廉洁自律,实事求是,不弄虚作假,不以权谋私,自觉抵制不正之风。

(12)谦虚谨慎,勤学进取,拼搏务实,努力提高监理业务知识水平和管理水平。

(三)监理人员行为守则

(1)维护国家荣誉和利益,按照"守法、诚信、公正、科学"的准则执业。

(2)执行有关工程建设的法律、法规、规范、标准和制度,履行监理合同规定的义务和职责。

(3)努力学习专业技术和建设监理知识,不断提高业务能力和监理水平。

(4)不以个人名义承揽监理业务。

(5)不得同时在两个或者两个以上监理单位注册和从事监理活动,不得在政府部门的施工和材料设备的生产、供应等单位兼职。

(6)不为所监理项目指定施工单位、构筑物构配件、设备、材料和施工方法。

(7)不收受被监理单位的任何礼金。

(8)不泄露所监理工程各方认为需要保密的事项。

(9)坚持独立、自主、公正地开展工作。

第三节　监理工作方法

工程建设监理采取主动控制为主、被动控制为辅,两种控制相结合的动态控制型监理形式。以工程建设施工合同、建设监理合同、设计文件和国家的法律、法规为依据,依照发包人授予的权限,与参加工程建设各方密切协作,正确运用监理的职责和技能,通过有序、高效的工作,采取旁站、巡视、平行检验等方式和事前、事中、事后控制原则,指导、检查、监督承包人严格履行工程建设施工合同,确保工程建设总目标的全面实现。

在处理工期、质量和支付结算的关系时,坚持以"安全生产为基础,工程质量为中心,施工工期为重点,投资效益为目标",用系统观念处理三者关系,促进三者矛盾向统一转化。

监理机构的主要工作方法如下:

(1)现场记录。

监理机构认真、完整记录每日施工现场的人员、设备和材料、天气、施工环境以及施工中出现的各种情况。

(2)发布文件。

监理机构采用通知、指示、批复、签认等文件形式进行施工全过程的控制和管理。

(3)旁站监理。

监理机构按照监理合同约定,在施工现场对工程项目的重要部位和关键工序的施工,实施连续性的全过程检查、监督与管理。

(4)巡视检验。

监理机构对所监理的工程项目进行定期或不定期的检查、监督和管理。

(5)跟踪检测。

在承包人进行试样检测前,监理机构对其检测人员、仪器设备以及拟定的检测程序和方法进行审核;在承包人对试样进行检测时,实施全过程监督,确认其程序、方法的有效性以及检测结果的可信性,并对该结果确认。

(6)平行检测。

监理机构在承包人对试样自行检测的同时,独立抽样进行检测,核验承包人的检测结果。

(7)协调结果。

监理机构应对参加工程建设各方之间的关系以及工程施工过程中出现的问题和争议进行调解。

监理方法见表1-3-1。

表 1-3-1 监理方法

序号	监理手段	监理方法
1	旁站监理	监理人员在承建单位施工期间,用全部或大部分时间在施工现场对承建单位的施工活动进行跟踪监理。发现问题便可及时指令承建单位予以纠正,以减少质量缺陷的发生,保证工程的质量和进度
2	测量	监理工程师利用测量手段,在工程开工前,核查工程的定位放线;在施工过程中,控制工程的轴线和高程;在工程完工验收时,测量各部位的几何尺寸、高度等
3	试验	监理工程师对项目或材料的质量评价,必须通过试验取得数据后进行。不允许采用经验、目测或感觉评价质量
4	检测检验	对原材料、中间产品、产成品按照规定质量标准和工艺要求进行检测检验
5	严格执行监理程序	如未经监理工程师批准开工申请的项目不能开工,这就强化了承建单位做好开工前的各项准备工作;没有监理工程师的付款证书,承建单位就得不到工程付款
6	指令性文件	监理工程师充分利用指令性文件,对任何事项发出书面指示,并督促承建单位严格遵守与执行监理工程师的书面指示
7	工地会议	监理与承建单位讨论施工中的各种问题,可邀请建设单位或有关人员参加。在会上,监理工程师的决定具有书面函件与书面指示的作用。监理工程师可通过工地会议方式发出有关指示
8	专家会议	对于复杂的技术问题,监理工程师可召开专家会议,进行研究讨论。根据专家意见和合同条件,再由监理工程师做出结论。这样可减少监理工程师处理复杂技术问题的片面性
9	计算机辅助管理	监理工程师利用计算机,对计量支付、工程质量、工程进度及合同条件进行辅助管理,以提高工作效率
10	停止支付	监理工程师应充分利用合同赋予的在支付方面的权力,承建单位的任何工程行为达不到监理工程师的满意程度,监理工程师都有权拒绝支付承建单位的工程款项,以约束承建单位按合同规定的条件完成各项任务
11	会见承建单位	当承建单位无视监理工程师的指示,违反合同条件进行工程活动时,由总(副)监理工程师邀见承建单位的主要负责人,指出承建单位在工程上存在问题的严重性和可能造成的后果,并提出挽救途径。若承建单位仍不听劝告,监理工程师可进一步采取制裁措施

第二篇 施工准备监理工作

第一章　　施工准备监理实施细则

第一节　　编制依据

本细则的编制依据如下。

一、有关合同文件、设计文件与图纸、施工措施方案、技术说明及资料

有关合同文件、设计文件与图纸、施工措施方案、技术说明及资料包括监理合同文件、施工合同文件、工程建设勘察设计图纸与文件、工程建设标准强制性条文水利工程部分及经过监理机构批准的施工组织设计及技术措施。

二、有关现行规程、规范和规定

(1)《中华人民共和国民法典》。

(2)《工程建设标准强制性条文(水利工程部分)》。

(3)《水利工程质量管理规定》。

(4)《水利工程建设安全生产管理规定》。

(5)《水利工程施工监理规范》(SL 288—2014)。

(6)《水利工程建设监理规定》(水利部令第 28 号)。

(7)《水利水电工程施工质量检验与评定规程》(SL 176—2007)。

(8)《水利水电建设工程验收规程》(SL 223—2008)。

(9)《水利工程设备制造监理规定》(水建管〔2001〕217 号)。

(10)《水利工程建设项目档案管理规定》(水办〔2021〕200 号。

(11)《水利工程质量检测管理规定》。

(12)《水土保持工程质量评定规程》(SL 336—2006)。

(13)《水土保持工程施工监理规范》(SL 523—2011)。

(14)《开发建设项目水土保持设施验收技术规程》(GB/T 22490—2008)。

(15)《水利部水土保持设施验收工作要点(试行)》(水保监便字〔2015〕39 号)。

(16)《建设项目竣工环境保护验收技术规范生态影响类》(HJ/T 394—2007)。

(17)《建设项目竣工环境保护验收管理办法》(国家环境保护总局令第 13 号)。

(18)《环境保护部建设项目"三同时"监督检查和竣工环保验收管理规程(试行)》(环发〔2009〕50 号)。

(19)其他有关规程、规范。

第二节　施工监理的准备工作

一、监理机构的准备工作

监理机构的准备工作包括下列内容:

(1)依据监理合同约定,进场后及时设立监理机构,配置监理人员,并进行必要的岗前培训。

(2)建立监理工作制度。

(3)提请发包人提供工程设计及批复文件、合同文件及相关资料。收集并熟悉工程建设法律、法规、规章和技术标准等。

(4)依据监理合同约定接收由发包人提供的交通、通信、办公设施和食宿条件等,完善办公和生活条件。

(5)组织编制监理规划,在约定的期限内报送发包人。

(6)依据监理规划和工程进展,结合批准的施工措施计划,及时编制监理实施细则。

二、施工准备的监理工作

(一)检查发包人应提供的开工条件

检查开工前发包人应提供的施工条件是否满足开工要求,检查的内容包括:

(1)首批开工项目施工图纸的提供。

(2)测量基准点的移交。

(3)施工用地的提供。

(4)施工合同约定应由发包人负责的道路、供电、供水、通信及其他条件和资源的提供情况。

(二)检查承包人应提供的开工条件

检查开工前承包人的施工准备情况是否满足开工要求,应包括下列内容:

(1)承包人派驻现场的主要管理人员、技术人员及特种作业人员是否与施工合同文件一致;若有变化,应重新审查并报发包人认可。

(2)承包人进场施工设备的数量、规格和性能是否符合施工合同约定,进场情况和计划是否满足开工及施工进度的要求。

(3)进场原材料、中间产品和工程设备的质量、规格是否符合施工合同约定,原材料的储存量及供应计划是否满足开工及施工进度的需要。

(4)承包人的检测条件或委托的检测机构是否符合施工合同约定及有关规定。

(5)承包人对发包人提供的测量基准点的复核,以及承包人在此基础上完成施工测量控制网的布设及施工区原始地形图的测绘情况。

(6)砂石料系统、混凝土拌和系统或商品混凝土供应方案以及场内道路、供水、供电、供风及其他施工辅助加工厂与设施的准备情况。

(7)承包人的质量保证体系。

（8）承包人的安全生产管理机构和安全措施文件。

（9）承包人提交的施工组织设计、专项施工方案、施工措施计划、施工总进度计划、资金流计划、安全技术措施、度汛方案和灾害应急预案等。

（10）应由承包人负责提供的施工图纸和技术文件。

（11）按照施工合同约定和施工图纸的要求需进行的施工工艺试验和料场规划情况。

（12）承包人在施工准备完成后递交的合同工程开工申请报告。

（三）监理机构施工准备

1. 施工准备内容

开工前监理机构的施工准备工作包括下列内容：

（1）召开第一次监理工地会议。

（2）监理机构应参加、主持或与发包人联合主持召开设计交底会议，由设计单位进行设计文件的技术交底。

（3）核查与签发施工图纸。

（4）参与发包人组织的工程项目划分。

2. 第一次监理工地会议

第一次监理工地会议应在监理机构批复合同工程开工前举行，会议由总监理工程师主持召开。会议的具体内容可由有关各方会前约定，一般包括：①介绍各方组织机构及其负责人；②沟通相关信息；③进行首次监理工作交底；④合同工程开工准备检查情况。

3. 施工图纸核查与签发

施工图纸的核查与签发应符合下列规定：

（1）工程施工所需的施工图纸，应经监理机构核查并签发后，承包人方可用于施工。承包人无图纸施工或按照未经监理机构签发的施工图纸施工，监理机构有权责令其停工、返工或拆除，有权拒绝计量和签发付款证书。

（2）监理机构应在收到发包人提供的施工图纸后及时核查并签发。在施工图纸核查过程中，监理机构可征求承包人的意见，必要时提请发包人组织有关专家会审。监理机构不得修改施工图纸，对核查过程中发现的问题，应通过发包人返回设代机构处理。

（3）对承包人提供的施工图纸，监理机构应按施工合同约定进行核查，在规定的期限内签发。对核查过程中发现的问题，监理机构应通知承包人修改后重新报审。

（4）经核查的施工图纸应由总监理工程师签发，并加盖监理机构章。

第三节　开工条件的检查

一、合同工程开工条件

合同工程开工应遵守下列规定：

（1）监理机构应经发包人同意后向承包人发出开工通知，开工通知中应载明开工日期。

（2）监理机构应协助发包人向承包人移交施工合同中约定的应由发包人提供的施工

用地、道路、测量基准点以及供水、供电、通信等。

（3）承包人完成合同工程开工准备后，应向监理机构提交合同工程开工申请表，监理机构在检查本章"检查发包人施工准备"和"检查承包人施工准备"所列的各项条件满足开工要求后，应批复承包人的合同工程开工申请，发出合同工程开工通知。

（4）由于承包人原因使工程未能按期开工，监理机构应通知承包人按施工合同约定提交书面报告，说明延误开工的原因及赶工措施。

（5）由于发包人原因使工程未能按期开工，监理机构在收到承包人提出的顺延工期要求后，应及时与发包人和承包人共同协商补救办法。

二、分部工程开工条件

分部工程开工前，承包人应向监理机构报送分部工程开工申请表，经监理机构批准后方可开工。监理机构应审查的内容包括：

（1）施工技术交底和安全交底情况。

（2）主要施工设备到位情况。

（3）施工安全、质量措施落实情况。

（4）工程设备检查验收情况。

（5）原材料、中间产品质量及准备情况。

（6）现场施工人员安排情况。

（7）场地平整、交通、临时设施准备情况。

（8）测量放样情况。

（9）工艺试验情况。

三、单元工程开工条件

单元工程开工应符合下列规定：

（1）第一个单元工程应在分部工程开工批准后开工。

（2）后续单元工程凭监理工程师签认的上一单元工程施工质量合格文件方可开工。

四、混凝土浇筑开仓控制条件

监理机构应对承包人报送的混凝土浇筑开仓报审表进行审批，符合开仓条件后，方可签发，开仓申请表应附承包人的自检资料。

监理机构应审查的内容包括：

（1）检查备料情况。

（2）检查施工配合比。

（3）检查检测设备是否合格。

（4）检查基面/施工缝处理是符合相关标准。

（5）检查、检测钢筋的制作安装是否符合设计图纸要求及相关技术标准。

（6）测量混凝土模板制作误差，检查混凝土模板质量是否符合相关标准。

（7）检查细部结构。

（8）检查、检测预埋件（含止水安装、监测仪器安装、管道安装等）的功能、安全性能是否符合要求。

（9）检查混凝土系统设备。

五、采用的表式清单

监理机构在施工准备监理工作中采用的表式清单见表 2-1-1。

表 2-1-1　施工准备监理工作中采用的表式清单

序号	表格名称	表格类型	表格编号		页码
1	施工用图计划申报表	CB03	承包〔	〕图计号	P69
2	合同工程开工申请表	CB14	承包〔	〕合开工号	P80
3	分部工程开工申请表	CB15	承包〔	〕分开工号	P81
4	施工安全交底记录	CB15 附件 1	承包〔	〕安交号	P82
5	施工技术交底记录	CB15 附件 2	承包〔	〕技交号	P83
6	合同工程开工通知	JL01	监理〔	〕开工号	P128
7	合同工程开工批复	JL02	监理〔	〕合开工号	P129
8	分部工程开工批复	JL03	监理〔	〕分开工号	P130
9	施工图纸核查意见单	JL23	监理〔	〕图核号	P151
10	施工图纸签发表	JL24	监理〔	〕图发号	P152

第二章　原材料、中间产品及设备进场核验和验收监理实施细则

第一节　编制依据

本细则适用于涵闸工程中原材料、中间产品和工程设备的监理工作。其编制依据如下。

一、有关合同文件、设计文件与图纸、施工措施方案、技术说明及资料

（1）监理合同文件。
（2）施工合同文件。
（3）工程建设勘察设计图纸、文件。
（4）《工程建设标准强制性条文（水利工程部分）》（2020年版）。
（5）经过监理机构批准的施工组织设计及技术措施。

二、有关现行规程、规范和规定

（1）《水闸施工规范》（SL 27—2014）。
（2）《水利工程施工监理规范》（SL 288—2014）。
（3）《水利工程质量检测技术规程》（SL 734—2016）。
（4）《水利工程质量检测管理规定》（水利部令第36号）。
（5）《水利水电工程施工质量检验与评定规程》（SL 176—2007）。
（6）《水利水电建设工程验收规程》（SL 223—2008）。
（7）《水利水电建设工程单元工程质量验收评定标准—土石方工程》（SL 631—2012）。
（8）《水利水电工程单元工程施工质量验收评定标准—堤防工程》（SL 634—2012）。
（9）《堤防工程施工规范》（SL 260—2014）。
（10）《水工混凝土试验规程》（SL/T 352—2020）；
（11）《水工混凝土外加剂技术标准》（DL/T 5100—2014）。
（12）《土工合成材料测试规程》（SL 235—2012）。
（13）《水工金属结构防腐蚀规范》（SL 105—2007）。
（14）《水利水电工程混凝土防渗墙施工技术规范》（SL 174—2014）。
（15）《水利水电工程钢闸门制造安装及验收规范》（DL/T 5018—2004）。
（16）《水利水电工程启闭机制造安装及验收规范》（SL/T 381—2021）。
（17）《建筑地基基础工程施工质量验收规范》（GB 50202—2018）。
（18）《砌体工程施工质量验收规范》（GB 50203—2011）。
（19）《水工建筑物地下开挖工程施工规范》（SL 378—2007）。
（20）《混凝土结构工程施工质量验收规范》（GB 50204—2015）。

（21）《建筑装饰装修工程质量验收标准》（GB 50210—2018）。

（22）《预拌混凝土和预制混凝土构件生产质量管理规程》（DG/TJ 08—2034—2008）。

（23）《建筑桩基技术规范》（JGJ 94—2008）。

（24）《建筑地基处理技术规范》（JGJ 79—2012）。

（25）《起重设备安装工程施工及验收规范》（GB 50278—2010）。

（26）《电气装置安装工程起重机电气装置施工及验收规范》（GB 50256—2014）。

（27）《山东省水利工程建设项目质量检测管理办法》（鲁水政字〔2015〕25 号）。

（28）山东省水利工程质量检测要点。

（29）其他有关规程、规范。

第二节　进场核验、报验的特点及程序

一、进场核验、报验的特点

监理机构应严格按照国家标准、水利行业标准和施工合同约定,监督、检验进场原材料、中间产品和工程设备的质量,严禁不合格的原材料、中间产品和工程设备进场并应用于工程实际,原材料、中间产品和工程设备的检查、检测、验收一般具有下列特点:

（1）监理单位应检查承包人检测实验室是否具备与所承建的工程相适应,并满足合同文件和技术规范、规程、标准要求的检测手段和资质。它可以是承包人自建的实验室,也可以是承包人委托并报监理部认可的具有相应工程检测手段和资质的专业机构。承包人要配备有较丰富工程实践经验的专业检测工程师。

（2）所有检测人员均需通过培训和考核上岗,同时具有相关部门颁发的上岗证。

（3）监理单位应监督承包人在接到承建合同项目开工通知后 42 天内,将其检测实验室建立与设置规划一式四份报送审批,其内容应包括:检测实验室设置计划、资质文件、检测试验人员情况、仪器设备情况、各类试验表格、实验室工作规程和其他需要说明的问题。

（4）承包人主要检测任务包括:进场原材料的检验、施工准备阶段的试验、施工过程中的检测试验、检测资料记录和整理,以及配合和协助监理工程师进行对照检测、试验和抽检工作,并尽可能为监理工程师的检测工作提供方便。

二、进场报验程序

（一）原材料和中间产品的进场报验程序

原材料和中间产品的进场报验程序应符合下列规定:

（1）承包人所提供的原材料、中间产品和工程设备进场时需会同监理进行检验和交货验收,承包人将进场材料和工程设备的供货人、品种规格、数量如实填入"材料进场检查及取样验收记录",提供材料的合格证、出厂检验报告和产品质量证明等文件,满足合同约定的质量标准,经监理检验同意后方可进场。

（2）原材料、中间产品和工程设备进场后,承包人要立即通知实验室在监理见证下进行材料的抽样检验和工程设备的检验测试,监理认为有必要时,可按合同规定进行随机抽样检验。

（3）原材料、中间产品和工程设备经实验室检验和测试合格后，承包人将试验和测试结果报送监理，经监理批准后，该批材料和设备方可使用。

（4）承包人若不按材料检查验收程序，违约使用了不合格的材料和设备，监理将按照合同的有关规定进行处理。

（二）工程设备进场报验程序

工程设备进场报验程序见图2-2-1。

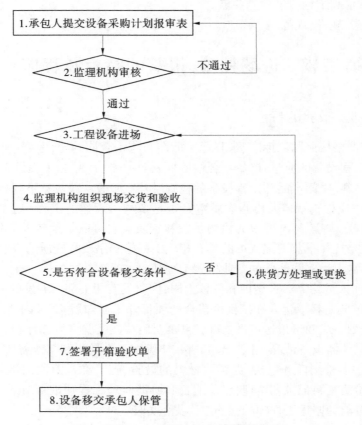

图2-2-1　工程设备进场报验程序

第三节　原材料、中间产品检验内容及要求

一、原材料、中间产品检验内容

（一）进场查验

查验原材料和中间产品的表观质量是否合格，规格型号是否符合设计要求，合格证明文件是否齐全等。

(二)施工自检

督促施工单位按相关规范及《施工自检方案》要求,按频次抽取样品进行检测,检测合格后方可用于施工。

(三)监理平行检测

监理机构应按相关规范及《平行检测方案》要求,按频次抽取样品进行检测,监理机构进行水利工程质量检测,需与水利工程质量检测单位签订委托合同。委托合同应包括下列事项和内容:

(1)检测工程名称。

(2)检测具体项目内容和要求。

(3)检测的依据。

(4)检测方法、检测仪器设备、检测抽样方式。

(5)完成检测的时间和检测成果的交付要求。

(6)检测费用及其支付方式。

(7)违约责任。

(8)监理机构与水利工程质量检测单位代表签章和时间。

(9)其他必要的约定。

二、原材料、中间产品检验要求

(一)水泥检验

(1)用于本工程的水泥,其品种、强度等级必须符合招标文件要求。

(2)不同品种、编号水泥进场后,须有出厂合格证或质保书,承包人应在有监理人员在场的情况下进行抽检。

(3)承包人须将其出厂合格证或试验报告以及有关试验资料报送监理部,经审查合格后方可进行施工。

(4)水泥常规试验项目包括细度、密度、氯离子含量、碱含量、安定性、强度、凝结时间。工程混凝土使用的水泥为低碱水泥,水泥碱含量不宜大于0.6%。当工程对水泥另有特殊要求时,监理工程师有权要求增加试验项目。水泥出厂合格证、试验报告内容如下:

①水泥出厂合格证内容包括厂家名称、出厂日期、品种、强度等级、化学成分含量、烧失量、细度、凝结时间、安定性、强度。

②水泥试验报告内容包括工程名称、委托日期、试验编号、水泥品种、生产厂家、出厂日期、代表批量、成型(破型)日期、使用单位及检验数据结果。

(5)技术要求。

(1)安定性:按《水泥胶砂强度检验方法(ISO法)》(GB/T 17671—2021)进行,用沸煮法检验必须合格。

(2)强度:按《水泥胶砂强度检验方法(ISO法)》(GB/T 17671—2021)进行,各强度等级水泥的各龄期强度不得低于附表中数值。

(3)凝结时间:按《水泥胶砂强度检验方法(ISO法)》(GB/T 17671—2021)进行,普通硅酸盐水泥初凝时间不得早于 45 min,终凝时间不得迟于 10 h。

(6)检验规则。

①取样规则。

散装水泥:对同一水泥厂生产的同期出厂的同品种、同强度等级的水泥,以一次进场的同一出厂编号的水泥为一批,每 200 t 为一自检批次,2 000 t 为一抽检批次,随机从不少于 3 个车罐中抽取等量水泥,经混拌均匀后称取不少于 12 kg。

袋装水泥:对同一水泥厂生产的同期出厂的同品种、同强度等级的水泥,以一次进场的同一出厂编号为一批,且一批总重量不超过 100 t,取样应有代表性,可连续取,亦可从 20 个以上不同部位取等量样品,总数不得少于 12 kg。

②检验结果。水泥安定性、凝结时间不合格,水泥为废品;强度不合格,水泥为不合格品。对废品或不合格品水泥,应坚决杜绝使用。

(二)砂检验

(1)每批砂进场以后,承包人应在有监理人员在场的情况下组织抽检。

(2)承包人应在取样试验后,将有关试验资料报送监理部,经审查合格后,方可用于施工中。

(3)砂的有关试验项目包括细度模数、含泥量、颗粒级配、泥块含量(不许有)、表观密度、堆积密度、空隙率、有机物(浅于标准色)、轻物质、云母含量、硫化物及硫酸盐含量(按 SO_3 质量计)、碱含量,当对砂有特殊要求时,监理工程师有权要求增加试验项目。

(4)技术要求。

①砂的细度模数 μ_f 必须符合设计要求。

粗砂: $\mu_f = 3.7 \sim 3.1$;

中砂: $\mu_f = 3.0 \sim 2.3$;

细砂: $\mu_f = 2.2 \sim 1.6$。

②砂中含泥量。

混凝土强度等级 ≥C30 时,含泥量应 ≤3.0%。

混凝土强度等级 <C30 时,含泥量应 ≤5.0%。

③砂的颗粒级配。砂按 0.63 mm 筛孔的累计筛余量分成三个级配,配制混凝土宜优先选用 Ⅱ 区砂,即 0.63 mm 筛孔的累计筛余量为 41%~70%。

(5)检验规则。

取样规则:在正常情况下,以 400 m³ 或 600 t 为一批,不足上述规定数量者也以一批计。砂的取样,一般是在料堆上取,取样部位应均匀分布,取样时先将取样部位表层铲除,然后由各部位抽取大致相等的试样 8 份组成一组样品。对不符合设计要求或不合格的砂应杜绝使用。

(三)碎石检验

(1)每批碎石进场以后,承包人应在取样试验后,将有关试验资料报送监理部,经审查合格后,方可用于施工中。

(2)碎石的有关试验项目包括含泥量、针片状含量(小于 15%)、超逊径含量(超径小于 5%、逊径小于 10%)、压碎指标、坚固性、硫化物及硫酸盐含量、表观密度(kg/m³)、吸水率(%),当混凝土有特殊要求时,监理工程师有权要求增加试验项目。

(3)技术要求:

①含泥量:混凝土强度等级≥C30时,含泥量≤1.0%;混凝土强度等级<C30时,含泥量≤2.0%。

②针片状含量:针片状含量≤15%。

③碎石母材的强度。

(4)检验规则:石子的检验规则和方法等同于砂。

(四)钢筋检验

(1)每批钢筋进场后,承包人应在有监理人员在场的情况下组织抽检。

(2)承包人应在取样试验后,将有关试验资料报送监理部,经审查合格后,方可用于施工中。

(3)钢筋有关试验项目包括冷拉(屈服强度、抗拉强度、伸长率)、冷弯。当对钢筋有特殊要求时,监理工程师有权要求增加试验项目。

(4)技术要求。钢筋的技术要求见国家相关规范和标准。

(5)检验规则。

①取样规则:钢筋一般以同厂家、同一牌号(同一炉号)、同一规格、同一交货状态为一批,每批重量不大于60 t。从每批中任选4根钢筋距端头大于50 cm处切取拉伸试样2个、弯曲试样2个,要分别标记,不得混淆。

②检验结果:拉伸和弯曲试验中若有一项不符合标准要求,则从同一批中再取双倍数量的试样进行不合格项目的复检,复检结果若还有不合格项,则该批为不合格品。对不符合设计要求或不合格的钢筋应杜绝使用。

(五)焊接钢筋检验

(1)钢筋焊接的种类以及工艺须符合设计及规范要求。

(2)钢筋焊接接头的常规试验为拉伸试验、弯曲试验。

(3)检验规则。

①取样:

钢筋闪光对焊接头:由同一班内、同一焊工、同一焊接参数完成的300个同类接头为一批。一周内连续焊接累计不足300个接头亦作为一批。每批从成品中切取3个拉伸试件、3个冷弯试件。

钢筋电弧焊接头:以同钢筋级别、同接头形式的同类型接头300个为一批。每批成品中切取3个拉伸试件、3个冷弯试件。

②检验结果:

钢筋闪光对焊接头:3个试件的抗拉强度均不得低于该级别钢筋的规定强度值;至少有2个试件断于焊缝之外,并呈塑性断裂。

当检验结果有1个试件的抗拉强度值低于规定指标,或有2个试件在焊缝或热影响区(离焊缝长度按0.75d计算)脆断应取双倍样复检。复检后,若还有1个试件的抗拉强度低于规定指标,或有1个试件呈脆性断裂,该批接头为不合格品。

试件弯至90°时,接头外侧不得出现宽度大于0.15 mm的横向裂纹。若有2个试件未达到要求,双倍取样复检。复检后若还有 1 个试件不合格,该批接头为不合格品。

钢筋电弧焊接头:结果评定与闪光对焊接头拉伸试验结果评定相同。当检验结果有 1 个试件的抗拉强度值低于规定指标,或有 2 个试件 CPU 温度脆断,双倍取样复检,复检后,若还有 1 个试件抗拉强度低于规定指标,或 3 个试件呈脆断,该批接头为不合格品。

(六)钢筋机械连接

(1)适用范围:钢筋机械连接适用于 HRB335 和 HRB400 钢筋的连接。

(2)检查要点:套筒长度和材质是否满足要求、螺纹螺距是否合格、牙形是否饱满、精度是否满足要求、是否无污染、螺杆长度是否符合要求、套筒的螺纹螺距与螺杆的螺纹螺距是否相符。

(3)连接要求:连接前,加工的丝扣不能涂抹油物防锈或润滑,丝扣不要和其他坚硬物碰撞,以免影响旋入,不能沾染土砂。连接中,两边丝扣尽量同时旋入,不许先旋入一端后再旋入另一端。连接后,两端不许有完整的外露丝扣。钢筋接头现场连接质量检测项目及标准见表 2-2-1。

表 2-2-1　钢筋接头现场连接质量检测项目及标准

序号	检查项目		质量标准
1	外观质量	丝头	保护良好,无锈蚀和油污,牙形饱满,牙项宽超过 0.6 m 秃牙部分累计不超过 1 个螺纹周长
		套筒	无裂纹或其他肉眼可见缺陷
2	外露丝扣		无 1 扣以上完整丝扣外露
3	螺丝匹配		螺丝螺头纹与套筒螺纹满足连接要求,螺纹结合紧密, 无明显松动,相应处理方法得当
4	接头外弯折		≤4

(七)土和混凝土

(1)跟踪检测:混凝土试样应不少于承包人检测数量的 7%,土方试样应不少于承包人检测数量的 10%。施工过程中,监理机构可根据工程质量控制工作需要和工程质量状况等确定跟踪检测的频次分布,但应对所有见证取样进行跟踪。

(2)平行检测:混凝土试样应不少于承包人检测数量的 3%,重要部位每种强度等级的混凝土至少取样 1 组;土方试样应不少于承包人检测数量的 5%,重要部位至少取样 3 组。施工过程中,监理机构可根据工程质量控制工作需要和工程质量状况等确定平行检测的频次分布。

(八)止水材料

(1)用于本工程的冷轧软紫铜片止水,必须符合招标文件要求。

(2)材料进场后,须有出厂合格证或质量保证书,施工单位应在监理机构在场的情况下进行抽样检验。

(3)施工单位需将出厂合格证或质保证书以及有关试验资料报送监理机构。

（4）冷轧软紫铜片止水应平整、干净，无砂眼和钉孔。产品检验（试验）点设置见表 2-2-2。

表 2-2-2　产品检验（试验）点设置

类别	材料名称	检测试验项目	频次	依据的规范
材料检/试验	水泥	比表面积	同牌号同强度等级	GB 175—2007 GB 8074—2008 GB/T 1346—2001 GB/T 17671—1999
		安定性	200～400 t 取样 1 组	
		标准稠度		
		凝结时间		
		胶砂强度		
	粉煤灰	细度	同牌号同强度等级 每 100～200 t 抽检 1 组	DL/T 5144—2007
		含水率		
		需水量比		
		烧失量		
	钢材	屈服强度	同牌号同规格同批 每 60 t 抽检 1 次	
		破坏强度		
		伸长率		
		冷弯		
	外加剂	减水率、强度比、凝结时间等	减水剂每 5 t、引气剂每 0.2 t 抽检 1 次	DL/T 5100—1999
	止水材料	硬度、拉伸强度、扯断伸长率、撕裂强度等	同厂家每批抽检 1 次	委托检验 DL/T 5215—2005

第四节　工程设备交货验收

一、开箱检验

（1）设备工程师应会同采供部工作人员、厂家工作人员、使用单位人员组织开箱，并准备好照相机拍照。

（2）设备工程师应首先检验包装的完好性，若有损坏，马上拍照取证。

（3）设备开箱时，尽可能要求厂家工作人员在场，双方根据装箱单清点其中设备、随机辅料、工具、备件及相关资料，若有不符，应在装箱单上注明。

（4）设备清点时，还应检查设备及部件的完好性，若有损坏，必须在清单上注明，并拍照取证。

（5）设备清点完成后，各方在清单上签字，若有异常，及时将异常情况通知厂家。

二、安装调试

安装调试可分为四个部分,包括现场安装、空载试车、负荷试车及批量试生产,设备工程师应及时了解安装调试情况,做好各部门的协调工作,及早发现问题并要求厂家进行整改。

(1)设备安装调试必须依据厂家提供的安装指导书或在厂家专业人员的指导下进行,其主要工作内容有设备就位、水平调整、底座固定、分离部件组装,运行所需的电、气、水、空调的连接,设备部件的清洁、润滑、紧固、调整等。

(2)设备工程师应每天做好记录,尤其是与合同不符的部分要及时与厂家反馈沟通,尽快纠正。

(3)安装调试的各个阶段,设备工程师必须编写阶段性总结报告交上级领导审核,并作为验收报告的附件。

(4)安装调试期间,设备工程师应组织设备操作人员及维护人员进行培训。

(5)设备若包含需要计量的装置或部件(如温度表、压力表),根据具体情况在空载试车或负荷试车阶段向质检部计量室申请计量,并将计量检定证书作为验收报告的附件。

(6)验收前准备:设备验收前,设备工程师应按照设备合同技术协议要求做好验收前准备工作。

三、验收前准备工作

(1)设备验收前,工程师应协调准备好动力条件,包括试车物料及电、气、水等。

(2)设备验收前,工程师应准备好相关资料,包括设备合同技术协议、设备说明书及图纸、标准配置清单、配件清单。

(3)设备验收前,工程师应根据合同技术协议等资料,制定设备验收报告并交由技术室主任审核后方可使用。

(4)设备验收前,工程师应准备好相关量具(质检部计量室可借)及测试仪器。

(5)设备工程师协调准备合同规定的试机考核方案中需要的原料、工装及辅材,以及考核计划。

四、设备验收

(1)外观检查。

(2)人员培训及资料移交。考核过程中,要检查操作人员能否独立操作,完整资料是否上交资料室等。

(3)空载试车。按照设备安装指导书,确认设备能否正常开关机,设备各部分的启动、显示和运行功能是否正常,是否能够执行设计的动作。

(4)负荷试车。设备工程师必须严格根据合同技术要求有计划、有步骤地进行负荷试车考核,并对负载试机的全过程做好记录和数据收集处理。

①根据合同规定的试机方案,分不同产品、不同规格进行逐项试产,留取足量的待检产品,用合同约定的方法或行业检测标准对产品的关键质量特性和设备的关键性能(如

加工精度、合格率、产能等)进行测量记录、分析和评判。

②负荷试车过程中,还要考核设备的可靠性、可修性和运行经济性。

第五节　检验资料和报告

(1)设备验收合格后,由负责的设备工程师填写《设备验收单》并送交采供部负责人,作为采供部付款依据。

(2)设备验收合格后,由负责的设备工程师整理编写《设备验收报告》,附相关检验资料,包括技术附件、计量检定证书、安装调试总结等,并存档。

(3)验收试机过程中,若有异常,则与厂家做好沟通协商,书面明确下一步的整改措施和解决计划,并延期验收。

第六节　采用的表式清单

监理机构在原材料、中间产品和工程设备检验管理监理工作中采用的表式清单见表2-2-3。

表2-2-3　原材料、中间产品和工程设备检验管理监理工作中采用的表式清单

《水利工程施工监理规范》(SL 288—2014)

序号	表格名称	表格类型	表格编号	页码
1	原材料/中间产品进场报验单	CB07	承包[　　]报验号	P73
2	施工设备进场报验单	CB08	承包[　　]设备号	P74
3	工程设备采购计划申报表	CB16	承包[　　]设采号	P84
4	工程设备进场开箱验收单	JL32	监理[　　]设备号	P167

第三篇　施工监理专业工作监理实施细则

第一章　质量控制监理实施细则

第一节　质量控制依据、方法和要点

一、本细则的编制依据

（1）工程施工合同文件、监理合同文件、招标投标文件、监理规划,已签发的设计图纸、设计交底、变更等,已批准的施工组织设计、施工方案等。

（2）其他工程质量控制管理相关法律法规、条例、办法、规定等文件。

（3）其他有关规程、规范。

本细则若有与以上文件不符之处,以上述文件为准。

二、质量控制的方法和过程

工程质量控制必须贯彻执行"安全生产,质量第一"的方针,采取"主动控制、动态控制、重点控制"的方式,对工程实施阶段的全过程进行全方位控制,重点控制施工过程质量,保证工程质量符合工程施工合同的要求,实现工程质量控制的总目标。

（一）质量控制的方法

工程质量控制应以"主动控制""动态控制""重点控制"的方式进行。主动控制是质量管理工作贯彻"预防为主"的方针;"动态控制"体现对质量进行全过程的管理;"重点控制"是指对隐蔽工程、关键部位和重要工序采取跟踪或旁站监理。

（二）质量控制的过程

监理机构的工程质量控制过程分为事前控制、事中控制、事后控制三个阶段。事前控制,通过对施工承包人资质审查、设计文件及图纸的审批、施工前各项准备工作和施工条件的检查督促以及相应质量保证措施的制定等进行控制。事中控制,通过对施工环境条件的督促管理、施工方法和工艺的检查、各工序检查签证及隐蔽重要工序的跟踪和旁站监理等进行控制。事后控制,通过审查施工承包人提交的质量检查报告,全面、系统地查阅质检报表和抽检成果、检查签证,对有疑点部位或漏检部位的复检或补检进行控制。

三、质量控制要点

监理机构应依据监理合同中发包人授予监理单位的职权开展工程质量控制工作,具体的质量控制要点如下:

（1）监督承包人质量保证体系的实施和改进。

（2）检查承包人的工程质量检测工作是否符合要求。

（3）检验原材料、中间产品是否合格，验收工程设备。

（4）检查施工设备是否满足施工要求。

（5）审批承包人的施工测量方案，复核测量成果。

（6）审批承包人的现场工艺试验方案，监督现场工艺试验。

（7）全面控制施工过程质量，尤其重视重要隐蔽和关键部位单元工程的质量。

（8）监理机构需按照施工合同和监理合同相关条款规定，采用平行检测、见证取样、跟踪检测等方法对工程质量进行复核，注意审查检测机构的相应资质，必须确保检测结果的有效性、真实性和准确性。

（9）检验工程质量，严格工序交接制度。

（10）组织填写施工质量缺陷备案表。

（11）调查处理质量事故。

四、质量控制工作监理单位的职权和责任

（1）工程质量控制工作中，业主授予监理单位的职权有：施工方案及措施的审查权、设计文件及图纸的确认签发权、施工过程质量监督和检测权、施工记录和资料的查阅权、质量否决权。

（2）监理单位对工程质量的检查监督不能免除或减轻施工承包人应承担的质量责任，承包单位因检查把关不严、决策指挥失误、明显失职等原因造成质量事故，必须承担全部质量责任。

第二节　质量控制的内容和措施

一、承包人质量保证体系管理

（一）承包人质量保证体系管理监理工作内容

合同工程开工之前，监理机构须按照施工合同规定审查承包人的质量保证体系。工程实施过程中，监理机构要动态监督承包人质量保证体系的落实情况，发现不足之处，应及时督促承包人进行改进和完善。同时促进承包人提高质量意识，努力促使工程质量目标的实现。

（二）承包人质量保证体系管理监理工作技术要求

承包人须在接到开工通知后的规定时间内，向监理机构提交质量检查机构、质检人员的资质和组成、质量检查程序等工程质量检查计划和措施报告，监理机构应审查下列内容：

（1）承包人的现场组织机构，管理、技术、特种作业等人员的名单、数量和资格。

（2）承包人建立的质量保证规章制度，包括质量自检制度（三检制）、岗位责任制度、培训考核制度、持证上岗制度等。

（3）承包人的工程质量检查计划、保证工程质量的施工措施和技术措施等。

工程实施过程中，监理机构应督促承包人严格遵守合同技术条件、施工技术规程、规

范和工程质量标准,按报批的施工措施计划中确定的施工工艺、措施和施工程序,按章作业、文明施工。

对无证上岗、不称职或违章、违规人员,可要求承包人暂停或禁止其在本工程中工作。施工人员中途变动时,应及时办理报批手续,并经培训教育合格后方可上岗作业。

二、承包人工程质量检测管理

(一)承包人工程质量检测管理监理工作内容

(1)监理机构应根据施工合同约定及有关规定,检查承包人的检测条件或委托的检测机构是否符合要求。

(2)监理应认真审批施工单位的自检方案,并督促其按批准的自检方案落实各类检测。

(3)监理人员应见证施工自检样品的抽取,全程跟踪送检过程,并及时对反馈的检测报告进行检查,确认检测结果。

(4)承包人工程质量检测管理监理工作技术要求如下:

①检查承包人的检测条件。监理机构检查承包人的检测条件应包括下列内容:

检测工作使用的计量器具、试验仪表及设备应具备有效的检定证书,国家规定需强制检定的计量器具应经县级以上计量行政部门认定的计量检定机构或其授权设置的计量检定机构进行检定。

检测人员应熟悉检测业务,了解被检测对象性质和所用仪器设备性能,经考核合格后,持证上岗。参与中间产品及混凝土(砂浆)试件质量资料复核的人员应具有工程师以上工程系列技术职称,并从事过相关试验工作。

②检查委托的检测机构。承包人根据工程建设需要,委托水利工程质量检测单位进行工程质量检测时,监理机构应对委托的检测机构进行检查,承担工程检测业务的检测单位应具有水行政主管部门颁发的资质证书,其设备和人员的配备应与所承担的任务相适应,有健全的管理制度。

(二)原材料、中间产品、工程设备管理

1. 原材料、中间产品管理

1)原材料、中间产品管理监理工作内容

监理机构应监督承包人按照施工合同规定,对各种原材料、中间产品进行检测,并核查承包人的检测结果,坚决禁止不合格的原材料、中间产品应用于工程中。

2)原材料、中间产品管理监理工作技术要求

原材料和中间产品的检验工作内容应符合下列规定:

(1)对承包人或发包人采购的原材料和中间产品,承包人应按供货合同的要求查验质量证明文件,并进行合格性检测。若承包人认为发包人采购的原材料和中间产品质量不合格,应向监理机构提供能够证明不合格的检测资料。

(2)对承包人生产的中间产品,承包人应按施工合同约定和有关规定进行合格性检测。

3)原材料、中间产品管理的程序

原材料和中间产品的检验工作程序应符合下列规定:

(1)承包人对原材料和中间产品按照本节"原材料、中间产品管理监理工作技术要求"中的工作内容进行检验,合格后向监理机构提交原材料和中间产品进场报验单。

(2)监理机构应现场查验原材料和中间产品,核查承包人报送的进场报验单;监理合同约定需要平行检测的项目,按照本节"平行检测"的要求进行。

(3)经监理机构核验合格并在进场报验单上签字确认后,原材料和中间产品方可用于工程施工。原材料和中间产品的进场报验单不符合要求的,承包人应进行复查,并重新上报;平行检测结果与承包人自检结果不一致的,按照本节"平行检测"中第 4 条的要求处理。

(4)监理机构发现承包人未按施工合同约定和有关规定对原材料、中间产品进行检测,应及时指示承包人补做检测;若承包人未按监理机构的指示补做检测,监理机构可委托其他有资质的检测机构进行检测,承包人应为此提供一切方便并承担相应费用。

(5)监理机构发现承包人在工程中使用不合格的原材料、中间产品时,应及时发出指示禁止承包人继续使用,监督承包人标识、处置并登记不合格原材料、中间产品。对已经使用了不合格原材料、中间产品的工程实体,监理机构应提请发包人组织相关参建单位及有关专家进行论证,提出处理意见。

2.工程设备管理

1)工程设备管理监理工作内容

监理机构应按照施工合同约定的时间和地点参加工程设备的交货验收,组织工程设备的到场交货检查和验收。检查工程设备的质量和性能,严禁不合格设备进场。

2)工程设备管理监理工作技术要求

工程设备检验应符合下列规定:

(1)承包人依据合同进度计划提交工程设备采购计划报审表,监理机构进行审核,审核通过后工程设备方可进场。

(2)设备进场后,监理机构组织现场交货和验收,需经发包人、监理机构、承包人和供货单位四方现场开箱,检查工程设备的规格型号、外观质量、备品备件情况、设备合格证、产品检验证、产品说明书等信息。

(3)经检查符合设备移交条件,发包人、监理机构、承包人和供货单位签署工程设备进场开箱验收单,自开箱验收之日起移交承包人保管。经检查不符合设备移交条件的,由供货方予以更换或处理后再次进行检查验收。

(三)施工设备管理

(1)施工设备管理监理工作内容。监理机构应监督承包人按照施工合同约定,安排合格的施工设备进场,要求承包人制定施工设备管理制度,重视施工设备的养护、维修和更换工作。避免施工设备的不良运行影响工程质量、进度和安全。

(2)施工设备管理监理工作技术要求。施工设备的检查应符合下列规定:

①监理机构应监督承包人按照施工合同约定安排施工设备及时进场,并对进场的施工设备及其合格性证明材料进行核查。在施工过程中,监理机构应监督承包人对施工设

备及时进行补充、维修和维护,以满足施工需要。

②旧施工设备(包括租赁的旧设备)应进行试运行,监理机构确认其符合使用要求和有关规定后方可投入使用。

③监理机构发现承包人使用的施工设备影响施工质量、进度和安全时,应及时要求承包人增加、撤换。

(3)施工设备管理监理工作程序见图3-1-1。

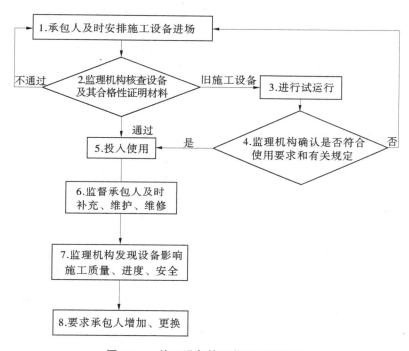

图 3-1-1　施工设备管理监理工作程序

(四) 施工工艺试验管理

现场工艺试验应符合下列规定:

(1)监理机构应审批承包人提交的现场工艺试验方案,并监督其实施。

(2)现场工艺试验完成后,监理机构应确认承包人提交的现场工艺试验成果。

(3)监理机构应依据确认的现场工艺试验成果,审查承包人提交的施工措施计划中的施工工艺。

(4)对承包人提出的新工艺,监理机构应提请发包人组织设计单位及有关专家对工艺试验成果进行评审认定。

三、施工过程质量控制

(一) 施工过程质量控制监理工作内容

监理机构应按照施工合同约定和监理合同授权,对施工过程进行全方位的质量监督、检查与控制。尽早发现有可能影响工程质量的因素,采取有效措施予以消除或避免。施工过程中出现质量问题时,应及时制定解决方案,避免扩大影响范围,并对工程质量的遗留问题进行妥善处理。

(二)施工过程质量控制监理工作技术要求

(1)监理机构可通过现场察看、查阅施工记录以及按照本节"旁站监测""跟踪监测""平行检测"的相关内容对施工质量进行控制。

(2)监理机构应加强重要隐蔽单元工程和关键部位单元工程的质量控制,注重对易引起渗漏、冻融、冻蚀、冲刷、气蚀等部位的质量控制。

(3)监理机构应要求承包人按施工合同约定及有关规定对工程质量进行自检,合格后方可报监理机构复核。

(4)监理机构应定期或不定期对承包人的人员、原材料、中间产品、工程设备、施工设备、工艺方法、施工环境和工程质量等进行巡视、检查。

(5)单元工程(工序)的质量评定未经监理机构复核或复核不合格,承包人不得开始下一单元工程(工序)的施工。

(6)需进行地质编录的工程隐蔽部位,承包人应报请设计机构进行地质编录,并及时告知监理机构。

(7)监理机构发现由于承包人使用的原材料、中间产品、工程设备以及施工设备或其他原因可能导致工程质量不合格或造成质量问题时,应及时发出指示,要求承包人立即采取措施纠正,必要时责令其停工整改。监理机构应对要求承包人纠正问题的处理结果进行复查,并形成复查记录,确认问题已经解决。

(8)监理机构发现施工环境可能影响工程质量时,应指示承包人采取消除影响的有效措施。必要时,按"暂停施工和复工管理监理工作技术要求"的"暂停施工建议"相关规定要求其暂停施工。

(9)监理机构应对施工过程中出现的质量问题及其处理措施或遗留问题进行详细记录,保存好相关资料。

(10)监理机构应参加工程设备的安装技术交底会议,监督承包人按照施工合同约定和工程设备供货单位提供的安装指导书进行工程设备的安装。

(11)监理机构应按施工合同约定和有关技术要求,审核承包人提交的工程设备启动程序,并监督承包人进行工程设备启动与调试工作。

(三)施工过程质量控制监理工作程序

施工过程质量控制监理工作程序见图3-1-2。

(四)跟踪检测

跟踪检测应符合下列规定:

(1)实施跟踪检测的监理人员应监督承包人的取样、送样以及试样的标记和记录,并与承包人送样人员共同在送样记录上签字。发现承包人在取样方法、取样代表性、试样包装或送样过程中存在错误时,应及时要求予以改正。

(2)跟踪检测的项目和数量(比例)应在监理合同中约定。其中,混凝土试样应不少于承包人检测数量的7%,土方试样应不少于承包人检测数量的10%。施工过程中,监理机构可根据工程质量控制工作需要和工程质量状况等确定跟踪检测的频次分布,但应对所有见证取样进行跟踪。

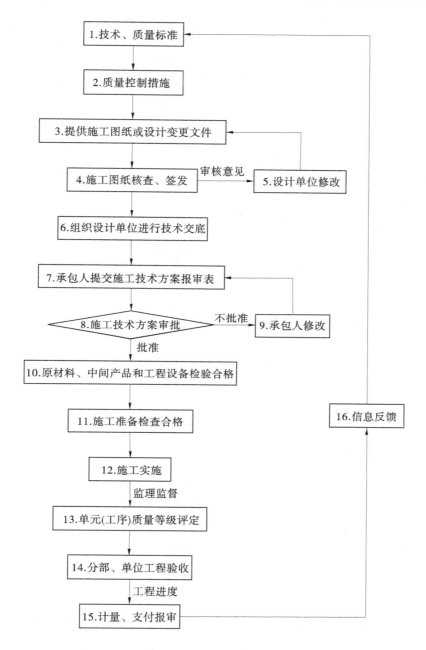

图 3-1-2 施工过程质量控制监理工作程序

(五) 平行检测

平行检测应符合下列规定:

(1) 监理机构可采用现场测量手段进行平行检测。

(2) 需要通过实验室进行检测的项目,监理机构应按照监理合同约定通知发包人委托或认可的具有相应资质的工程质量检测机构进行检测试验。

（3）平行检测的项目和数量（比例）应在监理合同中约定。其中，混凝土试样应不少于承包人检测数量的 3%，重要部位每种强度等级的混凝土至少取样 1 组。土方试样应不少于承包人检测数量的 5%，重要部位至少取样 3 组。施工过程中，监理机构可根据工程质量控制工作需要和工程质量状况等确定平行检测的频次分布。根据施工质量情况需要增加平行检测项目、数量时，监理机构可向发包人提出建议，经发包人同意，增加的平行检测费用由发包人承担。

（4）当平行检测试验结果与承包人的自检试验结果不一致时，监理机构应组织承包人及有关各方进行原因分析，提出处理意见。

（六）见证取样

见证取样应符合下列规定：

（1）涉及工程安全的试块、试件及有关材料，应实行见证取样。

（2）见证取样的项目和数量（比例）由监理机构根据工程质量控制工作需要和工程质量状况等确定，涉及结构安全的试块、试件和材料，见证取样和送样的比例不得低于有关技术标准中规定的应取样数量。见证人员必须由具备专业技术的人员担任，见证人员按照监理机构制定的检测计划，对承包人的取样和送检进行见证并做详细记录。取样人员在试样或其包装上做标识或封志，并由见证人员签字，见证人员和取样人员对试样的真实性与代表性负责。

（3）试样送检时，由送检单位填写委托单，见证人员和取样人员在委托单上签字。检测单位检查委托单及试样上的标识和封志，确认无误后方可进行检测。

四、旁站监理

（一）编制依据

旁站监理实施细则的编制依据如下：

（1）工程施工合同文件、监理合同文件、招标投标文件、监理规划、批准的施工措施计划、监理旁站方案、工程项目勘测资料、已签发的设计图纸等。

（2）《水利工程施工监理规范》（SL 288—2014）。

（3）其他旁站监理相关法律法规、条例、办法、规定等文件。

（二）旁站监理措施

1. 旁站监理规定

旁站监理应符合下列规定：

（1）监理机构应依据监理合同和监理工作需要，结合批准的施工措施计划，在监理实施细则中明确旁站监理的范围、内容和旁站监理人员的职责，并通知承包人。

（2）监理机构应严格实施旁站监理，旁站监理人员应及时填写旁站监理值班记录。

（3）除监理合同约定外，发包人要求或监理机构认为有必要并得到发包人同意增加的旁站监理工作，其费用应由发包人承担。

2. 旁站监理人员的职责

旁站监理人员的主要职责包括下列内容：

（1）检查承包人的现场质量检测人员到岗、特殊工种人员持证上岗以及施工机械、建筑材料准备情况。

（2）在现场跟班监督关键部位、关键工序施工，对施工方案以及工程建设强制性标准的执行情况进行核查。

（3）核查进场原材料、中间产品、工程设备和混凝土的质量检验报告等，并可在现场监督施工企业进行检验或者委托具有资格的第三方进行复验。

（4）认真填写旁站监理记录和监理日志，保存旁站监理原始资料。

3. 旁站监理程序

旁站监理的工作程序应符合下列规定：

（1）监理机构进入施工现场后，应及时制定旁站监理方案，明确旁站监理的范围、内容、程序和旁站监理人员职责，并编入监理规划中。同时，将旁站监理方案报送发包人、承包人和工程质量监督机构。

（2）承包人根据监理机构提供的旁站监理方案，对需要实施旁站监督的关键部位和关键工序在施工前 24 h 书面通知监理机构，通知内容包括旁站监督部位（或工序）、计划施工时间，施工员、专职质量检测员（或安全员）、特殊工种人员的名单及上岗证编号。

（3）监理机构在收到承包人的书面通知后，安排旁站监理人员按时到达旁站地点，根据监理规范要求实施旁站监督工作。旁站监理人员实施旁站监理时，发现承包人有违反规程、规范的行为，有权责令承包人立即整改；发现其施工活动已经或者可能危及工程质量（安全）的，应当及时向总监理工程师报告，由总监理工程师下达局部暂停施工指令或者采取其他应急措施。

（4）对需要实施旁站监理的关键部位、关键工序在施工现场跟班监督，及时发现和处理旁站监理过程中出现的质量问题，承包人及监理机构须如实填写旁站监理记录，凡旁站监理人员和施工现场质量检测人员（或安全员）未在旁站监理记录上签字的，不得进行下一道工序施工。同时，将旁站过程中发现的问题及时填入监理日记，并保存旁站监理原始资料。

（5）旁站监理记录是监理工程师或者总监理工程师依法行使有关签字权的重要依据。对于需要旁站监理的关键部位、关键工序施工，凡没有实施旁站监理或者没有旁站监理记录的，监理工程师或者总监理工程师不得在相应文件上签字。在工程竣工验收后，监理单位应当将旁站监理记录存档备查。

4. 填写旁站记录

旁站监理值班记录应真实、及时、准确、全面反映关键部位或关键工序的施工情况。尽量采用专业术语，不用过多的修饰词语，更不要夸大其词，文字书写应工整、规范、清晰，语言表达应简明扼要，措辞严谨。涉及数量的地方，应写清准确的数字。具体的填写要求应符合下列规定。

1）基本情况

基本情况包括工程部位、日期、时间、天气和温度等。其中，天气情况包括阴、雨、雪和温度变化（最高气温、最低温度）。准确的天气情况可以让监理人员判断旁站部位是否具备气候条件或根据天气情况要求承包人采取相应的作业措施。

2) 人员情况

应真实填写施工现场的施工技术员、施工班组长、质量检测员名字。记录施工现场分类人员数量,包括管理人员、技术人员、特种作业人员、普通作业人员、其他辅助人员。统计施工现场人员总数量。检查特种作业人员是否持证上岗,技术工人配备是否齐全、能否满足工程需要,尤其要检查承包人质量检测员以及质量保证体系的管理人员到位情况。

3) 主要施工设备及运转情况

记述施工时使用的主要设备名称、规格、数量,与承包人报验并经监理工程师审批的设备是否一致,施工机械设备运转是否正常。

4) 主要材料使用情况

记录关键部位或关键工序使用的主要材料名称、规格、型号、厂家、实用数量、复验情况及其与施工报验并经监理工程师审批的材料是否一致。如混凝土旁站记录"主要材料使用情况"应写清水泥生产厂家、强度、等级、出厂编号、实用数量,若采用外加剂,还应注明外加剂名称、生产厂家、掺量。

5) 施工过程描述

描述关键部位或关键工序施工过程情况、施工起止时间、完成的工程量、关键部位或关键工序的施工方法、质量保证体系运行情况等。质量保证体系运行情况主要记录旁站过程中承包人质量保证体系的管理人员是否到位、是否按事先的要求对关键部位或关键工序进行检查、是否对不符合操作要求的施工人员进行督促、是否对出现的问题进行纠正,以及现场跟班作业人员是否到位、是否认真负责。

6) 监理现场检查、检测情况

旁站监理人员应根据旁站监理方案和已批准的施工方案、施工工艺要求等,检查施工作业人员是否按批准的施工方案、施工工艺执行,检查旁站监理控制要点的施工情况是否达到相关要求,检查施工现场的安全措施是否到位,检测施工质量是否满足要求。详细记录检查、检测过程中发现的问题。

7) 承包人提出的问题

旁站监理人员对承包人提出的问题进行分析,旁站人员能现场处理的,详细记录处理情况;旁站人员无法处理的,上报监理工程师或总监理工程师处理。处理意见应是对问题分析后得出的结论意见(不一定是最终结论,如监理机构将问题分析意见转交设计单位或发包人处理),后期可对问题最终结论进行补充;该栏还要记录承包人对处理意见的执行情况。

8) 监理人的答复或指示

与旁站工程部位有关的承包人的申请、报审资料等,记录监理机构的批复意见。监理人员在旁站过程中发现施工人员未按批准的施工方案、施工工艺施工,操作不符合相关施工规范或技术标准,施工现场存在安全隐患等问题,应及时发出监理通知或指示,督促承包人改进,应记录监理通知或指示的主题和改进要求。

9) 当班监理人员、施工技术人员签字确认

按时签字确认是旁站监理记录的重要环节之一,没有当班监理人员、施工技术人员签字的旁站监理记录是无效的。不及时签字或代签字,是对旁站监理工作的不重视、不负

责,签字确认必须有一个严谨的时效性。

（三）旁站监理方案

1. 旁站监理目的

为了更好地实施本工程的施工监理工作,加强施工质量、进度和投资控制工作,更好地做好管理、协调工作,拟对工程施工过程中的关键工序、关键部位进行施工旁站监理,以严格控制施工质量,加强事中控制,了解施工过程动态发展,实现对关键工序、重点部位的跟踪控制,并加强落实,确保施工监理旁站到位,确保工程的质量和安全。

2. 旁站监理工作内容

监理机构建立完善的质量监控体系,对承包人的施工方法和施工工艺以及材料、设备质量等进行全方位的监督和检查。按照发包人要求落实现场监理 24 小时值班,对重要部位和隐蔽工程实施旁站监理。其工作内容主要如下:

（1）总监理工程师负责整个工程的监理管理和协调,各专业监理人员负责现场监理工作并接受总监的领导。总监理工程师负责现场巡视,检查现场施工情况,及时掌握现场质量动态,发现并处理施工质量问题。

（2）各专业监理人员负责分管工程的施工工艺和质量的巡视检查,对现场质量问题及时处理、解决。分项工程结束后及时验收检查并核对施工记录。参加工程量现场计量,汇总提交对质量、进度和资金控制的评述和总结。

（3）各专业监理人员对关键工序和部位的施工进行全过程的旁站监理。

（四）旁站监理范围

旁站监理范围见表 3-1-1。

表 3-1-1　旁站监理范围

旁站监理的部位	旁站监理的内容
基础处理工程	是否按照技术标准、规范、规程和批准的设计文件、施工组织设计施工。
混凝土浇筑	是否使用合格的材料、构配件和设备。 承包人有关现场管理人员、质量检测人员是否在岗。
机电设备安装	施工操作人员的技术水平、操作条件是否满足施工工艺要求,特殊操作人员是否持证上岗。 施工环境是否对工程质量产生不利影响。
其他关键部位、关键工序,其他隐蔽工程	施工过程是否存在质量和安全隐患。对施工过程中出现的较大质量问题或质量隐患,旁站监理人员采用照相、摄像等手段予以记录
建筑材料的见证和取样	全过程跟踪监督
新技术、新工艺、新材料、新设备试验过程	全过程跟踪监督
定位放线、沉降观测	旁站监理人员与施工方人员共同测量

(五) 采用的表式清单

监理机构在旁站监理工作中采用的表式清单见表 3-1-2。

表 3-1-2　监理机构在旁站监理工作中采用的表式清单

《水利工程施工监理规范》(SL 288—2014)

序号	表格名称	表格类型	表格编号	页码
1	旁站监理值班记录	JL26	监理[　　]旁站号	P161

五、工程质量检验管理

工程质量检验应符合下列规定:

(1)承包人应首先对工程施工质量进行自检。承包人未自检或自检不合格、自检资料不齐全的单元工程(工序),监理机构有权拒绝进行复核。

(2)监理机构对承包人经自检合格后报送的单元工程(工序)质量评定表和有关资料,应按有关技术标准和施工合同约定的要求进行复核。复核合格后方可签字确认。

(3)监理机构可采用跟踪检测监督承包人的自检工作,并可通过平行检测核验承包人的检测试验结果。

(4)重要隐蔽单元工程和关键部位单元工程应按有关规定组成联合验收小组共同检查并核定其质量等级,监理工程师应在质量等级签证表上签字。

(5)在工程设备安装调试完成后,监理机构应监督承包人按规定进行设备性能试验,并按施工合同约定要求承包人提交设备操作和维修手册。

(6)施工质量检验的具体内容见"工程质量评定监理实施细则"。

六、施工质量缺陷管理

(一) 施工质量缺陷管理监理工作内容

监理机构应严把工程施工质量关,承包人出现可能造成工程质量问题的行为时,应立即警告其改正。施工质量缺陷发生后,审核承包人提交的施工质量缺陷处理方案和处理措施计划,并组织填写施工质量缺陷备案表。

(二) 施工质量缺陷管理监理工作技术要求

施工质量缺陷管理应符合下列规定:

(1)判定施工质量缺陷。工程质量事故分为一般质量事故、较大质量事故、重大质量事故、特大质量事故。其中,一般质量事故是指对工程造成一定经济损失,经处理后不影响工程正常使用并不影响使用寿命的事故。把小于一般质量事故的质量问题称为质量缺陷。

(2)建立质量缺陷备案及检查处理制度。对因特殊原因,使得工程个别部位或局部达不到规范和设计要求(不影响使用),且未能及时进行处理的工程质量缺陷问题(质量评定仍为合格),必须以工程质量缺陷备案形式进行记录备案。

(3)监理机构应组织填写施工质量缺陷备案表,填写内容包括:质量缺陷产生的部位、原因,对质量缺陷是否处理和如何处理以及对建筑物使用的影响等,内容应真实、准确、完整。各工程参建单位代表应在质量缺陷备案表上签字,若有不同意见,应明确记载。

（4）质量缺陷备案表应及时提交发包人。

（三）施工质量缺陷管理监理工作程序

施工质量缺陷管理监理工作程序见图 3-1-3。

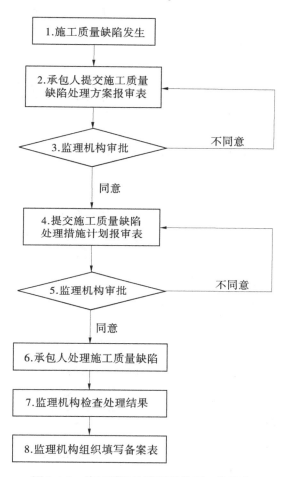

图 3-1-3　施工质量缺陷管理监理工作程序

七、工程质量事故管理

监理机构应指示承包人及时排除可能造成工程质量事故的隐患,审核承包人制定的事故应急预案。当工程质量事故发生后,应立即指示事故现场人员严格保护事故现场,采取有效措施抢救人员和财产,防止事故扩大。同时,配合协助工程质量事故的报告、调查和处理。

监理机构不能将施工质量缺陷或仍未定性的质量问题称为质量事故。质量事故的调查处理应符合下列规定:

（1）质量事故发生后,承包人应按规定及时报告。监理机构在向发包人报告的同时,应指示承包人及时采取必要的应急措施并如实记录。

（2）监理机构应积极配合事故调查组进行工程质量事故调查、事故原因分析等有关工作。

（3）监理机构应指示承包人按照批准的工程质量事故处理方案和措施进行事故处理，并监督处理过程。

（4）监理机构应参与工程质量事故处理后的质量评定与验收。

八、质量监督机构监督

监理机构应接受质量监督机构的监督，主要包括以下内容：

（1）按要求参加质量监督机构的现场监督活动，并提供相关监理文件。

（2）质量监督机构要求监理机构整改的，应按要求及时整改并提交整改报告。

（3）质量监督机构对施工质量保证体系和施工行为要求整改的，或者对工程实体质量问题要求处理的，应督促承包人进行整改、处理。

九、采用的表式清单

监理机构在工程质量控制监理工作中采用的表式清单见表 3-1-3。

表 3-1-3　工程质量控制监理工作中采用的表式清单

《水利工程施工监理规范》（SL 288—2014）

序号	表格名称	表格类型	表格编号		页码
1	现场组织机构及主要人员报审表	CB06	承包[　]	机构号	P72
2	原材料/中间产品进场报验单	CB07	承包[　]	报验号	P73
3	施工设备进场报验单	CB08	承包[　]	设备号	P74
4	工程设备采购计划申报表	CB16	承包[　]	设采号	P84
5	施工质量缺陷处理方案报审表	CB19	承包[　]	缺方号	P87
6	施工质量缺陷处理措施计划报审表	CB20	承包[　]	缺陷号	P88
7	事故报告单	CB21	承包[　]	事故号	P89
8	旁站监理值班记录	JL26	监理[　]	旁站号	P161
9	监理巡视记录	JL27	监理[　]	巡视号	P162
10	工程质量平行检测记录	JL28	监理[　]	平行号	P163
11	工程质量跟踪检测记录	JL29	监理[　]	跟踪号	P164
12	见证取样跟踪记录	JL30	监理[　]	见证号	P165
13	工程设备进场开箱验收单	JL32	监理[　]	设备号	P167

《水利水电工程施工质量检验与评定规程》（SL 176—2015）

序号	表格名称	页码
1	施工质量缺陷备案表	P35

第二章　进度控制监理实施细则

第一节　编制依据

本细则的编制依据如下：

（1）工程施工合同文件、监理合同文件、招标投标文件、监理规划、已签发的设计图纸、设计交底、变更等，已批准的施工组织设计、施工方案等。

（2）有关现行规程、规范和规定：

①其他工程进度控制管理相关法律法规、条例、办法、规定等文件。

②其他有关规程、规范。

本细则若有与以上文件不符之处，以上述文件为准。

第二节　进度控制工作特点和控制要点

一、进度控制工作特点

由于工程项目的施工特点，尤其是大型和复杂的施工项目工期长，影响进度因素多，所涉及的各个部分都必须围绕总进度计划有条不紊地进行，工程进度控制通常有以下特点：

（1）进度控制的动态性。

（2）进度控制的层次性和系统性。

（3）进度控制要理论、经验与工程实际相结合。

（4）进度控制的阶段性和不平衡性。

二、进度控制要点

进度控制是工程项目管理的一项重要内容，监理机构应分析工程进度特点，确立工程控制进度目标，制定工程进度控制计划，采取组织、技术、合同、经济、管理等有效措施，推进工程进度计划，实现工程进度目标。具体的进度控制要点如下：

（1）审查承包人的施工总进度计划是否全面、合理。

（2）审批承包人的分阶段、分项目施工进度计划，督促承包人投入足够的施工资源，保证进度计划顺利实施。

（3）检查施工进度是否按批准的进度计划进行，若出现偏差，应及时组织调整。

（4）针对工程实施中出现的影响工程质量、安全等情况，发生紧急事件或其他不确定性因素等,做好暂停施工和复工控制管理。

(5)动态掌握施工进度,出现延误应及时采取赶工措施。

(6)按合同约定处理工期的其他相关事宜。

第三节　进度控制的内容、措施和手段

依据合同工期要求,确定项目总工期目标,制定分阶段控制目标,以此核查施工承包人人、机、料、法、环等资源配置情况,督促施工承包人进行合理的工序搭接,确保阶段性目标的实现和及时纠偏,从而保证项目总目标实现。对项目实施过程中出现的非施工承包人可预见或控制的工期影响因素,督促施工承包人及时办理工期签证。对项目实施过程中施工承包人造成的工期延误,及时下达责令整改通知书,并承担相应的违约金。

一、进度控制的内容和方法

对施工承包人报送的人工、材料、机械动态月报进行分析,找出影响进度原因,提出纠正措施和指令。

及时分析进度障碍,提出补救措施,调整总控制进度计划或阶段性进度计划,并及时上报委托人后,发布相应指令。

根据施工总进度计划,审核施工承包人提交的年、季、月、周进度计划并监督、控制其执行,必要时对上述计划提出调整建议和必要的指示。

根据委托人及各相关合同要求,制定本工程总进度控制计划、材料设备采购计划,审查施工承包人提交的单位工程施工进度计划和年、季、月、周进度计划,并要求和督促施工承包人调整计划以满足工程进度要求。

监理人应采取有效措施,督促施工承包人的人员、材料按计划进场,按时完成施工设备调遣及安装调试和拆除。

该工程的施工项目难度大,施工工序间的合理衔接以及原材料的材质保证和单元工程施工质量与施工进度控制情况,都将对总进度目标的按期实现构成直接影响。

监理将协助建设单位组织好施工队伍的进场工作,确保工程按预定的时间开工建设。同时,在确保工程质量的前提下,对工程建设内、外部环境对施工各工序的实际影响进行科学分析,合理安排各工程项目的施工顺序,检查施工承包人的资源投入和保证材料供应,对工程进展情况进行适时跟踪,合理指导施工计划安排和施工方案的实施,尽可能地优化施工程序,最有效地利用施工有效时间,保证关键线路的工程形象进度,争取阶段性工期目标的提前实现,保证合同控制工期的实现。

(一)施工进度计划的申报

(1)施工承包人应根据合同要求、设计文件、技术规范、现场自然条件及施工水平,完成施工组织设计,并报监理部审批。施工组织设计的主要内容应包括以下成果资料:

①合同工程项目概况;

②施工管理组织与机构;

③施工总布置图;

④合同工程项目控制性施工总进度计划(包括年度、季度横道进度表和关键路线网络进度图、施工强度分析及其说明);

⑤主要工程项目施工程序、施工方法和措施;

⑥分年主要施工设备、材料、劳动力等施工资源投入计划;

⑦分年合同支付资金计划;

⑧工程质量管理组织与控制措施;

⑨安全防护措施及安全作业规程;

⑩施工环境保护措施。

(2)合同项目控制性施工总进度计划及单项计划,应包括以下主要内容:

①采用的主要施工机械设备台班、台时生产定额指标;

②重要工序或控制作业循环时间分析;

③控制性施工计划横道表;

④关键路线网络计划分析;

⑤控制性施工进度形象示意图;

⑥永久性工程设备的安装、交货时间安排;

⑦施工资源配置。

(二)控制性总进度计划的编制控制

(1)监理部应在工程项目开工前依据施工合同约定的工期总目标、阶段性目标等,协助建设单位编制控制性总进度计划。

(2)随着工程进展和施工条件的变化,监理部应及时提请建设单位对控制性总进度计划进行必要的调整。

(三)施工进度计划的审批控制

(1)监理部应在工程项目开工前依据控制性总进度计划审批施工承包人提交的施工进度计划。在施工过程中,依据施工合同约定审批各单位工程进度计划,逐阶段审批年、季、月施工进度计划。

(2)施工进度计划审批的程序:

①施工承包人应在施工合同约定的时间内向监理部提交施工进度计划;

②监理部应在收到施工进度计划后及时进行审查,提出明确审批意见,必要时召集由建设单位、设计单位参加的施工进度计划审查专题会议,听取施工承包人的汇报,并对有关问题进行分析研究;

③若施工进度计划中存在问题,监理机构应提出审查意见,交施工承包人进行修改或调整;

④审批施工承包人提交的施工进度计划或修改、调整后的施工进度计划。

(3)施工进度计划审查的主要内容:

①在施工进度计划中有无项目内容漏项或重复的情况;

②施工进度计划与合同工期和阶段性目标的响应与符合性;

③施工进度计划中各项目之间逻辑关系的正确性与施工方案的可行性；

④关键路线安排和施工进度计划实施过程的合理性；

⑤人力、材料、施工设备等资源配置计划和施工强度的合理性；

⑥材料、构配件、工程设备供应计划与施工进度计划的衔接关系；

⑦本施工项目与其他各标段施工项目之间的协调性；

⑧施工进度计划的详细程度和表达形式的适宜性；

⑨对建设单位提供施工条件要求的合理性；

⑩其他应审查的内容。

（四）实际施工进度的检查与协调的控制

（1）监理部编制描述实际施工进度状况和用于进度控制的各类图表。

（2）监理部督促施工承包人做好施工组织管理，确保施工资源的投入，并按批准的施工进度计划实施。

（3）监理部做好实际工程进度记录以及施工承包人每日的施工设备、人员、原材料的进场记录，并审核施工承包人的同期记录。

（4）监理部对施工进度计划的实施全过程，包括施工准备、施工条件和进度计划的实施情况，进行定期检查，对实际施工进度进行分析和评价，对关键路线的进度实施重点跟踪检查。

（5）监理部根据施工进度计划，协调有关参建各方之间的关系，定期召开生产协调会议，及时发现、解决影响工程进度的干扰因素，促进施工项目的顺利进行。

（五）施工进度计划的调整控制

监理工程师要严格按照施工总进度计划对年度施工进度计划进行审查，并报总监理工程师审批；在年进度计划的基础上对季进度施工计划进行审核，报总监理工程师审批；在季进度计划的基础上对月进度计划进行审核，并报总监理工程师审批；在月进度计划的基础上对周进度计划进行审核，并报总监理工程师审批。

（1）监理部在检查中发现实际工程进度与施工进度计划发生了实质性偏离时，要求施工承包人及时调整施工进度计划。

（2）监理部根据工程变更情况，公正、公平处理工程变更所引起的工期变化事宜。当工程变更影响施工进度计划时，监理机构应指示施工承包人编制变更后的施工进度计划。

（3）监理部依据施工合同和施工进度计划及实际工程进度记录，审查施工承包人提交的工期索赔申请，提出索赔处理意见报建设单位。

（4）施工进度计划的调整涉及总工期目标、阶段目标、资金使用等较大的变化时，监理机构提出处理意见报建设单位批准。

（六）停工与复工的控制

（1）在发生下列情况之一时，监理部可视情况决定是否下达暂停施工通知：

①建设单位要求暂停施工时；

②施工承包人未经许可即进行主体工程施工时；

③施工承包人未按照批准的施工组织设计或工法施工，并且可能会出现工程质量问

题或造成安全事故隐患时；

④施工承包人有违反施工合同的行为时。

（2）在发生下列情况之一时，监理部下达暂停施工通知：

①工程继续施工将会对第三者或社会公共利益造成损害时；

②为了保证工程质量、安全所必要时；

③发生了须暂时停止施工的紧急事件时；

④施工承包人拒绝服从监理机构的管理，不执行监理机构的指示，从而将对工程质量、进度和投资控制产生严重影响时；

⑤其他下达暂停施工通知的情况。

（3）监理部下达暂停施工通知，应征得建设单位同意。建设单位在收到监理部暂停施工通知报告后，应在约定时间内予以答复；若建设单位逾期未答复，则视为其已同意，监理机构可据此下达暂停施工通知，并根据停工的影响范围和程度，明确停工范围。

（4）若由于建设单位的责任需要暂停施工，监理机构未及时下达暂停施工通知时，在施工承包人提出暂停施工的申请后，监理部在施工合同约定的时间内予以答复。

（5）下达暂停施工通知后，监理部指示施工承包人妥善照管工程，并督促有关方及时采取有效措施，排除影响因素，为尽早复工创造条件。

（6）在具备复工条件后，监理机构及时签发复工通知，明确复工范围，并督促施工承包人执行。

（7）监理部及时按施工合同约定处理因工程停工引起的与工期、费用等有关的问题。

（8）由于施工承包人的原因造成施工进度拖延，可能致使工程不能按合同工期完工，或建设单位要求提前完工，监理机构指示施工承包人调整施工进度计划，编制赶工措施报告，在审批后发布赶工指示，并督促施工承包人执行。

监理部按照施工合同约定处理对因赶工引起的费用事宜。

（9）监理部督促施工承包人按施工合同约定按时提交月、年施工进度报告。

（七）工程验收与移交的控制

1. 监理部职责

监理部按照国家和水利部的有关规定做好各时段工程验收的监理工作，其主要职责如下：

（1）协助建设单位制定各时段验收工作计划。

（2）编写各时段工程验收的监理工作报告，整理监理部提交和提供的验收资料。

（3）参加或受建设单位委托主持分部工程验收，参加阶段验收、单位工程验收、竣工验收。

（4）督促施工承包人提交验收报告和相关资料并协助建设单位进行审核。

（5）督促施工承包人按照验收鉴定书中对遗留问题提出的处理意见完成处理工作。

（6）验收通过后及时签发工程移交证书。

2. 分部工程验收的控制

（1）在施工承包人提出验收申请后，监理机构应组织检查分部工程的完成情况并审核施工承包人提交的分部工程验收资料。

监理部指示施工承包人对提供的资料中存在的问题进行补充、修正。

(2)监理部在分部工程的所有单元工程已经完建且质量全部合格、资料齐全时,提请建设单位及时进行分部工程验收。

(3)监理部参加或受建设单位委托主持分部工程验收工作,并在验收前准备应由其提交的验收资料和提供的验收备查资料。

(4)分部工程验收通过后,监理机构应签署或协助建设单位签署《分部工程验收签证》,并督促施工承包人按照《分部工程验收签证》中提出的遗留问题及时进行完善和处理。

3.单位工程验收的控制

(1)监理部参加单位工程验收工作,并在验收前按规定提交和提供单位工程验收监理工作报告和相关资料。

(2)在单位工程验收前,监理部督促施工承包人提交单位工程验收施工管理工作报告和相关资料,并进行审核,指示施工承包人对报告和资料中存在的问题进行补充、修正。

(3)在单位工程验收前,监理机构协助建设单位检查单位工程验收应具备的条件,检验分部工程验收中提出的遗留问题的处理情况,并参加单位工程质量评定。

(4)对于投入使用的单位工程,在验收前,监理部审核施工承包人因验收前无法完成但不影响工程投入使用而编制的尾工项目清单和已完工程存在的质量缺陷项目清单及其延期完工、修复期限和相应施工措施计划。

(5)督促施工承包人提交针对验收中提出的遗留问题的处理方案和实施计划,并进行审批。

(6)投入使用的单位工程验收通过后,监理部签发工程移交证书。

4.合同项目完工验收的控制

(1)当施工承包人按施工合同约定或监理指示完成所有施工工作时,监理机构应及时提请建设单位组织合同项目完工验收。

(2)监理部在合同项目完工验收前,按规定整编资料,提交合同项目完工验收监理工作报告。

(3)监理部在合同项目完工验收前,检验前述验收后尾工项目的实施和质量缺陷的修补情况;审核拟在缺陷责任期实施的尾工项目清单;督促施工承包人按有关规定和施工合同约定汇总、整编全部合同项目的归档资料,并进行审核。

(4)督促施工承包人提交针对已完工程中存在质量缺陷和遗留问题的处理方案和实施计划,并进行审批。

(5)验收通过后,监理部应按合同约定签发合同项目工程移交证书。

5.竣工验收的控制

(1)监理部参加工程项目竣工验收前的初步验收工作。

(2)作为被验收单位参加工程项目竣工验收,对验收委员会提出的问题做出解释。

二、进度控制的措施

具体的措施如下：

（1）建立健全监理工程师的进度控制组织，督促施工承包人采取有效的组织措施，以保证进度的顺利实施。

（2）建立并根据现场的实际情况完善进度控制的程序和方法。

（3）严格审查各施工承包人的施工进度计划，主要审查内容如下：

①进度计划是否满足合同总工期和各阶段工期目标的控制要求；

②进度计划中是否考虑气候对工程实施的影响以及这种考虑是否恰当；

③施工工艺是否符合技术规范的要求，施工顺序是否符合逻辑；

④进度计划中是否考虑了场内外运输条件的影响；

⑤施工机械设备是否配套和有效率；

⑥计划中是否考虑了某些工序之间转换所必要的间歇时间以及某些关键工序所需要的预备时间；

⑦计划是否与合同中规定的建设单位提供场地、某些设备和材料的时间以及各标之间场地的交接时间相协调；

⑧项目划分是否合理，有无漏项和重复；

⑨施工组织设计的合理性、全面性和可行性；

⑩进度计划中是否考虑了设计图纸供应方面可能出现的滞后，考虑的程度、合理性如何；

⑪进度计划中是否考虑了材料供应的可能影响；

⑫进度安排与建设单位资金的计划提供能力是否一致。

（4）尽可能协调各标以使整个工程的进度计划得到优化，使施工过程中的局部拖延能够尽快地解决和消化，提高整个工程总工期实现的保证率。

（5）协调各标段之间的施工干扰将是保证总进度顺利实施的重要措施。

（6）做好进度控制工作中的三控制工作，即事前控制、过程控制和事后控制。其中，事前控制的主要工作是编制良好的控制性进度和严格审查施工承包人的进度，过程控制主要是检查和督促施工承包人对进度计划的实施，事后控制主要是信息反馈、整理、分析与纠偏活动。

（7）会同各方尽量提前预测各种不利因素对进度计划可能产生的影响，如地质、气候、材料、设备、资金、设计变更等。

（8）做好物资供应进度计划，督促施工承包人的自购物资按时进场和妥善保管，协助建设单位搞好建设单位物资的及时供应，以保证施工的顺利进行。

三、进度控制手段

（一）进度计划执行情况审查

审查施工进度计划的执行情况，督促施工承包人严格执行施工进度计划，并按合同规定期限及时提交施工进度报告,报告应包括以下内容:已完成的分部分项工程量和累计完成量;主要物资、材料的实际进场数量、消耗量和储存量;施工现场技术力量,施工设备的数量及状况;已完工程形象进度和必要的进度形象图片;已经延误和可能延误施工进度的因素及采取的措施,施工场地、道路利用的情况;建设单位提供的临时工程与辅助设施的利用情况;工程量、安全和停工、复工记录。

监理部将采用进度软件(由建设单位提供)编制监理施工阶段总进度控制计划。对总进度进行分解,对重点、关键部位或项目,制定控制计划和控制工作细则。

对施工承包人报送的实施进度计划(包括总进度计划、分年施工计划、季度施工计划、分月施工计划等)进行认真审批。对进度计划,重点审查其逻辑关系、施工程序、资源的均衡投入以及施工进度安排对工程支付、施工质量和合同工期目标的影响等方面。

(二)施工过程检查

施工过程中,对照监理部审批的分月施工计划,督促施工承包人做好周计划安排,并加以审核,认真落实各项施工措施,保证计划的完成。对实际进度与计划的偏差,还要进一步分析其大小、对进度目标影响程度及其产生的原因,以便研究对策、提出纠纷措施。必要时对后期进度计划做出适当的调整。

为了确保工程进度目标的按期实施,监理工程师密切注意施工进度,随时了解施工进度实施中存在的问题并协助其解决,严格控制关键路线施工工序的施工进展,根据实际情况及时调整施工进度计划、施工资源配备。

监理工程师将每月、每周定期组织不同层级的协调会。在高级协调会上通报项目建设的重大变更事项,协调其后果处理,解决各个施工承包人及建设单位的协调问题;在周进度会上,通报各自进度状况、存在问题及下周安排设想,解决施工中相互协调的问题等。同时,阶段性地向建设单位提出优化调整进度计划的建议和分析报告。

(三)进度计划的跟踪监测

在施工过程中,密切跟踪监测施工进度,控制关键线路各重要事件的进展,把实际施工进度与计划进度相比较,找出偏差,分析偏差对后续工作的影响,提出解决措施和办法。同时,随工程进展逐月检查施工准备、施工条件、设备供货和工程进度计划的实施情况,及时发现和协调、解决影响工程进展的外部条件和干扰因素,促进工程施工的顺利进行。

(四)进度计划的调整

监理部将按月进行施工进度分析与评价,当实际施工进度与计划进度发生较大偏离时,督促进行施工进度计划的调整;施工进度计划在执行中确需修改时,要求施工承包人提出进度修改的详细说明,并按承建合同规定的期限提出修改的进度计划报监理工程师审批,同时报建设单位备案;当施工进度计划修改涉及合同工期目标或合同商务条件的变化或投资费用增减时,在做出批准前将事先得到建设单位的批准;对于必须报批的进度计划文件,监理工程师在规定的期限内向施工承包人提出审批意见。

(五)工期延误补救

在施工过程中,因各种原因影响,可能会造成工期延误。按照工程承包合同及监理合同的有关规定,若是属于建设单位的合同责任与风险,施工承包人应及时通知建设单位和监理人,并在发出该通知后的 28 天(或合同另行规定的期限)内向监理人提交一份详情报告,申述发生工期延误事项的细节和对工期的影响程度。此后的 14 天(或合同规定的期限)内,施工承包人可按合同规定和监理指示,修订施工进度计划和编制赶工措施提交监理工程师批准;若是按照工程承包合同文件的规定属于施工承包人的责任与风险(如由于施工承包人的失误或违规、违约引起的,或因监理工程师的指令暂时停工,以及未得到监理工程师批准的擅自停工等),监理人将向建设单位提交认定由承包商承担合同责任的报告。同时,按照合同规定或建设单位的要求,指示施工承包人修订施工进度计划和编制赶工措施提交监理工程师批准。

(六)协调并督促施工方建立强有力的现场管理机构

督促施工承包人建立以进度控制为主线的强有力的现场管理机构,狠抓进度计划的落实,对进度计划的落实情况进行考核,促进施工管理水平的提高,以此促进工程施工的顺利进展。在工程施工中,应采取措施避免施工方计划制定不合理、两套计划(对内、对外)、计划与实施脱节等现象发生,其一是在施工招标文件中对施工方的进度管理提出明确要求,要求计划的制定与实施由技术、调度部门共同完成;其二是在工程实施中要求施工方提交调度部门"任务单"供监理工程师检查;其三是从合同进度款中分化一定比例的费用用于进度落实好坏的奖励。只要措施得力,精心组织,就能够圆满地实现合同进度控制目的。

第四节　施工进度计划监理控制及程序

一、施工总进度计划

(一)施工总进度计划控制监理工作内容

监理机构应在合同工程开工前,依据施工合同约定的工期总目标、阶段性目标和发包人的控制性总进度计划,制定施工进度计划的编制要求,并书面通知承包人制定施工总进度计划。审查承包人的施工总进度计划,认真分析处理有关问题,确保施工总进度计划的正确性、可行性、全面性和协调性。

(二)施工总进度计划控制监理工作技术要求

施工总进度计划审查应包括下列内容:

(1)是否符合监理机构提出的施工总进度计划编制要求。

(2)施工总进度计划与合同工期和阶段性目标的响应与符合性。

(3)施工总进度计划中有无项目内容漏项或重复的情况。

(4)施工总进度计划中各项目之间逻辑关系的正确性与施工方案的可行性。

(5)施工总进度计划中关键路线安排的合理性。

(6)人员、施工设备等资源配置计划和施工强度的合理性。

(7)原材料、中间产品和工程设备供应计划与施工总进度计划的协调性。

(8)本合同工程施工与其他合同工程施工之间的协调性。

(9)用图计划、用地计划等的合理性,以及与发包人提供条件的协调性。

(10)其他应审查的内容。

(三)施工总进度计划控制监理工作程序

施工总进度计划控制监理工作程序应符合下列规定:

(1)承包人应按施工合同约定的内容、期限和施工总进度计划的编制要求,编制施工总进度计划,报送监理机构。

(2)监理机构应在施工合同约定的期限内完成审查并批复或提出修改意见。

(3)根据监理机构的修改意见,承包人应修正施工总进度计划,重新报送监理机构。

(4)监理机构在审查中,可根据需要提请发包人组织设代机构、承包人、设备供应单位、征迁部门等有关方参加施工总进度计划协调会议,听取参建各方的意见,并对有关问题进行分析处理,形成结论性意见。

二、分阶段、分项目施工进度计划

(一)分阶段施工进度计划审查内容

分阶段施工进度计划审查包括下列内容:

(1)承包人本年(季、月)计划完成的工程量及其施工面貌、材料用量和施工人员安排。

(2)承包人本年(季、月)施工所需的机具、设备、材料的数量和采购计划要求。

(3)承包人本年(季、月)需要发包人提供施工图纸的计划要求。

(4)承包人本年(季、月)需要发包人或其他承包人提供工程设备、预埋件的计划要求。

(5)承包人列出的本年(季、月)各工程项目的试验检验和验收计划,以及对工程试验和验收应完成的各项准备工作的说明。

(6)其他应审查的内容。

(二)分项目施工进度计划审查内容

分项目施工进度计划审查包括下列内容:

(1)单位、分部工程的具体施工方案和施工方法。

(2)单位、分部工程总体进度计划及各道工序(或检验批)的控制日期。

(3)单位、分部工程的资金流动计划。

(4)单位、分部工程的施工准备及结束清场的时间安排。

(5)对单位、分部工程总体进度计划及其他相关工程的控制、依赖关系和说明等。

(6)其他应审查的内容。

(三)分阶段、分项目施工进度计划控制监理工作技术要求

分阶段、分项目施工进度计划控制应符合下列要求:

(1)监理机构应要求承包人依据施工合同约定和批准的施工总进度计划,分年度编制年度施工进度计划,报监理机构审批。

(2)根据进度控制需要,监理机构可要求承包人编制季、月施工进度计划,以及单位工程或分部工程施工进度计划,报监理机构审批。

三、施工进度检查

(一)施工进度检查监理工作内容

监理机构应监督承包人严格按照批准的施工进度计划进行施工,采用现场巡视、施工资料的调阅与审查、召开进度会议等方法跟踪检查施工进度计划执行情况,同时做好施工现场进度的记录与统计工作。

施工进度的检查应包括下列内容:

(1)各施工项目完成的工程量及工程面貌。

(2)材料设备的供应与使用,施工设备的数量规格与利用状况。

(3)施工人员的数量与工种。

(4)施工的组织与现场调度。

(5)停工、窝工的现象及原因。

(6)其他施工干扰因素。

(二)施工进度检查监理工作技术要求

施工进度的检查应符合下列规定:

(1)监理机构应检查承包人是否按照批准的施工进度计划组织施工,资源的投入是否满足施工需要。

(2)监理机构应跟踪检查施工进度,分析实际施工进度与施工进度计划的偏差,重点分析关键路线的进展情况和进度延误的影响因素,并采取相应的监理措施。

四、施工进度计划调整监理工作内容

监理机构检查承包人施工进度时,若发现实际施工进度与施工进度计划有偏离或存在偏离的可能性,应及时指示承包人采取措施排除干扰因素,同时修订进度计划。由于各种原因,导致施工进度计划在执行过程中必须进行实质性改动时,监理机构应认真分析,研究施工进度计划调整方案,组织进度计划调整。

施工进度计划的调整应符合下列规定:

(1)监理机构在检查中发现实际施工进度与施工进度计划发生了实质性偏差时,应指示承包人分析进度偏差原因,修订施工进度计划报监理机构审批。

(2)当变更影响施工进度时,监理机构应指示承包人编制变更后的施工进度计划,并按施工合同约定处理变更引起的工期调整事宜。

(3)施工进度计划的调整涉及总工期目标、阶段目标改变,或者资金使用有较大的变化时,监理机构应提出审查意见报发包人批准。

五、暂停施工和复工管理

(一)暂停施工和复工管理监理工作内容

监理机构应严格按照施工合同约定和施工总进度计划要求,控制承包人的施工过程,避免因出现质量问题、造成安全隐患、发生违约行为或其他因素等导致暂停施工,影响合同工期。发生需要暂停施工的情况时,监理机构应分析停工后可能产生影响的范围和程度,确定暂停施工的范围,然后发出暂停施工指示,应在暂停施工指示中要求承包人对现场施工组织做出合理安排,以尽量减少停工的影响和损失。同时,督促相关各方尽快采取有效措施排除影响因素,达到复工条件后,签发复工通知。

(二)暂停施工和复工管理监理工作技术要求

1. 暂停施工建议

在发生下列情况之一时,监理机构应提出暂停施工的建议,报发包人同意后签发暂停施工指示:

(1)工程继续施工将会对第三者或社会公共利益造成损害。

(2)为了保证工程质量、安全所必要。

(3)承包人发生合同约定的违约行为,且在合同约定的时间内未按监理机构指示纠正其违约行为,或拒不执行监理机构的指示,从而将对工程质量、安全、进度和资金控制产生严重影响,需要停工整改。

发生上述暂停施工情形时,发包人在收到监理机构提出的暂停施工建议后,应在施工合同约定的时间内予以答复;若发包人逾期未答复,则视为其已同意,监理机构可据此下达暂停施工指示。

2. 暂停施工指示

在发生下列情况之一时,监理机构可签发暂停施工指示,并抄送发包人:

(1)发包人要求暂停施工。

(2)承包人未经许可即进行主体工程施工时,改正这一行为所需要的局部停工。

(3)承包人未按照批准的施工图纸进行施工时,改正这一行为所需要的局部停工。

(4)承包人拒绝执行监理机构的指示,可能出现工程质量问题或造成安全事故隐患,改正这一行为所需要的局部停工。

(5)承包人未按照批准的施工组织设计或施工措施计划施工,或承包人的人员不能胜任作业要求,可能会出现工程质量问题或存在安全事故隐患,改正这些行为所需要的局部停工。

(6)发现承包人所使用的施工设备、原材料或中间产品不合格,或发现工程设备不合格,或发现影响后续施工的不合格的单元工程(工序),处理这些问题所需要的局部停工。

监理机构认为发生了应暂停施工的紧急事件时,应立即签发暂停施工指示,并及时向发包人报告。若由于发包人的责任需暂停施工,监理机构未及时下达暂停施工指示时,在承包人提出暂停施工的申请后,监理机构应及时报告发包人并在施工合同约定的时间内答复承包人。

3. 复工

下达暂停施工指示后,监理机构应按下列程序执行:

(1)指示承包人妥善照管工程,记录停工期间的相关事宜。

(2)督促有关方及时采取有效措施,排除影响因素,为尽早复工创造条件。

(3)具备复工条件后,若属于本节"暂停施工建议"中第(1)条、"暂停施工指示"中暂停施工情形,监理机构应明确复工范围,报发包人批准后,及时签发复工通知,指示承包人执行;若属于本节"暂停施工指示"中第(2)~(6)条暂停施工情形,监理机构应明确复工范围,及时签发复工通知,指示承包人执行。

(4)在工程复工后,监理机构应及时按施工合同约定处理因工程暂停施工引起的有关事宜。

六、施工进度延误管理

(一)施工进度延误管理监理工作内容

监理机构应监督承包人严格按照批准的施工进度计划执行,督促承包人合理安排施工资源,排除施工现场隐患,规范施工现场秩序,尽可能避免施工进度延误的情况发生。因不可抗力、变更、突发事故、返工、停工等因素造成施工进度延误时,监理机构应及时明确施工进度延误原因,催促发包人制定赶工计划,促进合同工期目标的顺利实现。

(二)施工进度延误管理监理工作技术要求

施工进度延误管理应符合下列规定:

(1)由于承包人的原因造成施工进度延误,可能致使工程不能按合同工期完工的,监理机构应指示承包人编制并报审赶工措施报告。

(2)由于发包人的原因造成施工进度延误,监理机构应及时协调,并处理承包人提出的有关工期、费用索赔事宜。

七、调整工期

合同工期的调整应符合下列规定:

(1)发包人要求调整工期的,监理机构应指示承包人编制并报审工期调整措施报告,经发包人同意后指示承包人执行,并按照施工合同约定处理有关费用事宜。

(2)由于不可抗力、违约、变更等因素导致必须调整工期的,应按施工合同中约定的相关条款执行。

八、审阅承包人施工资料

监理机构应审阅承包人按施工合同约定提交的施工月报、施工年报,并报送发包人。提交的施工月报应包括下列内容:

(1)综述。

(2)现场机构运行情况。

(3)工程总体形象进度。

(4)工程施工内容。

(5)工程施工进度。

(6)工程施工质量。

(7)完成合同工程量及金额。

(8)安全、文明施工及施工环境管理。

(9)现场资源投入等合同履约情况。

(10)下月进度计划及工作安排。

（11）需解决或协商的问题及建议。

（12）施工大事记。

（13）附表。

①原材料/中间产品使用情况月报表。

②原材料/中间产品检验月报表。

③主要施工设备情况月报表。

④现场人员情况月报表。

⑤施工质量检测月汇总表。

⑥施工质量缺陷月报表。

⑦工程事故月报表。

⑧合同完成额月汇总表。

⑨主要实物工程量月汇总表。

九、监理机构进度会议和进度报告

（一）监理机构进度会议

（1）监理机构应在每月（或周）规定时间召开每月（或周）进度例会，检查承包人的施工进度计划执行情况和工程质量状况，协调解决工程施工中发生的设计变更、质量缺陷处理、支付结算等问题，以及与其他承包人的相互干扰和矛盾。

（2）监理机构可要求承包人的项目部经理、技术负责人、项目部副经理、各专业科室主要负责人参加每次进度会议。

（3）监理机构须要求承包人在月（或周）进度会议上按规定的格式提交月（或周）进度报表，进度报表内容包括：①上月（或上周）之前合同进度计划要求和实际完成的累计工程量统计；②本月（或本周）实际完成的工程量统计；③下月（或下周）计划完成的工程量；④工程质量；⑤要求发包人和监理机构协调解决的主要问题。

（二）监理机构进度报告

监理机构应在监理月报中对施工进度进行分析，必要时提交进度专题报告。报告一般包括下列内容：

（1）工程施工进度概述。

（2）工程的形象进度和实体进度描述。

（3）月内完成工程量及累计完成工程量统计。

（4）月内支付额及累计支付额。

（5）发生的设计变更、索赔事件及其处理。

（6）材料、设备采购情况及质量。

（7）发生的质量事故及其处理。

（8）下一阶段的施工重点分析。

（9）下一阶段施工要求发包人解决的问题。

十、施工进度计划控制监理工作程序

施工进度计划控制监理工作程序见图 3-2-1。

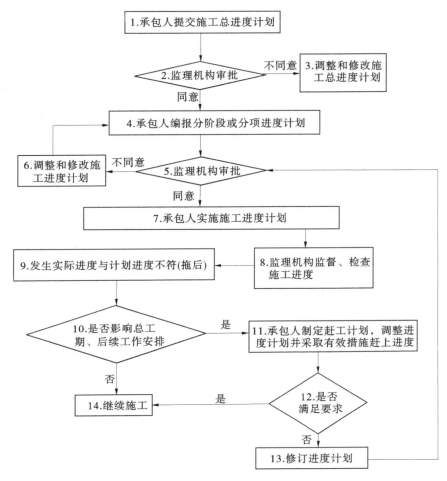

图 3-2-1 施工进度计划控制监理工作程序

十一、采用的表式清单

监理机构在工程进度控制监理工作中采用的表式清单见表 3-2-1。

表 3-2-1 工程进度控制监理工作中采用的表式清单

《水利工程施工监理规范》(SL 288—2014)				
序号	表格名称	表格类型	表格编号	页码
1	施工进度计划申报表	CB02	承包[ ]进度号	P68
2	暂停施工报审表	CB22	承包[ ]暂停号	P90
3	复工申请报审表	CB23	承包[ ]复工号	P91
4	施工进度计划调整申报表	CB25	承包[ ]进调号	P93

续表 3-2-1

《水利工程施工监理规范》(SL 288—2014)

序号	表格名称	表格类型	表格编号	页码
5	延长工期申报表	CB26	承包[　　]延期号	P94
6	施工月报表(　年 月)	CB34	承包[　　]月报号	P108
7	原材料/中间产品使用情况月报表	CB34 附表 1	承包[　　]材料月号	P111
8	原材料/中间产品检验月报表	CB34 附表 2	承包[　　]材检月号	P112
9	主要施工设备情况月报表	CB34 附表 3	承包[　　]设备月号	P113
10	现场人员情况月报表	CB34 附表 4	承包[　　]人员月号	P114
11	施工质量检测月汇总表	CB34 附表 5	承包[　　]质检月号	P115
12	施工质量缺陷月报表	CB34 附表 6	承包[　　]缺陷月号	P116
13	工程事故月报表	CB34 附表 7	承包[　　]事故月号	P117
14	合同完成额月汇总表	CB34 附表 8	承包[　　]完成额号	P118
15	(一级项目)合同完成额月汇总表	CB34 附表 8	承包[　　]完成额月号	P119
16	主要实物工程量月汇总表	CB34 附表 9	承包[　　]实物月号	P120
17	暂停施工指示	JL15	监理[　　]停工号	P142
18	复工通知	JL16	监理[　　]复工号	P143

第三章　资金控制监理实施细则

第一节　编制依据

本细则的编制依据如下：

（1）工程合同文件、招标文件、监理合同文件、监理规划、已签发的工程设计文件及相应的工程变更文件、调整概算文件、施工图纸及主要设备技术说明书等。

（2）有关现行规程、规范和规定。

①其他工程资金控制管理相关法律法规、条例、办法、规定等文件。

②《水利工程工程量清单计价规范》（GB 50501—2007）。

③其他有关规程、规范。

本细则若有与以上文件不符之处，以上述文件为准。

第二节　资金控制工作特点和控制要点

一、资金控制的主要工作

（1）确定资金控制目标。监理工程师对施工单位提交的施工组织设计、施工措施计划和施工进度计划进行审查，不仅是控制项目进度，也是为了有效地控制投资目标。

（2）工程风险分析。监理工程师应对工程风险进行预测，分析可能发生风险的因素。制定防范性对策，避免或减少向发包人赔赠的事件发生。

（3）工程变更控制。工程变更是增加投资的一个主要方面，监理工程师处理工程变更必须慎重从事，无论是发包人、施工单位提出的工程变更，还是监理工程师提出的设计变更，监理工程师都要进行技术经济分析论证，并按规定的程序办理工程变更手续。

（4）工程费用签证控制。凡涉及工程费用支出的停工、窝工、用工签证，使用机械、材料代用及材料调价等的签证，均要严格控制。

（5）计量与支付。监理机构根据签认的工程量，签署支付文件。

（6）合同执行和监督。检查、监督施工单位执行合同情况，使其全面履约。

（7）工程费用分析。定期和不定期进行工程费用超支分析，并提出纠正工程费用偏差的方案和措施。

（8）工程投资动态情况报告。监理机构定期向发包人报告工程费用支出情况。

二、资金控制工作特点

（1）建设项目的工程投资通常有以下特点：①投资数额巨大；②投资差异明显；③投

资需单独计算;④投资确定依据复杂;⑤投资确定层次繁多;⑥投资需动态跟踪调整。

(2)为保证实现项目投资管理目标,以求在工程项目建设过程中能合理使用人力、物力、财力等资源,取得较好的投资效益和社会效益,对建设项目的工程投资进行控制十分必要。工程资金控制要符合以下要求:①合理确定资金控制目标;②以设计阶段为重点进行全过程控制;③主动控制与被动控制相结合;④技术与经济相结合;⑤形成系统控制,与质量、进度控制协调统一。

三、资金控制要点

资金控制是工程项目管理的一项重要内容,贯穿整个项目实施过程,监理机构应明确资金控制目标、分析风险因素、设立控制要点、严格付款制度,对工程投资过程实施动态控制,具体的资金控制要点如下:

(1)分解投资目标,编制资金使用计划,保证资金投入连续、衔接、均衡、合理。

(2)分析风险因素,制定防范措施,避免投资损失。

(3)严格工程款支付制度,工程支付与工程形象进度须吻合,不超前、不过量支付。

(4)对施工方案进行经济技术比较,在保证施工质量的前提下,尽可能降低工程成本,节省投资。

(5)分析投资偏差,采取有效措施加以控制。

(6)严格控制工程变更数量和合同纠纷,认真做好变更支付、索赔支付等相关工作。

第三节 资金控制的原理和任务

一、资金控制基本原理

在施工阶段进行资金控制的基本原理是把计划投资额(合同价)作为投资控制的目标值,在施工过程中定期地进行投资实际值与目标值的比较,通过比较发现并找出实际支出额与投资控制目标值之间的偏差,然后分析产生偏差的原因,并采取有效的措施加以控制,以保证投资控制目标的实现。

从组织、经济、技术、合同等方面采取措施进行事前、事中、事后投资控制。同时,应严格控制月进度付款的审批,合理控制工程变更,及时处理索赔申请。

二、资金控制任务

(1)协助发包人编制投资控制目标和分年度投资计划。

(2)审查施工单位提交的资金流计划。

(3)按合同规定的期限,及时、认真审核施工单位工程月进度支付申请单,签发月进度付款证书。

(4)认真处理工程变更,下达工程变更决定。

(5)公正受理索赔申请,进行索赔调查,尽可能促使发包人和施工单位达成一致,及时做出索赔处理决定。

(6)通过科学、规范的投资控制手段,使投资严格按合同执行,使投资控制在合同的合理范围内。

第四节　资金控制监理工作内容、技术要求和程序

监理人必须对施工图纸进行全面的审查、复核,并督促设计单位进行修改、完善;监理人对施工过程中的设计变更进行造价审核。监理人必须在每月 20 日前将施工承包人提交已完成工程量的报告及支付工程进度款申请表审核完毕并上报到委托人。杜绝施工承包人预报和超报,监理审核完毕后报跟踪审计单位核定。同时将监理月报(含安全专项)上报到建设单位,否则停付当月监理服务费。

对施工承包人的劳务分包合同、专业分包合同和材料及成品半成品采购合同进行造册登记,确保建设单位支付的工程款及时付至农民工、分包人和供应商。督促施工承包人对专业分包合同和成品半成品采购合同中的人工费予以明确和按期支付;对施工承包人的工程款使用情况进行监督管理,确保专款专用;监理人委派劳资专员监督、检查、收集并核实施工承包人劳资专管员统计的每天现场施工班组数量、各班组人数、姓名;监督、检查、收集并核实农民工工资卡的办理、工资表造册并签字确认,工资发放、工资表发放的公示照片、联系方式等汇总成册存档,提交建设单位。

投资控制在审定的初步设计概算之内,严格按照施工合同执行,严格控制工程变更,不给工程造成额外费用,严格计量,无超前支付发生。本工程虽然工程量大,总体工程量是可控的,不可控的工程量主要如下:

(1)地质地貌原因造成明渠、暗涵开挖和回填工程量增加。

(2)影响处理工程不确定原因增加工程量。

(3)地质或者设计原因造成加固工程量增加。

(4)构筑物基础承载力原因增加工程量。

(5)不可抗力原因增加工程量。

一、投资控制内容和原则

(一)投资控制内容

审查施工承包人提交的工程预算及结算并报委托人核定,根据合同约定和工程情况增减预算或结算,但前述增减应得到委托人的书面确认。

协同委托人和施工承包人计量隐蔽部位的工程量。

负责审查施工过程中施工方申报的月工程量及费用、月资金使用情况及审核下月用款计划并申报委托人核定。

严格控制工程变更,力求减少变更费用。

审核工程范围内的洽商签证、设计变更及施工过程中施工图外发生的设计变更、洽商及各种签证。此项工作应在收到施工承包人申请后的 14 个日历天内完成,并在每月 25 日前将与施工承包人核定的费用上报委托人确认。

审查核实可调价材料的价格,审查核实有关材料的性能价格比、价差和处理办法,并

根据具体情况详细计算、核实相关工程量和数量。

根据合同要求,结合监理情况,审核施工方申报的结算书并向委托人提交审核报告。

根据委托人及各相关合同要求,审核施工承包人编制的该项目的年、季、月度资金使用计划,并监督、控制其执行。

负责计算、审核各项索赔金额,提供处理意见,并协助委托人处理合同纠纷。

工程以施工承包合同价为合同支付控制目标,监理将通过造价工程师及相关人员配合的方法,对工程建设合同费用、工程造价进行有效管理和控制,按月做好施工工程量的审核和设计图纸量的复核工作,保证月支付的准确性;同时建立详细的工程量台账,建立合同价款的支付信息档案。

对施工承包人提出的可能引起合同变更的技术方案和施工措施,进行合理的技术经济比较论证,提出监理建议,力求使技术可行,投资最省,保证质量。在工程实施过程中,客观地记录施工情况,做好工程量签认和原始凭证的归档工作,为可能的工程索赔提供有力的监理支持材料;做好因国家宏观经济调整和各种可能的外界因素使工程造价受到影响的预测和分析工作,提出监理应对预案,协助建设单位解决合同问题,保证合同支付目标的实现。

(二)投资控制原则

确保工程在满足进度和质量的前提下,力求使工程实际投资不超过合同投资;严格审查工程设计变更和索赔。

(三)现场计量

1. 工程量计量

(1)投标书工程量报价单中所列的工程量,不能作为合同支付结算的工程量。承包人申报支付结算的工程量,应以经监理工程师验收合格、符合支付计量要求的已完工程量,按合同工程量报价单中的支付分类单价,按单位、分部、单元工程分类进行量测与度量。

(2)承包人对某项工程(或部位)进行支付工程量量测时,应在量测前向项目监理机构递交验收量测申请报告。报告内容应包括:工程名称,分部工程、单元工程名称及编号,量测方法和实施措施。经项目监理机构审查同意后,即可进行工程量量测工作。项目监理机构届时将派出监理测量或计量工程师参加和监督量测工作的进行。

(3)监理工程师要求对收方工程任何部位进行补充或对照量测时,承包人应立即派出代表和测量人员按要求进行测量,并及时按监理工程师的要求提供测量成果资料。

如果承包人未按指定时间和要求派出上述代表和测量人员,则由监理工程师主持的量测成果被视为对该部分工程合同支付工程量的正确量测,除非承包人在被告知量测成果后 3 天内,向项目监理站提出书面复查、复测申请,并被总监理工程师接受。

(4)土石方开挖工程开工前,承包人应对该区域的地形进行复测。监理机构将派出监理测量或计量工程师参加和监督测量工作的进行,测量工作完成后,承包人应将测量成果及时报项目监理机构,以便项目监理机构进行复核。

土石方开挖的合同支付工程量,按施工详图或经设计调整最终确认的开挖线(或坡面线),以自然方量(m³)为单位进行量测和计量。

（5）土石方填筑支付工程量,应根据设计及规范要求进行。在施工过程中,承包人应随着进度根据监理实施细则的要求按不同高程、不同部位、不同土料的填筑面积经过施工期间压实及自然沉陷后的压实方进行量测。记录和绘制草图计算,并将测量成果报项目监理机构复核,并以土方填筑完成后的测量计算方量(按设计的建筑物廓线尺寸)为准。

（6）所有合同支付所进行的量测与度量(包括计算书、测图等)成果,都必须事先报经项目监理机构认可。

（7）除非合同文件号另有规定,否则合同支付计量以有效设计文件所确定的已完工程项目的构筑物边线,按净值计量与度量。

（8）计量精度:所有计量的数据最多保留小数点后两位小数。

2. 工程项目计量控制

1）土石方开挖工程

（1）场地清理,包括原有设施拆除、植被清理、清理物运输和堆放,以及为环境保护所进行的施工准备与辅助工程等的费用,已包括在相应开挖项目单价中,只计工程量但不单独进行支付。利用开挖料做永久或临时工程填筑材料,其开挖工程量不重复计量。

（2）开挖料的钻孔、运输、堆放、弃渣处理,以及为防止弃渣坍塌、冲刷防护等所有施工费用,已包括在相应开挖项目的单位中,只计工程量但不另外进行支付。

（3）因工程施工需要,或按监理工程师指示必须设置的为施工服务的临时性排水、供水、供电、供风等附属工程及其运行费用,已包括在相应开挖项目单价中,不另外进行支付计量。

（4）保护层开挖、建基面处理与整修,以及为维护其开挖边坡而进行的加固、临时支护工程等所发生的一切费用,均已包括在相应开挖项目的单价中,只计工程量但不另外进行支付。

（5）在施工期间,直至最终通过合同完(竣)工验收,如果沿开挖边坡线发生滑坡或塌方,承包人应对堆渣进行清除并对边坡进行处理。如果产生这类滑坡、塌方的原因不是由于承包人采用不恰当的施工方法所引起的,并经监理工程师认证,可进行计量与支付。

（6）按规范或设计文件要求施工的超挖、超填量及其施工附加工程所增加的费用已包括在相应项目的单价中,只计工程量但不另行支付。

（7）土石方开挖工程项目按开挖自然方量以立方米(m³)为单位进行计量,计量方量(m³)和支付金额(元)最多保留至小数点后两位小数。

2）混凝土工程

（1）混凝土浇筑所必需的模板及其支撑件的制作、安装、涂刷、拆除、维修,以及为立模和混凝土浇筑全部工序所必需的所有人工、材料、设备、辅助作业与施工准备等全部费用,已包括在混凝土单价中,不另外进行支付计量。

（2）钢筋的支付计量以吨(t)为单位,按施工详图(钢筋表)或设计修改的最后确定钢筋用量进行计量与支付,计量重量(t)与支付金额(元)最多保留至小数点后两位小数。施工详图(钢筋表)中所列数量已计入搭接和加工损耗等施工充裕量。各种钢筋分别按本合同工程量报价单中单价进行支付。

（3）伸缩缝止水,按施工详图或设计要求的长度,以延米为单位进行计量与支付,计量长度(m)与支付金额(元)最多保留至小数点后两位小数。

(4)伸缩缝埋件按施工详图或设计要求规定,或按报经监理工程师批准的修正面积,以平方米(m²)为单位进行计量与支付,计量面积(m²)与支付金额(元)最多保留至小数点后两位小数。

(5)混凝土浇筑计量根据施工详图或设计确定的建筑物或构件体积按不同部门和设计强度等级以立方米(m³)为单位进行计量与支付,计量方量(m³)与支付金额(元)最多保留至小数点后两位小数。凡面积大于0.05 m²或体积大于0.05 m³的埋设计件和孔洞等所占的体积应予以从计量工程量扣除。

(6)混凝土原材料储存、配合比选定、拌和、运输、浇筑、修补、修饰、保护、养护,必需的温控、试验与质量检测等所有施工作业所需的全部设备、材料和人工费用,以及所有辅助作业费用,已包括在相应部位混凝土的单价中,不另外进行支付计量。

(7)承包人为施工需要而增加的有效工程量以立方米(m³)为单位计量,计量方量(m³)和支付金额(元)最多保留至小数点后两位小数。

3)灌砌石、干砌石、预制混凝土块、现浇钢筋混凝土和草皮护坡工程

(1)按施工详图或设计要求的结构尺寸,以立方米(m³)或平方米(m²)为单位进行计量与支付计量工程量(m²或m³)和支付金额(元)最多保留至小数点后两位小数。

(2)该项目的单价已包括施工准备、砌筑、养护、修饰、质量检测及其辅助作业所需的人工、材料、施工机构等一切费用。

4)永久性场区排水设施

(1)除非合同中另有规定,否则护岸支挡构筑物与回填护坡的排水孔费用已包括在相应工程项目的单价中,不另外进行支付计量。

(2)对在混凝土或在砌体上预留的排水沟,其费用已包括在相应工程项目单价中,不另外进行计量与支付。计量长度(m)与支付金额(元)最多保留至小数点后两位小数。

(3)除非合同中另有规定,排水涵管与排水沟均以延米为单位,按合同工程量报价表中单价的分类进行计量支付。计量长度(m)与支付金额(元)最多保留至小数点后两位小数。

5)土石方填筑工程

(1)填筑料的开采、加工、装卸、运输、中转、填筑、压实、坡面形象,以及为施工进行必要的施工准备、现场生产性试验、质量检验和施工测量等全部作业的人工、设备和材料等费用,已包括在工程各部位的土石方填筑单价中,不另外进行支付与计量。

(2)施工过程中,根据项目监理机构的规定和要求,在料场、料仓、填筑现场、中途运料车中取样试验,以及监理机构检查(如临时的施工、挖坑取样等)全部作业所需的人工、设备和材料等费用,已包括在土石方填筑的单价中,不另外进行支付计量。

(3)除合同另有规定外,土石方填筑需预留沉陷量而发生的费用已包括在土石方填筑单价中,只计量但不另外支付。

(4)经承包人质量检测人员或监理工程师检查不合格而指令予以舍弃或返工挖除的不合格填筑不予进行计量。

(5)土石方填筑料场开挖或开采结束后承包人根据设计要求或合同规定,或有关施

工技术规范规定进行的料场清理的费用,已包括在土石方填筑的单价中,不另外进行支付计量。

(6)石方填筑按达到质量检验标准的压实方以立方米(m³)为单位进行计量,计量方量(m³)和支付金额(元)最多保留至小数点后两位小数。

6)护岸工程

(1)除合同中另有规定外,护岸工程按船上或岸上实际经量测符合设计要求的方量和除虚方后的体积以立方米(m³)为单位进行计量与支付,计量方量(m³)和支付金额(元)最多保留至小数点后两位小数。

(2)除合同有规定外,该项目单价已包括开采、加工、装卸、运输、中转、抛投,以及为施工进行所必需的施工准备、质量检测和施工测量等全部作业的人工、设备和材料等一切服务费用。

7)河道疏浚工程

河道疏浚工程按经监理工程师测量后的符合设计要求的断面面积和长度进行计量,以立方米(m³)为单位进行计量;计量工程量(m³)和支付金额(元)最多保留至小数点后两位小数。

8)承包人在合同报价中列入的临时工程项目

承包人在合同报价中列入的临时工程项目或列入属于总价承包的工程项目的合同支付,按报经监理机构审批的总价项目支付细分表,依据工程进展或施工形象,在工程项目施工质量报验合格的基础上,实行按量支付、总价控制的原则适当简化进行。

9)其他

合同中对计量与支付或量测方法另有规定者,按相应的规定执行。

(四)特殊情况下计量的计算

1.按资源价值消耗计量

工程量的测量和计算,一般指工程量清单中列明的永久工程实物量的计量,但有时也需要对施工承包人完成监理人指示的计日工或应急抢险等所需要的现场实际资源消耗进行计量。这时,计量的要素主要有:

(1)人工消耗(工日数)。

(2)机械台(时)班消耗。

(3)材料消耗。

(4)时间消耗。

(5)其他有关消耗。

根据现场资源实际消耗量进行计量,监理人应做好同期的记录,并及时认证形成书面文件资料,做到"日清周结月汇总",切勿拖延签字认证。

2.赔偿计量

费用控制中遇到的赔偿计量主要是对施工承包人提出的索赔的计量。赔偿计量中主要是对资源损失的计量,包括有形资源(人工、机械、材料)损失计量和无形资源(时间、效率、空间)损失计量。

计量的方法一般根据现场记录计算资源的实际损失,但有时也采用有无影响事件发生两种情况下的对比方法。有形资源损失较易计量,监理人一般可根据对专项工作连续监测和记录(如监理日记、施工承包人的同期记录等)按实际损失法计量;时间、空间损失情况较为复杂,一般根据现场记录和文件,通过综合分析、计算进行计量;施工承包人的效率损失则常采用对比分析的方法,在资料分析的基础上,通过协商确定"效率降低系数"(影响事件使正常效率降低的程度)进行计量。

在这类赔偿计量中,首先应区分承发包双方的责任,对施工承包人自身原因造成的费用增加不应予以计量。

(五)预付款支付

预付款支付应符合下列规定:

(1)监理机构收到承包人的工程预付款申请后,应按合同约定核查承包人获得工程预付款的条件和金额,具备支付条件后,签发工程预付款支付证书。监理机构应在核查工程进度付款申请单的同时,核查工程预付款应扣回的额度。

(2)监理机构收到承包人的材料预付款申请后,应按合同约定核查承包人获得材料预付款的条件和金额,具备支付条件后,按照约定的额度随工程进度付款一起支付。

(六)工程进度付款

工程进度付款应符合下列规定:

(1)承包人按照施工合同约定向监理机构提交工程进度付款申请。工程进度付款申请单应符合下列规定:①付款申请单填写符合相关要求,支持性证明文件齐全;②申请付款项目、计量与计价符合施工合同约定;③已完工程的计量、计价资料真实、准确、完整。

(2)工程进度付款申请单应包括:①截至上次付款周期末已实施工程的价款;②本次付款周期已实施工程的价款;③应增加或扣减的变更金额;④应增加或扣减的索赔金额;⑤应支付和扣减的预付款;⑥应扣减的质量保证金;⑦价格调整金额;⑧根据合同约定应增加或扣减的其他金额。

(3)监理机构应在施工合同约定时间内,完成对承包人提交的工程进度付款申请单及相关证明材料的审核,同意后签发工程进度付款证书,报发包人。

(4)工程进度付款属于施工合同的中间支付。监理机构出具工程进度付款证书,不视为监理机构已同意、批准或接受了该部分工作。在对以往历次已签发的工程进度付款证书进行汇总和复核中发现错、漏或重复的,监理机构有权予以修正,承包人也有权提出修正申请。

(七)变更支付

发生工程变更时,监理机构按照"工程变更管理"下"审核变更报价",确定变更款数额。变更款可由承包人列入工程进度付款申请单,由监理机构审核后列入工程进度付款证书。

(八)计日工支付

监理机构经发包人批准,可指示承包人以计日工方式实施零星工作或紧急工作。在以计日工方式实施工作的过程中,监理机构应每日审核承包人提交的计日工工程量签证单,包括:①工作名称、内容和数量;②投入该工作所有人员的姓名、工种、级别和耗用工时;③投入该工程的材料类别和数量;④投入该工程的施工设备型号、台数和耗用台时;

⑤监理机构要求提交的其他资料和凭证;⑥计日工由承包人汇总后列入工程进度付款申请单,由监理机构审核后列入工程进度付款证书。

(九)完工付款

监理机构应在施工合同约定期限内,完成对承包人提交的完工付款申请单及相关证明材料的审核,同意后签发完工付款证书,报发包人。监理机构应审核的内容包括:①完工结算合同总价;②发包人已支付承包人的工程价款;③发包人应支付的完工付款金额;④发包人应扣留的质量保证金;⑤发包人应扣留的其他金额。

(十)最终结清

监理机构应在施工合同约定期限内,完成对承包人提交的最终结清申请单及相关证明材料的审核,同意后签发最终结清证书,报发包人。监理机构应审核的内容包括:①按合同约定承包人完成的全部合同金额;②尚未结清的名目和金额;③发包人应支付的最终结清金额。

若发包人和承包人双方未能就最终结清的名目和金额取得一致意见,监理机构应对双方同意的部分出具临时付款证书,只有在发包人和承包人双方有争议的部分得到解决后,方可签发最终结清证书。

(十一)质量保证金

发包人进行完工付款时,可根据相关法律、法规的规定和施工合同约定预留工程质量保证金。质量保证金的扣除、返还应符合下列规定:

(1)缺陷责任期内,由承包人原因造成的缺陷,承包人应负责维修,并承担鉴定及维修费用。如承包人不维修也不承担费用,发包人可按合同约定扣除保证金,并由承包人承担违约责任。承包人维修并承担相应费用后,不免除对工程的一般损失赔偿责任。由他人原因造成的缺陷,发包人负责组织维修,承包人不承担费用,且发包人不得从保证金中扣除费用。

(2)缺陷责任期满后,承包人提交质量保证金退还申请,监理机构应按合同约定审核质量保证金退还申请表,签发质量保证金退还证书。

(3)发包人和承包人对保证金预留、扣除、返还以及工程维修质量、费用有争议的,按照施工合同约定的争议和纠纷解决程序处理。

(十二)施工合同解除后的支付

当发生因发包人违约、承包人违约或不可抗力等事件导致施工合同解除时,监理机构应按照相关规定和施工合同约定,协助发包人认真做好合同解除后的索赔款项确定、支付等工作。

1.承包人违约

因承包人违约造成施工合同解除的支付,合同解除后,监理机构应按照合同约定完成下列工作:

(1)商定或确定承包人实际完成工作的价款,以及承包人已提供的原材料、中间产品、工程设备、施工设备和临时工程等的价款。

(2)查清各项付款和已扣款金额。

(3)核算发包人按合同约定应向承包人索赔的由于解除合同给发包人造成的损失。

2. 发包人违约

因发包人违约造成施工合同解除的支付,监理机构应按合同约定核查承包人提交的下列款项及有关资料和凭证:

(1)合同解除日之前所完成工作的价款。

(2)承包人为合同工程施工订购并已付款的原材料、中间产品、工程设备和其他物品的金额。

(3)承包人为完成工程所发生的而发包人未支付的金额。

(4)承包人撤离施工场地以及遣散承包人人员的金额。

(5)由于解除施工合同应赔偿的承包人损失。

(6)按合同约定在解除合同之前应支付给承包人的其他金额。

3. 不可抗力

因不可抗力致使施工合同解除的支付,监理机构应根据施工合同约定核查下列款项及有关资料和凭证:

(1)已实施的永久工程合同金额,以及已运至施工场地的材料价款和工程设备的损坏金额。

(2)停工期间承包人按照监理机构要求照管工程和清理、修复工程的金额。

(3)各项已付款和已扣款金额。

发包人与承包人就上述解除合同款项达成一致后,出具最终结清证书,结清全部合同款项;未能达成一致的,按照合同争议处理。

(十三)价格调整

1. 价格调整的发生

下列事项(但不限于)发生时,发包人、承包人双方应当按照合同约定调整合同价格:①法律法规变化;②工程变更;③项目特征不符;④工程量清单缺项;⑤工程量偏差;⑥计日工;⑦物价变化;⑧暂估价;⑨不可抗力;⑩提前竣工(赶工补偿);⑪误期赔偿;⑫索赔;⑬现场签证;⑭暂列金额;⑮发包人、承包人双方约定的其他调整事项。

2. 价格调整的规定

监理机构应按施工合同约定的程序和调整方法,审核单价、合价的调整。当发包人与承包人因价格调整不能协商一致时,应按照合同争议处理,处理期间监理机构可依据合同授权暂定调整价格,调整金额可随工程进度付款一同支付。

(十四)政府投资

工程付款涉及政府投资资金的,应按照国库集中支付等国家相关规定和合同约定办理。

二、投资控制的措施

监理工程师在施工阶段全面实施监控的过程中,对于工程造价控制应从组织、经济、技术、合同等多方面采取措施,严格把项目工程造价控制在设计批复的概算投资内。

(一)组织措施

(1)建立健全监理组织,完善职责分工及有关制度,落实投资控制的责任。

（2）在工程监理过程中要编制施工阶段投资控制详细工作流程图并认真落实。

（3）在项目监理机构中，落实专人进行投资控制，并建立合同管理计量支付岗位责任制，明确任务和管理职能，严格审核、审批程序。

（二）经济措施

（1）协助建设单位编制详细的资金使用计划，并控制其执行。

（2）及时进行计划费用与实际开支费用的比较分析，发现问题及时纠偏。

（3）进行图纸工程量复核和完成实际工程量计量审查。

（4）复检工程付款账单，审查并签署付款意见。

（5）在施工进展过程中进行投资跟踪动态控制，定期进行投资实际支付值和计划目标值比较，若发现偏差，分析产生偏差的原因，提出纠偏措施报建设单位。

（6）定期向建设单位提供投资控制报表。

（三）技术措施

（1）监理工程师应严格审查施工承包人的施工组织设计，对于主要施工技术方案进行全面的技术经济分析，防止在技术方案中隐含着发生增大工程造价的漏洞存在。

（2）对每一个较大的设计变更，都必须进行技术经济比较、分析，严格控制增大费用的设计变更发生，与此同时，还应经常与设计人员探讨，寻找通过修改不合理设计、进行设计挖潜来节约资金的途径。发生工程变更，无论是由设计单位或建设单位或施工承包人提出的，均应经过建设单位、设计单位、施工承包人和监理人的代表签认，并通过项目总监理工程师下达变更指令后，施工承包人方可进行施工。同时，施工承包人应按照施工合同的有关规定，编制工程变更概算书，报送项目总监理工程师审核、确认，经建设单位、施工承包人认可后，方可进入工程计量和工程款支付程序。

（3）监理工程师还应通过工程投资风险分析，找出工程造价最易突破的部分和最易发生费用索赔的原因与部位，制定出防范对策。专业监理工程师进行风险分析主要是找出工程造价最易突破的部分（如施工合同中有关条款不明确而造成突破造价的漏洞，施工图中的问题易造成工程变更、材料和设备规格不确定等），以及最易发生费用索赔的原因和部位（如建设单位资金不到位、施工图纸不到位，建设单位供应的材料、设备不到位等），从而制定出防范对策，书面报告总监理工程师，经其审核后向建设单位提交有关报告。

（4）对工程结算容易引起争议的部分和容易引起工程超概的各种潜在因素，应事先提出并建议业主与施工承包人签订施工合同补充条款，例如：余土外运的运距、车辆类型，基础处理过程中发生费用的计算方法，装饰装修工程设计变更和工程洽商内容的费用控制原则等。

（5）对于没有市场信息价格的工程材料，应约定市场询价的程序规定：先由承包方在材料采购之前提交《工程材料报价清单》，再由承包、监理、业主三方共同进行市场询价，市场询价时应选择3家以上材料供应商，由材料供应商提供《产品报价清单》后，进行货比三家，最后投资监理工程师出具《工程材料造价核定单》并经三方签字确认后，承包方才可采购。

(四)合同措施

(1)按合同条款支付工程款,防止超前资金支付。

(2)监理工程师在进行有效的日常工程管理之中,要求切实认真做好工程施工记录,建立健全工程量、工作量、工程款支付管理台账;施工机械设备进出场、材料进场与清退、劳动力使用情况、灾害性气候、施工承包人自身因素等引起的费用增减均应设立详细的工程造价台账。

(3)在工程的实施过程中,还应保存好各种资料,注意积累素材,为正确处理可能发生的索赔提供依据。涉及工程索赔的有关施工和监理资料包括施工合同、协议、供货合同、工程变更、施工方案、施工进度计划,施工承包人工、料、机动态记录(文字、照片等),建设单位和施工承包人的有关文件,会议纪要,监理工程师通知等。

(4)监理工程师要经常检查工程款支付和使用情况,对实际发生值与计划值进行动态分析、跟踪统计。对存在的问题及时用《监理通知》或发函的形式与业主和总承包商沟通信息,提出工程造价控制的合理建议,以掌握工程造价控制的主动权。

(5)协调合同各方以及参建单位的协作关系,营造合同履行的良好氛围,通过监理人员的努力,使合同各方树立为他人提供方便的思想意识。

三、投资控制的方法

(一)投资事前控制

投资事前控制的目的是进行工程投资风险预测,并采取相应的防范性对策,尽量避免或减少施工单位提出索赔的可能。

(1)熟悉设计图纸、合同文件,分析合同价构成因素,明确工程费用最易突破的部分和环节,从而明确投资控制的重点。

(2)预测工程风险及可能发生索赔的因素,制定防范对策。

(3)按合同规定的条件,如期满足现场应具备的条件,使其能如期开工、正常施工、连续施工。

(4)按合同要求,及时提供设计图纸等技术资料。

(二)投资事中控制

(1)按合同规定,及时答复施工单位提出的问题及配合要求。

(2)施工中主动搞好有关方面的协调与配合。

(3)严格按照合同的有关规定办理经济签证。

(4)按合同规定,及时对已完工程进行验方。

(5)检查、监督施工单位执行合同情况,使其全面履约。

(6)定期向发包人报告工程投资动态情况。

(7)定期、不定期地进行工程费用分析,提出控制工程费用突破的方案和措施。

(三)投资事后控制

(1)审核施工单位提交的工程结算书。

(2)公正处理施工单位提出的索赔。

四、实际完成工程量核实的监理控制方法及措施

工程计量是监理审核、签复工程进度款,签复设计变更、现场技术签证的重要签证,工程量核定是控制项目投资支出的关键环节,也是签复设计变更、现场技术签证的前提条件。

(一)项目施工过程中工程量的核定

项目施工过程中工程量的核定将采取以下方法进行核定工程量的控制。

1. 核定工程量的依据

(1)质量合格证书。对于施工承包人已完成的工程,并不是全部进行计量,而只是质量达到合同标准的已完工程才予以计量。因此,工程计量必须与质量监理紧密配合,经过监理工程师检验,工程质量达到合同规定的标准后,由专业监理工程师签发中间完工证书(质量合格证书),有了质量合格证书的工程才予以计量。

(2)工程量清单。

(3)施工图纸及设计说明书,相关图集、设计变更资料、图纸答疑、会审、纪要等,计量的几何尺寸要以设计图纸为依据,被监理工程师计量的工程数量,并不一定是施工承包人实际施工的数量。监理工程师对施工承包人超出设计图纸要求增加的工程量和自身原因造成返工的工程量,不予计量。

(4)经审定的施工组织设计或施工方案。

(5)工程施工合同、招标文件的商务条款。

(6)工程量计算规则。

2. 确定核定工程量的程序

项目监理机构应按下列程序进行工程计量和工程款支付工作:

(1)施工承包人一般在每月26日前,统计经专业监理工程师质量验收合格的工程量,根据工程实际进度及监理工程师签认的检验批和分项、分部工程,建立月完成工程量统计表,填报工程量清单和工程款支付申请表,报项目监理机构审核。

(2)专业监理工程师进行现场计量,审核工程量清单和工程款支付申请表,并报总监理工程师审定。

(3)总监理工程师签署工程款支付证书并报建设单位。

(4)工程计量和支付基本程序见图3-3-1,工程计量的几何尺寸要以设计图纸为依据,被监理工程师计量的工程数量,并不一定是施工承包人实际施工的数量。监理工程师对施工承包人超出设计图纸要求增加的工程量和自身原因造成返工的工程量,不予计量。

3. 监理过程中采取的工程量核定方法

工程计量的一般程序是:承包方按专用条款约定的时间,向监理工程师提交已完工程量的报告。监理工程师接到报告后7天内按设计图纸核实已完工程量,并在计量前24小时通知施工承包人,施工承包人为计量提供便利条件,并派人参加。施工承包人得到通知后不参加计量,计量结果有效,为工程价款支付的依据。

监理工程师对施工承包人的申报进行核实(必要时应与施工承包人协商),所计量的工程量应经总监理工程师同意,由监理工程师签认。

对某些特定的分项、分部工程的计量方法,由项目监理机构、建设单位和施工承包人

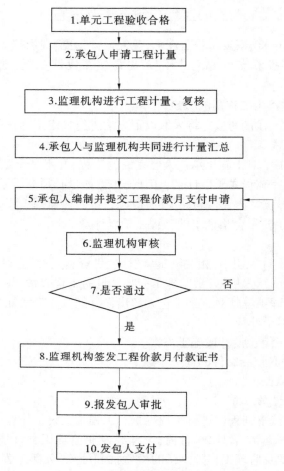

图 3-3-1　工程计量和支付基本程序

协商约定。

对一些不可预见的工程量(如地基基础处理等),监理工程师应会同施工承包人如实进行计量。

对于有工程变更图纸或明确变更内容的工程量,按照图纸和联系单计算相应的变更工程量,对需要实际测定的工程量,及时组织各相关单位现场测量确定工程量,并经过各方签字确认。对此,监理方应及时组织、协调变更计量工作,甚至共同约定测量方案,确保准确、及时,并办理相关手续,避免后补。

(二)准确核算工程量的保证措施

(1)专业监理工程师一般以月度为单位进行工程量核定,计量周期一般为上月 26 日到本月 25 日。专业监理工程师应及时建立月完成工程量统计表,对实际完成量与计划完成量进行比较、分析,制定调整措施,并在监理月报表中向建设单位报告。

(2)专业监理工程师在监理过程中应及时收集、整理有关的施工和监理资料,为处理工程量核定及变更提供依据。

(3)严格执行工程计量和工程款支付的程序与时限要求,未经监理人员质量验收合格的工程量,或不符合施工合同规定的工程量,监理人员应拒绝计量并拒绝该部分的工程款支付申请。

(4)保证计量准确的核查要点:

必须口径一致。施工承包人上报的工程项目(所包括的内容及范围),必须与计量规则中规定的相应工程项目相一致,才能准确套用工程量单价,计算工程量除必须熟悉施工图纸外,还必须熟悉计量规则中每个工程项目所包括的内容和范围。

必须按工程量计算规则计算。工程量计算规则是综合和确定各项消耗指标的基本依据,也是具体工程测算和分析资料的准绳。

必须按图纸计算。工程量核定时,应严格按照图纸所注尺寸进行计算,不得任意加大和缩小,以免影响工程量计算的准确性。图纸中的项目,要认真反复清查,不得漏项和余项或重复清查。

必须列出计算式。在列计算式时,必须部位清楚,详细列项标出计算式,注明计算结构构件的所处部位和轴线,并保留工程量结算书,作为复查依据。工程量计算式,应力求简单明了、醒目易懂,并按一定的次序排列,以便于审核和校对。

必须计算准确。工程量计算的精度将直接影响到造价确定的精度。因此,数字计算要精确,一般规定工程量的精确度应按计量规则中的有关规定执行。

必须计量单位一致。工程量的计量单位,必须与计量规则中规定的计量单位相一致,才能准确地套用工程量单价,有时由于所采用的制作方法和施工要求不同,其计算工程量的计量单位是有区别的,在工程量核定过程中应引起注意。

必须注意计算顺序。为了计算时不遗漏项目,又不产生重复计算,应按照一定的顺序进行计算。

力求分层分段计算。对施工承包人上报的工程量,要结合施工图纸尽量做到按结构分层计算,或按施工方案的要求分段计算,或按使用的材料不同分别进行计算。这样,在计算工程量时既可避免漏项,又可为编制工料分析和安排施工进度计划提供数据。

采取统筹计算。各个分项工程项目的施工顺序、相互位置及构造尺寸之间存在内在联系,现场监理人员应统筹计算顺序。

每个分项工程量计算虽有着各自的特点,但都离不开计算“线”“面”之内的基数,它们在整个工程量计算中常常要反复多次计算。因此,根据这个特性和计量规则的规定,运用统筹法原理,对每个分项工程的工程量进行分析,然后依据计算过程的内在联系,按先主后次、统筹安排的计算程序,简化烦琐的计算,形成统筹计算工程量的计算方式。

五、工程变更控制

工程变更对投资的影响较大,变更一般有因施工及自然条件等的改变而由设计方提出的变更、应施工承包人的要求降低某项工作的施工难度而采取的变更等。工程变更一般都会带来新增项目及新增单价以及工程量方面的变化。

(一)新增项目的确认

根据合同及工程量报价单中已有的工程项目,来确认变更后的项目是否为新增项目,如果不属于新增项目,在价款的支付上,将尽可能地从已有的工程量报价单中寻求相近的单价进行支付;如果属于新增项目,首先还是从工程量报价单中寻求相似的单价,如果无相似的单价,将另做新增单价进行处理。

(二)新增单价

对于新增单价的编制,监理工程师将按照合同中已有的价格水平取费标准,根据施工承包人的施工措施,首先确定一个单价,然后分别同建设单位和施工承包人协商并征得建设单位的同意后,纳入合同,作为支付的依据。

(三)工程量的增减

因设计变更而导致的工程量的变化,监理工程师将把设计提供的工程量按合同中的工程项目进行分配,计算相应工程项目工程量的增减变化幅度,然后按照合同中的相应条款进行处理。

对于应施工承包人的要求降低其某项工作的施工难度而采取的变更,监理工程师将根据现场实际情况并在征求建设单位意见的基础上,以不降低施工质量、不影响工期及不增加费用的前提下严格控制。对施工承包人施工方案的改变,原则上施工承包人的施工方案是不能随意改变的,但在某些特殊情况下,为满足工程的需要,而必须改变施工方案时,监理部将会同建设单位、施工承包人一起,从技术上对新的施工方案加以论证并指出可能发生的费用变化。在与各方取得一致意见后,监理部将以书面文件的形式加以明确,防止因施工方案的改变而产生不合理费用。

(四)工程变更费用的确定

1.费用确定的原则

工程变更费用的准确确定是处理工程变更工作的重中之重。一般情况下,工程变更费用应按合同约定计算,合同未约定的情况则应由合同双方协商确定。监理工程师在确定工程变更费用时应遵循以下原则:一是变更项目为原合同清单所列项目量的增减时则直接套用原合同相同项目价格;二是若变更项目与原合同清单所列相似,则可以通过一定换算间接套用类似合同项目价格;三是不能直接或间接套用原合同项目价格时,监理工程师可根据据施工工艺、所耗材料、设备等套用定额进行预算估价确定合理价格;四是若变更工程项目不能用上述3种方法定价,则监理工程师可与施工承包人协商一个适当的价格报业主审批,如果双方不能达成一致,则监理工程师可以暂时确定一个价格作为暂付账款列入支付证书中。

2.不平衡报价对变更费用的影响

监理工程师在确定工程变更费用时还应特别注意,施工承包人在投标报价时通常会针对预计将来会变更增加工程量的项目抬高报价,以期日后发生变更后能获得更多利益,对此监理工程师应予以重视,防止批准高报价而损害业主利益。这种情况下,监理工程师应与业主和施工承包人协商,重新确定一个合理的价格或监理工程师指定一个合理的价格用于该项变更。

3.计日工费用的确定

计日工费用也是工程变更费用很重要的一部分,包括劳务费用、材料费用和机械费用。计日工费用支付应注意以下几个问题:

(1)计日工劳务费用只计正常工作工时费用,非经监理工程师批准,不支付加班费用,并扣除用餐时间及休息时间;计日工劳务费用支付对象为直接从事指定工作且能胜任该工作的工人及一起做工的领班班长,而其他领班和质检人员不包含在内。

（2）监理工程师应特别注意的是，计日工材料费用支付包括材料票面净值加一定百分比的附加费（管理费、利润、税费、保险等），材料从仓库或储料场到施工现场的搬运费不在计费范围内。

（3）计日工机械费用是指合同工程量清单中所列的基本租价（折旧、燃料、保养维修等）及附加费（管理费、利润、税费、保险等），驾驶员、操作工等的费用已包含在计日工劳务费中，不再另行支付，监理工程师在审批时应避免重复支付。

六、资金控制监理工作程序

资金控制监理工作程序见图 3-3-2。

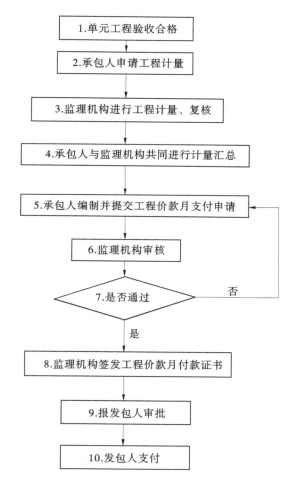

图 3-3-2　资金控制监理工作程序

七、采用的表式清单

监理机构在资金控制监理工作中采用的表式清单见表 3-3-1。

表 3-3-1　资金控制监理工作中采用的表式清单

《水利工程施工监理规范》(SL 288—2014)

序号	表格名称	表格类型	表格编号		页码
1	资金流计划申报表	CB04	承包[	]资金号	P70
2	工程预付款申报表	CB09	承包[	]工预付号	P75
3	材料预付款报审表	CB10	承包[	]材预付号	P76
4	工程计量报验单	CB30	承包[	]计报号	P98
5	计日工单价报审表	CB31	承包[	]计审号	P99
6	计日工工程量签证单	CB32	承包[	]计签号	P100
7	工程进度付款申请单	CB33	承包[	]进度付号	P101
8	工程进度付款汇总表	CB33 附表 1	承包[	]进度总号	P102
9	已完工程量汇总表	CB33 附表 2	承包[	]量总号	P103
10	合同分类分项项目进度付款明细表	CB33 附表 3	承包[	]分类付号	P104
11	合同措施项目进度付款明细表	CB33 附表 4	承包[	]措施付号	P105
12	变更项目进度付款明细表	CB33 附表 5	承包[	]变更付号	P106
13	计日工项目进度付款明细表	CB33 附表 6	承包[	]计付号	P107
14	完工付款/最终结清申请表	CB39	承包[	]付结号	P125
15	质量保证金退还申请表	CB41	承包[	]保退号	P127
16	工程预付款支付证书	JL04	监理[	]工预付号	P131
17	计日工工作通知	JL08	监理[	]计通号	P135
18	工程进度付款证书	JL19	监理[	]进度付号	P146
19	工程进度付款审核汇总表	JL19 附表 1	监理[	]付款审号	P147
20	合同解除付款核查报告	JL20	监理[	]解付号	P148
21	完工付款/最终结清证书	JL21	监理[	]付结号	P149
22	质量保证金退还证书	JL22	监理[	]保退号	P150

第四章　合同管理监理实施细则

第一节　编制依据

本细则的编制依据如下：

（1）工程合同文件、招标文件、监理合同文件、监理规划、已签发的工程设计文件及相应的工程变更文件、调整概算文件、施工图纸及主要设备技术说明书等。

（2）有关现行规程、规范和规定：

①其他合同管理相关法律法规、条例、办法、规定等文件。

②《水利建设工程施工分包管理规定》（水建管〔2005〕304号）。

③其他有关规程、规范。

本细则若有与以上文件不符之处，以上述文件为准。

第二节　合同管理工作特点和控制要点

一、合同管理工作特点

（1）合同管理持续时间长。

（2）合同管理对工程经济效益影响大。

（3）合同管理必须实行动态管理。

（4）合同管理影响因素多，合同风险管理至为重要。

二、合同管理控制要点

全面理解、正确解读合同文件，认真履行监理职责，秉承"以合同为依据、以法律为准绳，一切按程序办事、一切凭数据说话"的原则，以质量与进度控制为基础，以计量与支付为核心，及时协调解决工程实施过程中出现的变更、索赔、违约、分包、争议等一系列问题，促进工程参建各方的积极配合，友好协作。具体的合同管理控制要点如下：

（1）熟悉合同文件，正确解析和引用合同条款。

（2）审查工程变更申请，提出处理意见，经发包人同意后下达工程变更指示。

（3）审查承包人提出的索赔申请，进行索赔与反索赔调查，提出索赔处理意见。

（4）审查工程分包，经监理机构审查同意并经发包人批准后，分包队伍才能进场施工。

（5）掌握施工动态，督促各方履行合同义务，减少违约事件的发生。

（6）进行风险分析，避免投资损失。

(7)调解合同纷争,减少矛盾和纠纷。合同优先解释顺序如下:①合同协议书;②中标通知书;③投标书及其附件;④合同专用条款;⑤合同通用条款;⑥标准、规范及有关技术文件;⑦图纸;⑧工程量清单;⑨工程报价单或预算书;⑩合同履行中,发包人、承包人有关工程的洽商、变更等书面协议或文件。

第三节　合同管理的原则和方法

一、合同管理的原则

(1)合同管理的总原则是全面监督、重点控制、专项管理。监理控制的重点是工程变更、工程转让与分包、工程延期或索赔,对其实施专项管理。

(2)合同原则。监理工程师对合同事宜的处理严格遵循合同文件确定的范围、原则、方法和程序。

(3)以事实为依据。监理工程师对合同事宜的处理,以发生并确切记载的事实为依据。

(4)科学和公正原则。监理工程师对合同事宜的处理,应做到科学和公正。

二、合同管理方法

根据合同管理的依据,对合同事宜进行客观和科学的评估从而得出结论,是合同管理要采用的主要方法。

第四节　合同管理监理工作内容、技术要求和程序

一、工程合同管理的内容

监理工程师应严格按照客观性、公正性和独立性的要求,根据建设模式的特点采取针对性的措施做好本项目的合同管理,本项目合同管理的主要内容有:

(1)合同纠纷的监控。

(2)对承包人违约的处理。

(3)分包审查。

(4)索赔控制与索赔审核。

(5)工程延期的预控措施和审批。

(6)工程变更审查。

(7)保险管理等方面的工作。

二、工程变更管理

(一)工程变更管理监理工作内容

监理机构须按照监理合同和发包人与承包人签订的施工合同规定,对工程的任何变

更进行审查,选择最佳变更实施方案,确定变更工程的单价和总价,经发包人批准后,做出变更指示。工程变更是影响工程投资的重要因素,监理机构应严格控制工程变更数量。

监理机构须处理下列各种类型的工程变更:

(1)更改工程有关部分的标高、基线、位置和尺寸。

(2)增减合同中约定的工程量。

(3)增减合同中约定的工程内容。

(4)改变工程质量、性质或工程类型。

(5)改变有关工程的施工顺序和时间安排。

(6)为使工程竣工而必须实施的任何种类的附加工作。

(二)工程变更管理监理工作技术要求

1. 变更的提出

根据提出变更申请的部门和变更要求不同,将工程变更分类如下:

(1)上级部门变更。上级行政主管部门提出的政策性变更或由国家政策变化引起的变更。

(2)发包人变更。根据现场实际情况,为提高质量标准、加快进度、节约造价等因素综合考虑而提出的工程变更。

(3)设计单位变更。设计单位在工程实施中发现工程设计存在设计缺陷或需要进行优化设计而提出的工程变更。

(4)承包人变更。承包人在施工过程中发现设计与施工现场的地形、地貌、地质结构等情况不一致而提出的工程变更。

(5)监理机构变更。监理机构根据现场实际情况提出的工程变更和工程项目变更、新增工程变更等。

发包人、设计单位、承包人、监理机构都可就合同实施过程中存在的问题,提出变更建议,但变更建议必须经监理机构审查报发包人批准后方可实施。

2. 变更建议审查

监理机构收到变更建议书后,应审查以下内容:

(1)变更的原因和必要性。

(2)变更的依据、内容和范围。

(3)变更可能对工程质量、价格及工期的影响。

(4)变更的技术可行性及可能对后续施工产生的影响。

3. 发出变更指示

监理机构若同意变更申请,应报发包人审批,发包人批准后委托原设计单位完成工程变更的设计工作,监理机构对工程变更的设计文件、图纸进行审核,然后向承包人发出变更指示,变更指示应说明变更的目的、范围、内容、工程量、进度和技术要求等,承包人按照指示组织实施工程变更。

4. 审核变更报价

监理机构应依据批准的变更项目实施方案,审核承包人提交的变更报价,审核须遵循以下原则:

（1）若施工合同工程量清单中有适用于变更工作内容的子目,采用该子目的报价。

（2）若施工合同工程量清单中无适用于变更工作内容的子目,但有类似子目的,可在合理范围内参照类似子目单价编制的单价。

（3）若施工合同工程量清单中无适用或类似子目的单价,可采用按照成本加利润原则编制的单价。

变更报价审核后报发包人,若发包人与承包人就变更价格和工期协商一致,监理机构应见证合同当事人签订变更项目确认单。若发包人与承包人就变更价格不能协商一致,监理机构应认真研究后审慎确定合适的暂定价格,通知当事人执行;若发包人与承包人就工期不能协商一致,按合同约定处理。

5. 变更意向通知

监理机构可根据合同约定向承包人发出变更意向书,要求承包人就变更意向书中的内容提交变更实施方案(包括实施变更工作的计划、措施和完工时间);审核承包人的变更实施方案,提出审核意见,并在发包人同意后发出变更指示。若承包人提出了难以实施此项变更的原因和依据,监理机构应与发包人、承包人协商后确定撤销、改变或不改变原变更意向书。

变更意向书发出的同时,监理机构须着手收集相关资料,包括:上级主管部门的指令性文件,行业部门涉及该项变更的规定与文件,发包人、承包人、监理工程师等方面的文件和会谈记录,技术变更研讨、商洽记录,变更前后的合同、图纸等文件。

6. 紧急变更

如遇危及人身、财产安全或遭受严重损失的紧急情况,工程变更不受时间限制,但监理机构应督促变更提出单位及时补办相关手续。

（三）工程变更管理监理工作程序

工程变更管理监理工作程序见图3-4-1。

三、索赔管理

（一）索赔管理监理工作内容

监理机构应按施工合同约定受理承包人和发包人提出的合同索赔,认真组织索赔事件调查,提出评价意见,根据合同授权,公正处理索赔。不接受未按施工合同约定和超出约定时限的索赔要求。

（二）索赔管理监理工作技术要求

1. 索赔的提出

当索赔事件发生时,承包人就自己的索赔要求在合同规定的时间内向监理机构发出索赔意向通知,监理机构收到通知后,应确定索赔的时效性,查验承包人的记录和证明材料,指示承包人提交持续性影响的实际情况说明和记录。

对于承包人提出的索赔,监理机构应审定其索赔权利,对于不合理的索赔,应给以书面否决;在承包人提交了完工付款申请后,监理机构不再接受承包人提出的在合同工程完工证书颁发前所发生的任何索赔事项;在承包人提交了最终结清申请后,监理机构不再接受承包人提出的任何索赔事项。

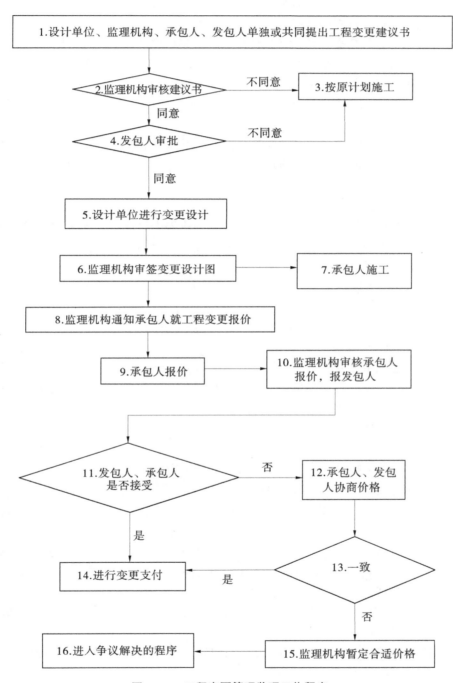

图 3-4-1　工程变更管理监理工作程序

2. 索赔的审查

监理机构在收到承包人的中期索赔申请报告或最终索赔申请报告后,应及时通知发包人,并组织索赔事件调查,做好以下工作:

（1）依据施工合同约定，对索赔的有效性进行审核。

（2）对索赔支持性资料的真实性进行审查。

（3）对索赔的计算依据、计算方法、计算结果及其合理性逐项进行审核。

（4）对施工合同双方共同责任造成的经济损失或工期延误，应通过协商，公平合理地确定双方分担的比例。

（5）必要时要求承包人提供进一步的支持性资料。

3. 索赔的确认

监理机构应在施工合同约定的时间内，做出对索赔申请报告的处理决定，报送发包人并抄送承包人。若合同双方达成一致，则确认索赔，若双方或其中任一方不接受监理机构的处理决定，则按争议解决的有关约定进行。

4. 发包人提出的索赔

发生合同约定的发包人索赔事件后，监理机构应根据合同约定和发包人的书面要求及时通知承包人，说明发包人的索赔事项和依据，按合同要求商定或确定发包人从承包人处得到赔付的金额和（或）缺陷责任期的延长期。

四、工程违约管理

（一）工程违约管理监理工作内容

监理机构应随时掌握施工现场情况，建议发包人、监督承包人按施工合同约定履行各自的义务，减少违约事件发生。当违约事件发生时，监理机构应严格执行施工合同和监理合同的相关规定，公正处理违约事件，同时应督促双方及时采取补救措施，保证工程施工顺利进行，减少影响和损失。

（二）工程违约管理监理工作技术要求

1. 承包人违约

对于承包人违约，监理机构应依据施工合同的约定进行下列工作：

（1）在及时进行查证和认定事实的基础上，对违约事件的后果做出判断。

（2）及时向承包人发出书面警告，限其在收到书面警告的规定时限内予以弥补和纠正。

（3）承包人在收到书面警告的规定时限内仍不采取有效措施纠正其违约行为或继续违约，严重影响工程质量、进度，甚至危及工程安全时，监理机构应限令其停工整改，并要求承包人在规定时限内提交整改报告。

（4）在承包人继续严重违约时，监理机构应及时向发包人报告，说明承包人违约情况及其可能造成的影响。

（5）当发包人向承包人发出解除合同通知后，监理机构应协助发包人按照合同约定处理解除施工合同后的有关合同事宜。

2. 发包人违约

对于发包人违约，监理机构应依据施工合同约定进行下列工作：

（1）由于发包人违约，致使工程施工无法正常进行，监理机构在收到承包人书面要求后，应及时报发包人，促使工程尽快恢复施工。

(2)在发包人收到承包人提出解除施工合同要求后,监理机构应协助发包人尽快调查、澄清和认定工作,若合同解除,监理机构应按有关规定和施工合同约定处理解除施工合同后的有关合同事宜。

工程违约管理监理工作程序见图 3-4-2。

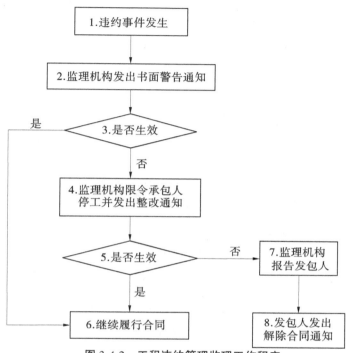

图 3-4-2 工程违约管理监理工作程序

五、工程分包管理

(一)工程分包管理监理工作内容

监理机构应根据相关法律、法规和施工合同约定,监督、规范承包人的分包行为,杜绝违法、违规分包现象。承包人提出分包申请后,监理机构应根据监理合同授权,审查分包工程的类型、数量,核查分包人的资质、财务状况、施工设备、技术实力及所承建过的工程情况等详细资料。监理机构监督承包人对分包人和分包工程项目的管理,并监督现场工作,但不受理分包合同争议。

(二)工程分包管理监理工作技术要求

(1)承包人就实际工程需要提出分包申请,监理机构在施工合同约定或有关规定允许分包的工程项目范围内,对分包人进行审核,并报发包人批准。

(2)分包项目最终获得发包人批准,承包人与分包人签订了分包合同并报监理机构备案后,监理机构方可允许分包人进场。

(3)分包工程项目的施工技术方案、开工申请、工程质量报验、变更和合同支付等,应通过承包人向监理机构申报。

（4）分包工程只有在承包人自检合格后，方可由承包人向监理机构提交验收申请报告。

工程分包管理监理工作程序见图 3-4-3。

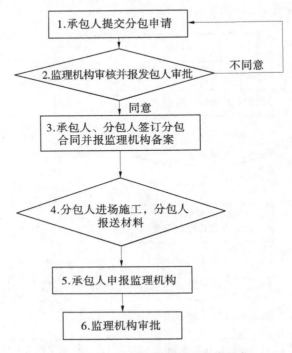

图 3-4-3　工程分包管理监理工作程序

六、工程担保管理

当承包人违约，发包人要求保证人履行担保义务时，监理机构应协助发包人按要求及时向保证人提供全面、准确的书面文件和证明资料。

七、工程保险管理

工程保险监理工作应符合下列规定：

（1）当承包人未按施工合同约定办理保险时，监理机构应指示承包人补办，若承包人拒绝办理，监理机构可提请发包人代为办理，保险费用从应支付给承包人的金额中扣除。

（2）当承包人已按合同约定办理了保险，承包人为履行合同义务而遭受的损失不能从承保人处获得足额赔偿时，监理机构在接到承包人申请后，应依据施工合同约定界定风险与责任，确认责任者或经协商合理划分合同双方分担保险赔偿不足部分费用的比例。

八、化石和文物保护管理

（1）一旦在施工现场发现化石、钱币、有价值的物品或者文物、古建筑结构以及有地质或考古价值的其他遗物，监理机构应立即指示承包人按有关文物管理规定采取有效保护措施,防止任何人移动或损害上述物品,并立即通知发包人。必要时,可按相关规定实施暂停施工。

(2)监理机构应受理承包人由于对文物采取保护措施而发生的费用和工期延误的索赔申请,提出意见后报发包人。

九、工程争议管理

(一)工程争议管理监理工作内容

争议事件发生时,监理机构应充分发挥沟通协调的作用,平衡双方利益,督促发包人和承包人积极解决争议,防止事态扩大。

(二)工程争议管理监理工作技术要求

(1)争议发生后,发包人和承包人须将争议内容书面提交监理机构,监理机构应及时进行沟通,组织双方友好协商,或由第三方调解解决。

(2)若发包人和承包人意见不能统一,监理机构需就争议问题的处理做出暂时决定,双方可在规定的时间内提请仲裁和诉讼。

(3)争议解决期间,监理机构应督促发包人和承包人仍按监理机构就争议问题做出的暂时决定履行各自的义务,并明示双方,根据有关法律、法规或相关规定,任何一方均不得以争议解决未果为借口拒绝或拖延按施工合同约定应履行的义务。

(三)工程争议管理监理工作程序

工程争议管理监理工作程序见图3-4-4。

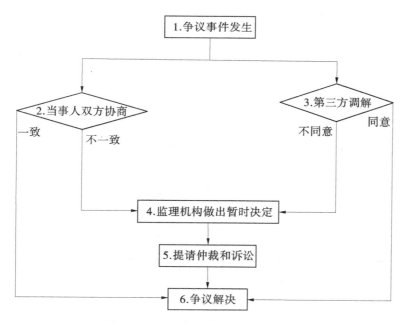

图 3-4-4　工程争议管理监理工作程序

十、清场与撤离

（1）监理机构应依据有关规定或施工合同约定，在施工合同完工证书颁发前或在缺陷责任期满前，监督承包人完成施工场地的清理和环境恢复工作。

（2）监理机构应在合同工程完工证书颁发后的约定时间内，检查承包人在缺陷责任期内为完成尾工和修复缺陷应留在现场的人员、材料和施工设备情况，其余的人员、材料和施工设备均应按批准计划退场。

第五节　采用的表式清单

监理机构在合同管理监理工作中采用的表式清单见表3-4-1。

表3-4-1　监理机构在合同管理监理工作中采用的表式清单

《水利工程施工监理规范》（SL 288—2014）

序号	表格名称	表格类型	表格编号		页码
1	变更申报表	CB24	承包[	]变更号	P92
2	变更项目价格申报表	CB27	承包[	]变价号	P95
3	索赔意向通知	CB28	承包[	]赔通号	P96
4	索赔申请报告	CB29	承包[	]赔报号	P97
5	施工分包申报表	CB05	承包[	]分包号	P71
6	变更指示	JL12	监理[	]变指号	P139
7	变更项目价格审核表	JL13	监理[	]变价审号	P140
8	变更项目价格/工期确认单	JL14	监理[	]变确号	P141
9	变更月统计表	JL25 附表4	监理[	]变更统号	P158
10	索赔审核表	JL17	监理[	]索赔审号	P144
11	索赔确认单	JL18	监理[	]索赔确号	P145
12	警告通知	JL10	监理[	]警告号	P137
13	整改通知	JL11	监理[	]整改号	P138
14	暂停施工指示	JL15	监理[	]停工号	P142
15	复工通知	JL16	监理[	]复工号	P143

第五章　信息管理监理实施细则

第一节　编制依据

本细则的编制依据如下：

（1）工程施工合同文件、监理合同文件、招标投标文件、监理规划、已签发的设计图纸、设计交底、发包人已签发的变更，发包人、监理和承包人在施工过程中产生的有关文件或记录，已批准的施工组织设计、施工方案等。

（2）其他有关规程、规范。

本细则若有与以上文件不符之处，以上述文件为准。

第二节　信息管理体系和监理工作特点

一、监理机构信息管理体系

（1）设置信息管理人员并制定相应岗位职责。

（2）制定包括文档资料收集、分类、整编、归档、保管、传阅、查阅、复制、移交、保密等制度。

（3）制定包括文件资料签收、送阅与归档及文件起草、打印、校核、签发、传递等在内的文档资料的管理程序。

（4）文件、报表格式：

①常用报告、报表格式应采用监理规范所列的和水利部印发的其他标准格式。

②文件格式应遵守国家及有关部门发布的公文管理格式，如文号、签发、标题、关键词、主送与抄送、密级、日期、纸型、版式、字体、份数等。

（5）建立信息目录分类清单、信息编码体系，确定监理信息资料内部分类归档方案。

（6）建立信息采集、分析、整理、保管、归档、查询系统及计算机辅助信息管理系统。

二、信息管理监理工作特点

工程信息产生于工程建设全过程，它包括设计、招标投标、施工、工程验收等工程在形成文字、图纸、声像等不同载体上的各种文件、材料。工程信息有以下特点：

（1）数量庞大。

（2）类型复杂。

（3）来源广泛，存储分散。

（4）始终处于动态变化之中。

(5)应用环境复杂。

(6)非消耗性。

(7)系统性以及时空上的不一致性。

基于工程信息的特点,工程信息管理工作任务繁重、耗费时间长、形态多样、环节错综复杂,要求全面、及时、准确。

三、信息管理监理控制要点

工程信息管理在监理工作中具有十分重要的作用,能够在一定程度上辅助决策、降低成本、提高工作效率、促进管理创新,是监理机构进行质量、进度、投资控制的基础,为解决合同实施过程中各方的责、权、利关系,保证工程建设顺利实施,监理机构应建立完整的信息管理体系,实行分责、分级管理,促进工程信息传递、反馈、处理的标准化、规范化、程序化和数据化。具体的信息管理控制要点如下:

(1)建立信息管理体系,保证信息收集、传递的准确性、及时性、高效性。

(2)审查承包人提交的文件资料,规范监理文件资料,文件资料的填写、记录、签署必须严格按照监理规范规定的格式和要求进行。

(3)根据施工合同约定和信息管理的相关法律、法规规定,严格执行信息文件的收发、传递程序,保证信息文件在时间上和内容上的有效性。

(4)建立文件归档制度,完善信息文件的分类、整理措施,便于工程信息文件存储、检索、查阅、移交。

第三节　信息管理监理工作内容、技术要求和程序

一、信息管理监理工作内容

监理机构应按照施工合同约定和工程信息管理的有关规定,结合工程实际情况,开展信息管理工作。监理机构建立的监理信息管理体系应包括下列内容:

(1)配置信息管理人员并制定相应岗位职责。

(2)制定包括文档资料收集、分类、保管、保密、查阅、复制、整编、移交、验收和归档等的制度。

(3)制定包括文件资料签收、送阅程序,制定文件起草、打印、校核、签发等管理程序。

(4)文件、报表格式应符合下列规定:

①常用报告、报表格式宜采用监理规范要求和国务院水行政主管部门印发的其他标准格式。

②文件格式应遵守国家及有关部门发布的公文管理格式,如文号、签发、标题、关键词、主送与抄送、密级、日期、纸型、版式、字体、份数等。

(5)建立信息目录分类清单、信息编码体系,确定监理信息资料内部分类归档方案。

(6)建立计算机辅助信息管理系统。

二、信息管理监理工作技术要求

(一) 工程信息分类

根据信息来源,将工程信息分为以下4类。

1. 发包人信息

(1)发包人提供的工程项目初步设计(或技术设计)报告、各类专题报告、工程施工招标投标文件、施工合同文件等。

(2)发包人下发的有关建设管理的各类"规定""办法""要求"等文件,有关工程建设的各类计划、指示、通知、简报及其他文函,有关呈报事项的批复、批转、复函等。

2. 设计单位信息

设计单位信息包括施工详图、施工技术要求、技术标准、设计变更、设计(代)通知等文件。

3. 承包人信息

(1)施工合同管理信息。包括工程项目开工申请报告、施工组织设计、对设计图纸和设计文件的反馈意见、合同变更及设计变更问题的函(报告)等。

(2)施工质量信息。包括承包人质量保证体系报告;测量、试验机构资质资料;原材料合格证明和试验资料,中间产品检测试验资料;单元工程、分部分项工程"三检"资料,验收申请、工程验收质量评定资料及验收施工报告;质量安全事故处理报告及施工记录;施工质量安全月报等。

4. 监理机构信息

(1)综合管理类信息。包括监理合同、协议、监理大纲、监理规划、监理实施细则、监理工作程序、内部管理规章制度等。

(2)组织协调类信息。包括施工图审查意见、施工组织设计(方案)审查意见、质量保证体系审查意见、开工申请报告批复意见、设计变更签审单、设计交底会审纪要、专题及协调会议纪要、监理机构指示、有关通知及批复文件、监理工作联系单等。

(3)质量控制类信息。包括合同项目划分、原材料及中间产品监理检测试验资料、测量成果复核资料,工程质量、安全事故报告,因施工质量而发生的停工指示、返工通知、复工通知、工程质量简报。

(4)综合记录报告类信息。包括监理月报、监理年报、监理日志、监理报告、监理大事记、监理工作总结等。

(5)验收总结类信息。包括开工、开仓签证,单元(工序)工程及分部工程检查,质量检查、质量等级评定资料,阶段验收、单位工程验收、竣工验收鉴定书。

(6)其他有关合同规定和双方约定的资料。

(二) 通知与联络管理

工程参建各方的通知和联络过程就是工程信息的产生、收集、传递过程,只有及时准确掌握工程实施过程中的各种信息,才能做出正确的判断和决策,对建设工程进行有效调整。监理机构应建立完整系统的信息传递制度,形成收集、传递、整理、存储、检索等各个环节有序衔接和紧密联系的链条。严格按照施工合同约定和相关法律、法规规定,规范各种信息文件的填写、记录、签署格式,执行监理机构的发文、收文及内部会签程序,避免出现信息文件的延迟、错乱、遗漏、丢失等情况,影响工程建设正常秩序或造成不必要的损失。

1. 通知与联络的规定

通知与联络应符合下列规定:

(1)监理机构发出的书面文件,应由总监理工程师或其授权的监理工程师签名、加盖本人执业印章,并加盖监理机构章。

(2)监理机构与发包人和承包人以及与其他人的联络应以书面文件为准。在紧急情况下,监理工程师或监理员现场签发的工程现场书面通知可不加盖监理机构章,作为临时书面指示,承包人应遵照执行,但事后监理机构应及时以书面文件确认;若监理机构未及时发出书面文件确认,承包人应在收到上述临时书面指示后24小时内向监理机构发出书面确认函,监理机构应予以答复。监理机构在收到承包人的书面确认函后24小时内未予以答复的,该临时书面指示视为监理机构的正式指示。

(3)监理机构应及时填写发文记录,根据文件类别和规定的发送程序,送达对方指定联系人,并由收件方指定联系人签收。

(4)监理机构对所有来往书面文件均应按施工合同约定的期限及时发出和答复,不得扣压或拖延,也不得拒收。

(5)监理机构收到发包人和承包人的书面文件,均应按规定程序办理签收、送阅、收回和归档等手续。

(6)在监理合同约定期限内,发包人应就监理机构书面提交并要求其做出决定的事宜予以书面答复;超过期限,监理机构未收到发包人的书面答复,则视为发包人同意。

(7)对于承包人提出要求确认的事宜,监理机构应在合同约定时间内做出书面答复,逾期未答复,则视为监理机构已经确认。

2. 书面文件的传递

书面文件的传递应符合下列规定:

(1)除施工合同另有约定外,书面文件应按下列程序传递:①承包人向发包人报送的书面文件均应报送监理机构,经监理机构审核后转报发包人。②发包人关于工程施工中与承包人有关事宜的决定,均应通过监理机构通知承包人。

(2)所有来往的书面文件,除纸质文件外,还宜同时发送电子文档。当电子文档与纸质文件内容不一致时,应以纸质文件为准。

(3)不符合书面文件报送程序规定的文件,均视为无效文件。

(三)监理文件管理

1. 监理文件组成

监理文件组成如下:

(1)对承包人的批复文件。

(2)施工过程中的指示(令)文件。

(3)施工质量或合同支付认证文件。

(4)工程建设施工协调文件。

（5）工程完工及工程验收签证文件。

（6）提交给发包人的"函件"。

（7）提交给设计人的"函件"。

（8）监理机构的管理、记录、总结、报告文件，包括：①监理日记、日志、月报；②旁站、巡视、安全检查、平行检测、跟踪检测、见证取样等记录；③监理工作报告、专题报告；④会议纪要；⑤监理规划、细则、专项方案等。

（9）其他文件。

2. 监理文件规定

监理文件应符合下列规定：

（1）应按规定程序起草、打印、校核、签发。

（2）应表述明确、数字准确、简明扼要、用语规范、引用依据恰当。

（3）应按规定格式编写，紧急文件宜注明"急件"字样，有保密要求的文件应注明密级。

3. 监理日志、报告与会议纪要规定

监理日志、报告与会议纪要应符合下列规定：

（1）现场监理人员应及时、准确完成监理日志。由监理机构指定专人按照规定格式与内容填写监理日志并及时归档。

（2）监理机构应在每月的固定时间，向发包人、监理单位报送监理月报。

（3）监理机构可根据工程进展情况和现场施工情况，向发包人报送监理专题报告。

（4）监理机构应按照有关规定，在工程验收前，提交工程建设监理工作报告，并提供监理备查资料。

（5）监理机构应安排专人负责各类监理会议的记录和纪要编写。会议纪要应经与会各方签字确认后实施，也可由监理机构依据会议决定另行发文实施。

4. 监理文件处理

监理文件由监理机构的总监理工程师或其授权的监理工程师确定是否需要处理，如需处理，应确定传阅人名单和范围，并记录处理流程。监理机构可在需处理的文件后附监理文件处理单，随文件一并传阅，传阅处理后处理人签署处理单。

5. 计算机辅助信息管理系统

（1）根据施工任务，监理机构配备必要的专职（或兼职）信息员和计算机管理员，保证计算机辅助系统能发挥正常效能。

（2）按发包人有关文件、通知的要求，信息员应建立工程信息数据库，然后在规定的时间内，将监理机构收集到的并经过校核的信息输入计算机数据库，为了解情况、分析问题和决策判断提供参考资料。

（3）提高监理机构信息管理的计算机辅助能力，根据监理工作需要，配备适当数量的计算机和辅助设备，以及必要的支持软件，形成监理机构内部的信息管理网络，并与发包人、承包人的网络系统链接。

监理公司监理机构文件处理单见表3-5-1。

表 3-5-1　×××监理公司×××监理机构文件处理单

收文单位				时间			(8 位,如:20160315)	
发文单位				份数			页数	
文号	收		发	密级			处理期限	天
文件题名								
拟办意见			(办理要求、任务分配等) 年　月　日					
办理结果			年　月　日					
领导批示			(如总监批示:"重新核准""同意办理结果,发有关单位并存档") 年　月　日					
阅后签名	姓名		阅文时间		姓名		阅文时间	

合同体系 编码	档案盒 编码	项目划分编码			归档范围和保管期限			专业 编码	目标和管理 编码
		单位	分部	单元	业主	监理	档案		

三、信息管理监理工作程序

信息管理监理工作程序见图 3-5-1。

四、采用的表式清单

监理机构在信息管理监理工作中采用的表式清单见表 3-5-2。

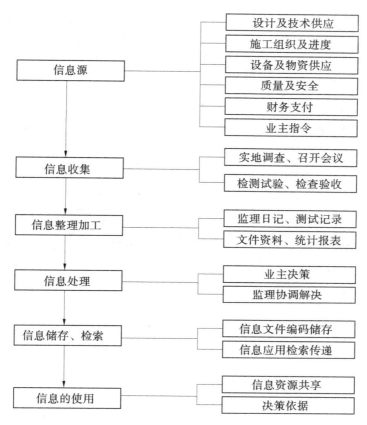

图 3-5-1　信息管理监理工作程序

表 3-5-2　信息管理监理工作中采用的表式清单

《水利工程施工监理规范》(SL 288—2014)				
序号	表格名称	表格类型	表格编号	页码
1	报告单	CB36	承包[　　]报告号	P122
2	回复单	CB37	承包[　　]回复号	P123
3	确认单	CB38	承包[　　]确认号	P124
4	批复表	JL05	监理[　　]批复号	P132
5	监理通知	JL06	监理[　　]通知号	P133
6	监理报告	JL07	监理[　　]报告号	P134
7	监理月报	JL25	监理[　　]月报号	P153
8	合同完成额月统计表	JL25 附表 1	监理[　　]完成统号	P155
9	工程质量评定月统计表	JL25 附表 2	监理[　　]评定统号	P156
10	工程质量平行检测试验月统计表	JL25 附表 3	监理[　　]平行统号	P157

续表 3-5-2

《水利工程施工监理规范》(SL 288—2014)

序号	表格名称	表格类型	表格编号	页码
11	变更月统计表	JL25 附表 4	监理[　　　]变更统号	P158
12	监理发文月统计表	JL25 附表 5	监理[　　　]发文统号	P159
13	监理收文月统计表	JL25 附表 6	监理[　　　]收文统号	P160
14	监理日记	JL33	监理[　　　]日记号	P168
15	监理日志	JL34	监理[　　　]日志号	P169
16	监理机构内部会签单	JL35	监理[　　　]内签号	P171
17	监理发文登记表	JL36	监理[　　　]监发号	P172
18	监理收文登记表	JL37	监理[　　　]监收号	P173
19	会议纪要	JL38	监理[　　　]纪要号	P174
20	监理机构联系单	JL39	监理[　　　]联系号	P175
21	监理机构备忘录	JL40	监理[　　　]备忘号	P176

第六章　组织协调监理实施细则

第一节　适用范围及编制依据

本实施细则适用于黄河下游引黄闸改建工程范围内的组织协调工作,其他监理工程项目可参照执行。本细则的编制依据如下:

(1)工程施工合同文件、监理合同文件、招标投标文件、监理规划,已签发的设计图纸、设计交底、发包人已签发的变更等,已批准的施工组织设计、施工方案等。

(2)有关现行规程、规范和规定:

①《建设工程文件归档规范》(GB/T 50328—2014)2019 年版。

②《水利工程建设项目档案管理规定》(水办〔2005〕480 号)。

③其他相关法律法规、条例、办法、规定等文件。

本细则若有与以上文件不符之处,以上述文件为准。

第二节　组织协调监理原则

一、总则

监理单位主要任务是沟通、联结、调和、联合与监理工程项目建设直接有关各方的关系,使建设各方及其建设活动协调一致,以实现工程项目在实施阶段进度、质量、造价的预定目标。

二、监理单位在组织协调中遵循的原则

(1)以合同为依据,本着监督、服务的宗旨,通过充分协商使建设各方协调一致,以实现合同规定目标。

(2)监理单位必须坚持总体协调的原则。在监理工程项目内组织协调一方合同项目的工作,避免影响另一方合同项目的施工。

(3)监理单位在组织协调工作中应坚持公正、独立、自主的原则,采取平等、诚恳、冷静的态度,区分主次矛盾、轻重缓急,科学地、果断地处理问题。必要时采取经济手段,以求各施工单位能较好地接受监理单位的协调意见,促进工程有序施工。

(4)在组织协调工作中,超出监理权限的,必须及时报请业主单位进行组织协调,监理单位协助或参与协调工作。

(5)监理单位组织协调工作中的重点是运用业主授予的权限负责监理工程项目范围内的组织协调。内容包括对监理工程项目内的各合同项目即标段间各施工承包人间的总

体组织协调、施工承包人与业主单位间的协调、施工承包人与设计单位之间的协调。监理工程项目外部关系及工程建设总体的组织协调工作由业主单位负责。

三、组织协调工作的特点及主要内容

(一)特点

该项目具有战线长、工程量大、结构布置复杂、标段多、施工承包人多、施工程序要求严、立体交叉作业干扰大、监理组织协调任务重等特点。

(二)组织协调工作的主要内容

(1)各合同项目间进度控制、质量控制、造价控制工作的协调做到目标统一、标准统一、行为统一。

(2)监理组织协调工作的重点是现场施工的组织协调工作,包括开挖爆破安全,立体交叉作业,标段间界面、工作面交接,以及交通道路、施工场地、供电排水等。

(3)工程实施阶段建设各方之间的组织协调。

(4)各合同项目间的组织协调,主要施工承包人、监理单位应做好各合同项目间的组织协调。

1.施工进度的组织协调工作

根据工程总体进度网络的要求,协调好各施工承包人包括分包单位的年、季、月实施计划的安排。严格控制关键路线上的关键工序,保证关键项目施工进度目标的实现,使各合同项目间的工期有序衔接。

建立施工进度计划协调工作制度。监理单位每月在审批施工承包人报送的月计划之前应会同业主项目部对各施工承包人月计划执行情况进行检查协调,解决进度控制中的问题并通过批复月计划的方式加以落实。

督促和协调各施工承包人做好原材料、施工机械和设备等物资供应工作及劳动力的组织调配工作。

2.施工总布置的组织协调

根据监理工程项目的施工总布置,组织协调好各合同项目的施工场地、生产设施、施工道路、弃渣堆场、备料堆场、火工材料仓库、风水电管线敷设等施工布置,减少施工过程的相互干扰。

在工程项目的实施阶段,监理单位在施工现场组织协调好各施工承包人对施工场地、施工道路的使用,施工用风、水电的供应和分配以及弃渣场、备料堆场的占用等。组织协调好原材料及永久闸门设备供应,协调好共用的混凝土拌和系统的混凝土供应等。

引黄闸改建工程的施工环境复杂,各合同项目相邻距离较近,相互干扰大、不安全因素多。监理单位负责对各合同项目的施工组织设计和施工方法做好审查工作,并负责协调、监督相关方之间的交叉作业。及时进行工程质量检查和交面验收工作。同时,督促下道工序或合同的施工承包人做好开工前的准备,以便使工作面或工序顺利交接。

3.交工交面工作的组织协调

(1)为使交面工作做到规范化、程序化、量化的要求,公平、公正处理有争议的重要问题,监理编制工作面移交程序及实施细则。成立由监理组织的、交接施工承包人参加的三

方联合测量小组,其工作内容包括开挖交面和混凝土建筑物形体测量。

（2）为确保按目标工期交面,同时采取经济手段和强制性措施保证交面重点部位按期完成。

（3）在交工交面工作中,当有关各方发生争议时,监理单位会同业主单位组织各方进行充分协商,以求统一。若经协商有关各方仍不能达成统一意见,监理单位有权做出裁决意见并报业主单位审查批准实施。

4.施工承包人和业主单位间的协调

在施工承包人和业主单位间的关系协调工作中,监理单位应以工程承包合同为依据,检查、督促合同双方严格履行合同的权利和义务。

监理单位采用书面报告、会议反映、现场协调等多种形式检查并督促业主单位落实合同规定提供的有关施工设施、条件。

开工前的征地移民工作和开工后的遗留问题处理。

水、电、通信线路从施工场地外部按时接到指定地点。

按合同要求提供施工场地、施工道路、弃渣场地,以及必要的生产、生活设施。按计划供应质量合格的钢材、水泥、粉煤灰、砂石料、油料以及炸药、雷管等主要材料。

保证建设资金及时结算并支付工程价款、合同变更和索赔费用等。

监理单位要严格检查监督施工承包人做好进度、质量和造价控制,确保安全生产按合同要求完成建设任务,争创优质工程。

监理单位应公正、合理地处理合同变更和索赔,及时有效地调解合同纠纷,创造良好的施工环境,促进工程建设顺利进行。

5.施工单位与设计单位间的协调

监理单位审核签发设计文件和图纸并及时组织设计单位向施工承包人或承包单位提出的有关意见和建议进行讨论研究,经协调以统一意见形式给予答复或以会议纪要形式确认。

检查督促设计单位提供施工图纸并协调图纸供应与施工要求之间的矛盾。

组织协调设计单位对施工中出现的设计问题进行处理,同时对设计单位提出的有关工程施工方面的意见组织施工承包人认真研究实施。

组织设计变更审查,设计变更文件经审查确认后,组织协调施工承包人研究实施。

施工承包人要求设计单位提供地质编录、地基素描,监理单位及时与设计单位联系协调,统一时间,相互配合。

6.监理组织协调的工作方式和制度

协商。对于涉及标段间的重大问题,由总监或分管总监主持协调工作,在标段范围内的只有局部影响的问题,由工程部主任或监理主持协调工作或者以发现场工作联系单的方式进行处理。

建立健全由监理单位主持的建设各方协调会制度,如每周一次的施工协调会、每月协调会、每日上午的现场碰头会、监理中心每周一次例会等。

当不能通过协商使有关各方达成一致意见时,监理单位必须从工程项目的全局利益和总体目标的实现考虑,做出必要的指定,以协调各方的建设活动顺利进行。

对合同纠纷,首先由监理单位组织协调解决,协商不成时有关各方可向合同管理机关申请调解或仲裁。

第三节　组织协调的工作内容和技术要求

认真研究项目施工相互间的影响,不允许任何合同项目的施工对其他合同项目的施工构成不安全因素或潜在的不安全因素。

一、质量管理工作的组织协调

(1)监理单位对各合同项目施工质量管理工作的协调要坚持五个统一:统一施工质量标准,统一施工工艺和施工方法,统一检查验收程序、签证制度和表格格式,统一检测试验的手段和方法,统一工程质量评定标准。

(2)监理单位组织进行各合同单位间的工作面或工序间检查、签证、签收、交接,并明确下列几个问题:

①确认工作面或工序检查签证或验收的结果。

②确认存在的质量缺陷及其处理措施和技术要求。

③确认涉及工作面或工序的原始资料或成果已交接清楚。

④检查签证中提出的其他质量问题。

二、合同管理的组织协调

(1)监理单位对各施工承包人工程价款结算支付的报表格式审批程序及报送时间应统一。

(2)监理单位对各施工承包人工程索赔及经济补偿的处理原则、计算标准、申报程序应统一。

(3)监理单位对各施工承包人的经济问题的处理应一视同仁,一碗水端平。

三、现场施工中存在问题的协调

(1)立体交叉作业施工的组织协调,地面工程、地下工程施工干扰的协调是现场监理组织协调的日常工作。监理应着重做好如下工作:坚持安全第一、预防为主的方针,本着关键路线、重点部位优先安排施工的原则进行处理。

(2)监理在现场组织协调工作中为确保安全,对地面、地下工程的施工、停工、复工的指令一律以监理单位的书面形式《现场工作联系单》的通知为准,以防失误。

(3)对施工险情较大、事故隐患突出的部位,如闸室分流口贯通的组织协调工作,应制定专门规定,规定地面工程施工承包人必须以书面形式向监理单位和地下施工承包人报送爆破施工进度计划以及每日实际进展的具体桩号。地下工程施工承包人必须按规定的要求撤出施工设备和人员,以确保安全。

四、施工程序的组织协调

（一）基坑开挖施工程序的协调

监理采取有效措施协调建设各方同意在不违背招标文件技术条款要求的条件下确保基坑开挖和地面工程开挖同步进行。

（二）交通要道的组织协调

（1）监理实行日夜三班现场值班制度，加强现场协调的力度。

（2）严格实行进出车辆审批制度，签发通行证，未经监理批准进洞的车辆不得从施工支洞进出。

（3）重要事件及时报告，总监亲临现场处理，必要时报告业主单位协助解决。

（三）交工交面的组织协调

（1）交工交面工作主要有土石方开挖单位向混凝土浇筑单位交面、土建单位向金属结构和机电设备安装单位交面。

（2）监理单位在组织交工交面工作中，应以合同为依据，监督前一工序的施工承包人按合同工期完成任务并组织有关单位进行保施工。

五、采用的表式清单

监理机构在组织协调监理工作中采用的表式清单见表 3-6-1。

表 3-6-1　组织协调监理工作中采用的表式清单

《水利工程施工监理规范》（SL 288—2014）

序号	表格名称	表格类型	表格编号		页码
1	报告单	CB36	承包[	]报告号	P122
2	回复单	CB37	承包[	]回复号	P123
3	确认单	CB38	承包[	]确认号	P124
4	批复表	JL05	监理[	]批复号	P132
5	监理通知	JL06	监理[	]通知号	P133
6	监理报告	JL07	监理[	]报告号	P134
7	监理月报	JL25	监理[	]月报号	P153
8	合同完成额月统计表	JL25 附表 1	监理[	]完成统号	P155
9	工程质量评定月统计表	JL25 附表 2	监理[	]评定统号	P156
10	工程质量平行检测试验月统计表	JL25 附表 3	监理[	]平行统号	P157
11	变更月统计表	JL25 附表 4	监理[	]变更统号	P158
12	监理发文月统计表	JL25 附表 5	监理[	]发文统号	P159
13	监理收文月统计表	JL25 附表 6	监理[	]收文统号	P160
14	监理日记	JL33	监理[	]日记号	P168

续表 3-6-1

《水利工程施工监理规范》（SL 288—2014）

序号	表格名称	表格类型	表格编号		页码
15	监理日志	JL34	监理[	]日志号	P169
16	监理机构内部会签单	JL35	监理[	]内签号	P171
17	监理发文登记表	JL36	监理[	]监发号	P172
18	监理收文登记表	JL37	监理[	]监收号	P173
19	会议纪要	JL38	监理[	]纪要号	P174
20	监理机构联系单	JL39	监理[	]联系号	P175
21	监理机构备忘录	JL40	监理[	]备忘号	P176

第七章　水土保持监理实施细则

第一节　编制依据

本细则的编制依据如下：

（1）工程合同文件、招标文件、监理合同文件、监理规划、已签发的工程设计文件及相应的工程变更文件、施工图纸及主要设备技术说明书等。

（2）有关现行规程、规范和规定：

①《水利工程施工监理规范》（SL 288—2014）。

②《水土保持工程施工监理规范》（SL 523—2011）。

③《水土保持综合治理验收规范》（GB/T 15773—2008）。

④《水土保持监测技术规程》（SL 277—2002）。

⑤《水土保持工程质量评定规程》（SL 336—2006）。

⑥其他水土保持相关法律法规、条例、办法、规定等文件。

本细则若有与以上文件不符之处，以上述文件为准。

第二节　水工保持监理工作特点和控制要点

一、水土保持监理工作特点

（1）水土保持与主体工程同时设计、同时施工、同时投入使用，因此水土保持监理应与主体工程同步进行。

（2）水土保持的内容主要包括边坡治理、表土复绿、施工和生活用水达标排放等，内容较少，监理控制较为简单。

（3）国土资源和水资源是关系国民生计的基础，因此水土保持工作是项目建设的重要组成部分。

二、水土保持监理工作控制要点

（一）设计图要求控制临时工程的影响

（1）承包人修建临时施工道路、征地或租用土地要取得当地水土保持部门的批准，办理相关水土保持手续。

（2）修建过程中对树木的砍伐要办理相关手续。

（3）对原地形地貌的破坏，施工完成后必须予以恢复。

（4）临时便道的修建，如对地表水系造成影响，施工中必须采取相应的保护措施，施工结束后对原来的地表水系要予以恢复。

（5）施工弃渣不得弃入当地河道，不得影响现有地表水系，应集中在指定弃渣场地。

（二）取土场、弃渣场的使用和恢复

（1）施工中取土及弃渣应在设计文件中指定位置，工程开工前，承包人应办好相关的征地手续。

（2）施工取土场及弃渣场建立良好的排水系统，弃渣场挡护结构应符合设计文件的规定，先砌后使用。

（3）施工结束后，应根据周边地貌特点，对取土场予以恢复，在取土场及弃渣场周围，应按设计要求进行地表绿化。

（三）施工现场周围水系的保护

施工中应尽量保护当地水系，若有破坏，应采取工程措施予以恢复，防止地表水土流失或造成堵塞，排泄不畅。

（四）施工影响区的恢复

施工结束后，应按照原地貌特点，进行土地复耕、地貌恢复并进行绿化，清除一切施工垃圾。硬化的地面、地表临时建筑予以凿除。

第三节　水土保持监理工作内容和技术要求

一、水土保持监理工作内容

（1）建立健全水土保持管理组织机构，制定各项水土保持监督制度，监理机构成立水土保持监督领导小组，指定专人负责水土保持的具体工作。

（2）熟悉并遵守国家、地方以及水利部关于工程建设的水土保持工作的法律和相关规定。

（3）落实发包人下达的有关工程项目水土保持的规定和要求。

（4）了解本项目的设计文件及相关水土保持工程设计的内容。

（5）审查承包人在工程施工中的水土保持方案、措施及相关制度的建立。审查施工组织设计时，同时审查其水土保持的措施、方案、实施办法是否齐全，是否符合国家法律法规及设计文件、施工承包合同的要求；监理工程师在审核图纸及参加设计交底时，应熟悉施工图中专门列入的水土保持工程内容，并掌握其采取的措施和要求。

（6）审查承包人施工现场的水土保持组织机构、专职人员和水土保持措施及相关制度的建立，当符合要求时，总监理工程师才能批准工程开工。

（7）督促承包人与当地水土保持部门建立正常的工作联系，了解当地的水土保持要求和相关标准，取得当地水土保持部门的支持。

（8）施工过程中，水土保持监理工程师对承包人水土保持措施进行跟踪检查，对水土保持工程项目进行检查验收。

二、监理工作范围及工作重点

（1）监理工程师审查施工组织设计时，应对施工承包人在工程施工中的水土保持措施、方案、实施办法进行审核。符合相关规定,由监理工程师提出审核意见,报总监理工程师批准。

(2)审查施工承包人现场的水土保持组织机构专职人员、水土保持措施及相关制度的建立,是否符合要求。

(3)督促施工承包人与当地水土保持部门建立正常的工作联系,了解当地的水土保持要求和相关标准,取得当地水土保持部门的支持。

(4)施工过程中,监理工程师对施工承包人水土保持措施进行跟踪检查,对环境保护、水土保持工程项目进行检查及验收。

三、水土保持监理工作技术要求

(一)水土保持监理工作方法

1.记录与报告

监理机构需将每天的现场监督和检查情况予以记录,形成“水土保持监理日志”,监理机构每月向发包人及水土保持主管部门提交“水土保持监理月报”,对发现的问题形成“水土保持监理专题报告”上报;工程完工后,向项目发包人提交工程水土保持监理工作报告,并提交全部水土保持监理档案资料,作为建设项目试运行申请及竣工水土保持验收的必备文件。

2.旁站监理

根据施工进度情况,对水土保持敏感工程、关键部位及施工现场可能产生的重大影响、水土污染的作业面进行旁站监理,以预防和减轻施工造成的破坏,最大限度地降低施工过程中产生的不良影响。

3.巡视与指令

(1)监理人员应经常对施工现场进行巡视,了解各项水土保持措施的落实情况。对重点工序和重点施工段进行检查,了解水土保持进展。

(2)对巡视中发现的违规行为,及时下达监理通知、现场指令,要求承包人进行整改及回复。

4.监测

监理人员通过水土保持监测可获取具体的数据,经观察、分析数据,及时、准确地发现建设项目施工过程中对水土保持的影响因素。

(二)水土保持措施

(1)水土保持与工程主体同步验收,水土保持不符合要求,工程不予验收。

(2)工程量清单中技术措施费列有水土保持费用,若水土保持达不到要求,监理工程师对该项费用不予计价支付。

(3)对水土保持不重视或不采取有效措施的承包人,及时向发包人报告,建议列入不良记录。

四、监理控制要点

制定施工期的水土保持方案,使工程施工中的水土保持工作有法可依、有章可循,也可为水土保持管理部门的监督、检查提供依据。水土保持方案要具有科学性和可操作性。必要的水土保持措施主要包括施工期尽量减少地表扰动面积,对临时场地道路进行必要的硬化,对开挖场地及边坡进行临时防护、排水等。取水构筑物施工完成后,工程防治责任范围内水土流失防治的六项目标要达标。水土流失防治的六项目标包括扰动土地整治率、水土流失总治理度、土壤流失控制比、拦渣率、植被恢复系数、林草覆盖率等。

弃渣场区作为本工程新增水土流失重点防治区域,采用永久措施与临时措施相结合、工程措施与植物措施相结合,统筹布设各类水土保持措施,以形成完整的水土保持防护体系。除主体工程中已有的水土保持措施和具有水土保持功能的措施外,根据防治目标和要求,补充相应的表土剥离及回覆整平、边坡防护、拦挡、截排水等工程措施,乔灌草相结合的植被建设和恢复措施,以及临时拦挡、排水、沉沙、撒播草籽等建设过程中的临时防护措施。

(一)设计图要求控制临时工程的影响

(1)施工承包人修建临时施工道路、征地或租用土地要取得当地环保、水保部门的批准,办理相关的环境保护、水土保持手续。

(2)修建过程中对树木的砍伐,要办理相关手续。

(3)对原地形地貌的破坏,施工完成后必须予以恢复。

(4)临时便道的修建,若对地表水系造成影响,施工中必须采取相应的保护措施,施工结束后对原来的地表水系要予以恢复。

(5)施工弃渣不得弃入当地河道内,不得影响现有地表水系,应集中在指定弃渣场地。

(二)取土场、弃渣场的使用和恢复

(1)施工中取土及弃渣应在设计文件中指定的位置,工程开工前,施工承包人应办好相关的征地手续。

(2)检查取土场、弃渣场便道扬尘对环境影响的控制措施。

(3)施工取土场及弃渣场建立良好的排水系统,弃渣场挡护结构应符合设计文件的规定,先砌后使用。

(4)施工结束后,应根据周边地貌特点,对取土场予以恢复,在取土场及弃渣场周围,应按设计要求进行地表绿化。

1. 表土剥离

因后期弃渣场顶面复垦及边坡植物防护需大量表土,弃渣前对工程区(包括开挖区、场站临时道路、冲填区、弃渣场等)占地类型为耕地、园地、林地及草地的进行表土剥离,剥离厚度30~50 cm,表土剥离量按不小于后期需要量(包括弃渣场、冲填区顶面耕作土层和边坡表土回覆、绿化、场站临时用地恢复等)的1.2倍控制。因弃渣场占地面积大,弃渣分块堆放,表土剥离应结合弃渣时序分块剥离、腾挪作业。

2. 表土回覆整平

堆渣结束后,弃渣场体型满足设计要求,弃渣场边坡及马道土地整治后回覆表土50 cm,用于植被恢复。弃渣场顶面表土回覆厚度不小于30 cm。其中,弃渣场顶面1.0 m(包括回覆的表土)范围内应为黏壤土,不得有石渣等。

3.植物措施

对弃渣坡面采取植物防护,树种优选当地树种,造林整地方式采用穴状整地。

4.临时措施

施工期应做好弃渣场内部及顶面临时排水。弃渣场堆置方式是根据地形从高至低分块弃土,因此剥离的表土根据施工时序分块堆置,表土堆放于弃渣场临时征地红线内。堆土边坡1:3,在坡脚侧设置袋装土临时拦挡,同时在外侧开挖临时排水沟,排水沟末端与弃渣场周边排水沟相衔接,并在排水沟出口设置沉沙池,表面撒播狗牙根草籽防护。

(三)施工现场周围水系的保护

施工中应尽量保护当地水系,若有破坏,应采取工程措施予以恢复,防止地表水土流失或造成堵塞,排泄不畅。

(四)施工影响区的恢复

施工结束后,应按照原地貌特点,进行土地复耕、地貌恢复并进行绿化,清除一切施工垃圾。硬化的地面、地表临时建筑予以凿除。

五、监理工作程序

(1)依据监理合同组建监理机构,熟悉工程建设的有关法律、法规、规章以及技术标准,熟悉工程设计文件、施工合同文件和监理合同文件。

(2)依据监理合同、设计文件、水土保持报告、水土保持方案以及施工合同、施工组织设计等编制水土保持监理规划。

(3)按照水土保持监理规划、各项水土保持措施方案等编制水土保持监理实施细则。

(4)依据编制的水土保持监理规划和实施细则,开展水土保持监理工作。

(5)编写水土保持监理总结报告,参加工程水土保持验收工作;工程验收后,整理监理档案资料,移交发包人。

水土保持的监理工作程序见图3-7-1。

现场水土保持巡视检查程序见图3-7-2。

六、水土保持工程验收

(1)监理机构应在验收前督促施工单位提交验收申请报告及相关资料,并进行审核。监理机构应指示施工单位对提供的资料中存在的问题进行补充、修正。

(2)监理机构应在监理合同期满前向建设单位提交监理工作总结报告,在工程竣工验收后整理并移交有关资料。

(3)监理机构参加或受建设单位委托组织分部工程验收。分部工程验收通过后,监理机构应签署或协助建设单位签署《分部工程验收签证》,并督促施工单位按照《分部工程验收签证》中提出的遗留问题及时进行完善和处理。

(4)单位工程验收前,监理机构应督促或提请建设单位督促检查单位工程验收应具备的条件,检查分部工程验收中提出的遗留问题的处理情况,对单位工程进行质量评定,提出尾工清单。

(5)监理机构应参加阶段验收、单位工程竣工验收和水行政主管部门组织的生产建

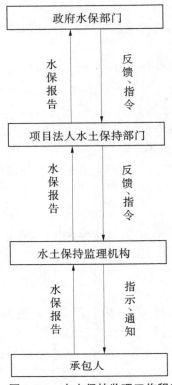

图 3-7-1　水土保持监理工作程序

设项目水土保持专项验收。

（6）应督促施工单位提交遗留问题和尾工的处理方案和实施计划，并进行审批。

（7）竣工验收通过后应及时签发工程移交证书。

（8）水土保持工程验收的监理工作参照第三篇第十章"工程质量评定监理实施细则"和《水土保持综合治理验收规范》（GB/T 15773—2008）的要求执行。

七、采用的表式清单

建设监理工作常用表格参见《水土保持工程施工监理规范》（SL 523—2011）附录 D。

（一）施工单位用表目录

施工单位用表目录应包括下列内容：

（1）SG1 工程开工报审表。

（2）SG2 工程复工报审表。

（3）SG3 施工组织设计（方案）报审表。

（4）SG4 材料/苗木、籽种/设备报审表。

（5）SG5 监理通知回复单。

（6）SG6 工程报验申请表。

（7）SG7 工程款支付申请表。

（8）SG8 费用索赔申请表。

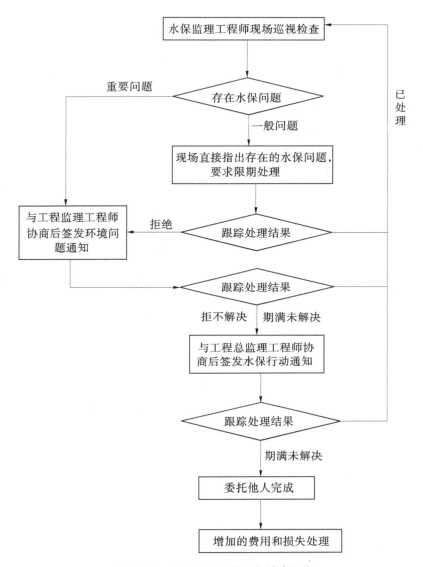

图 3-7-2 现场水土保持巡视检查程序

(9)SG9 变更申请报告。

(10)SG10 工程竣工验收申请报告。

(11)SG11 水土保持综合治理工程量报审表。

(12)SG12 骨干坝工程量报审表。

(二) 监理机构用表目录

监理机构用表目录应包括下列内容：

(1)JL1 工程开工令。

(2)JL2 监理通知。

(3)JL3 工程暂停施工通知。

（4）JL4 工程款支付证书。

（5）JL5 费用索赔审批表。

（6）JL6 工程验收单。

（7）JL7 监理工作联系单。

（8）J18 监理日记。

（9）JL9 综合治理监理表。

（10）JL10 骨干坝监理表。

（11）JL11 治理面积现场核实记录表。

（12）JL12 林草措施成活率、保存率核查表。

（13）JL13 监理资料移交清单。

第八章　环境保护监理实施细则

第一节　编制依据

本细则的编制依据如下:

(1)工程合同文件、招标文件、监理合同文件、监理规划、已签发的工程设计文件及相应的工程变更文件、调整概算文件、施工图纸及主要设备技术说明书等。

(2)有关现行规程、规范和规定:

①施工合同文件、监理合同文件、招标投标文件、监理规划,已签发的设计图纸、设计交底、变更等,已批准的施工组织设计、施工方案等。

②《水利工程施工监理规范》(SL 288—2014)。

③《水利工程环境保护施工监理规范》(T001CWEA 3—2017)。

④环境保护有关的法律、法规、规章和标准。

⑤建设项目环境影响评价报告和环境保护设计文件等。

⑥施工区、生活区等区域环境基本情况和环境保护要求。

⑦施工组织设计、施工措施计划中有关水污染、大气污染、固体废弃物处置、水土流失、生态影响等的基本资料和经批准的环境保护措施。

⑧环境保护监理合同、环境保护监理规划、施工合同中有关环境保护条款。

⑨施工设备、材料等的出厂技术资料中有关环境保护的文件和资料。

⑩经环境保护部门确认的环境标准、污染物排放标准及环境质量标准。

本细则若有与以上文件不符之处,以上述文件为准。

第二节　环境保护监理工作特点和控制要点

一、环境保护监理工作特点

(1)环境保护与主体工程同时设计、同时施工、同时投入使用,因此环境保护监理应与主体工程同步进行。

(2)环境保护的内容主要包括施工用水和生活用水达标排放、废弃油污防治、施工场地尘土防治和噪声防治等。内容较少,监理控制较为简单。

(3)环境保护监理工作是项目建设的重要组成部分。

二、环境保护监理控制要点

(一)水污染防治控制要点

(1)基础开挖、砂石料采集加工场所、拌和系统和钻孔灌注桩施工等产生的污水中含有大量的悬浮物(SS),承包人必须按设计要求设置水沟塞或挡板、沉淀池等净化设施,保证排水悬浮物指标达标。

(2)清洗机械、车辆等的废水以及生活污水必须达标后才能排出。

(3)禁止向水体排放油类、酸液、碱液及其他有毒废液,禁止在水体中清洗装储过油类或其他有毒污染物的容器;禁止向水体排放、倾倒生产废渣、生活垃圾及其他废物;禁止向水体排放或倾倒任何放射性强度超标的废水、废渣。

(4)为防止地下水污染,禁止利用渗坑、渗井、裂隙排放、倾倒废水,防渗工程施工中加入的化学物质不得污染地下水。

(二)大气污染防治控制要点

(1)生产过程中产生的废气、粉尘必须达到国家排放标准。

(2)砂石料加工及拌和系统必须采取防尘措施。

(3)防治施工场地内扬尘污染以及防治运输扬尘污染。

(4)各种燃油机械必须装置消烟除尘设备。

(5)严禁在施工区内焚烧产生有毒或恶毒气体的物质。

(三)固体废弃物处置控制要点

(1)施工弃渣必须以《固体废弃物污染环境防治法》为依据,按设计要求送到指定弃渣场,不得弃入当地河、湖,不得影响现有地表水系,不得随意堆放。

(2)储存弃渣、固体废弃物的场所,必须采取工程防腐措施,避免边坡失稳和弃渣流失。

(3)必须在施工区和生活营地设置临时垃圾储存设施,防止垃圾流失,定期将垃圾清走并进行覆土掩埋。

(4)禁止将含有铅、铬、砷、汞、氰、硫、铜、病原体等有害有毒成分的废渣随意倾倒或直接埋入地下。

(四)噪声污染控制要点

(1)监理工程师在审查施工组织设计时,对产生强噪声污染的施工机械的作业时间、场地布置等做出要求,其噪声标准应符合规定。

(2)当施工区域距离住宅区小于 150 m 时,为保证居民夜间休息,在规定时间内禁止施工。

第三节　环境保护监理工作范围和工作内容

一、环境保护监理工作范围

(1)工程区域和工程影响区域,主要有承包人的施工现场、办公场所、生活营地、施工道路、附属设施及在上述范围内的生产活动可能造成周边环境污染和生态破坏的影响区域。

（2）移民安置区域。

二、环境保护监理工作内容

（1）环境保护监理工作目标主要包括控制环境保护措施的实施、控制施工活动对环境的影响、控制环境保护设施实施进度、协调施工活动与环境保护的关系等。

监理工作内容主要包括下列各项：

①按合同约定，及时组建项目环境保护监理机构，配置监理人员，并进行必要的岗前培训。

②向项目法人报送环境保护监理方案，对承包人进行监理工作交底。

③审核承包人编报的施工组织设计中相关环境保护技术文件。

④对生物及其他生态保护、土壤环境保护、人群健康保护、景观和文物保护等工作进行监督与控制。

⑤对水污染防治及水环境保护、大气环境保护、噪声控制、固体废弃物处置等工作进行监督与控制。

⑥对项目施工过程中环境污染治理设施、环境风险防范设施建设参照《建设工程施工现场环境与卫生标准》（JGJ 146—2013）相关要求进行施工监理，应监督落实工程"三通一平"实施过程中的环境保护措施。

⑦项目完工后，环境保护监理机构应及时整编环境保护监理资料，按照《建设项目竣工环境保护验收技术规范 水利水电》（HJ 464—2009）的要求，完成并提交环境保护监理工作报告，参与项目竣工环境保护专项验收。

（2）环境保护监理工作除按相关标准要求开展外，还应重点关注以下内容：

①建设项目施工过程中，项目的性质、规模、选址、平面布置、工艺、施工时序及环境保护措施是否发生重大变动。

②主要环境保护设施与主体工程建设的同步性。

③环境风险防范和事故应急设施与措施的落实。

④与环境保护相关的重要隐蔽工程。

⑤项目建成后难以或不可补救的环境保护措施和设施。

⑥项目建设和运行过程中可能产生不可逆转的环境影响的防范措施和要求。

⑦项目建设和运行过程中与公众环境权益密切相关、社会关注度高的环境保护措施和要求。

第四节　环境保护监理工作技术要求和程序

一、环境保护监理技术要求

（一）环境保护监理工作目标

（1）以适当的环境保护投资充分发挥工程潜在的效益。

（2）将在环境影响报告书中所确认的不利影响进行缓解或消除。

（3）落实招标文件中环境保护条款及与环境有关的合同条款。

（4）保护人群健康,避免施工区内传染病的爆发和流行。

（5）实现工程建设的环境、社会效益与经济效益的统一。

（二）环境保护监理工作方法

1. 记录与报告

监理机构需将每天的现场监督和检查情况予以记录,形成"环境监理日志",环境监理机构每月向发包人及环境保护主管部门提交"环境监理月报",对发现的问题形成"环境监理专题报告"上报;工程完工后,向项目发包人提交工程监理工作竣工报告,并提交全部环境监理档案资料,作为建设项目试运行申请及竣工环境保护验收的必备文件。

2. 旁站监理

根据施工进度情况,对环境敏感工程、环境关键部位及施工现场可能产生重大环境影响、环境污染的作业面进行旁站监理,以预防和减轻施工对环境的污染和破坏,最大限度地降低施工过程中产生的不良环境影响。

3. 巡视与指令

（1）监理人员应经常对施工现场进行巡视,了解各项环境保护措施的落实情况。对重点工序和重点施工段进行检查,了解环境保护进程。

（2）对巡视中发现的违规行为,及时下达监理通知、现场指令,要求承包人进行整改及回复。

4. 监测

监理人员通过环境监测可获取具体的污染物浓度数据,经观察、分析数据,及时、准确地发现建设项目施工过程中对环境的影响。

二、环境保护监理工作程序

（1）依据监理合同组建监理机构,熟悉工程建设的有关法律、法规、规章以及技术标准,熟悉工程设计文件、施工合同文件和监理合同文件。

（2）依据监理合同、设计文件、环境评价报告、环境保护方案,以及施工合同、施工组织设计等编制环境保护监理规划。

（3）按照环境保护监理规划、各项环境保护措施方案等编制环境保护监理细则。

（4）依据编制的施工环境保护监理规划和实施细则,开展环境保护监理工作。

（5）参加工程环境保护验收工作,工程验收后编写环境保护监理总结报告,整理监理档案资料,移交发包人。

环境保护监理机构与参建各方关系见图3-8-1,现场环境巡视检查程序见图3-8-2,环境保护监理工作程序见图3-8-3。

三、采用的表式清单

建设监理工作常用表格参见《水利工程施工环境保护监理规范》（T00/CWEA 3—2017）附录 D。

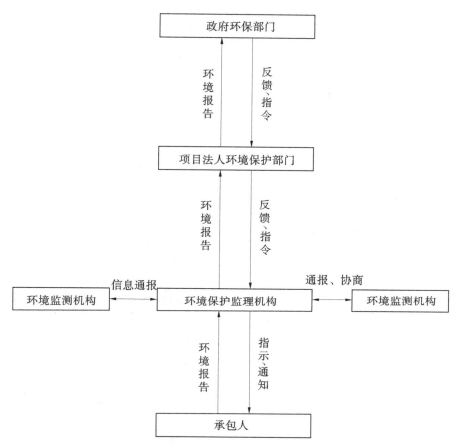

图 3-8-1 环境保护监理机构与参建各方关系

表 D.1 环境保护承包人常用表格：

（1）环境保护技术方案申报表 HBCB01 环保承包[　　　　　]技案号。

（2）环境保护组织机构及主要人员报审表 HBCB02 环保承包[　　　　　]机构号。

（3）环境保护费用付款申请单 HBCB03 环保承包[　　　　　]支付号。

（4）环境保护施工月报 HBCB04 环保承包[　　　　　]月报号。

（5）报告单 HBCB05 环保承包[　　　　　]报告号。

（6）回复单 HBCB06 环保承包[　　　　　]回复号。

D.2.2 环境保护监理机构常用表格目录见表 D.2。

表 D.2 环境保护监理机构常用表格：

（1）批复表 HBJL01 环保监理[　　　　　]批复号。

（2）监理通知 HBJL02 环保监理[　　　　　]通知号。

（3）监理报告 HBJL03 环保监理[　　　　　]报告号。

（4）工程现场书面通知 HBJL04 环保监理[　　　　　]现通号。

（5）环境保护费用付款证书 HBJL05 环保监理[　　　　　]支付号。

（6）环境保护监理月报 HBJL06 环保监理[　　　　　]月报号。

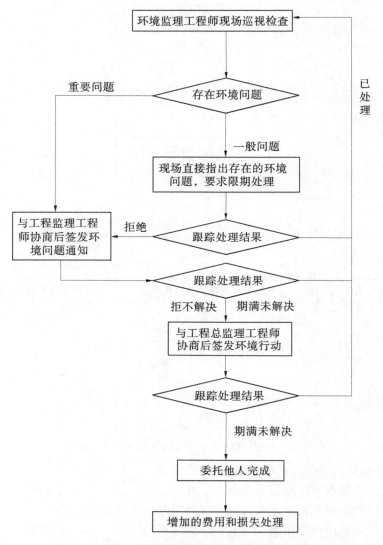

图 3-8-2 现场环境巡视检查程序

（7）会议纪要 HBJL07 环保监理[　　　　　]纪要号。

（8）监理机构联系单 HBJL08 环保监理[　　　　　]联系号。

（9）监理机构备忘录 HBJL09 环保监理[　　　　　]备忘号。

（10）环境保护监理日记 HBJL10。

四、工程验收

(一)验收条件

（1）建设前期环境保护审查、审批手续完备,技术资料与环境保护档案资料齐全。

（2）环境保护设施及其他措施等已按批准的环境影响报告书(表)或环境影响登记表

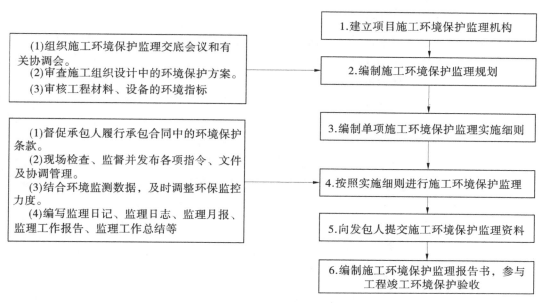

图 3-8-3　环境保护监理工作程序

和设计文件的要求建成或落实,环境保护设施经负荷试车检测合格,其防治污染能力适应主体工程的需要。

(3)环境保护设施安装质量符合国家和有关部门颁发的专业工程验收规范、规程及检验评定标准。

(4)具备环境保护设施施工正常运转的条件。

(5)污染物排放符合环境影响报告书(表)或环境影响登记表和设计文件中提出的标准及核定的污染物排放总量控制指标的要求。

(6)各项生态保护措施按环境影响报告书(表)规定的要求落实,建设项目建设过程中受到破坏并可恢复的环境已按规定采取了恢复措施。

(7)环境监测项目、点位、机构设置及人员配备,符合环境影响报告书(表)和有关规定的要求。

(8)环境影响报告书(表)提出需要对环境保护敏感点进行环境影响验证,对清洁生产进行指标考核,对施工期环境保护措施落实情况进行工程环境保护监理的,已按规定要求完成。

(9)环境影响报告书(表)要求发包人采取措施削减其他设施污染物排放量,或要求建设项目所在地地方政府或有关部门采取"区域削减"措施满足污染物排放总量控制要求的,其相应措施已得到落实。

(二)验收资料

(1)工程环境影响报告书。

(2)环境保护行政主管部门对环境影响报告书的批复意见。

(3)工程可行性研究报告。

（4）工程初步设计报告。

（5）环境保护初步设计报告。

（6）工程水土保持方案、水土保持验收报告。

（7）工程建设征地补偿及移民安置报告。

（8）工程水源保护规划报告。

（9）单项合同完工验收报告。

（10）工程建设管理工作报告。

（11）合同文件。

（12）施工期环境保护监测数据、记录、资料及阶段总结报告。

（13）施工期环境监测机构提供的监测数据、资料及报告。

（14）环境管理机构。

（15）环境保护投资。

（16）工程建设环境保护大事记。

第九章 工程质量评定监理实施细则

第一节 编制依据

本细则的编制依据如下：

（1）工程合同文件、招标文件、监理合同文件、监理规划、已签发的工程设计文件及相应的工程变更文件、调整概算文件、施工图纸及主要设备技术说明书等。

（2）有关现行规程、规范和规定：

①《水利工程施工监理规范》（SL 288—2014）。

②《水利水电工程施工质量检验与评定规程》（SL 176—2007）。

③《水电水利基本建设工程单元工程质量等级评定标准》（2012 年版）。

④《工程建设标准强制性条文（水利工程部分）》（2020 年版）。

⑤《水闸施工规范》（SL 27—2014）。

⑥其他工程质量评定相关法律法规、条例、办法、规定等文件。

第二节 工程质量评定工作特点和控制要点

一、工程质量评定工作特点

水利水电工程是国家重要的基础设施，工程质量的优劣，不仅影响工程效益的发挥，而且直接影响人民生命财产安全和国家经济社会发展。水利工程涉及专业众多，工程质量评定过程繁复，必须统一工程质量评定标准和方法。水利工程的施工质量评定工作具有下列特点：

（1）涉及专业多，需依据各行业的相关质量评定标准执行。

（2）过程烦琐，各工序间衔接性、关联性强。

（3）检验项目多，检验数量多。

（4）耗费时间长，贯穿工程建设始终。

（5）要求高度的科学性、准确性、公正性。

二、工程质量评定控制要点

工程项目的工程质量评定，是施工项目质量管理的重要内容。监理机构必须按照施工合同、设计图纸、设计变更等文件的要求，严格执行工程项目涉及各行业、各专业的质量评定标准，及时地监督承包人、协助发包人做好质量评定工作，积极配合质量事故调查，认真组织施工质量缺陷的记录备案。具体的施工质量评定工作控制要点如下：

（1）审查承包人的工程质量自评制度，发现不足之处，督促其改进、完善，监督承包人自评程序，复核承包人自评结果，承包人不经自评直接提交工程质量等级，监理机构拒绝审核。

（2）重视重要隐蔽单元及关键部位单元工程的质量评定，严格工序交接制度，防止不合格隐蔽单元工程覆盖，单元工程质量不合格，不得进入下一道工序。

（3）监督承包人如实填写《水利水电工程施工质量评定表》，规范评定表格格式，必须采用水利部统一颁发的表格。

（4）认真组织填写施工质量缺陷备案表，保证内容真实、准确、完整，各参建方代表均已签字，及时提交质量监督机构备案。

第三节　　工程质量评定监理工作内容、技术要求和程序

一、工程质量评定监理工作内容

监理机构应按有关规定进行工程质量评定，其主要职责应包括下列内容：

（1）审查承包人填报的单元工程（工序）质量评定表的规范性、真实性和完整性，复核单元工程（工序）施工质量等级，由监理工程师核定质量等级并签证认可。

（2）重要隐蔽单元工程及关键部位单元工程质量经承包人自评、监理机构抽检后，按有关规定组成联合小组，共同检查核定其质量等级并填写签证表。

（3）在承包人自评的基础上，复核分部工程的施工质量等级，报发包人认定。

（4）参加发包人组织的单位工程外观质量评定组的检验评定工作；在承包人自评的基础上，结合单位工程外观质量评定情况，复核单位工程施工质量等级，报发包人认定。

（5）单位工程质量评定合格后，统计并评定工程项目质量等级，报发包人认定。

二、工程质量评定监理工作技术要求

（一）合格标准

1. 单元工程合格标准

合格标准是工程验收标准。不合格工程必须按要求处理合格后，才能进行后续工程施工或验收。水利水电工程施工质量等级评定的主要依据有：

（1）国家及相关行业技术标准。

（2）《单元工程评定标准》。

（3）经批准的设计文件、施工图纸、金属结构设计图样与技术条件、设计修改通知书、厂家提供的设备安装说明书及有关技术文件。

（4）工程承发包合同中采用的技术标准。

（5）工程施工期及试运行期的试验和观测分析成果。

技术标准、设计文件、图纸、质检资料、合同文件等是工程施工质量评定的依据。试运行期的观测资料可综合反映工程建设质量，是评定工程施工质量的重要依据。

（6）单元（工序）工程施工质量合格标准应按照《单元工程评定标准》或合同约定的

合格标准执行。当达不到合格标准时,应及时处理。处理后的质量等级按下列规定确定:

①全部返工重做的,可重新评定质量等级。

②经加固补强并经设计和监理单位鉴定能达到设计要求时,其质量评为合格。

③处理后部分质量指标仍达不到设计要求时,经设计复核,项目法人及监理单位确认能满足安全和使用功能要求,可不再进行处理;或经加固补强后,改变外形尺寸或造成永久性缺陷的,经项目法人、监理及设计确认能基本满足设计要求,其质量可定为合格,但应按规定进行质量缺陷备案。

2. 分部工程施工质量合格标准

分部工程施工质量同时满足下列标准时,其质量评为合格:

(1)所含单元工程的质量全部合格。质量事故及质量缺陷已按要求处理,并经检验合格。

(2)原材料、中间产品及混凝土(砂浆)试件质量全部合格,金属结构及启闭机制造质量合格,机电产品质量合格。

参见《水利水电工程施工质量检验与评定规程》(SL 176—2007)。

3. 分部工程施工质量合格标准

参见《水利水电工程施工质量检验与评定规程》(SL 176—2007)。

4. 单位工程施工质量合格标准

单位工程施工质量同时满足下列标准时,其质量评为合格。

参见《水利水电工程施工质量检验与评定规程》(SL 176—2007)。

(1)所含分部工程质量全部合格。

(2)质量事故已按要求进行处理。

(3)工程外观质量得分率达到70%以上。

(4)单位工程施工质量检验与评定资料基本齐全。

(5)工程施工期及试运行期,单位工程观测资料分析结果符合国家和行业技术标准以及合同约定的标准要求。

5. 工程项目施工质量合格标准

工程项目施工质量同时满足下列标准时,其质量评为合格:

(1)单位工程质量全部合格。

(2)工程施工期及试运行期,各单位工程观测资料分析结果均符合国家和行业技术标准以及合同约定的标准要求。

参见《水利水电工程施工质量检验与评定规程》(SL 176—2007)。

(二)优良标准

优良等级是为工程质量创优而设置的。

(1)其评定标准为推荐性标准,是为鼓励工程质量创优或执行合同约定而设置的。

(2)单元工程施工质量优良标准按照《单元工程评定标准》或合同约定的优良标准执行。全部返工重做的单元工程,经检验达到优良标准者,可评为优良等级。

(3)分部工程施工质量同时满足下列标准时,其质量评为优良:

①所含单元工程质量全部合格,其中70%以上达到优良,重要隐蔽单元工程以及关

键部位单元工程质量优良率达 90%以上,且未发生过质量事故。

②中间产品质量全部合格,混凝土(砂浆)试件质量达到优良(当试件组数小于 30时,试件质量合格)。原材料质量、金属结构及启闭机制造质量合格,机电产品质量合格。

(4)单位工程施工质量同时满足下列标准时,其质量评为优良:

①所含分部工程质量全部合格,其中 70%以上达到优良等级,主要分部工程质量全部优良,且施工中未发生过较大质量事故。

②质量事故已按要求进行处理。

③外观质量得分率达到 85%以上。

④单位工程施工质量检验与评定资料齐全。

⑤工程施工期及试运行期,单位工程观测资料分析结果符合国家和行业技术标准以及合同约定的标准要求。

(5)工程项目施工质量优良标准:

①单位工程质量全部合格,其中 70%以上单位工程质量为优良等级,且主要单位工程质量全部优良。

②工程施工期及试运行期,各单位工程观测资料分析结果符合国家和行业技术标准以及合同约定的标准要求。

(三)外观质量评定办法

水利水电工程外观质量评定办法,按工程类型分为枢纽工程、堤防工程、引水(渠道)工程、其他工程 4 类,堤防工程、引水(渠道)工程的外观质量评定内容和技术标准见《水利水电工程施工质量检验与评定规程》(SL 176—2007)附录 A 中的表 A. 3. 1-2、表 A. 4. 1-2、表 A. 4. 2-2。

枢纽工程的外观质量评定技术标准应由发包人在主体工程开工初期,组织监理机构、设计单位、承包人等根据工程特点(工程等级及使用情况)和相关技术标准提出,报工程质量监督机构确认。

工程中有外观质量评定表中未列出的项目时,应根据工程情况和有关技术标准进行补充。其质量标准及标准分由发包人组织监理机构、设计单位、承包人等研究确定后报工程质量监督机构核备。

(四)外观质量等级划分

单位工程完工后,由工程外观质量评定组负责工程外观质量评定。检查、检测项目经工程外观质量评定组全面检查后,抽测 25%,且各项不少于 10 点。外观质量评定表由工程外观质量评定组根据现场检查、检测结果填写,并由各单位参加工程外观质量评定的人员签名(承包方派 1 人,若工程分包,则总包方和分包方各派 1 人。发包方、监理机构、设计单位各派 1~2 人,工程运行管理单位派 1 人)。

各项目工程外观质量评定等级分为 4 级,各级标准得分见表 3-9-1。

表 3-9-1 外观质量等级与标准得分

评定等级	检测项目测点合格率(%)	各项评定得分
一级	100	该项标准分
二级	90.0~99.9	该项标准分×90%
三级	70.0~89.9	该项标准分×70%
四级	小于 70.0	0

三、工程质量评定监理工作程序

施工质量评定的程序应符合下列规定：

（1）单元（工序）工程质量在承包人自评合格后，由监理机构复核，监理工程师核定质量等级并签证认可。

（2）重要隐蔽单元工程及关键部位单元工程质量经承包人自评合格、监理机构抽检后，由发包人（或委托监理）、监理、设计、施工、工程运行管理（施工阶段已经有时）等单位组成联合小组，共同检查核定其质量等级并填写签证表，报工程质量监督机构核备。

（3）分部工程质量，在承包人自评合格后，由监理机构复核，发包人认定。分部工程验收的质量结论由发包人报工程质量监督机构核备。大型枢纽工程主要建筑物的分部工程验收的质量结论由发包人报工程质量监督机构核定。

（4）单位工程质量，在承包人自评合格后，由监理机构复核，发包人认定。单位工程验收的质量结论由发包人报工程质量监督机构核定。

（5）工程项目质量，在单位工程质量评定合格后，由监理机构进行统计并评定工程项目质量等级，经发包人认定后，报工程质量监督机构核定。

（6）阶段验收前，工程质量监督机构应提交工程质量评价意见。

（7）工程质量监督机构应按有关规定在工程竣工验收前提交工程质量监督报告，工程质量监督报告应有工程质量是否合格的明确结论。

工程质量等级评定的监理工作程序见图 3-9-1。

四、采用的表式清单

监理机构在工程质量评定监理工作中采用的表式清单见表 3-9-2。

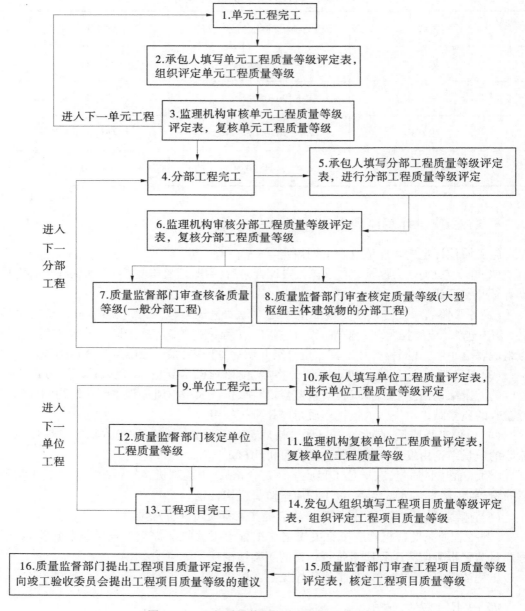

图 3-9-1　工程质量等级评定的监理工作程序

表 3-9-2　工程质量评定监理工作中采用的表式清单

《水利工程施工监理规范》(SL 288—2014)附录 E

序号	表格名称	表格类型	表格编号		页码
1	工序/单元工程质量报验单	CB18	承包[	]工报号	P86

《水利水电工程施工质量检验与评定规程》(SL 176—2007)

序号	表格名称	页码
1	外观质量评定表	P17
2	水利水电工程施工质量缺陷备案表	P35
3	重要隐蔽单元工程(关键部位单元工程)质量等级签证表	P42
4	水利水电工程项目施工质量评定表	P43

第十章　工程验收监理实施细则

第一节　编制依据

本细则的编制依据如下：

（1）工程合同文件、招标文件、监理合同文件、监理规划、已签发的工程设计文件及相应的工程变更文件、调整概算文件、施工图纸及主要设备技术说明书等。

（2）有关现行规程、规范和规定：

①《水利工程施工监理规范》（SL 288—2014）。

②《水利水电工程施工质量检验与评定规程》（SL 176—2007）。

③《水利水电建设工程验收规程》（SL 223—2008）。

④《水利水电建设工程单元工程质量验收评定标准 土石方工程》（SL 631—2012）。

⑤《水闸施工规范》（SL 27—2014）。

⑥《水利水电工程单元工程施工质量验收评定标准 堤防工程》（SL 634—2012）。

⑦《堤防工程施工规范》（SL 260—2014）。

⑧《水工混凝土试验规程》（SL 352—2020）。

⑨《水工混凝土外加剂技术标准》（DL/T 5100—2014）。

⑩《土工合成材料测试规程》（SL 235—2012）。

⑪《水工金属结构防腐蚀规范》（SL 105—2007）。

⑫《水利水电工程混凝土防渗墙施工技术规范》（SL 174—2014）。

⑬《水利水电工程钢闸门制造、安装及验收规范》（GB/T 14173—2008）。

⑭《水利水电工程启闭机制造安装及验收规范》（SL 381—2021）。

⑮《建筑地基基础工程施工质量验收标准》（GB 50202—2018）。

⑯《砌体结构工程施工质量验收规范》（GB 50203—2011）。

⑰《水工建筑物地下开挖工程施工技术规范》（SL 378—2007）。

⑱《混凝土结构工程施工质量验收规范》（GB 50204—2015）。

⑲《建筑装饰装修工程质量验收标准》（GB 50210—2018）。

⑳《预拌混凝土和预制混凝土构件生产质量管理规定》（DG/TJ 08-2034-2008）。

㉑《建筑桩基技术规范》（JGJ 94—2008）。

㉒《建筑基桩检测技术规范》（JGJ 106—2014）。

㉓《建筑地基处理技术规范》（JGJ 79—2012）。

㉔《起重设备安装工程施工及验收规范》（GB 50278—2010）。

㉕《电气装置安装工程起重机电气装置施工及验收规范》（GB 50256—2014）。

㉖其他水利工程验收相关法律法规、条例、办法、规定等文件。

第二节 工程验收工作特点和控制要点

一、工程验收工作特点

水利工程建设完成或达到一定阶段,要运行发挥效益,必须先通过验收,这是水利工程基本建设程序规定的内容,是保障工程建设质量安全和有效发挥投资效益的重要环节。

水利工程验收工作具有下列特点:

(1)工程量大,验收项目多。

(2)需收集、整理的资料多。

(3)验收程序烦琐。

(4)验收标准高、限制因素多。

(5)责任重大。

二、工程验收控制要点

工程验收是施工项目质量管理的重要内容。监理机构必须按照施工合同、监理合同、设计图纸等文件的要求,协助发包人、相关验收单位或受发包人委托组织各项工程验收工作,具体的工程验收控制要点如下:

(1)承包人提出验收申请,监理机构应全面检查,确定工程达到设计标准和合同约定标准后提请验收,避免不达标工程进行验收。

(2)认真复核申请验收工程的施工质量等级,检查施工质量缺陷处理情况。

(3)检查承包人准备的工程验收资料,发现问题应及时督促承包人改正、补充。

(4)监督、督促承包人严格按照验收鉴定书中提出的遗留问题处理意见完成处理工作。

(5)严格按照要求编写工程建设监理工作报告,准备验收备查资料,注意验收资料内容的全面性和格式的准确性。

第三节 工程验收的划分和依据

一、工程验收的划分、组织

(一)工程项目验收

工程项目验收分为:

(1)单元工程,含隐蔽工程、关键部位、重要工序的检查及开工、开仓签证。

(2)分部工程检查签证。

(3)阶段(中间)验收。

(4)单位工程验收。

(5)合同项目竣工验收。

(二)工程项目验收工作的组织

(1)一般单元工程的检查和开工、开仓签证,由承包人专职质检部门进行。

(2)隐蔽工程、关键部位和重要工序的检查签证,由监理部负责进行,必要时邀请业主和设计单位参加。

(3)分部工程检查签证和单位工程验收,由监理部主持并组织联合验收小组进行,业主和设计单位参加验收组工作。

(4)阶段(中间)验收、重要单位工程验收、合同项目的竣工验收,由业主主持并组织验收委员会进行。验收委员会由水务局(水利局)、水利质量监督部门、业主、监理、设计及承包人组成,监理部协助业主进行工程验收的组织工作。

二、工程验收工作的主要依据

(1)工程承包合同文件。

(2)经监理部审签的设计文件,包括施工图纸、设计说明书、技术要求和设计变更文件等。

(3)国家及部颁的设计、施工和验收规程、规范,工程质量等级评定标准,以及工程管理法律法规的有关条款。

(4)业主制定的有关工程验收的规定。

第四节　工程验收工作流程

工程验收包括单元工程验收、分部工程验收、单位工程验收、合同项目验收和竣工验收,施工单位和监理单位参加所有阶段的验收。为简化验收程序,若业主单位未单独开展分部工程验收,可将分部工程验收和单位工程验收合并为一次验收。

一、单元工程验收

单元工程验收一般为质量评定,基础、隐蔽、重要和关键单元工程组织现场验收确认,单元工程验收由监理单位主持,施工单位参加,随工程进程随时开展,基础、重要、隐蔽和关键单元工程现场验收邀请设计单位和质量监督单位参加。

二、分部工程验收

分部工程验收由监理单位或业主单位主持,邀请设计单位、运行管理单位和质量监督单位参加。

三、单位工程验收

(一)验收条件

工程或标段已按批复方案、招标文件、施工合同和设计变更文件确定的施工范围全部实施完成,无施工质量缺陷或施工质量缺陷已整改到位,工程资料完整。

(二)单位工程验收资料要求

单位工程验收资料除竣工验收鉴定书和结算审核报告外,其他同竣工验收资料要求。

(三)验收组织

单位工程验收由业主单位主持,邀请设计单位、运行管理单位、质量监督单位参加。

单位工程验收前由业主单位收集汇总工程资料,送水利工程质量监督站审核资料完备性。单位工程验收前业主单位应准备好工程实施方案、预算表和设计变更文件,以方便验收过程中对照已完工程是否按设计和施工合同要求完成全部施工任务,施工质量是否符合设计要求。

(四)合同项目验收

一般组织合同项目验收,仅在工程分标段实施,各标段施工进度和验收时间无法同步时才组织合同项目验收,合同项目验收要求基本同竣工验收。

(五)工程竣工验收

1.验收条件

工程已按批复实施方案、招标文件、设计文件、施工合同和设计变更文件要求完成全部施工任务,无施工质量缺陷或施工质量缺陷已整改到位,工程资料完整。

2.竣工资料要求

(1)竣工验收资料准备:设计单位(设计工作报告)、施工单位(工程开工资料、质量评定资料、单位工程验收鉴定书、施工管理工作报告、竣工图、完工结算书、工程照片、整改回执书、水质检测报告、建卡销号表)、监理单位(监理工作报告)、质监站(质量监督工作报告)、审计单位(工程结算审计报告)、业主单位(工程设计方案、项目批复、限价审核、招标投标资料、竣工验收鉴定书、建设管理工作报告、运行准备工作报告)。

(2)竣工验收资料应由业主单位收集汇总,竣工验收前由业主单位将工程资料送水利工程质量监督站及相关单位审核资料完备性。未成册资料用大号长尾票夹整理成册,已装订成册资料(如招标投标情况报告、工程实施方案)可直接汇总。完成竣工验收签字盖章后按水利工程竣工资料归档要求整理一份完整的资料交档案室留存。档案资料尽可能为原件,无原件的由项目业主或施工单位填写"复印属实,原件存_____处"的字样,加盖业主单位或施工单位公章确认。

3.竣工验收组织

工程具备竣工验收条件,业主单位申请工程竣工验收,设计单位、施工单位(包括土建工程、管材管件和设备供应单位)和监理单位由业主单位通知。竣工验收包括现场实体工程验收和竣工资料验收。工程实体无质量缺陷和工程资料完整的工程项目或标段通过竣工验收;工程无重大质量缺陷或资料不完整,按整改程序完成整改或完善资料后参与验收人员签字确认通过验收;工程存在较大质量缺陷,按整改程序完成整改后重新组织竣工验收。

四、验收方法

(一)隐蔽工程验收

(1)隐蔽工程完成,承包单位进行自检,合格后填写"单元(隐蔽)工程检验申请表"

报项目监理部。

（2）监理工程师对所报内容到现场进行检测、核查,若不合格,签发"不合格工程通知",由承包单位整改,合格后监理工程师复查。

（3）监理工程师对隐检合格的工程签认"单元(隐蔽)工程检验申请表",准予进入下道工序。

（4）隐蔽工程验收流程见图 3-10-1。

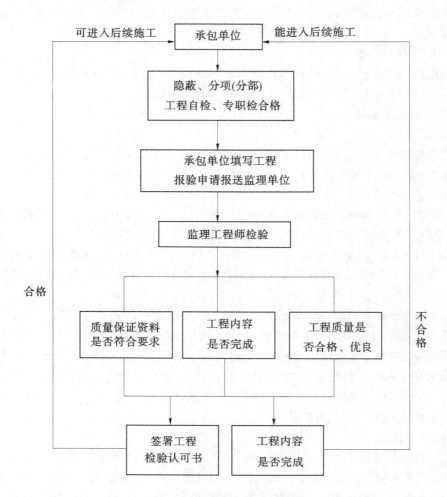

图 3-10-1　隐蔽工程验收流程

(二) 单元工程验收

（1）承包单位在一个单元工程完成并自检合格后,填写"单元(隐蔽)工程检验申请表"报项目监理部。

（2）监理工程师对所报验资料进行审查,并到现场抽检、核查。

（3）对符合要求的单元工程,由监理工程师签认,并确认质量等级。

（4）对不符合要求的单元工程,监理工程师签发"不合格工程通知",由承包单位整改、复查和再评定。

(三)分部工程验收

承包单位在分部工程完成,自验合格后,应根据监理工程师签认的单元工程质量评定结果进行分部工程质量等级汇总评定,填写"分部工程报验单"并附"分部工程质量评定表"报项目监理部签认。

(四)工程竣工验收

(1)承包单位在单位工程项目完成,自检合格达到竣工验收条件时,填写"竣工(分部)工程报验单",并将全部竣工资料报项目监理部申请竣工验收。

(2)项目总监理工程师组织各专业监理工程师对质量保证资料进行核查,并督促承包单位完善。

(3)各专业监理工程师对本专业工程质量、使用功能进行全面现场检查。对质量、试验中发现的问题,以"监理通知"的方式,督促承包单位整改,再次复验。

(4)项目监理部认为具备交验条件后,由建设单位组织,并与监理单位、设计单位、承包单位三方共同对工程进行验收。验收结果符合合同要求,由四方在验收记录上签字,并认定质量等级。

(5)竣工验收完成,由项目总监和建设单位代表共同签署"竣工移交证"。

第五节　工程验收内容和技术要求

一、工程验收工作内容

监理机构应按照有关规定组织或参加工程验收,其主要职责应包括下列内容:

(1)参加或受发包人委托主持分部工程验收,参加发包人主持的单位工程验收、水闸(启闭机闸门机组)启动验收和合同工程完工验收。

(2)参加阶段验收、竣工验收,解答验收委员会提出的问题,并作为被验单位在验收鉴定书上签字。

(3)按照工程验收有关规定提交工程建设监理工作报告,并准备相应的监理备查资料。

(4)监督承包人按照分部工程验收、单位工程验收、合同工程完工验收、阶段验收等验收鉴定书中提出的遗留问题处理意见完成处理工作。

二、工程验收技术要求

(1)承包人按合同文件和本规定中限定的时限向监理部申请工程验收,凡未按规定时限申请工程验收造成的工程验收延误,以及由此发生的合同责任和经济损失均由承包人承担,监理部应检查、督促承包人做好验收准备工作,及时申请工程验收。

(2)承包人申请工程验收时,应提交相应的工程施工资料,其中包括施工质量检查记录,材料、设备检查试验资料,验收签证资料,质量等级评定资料等,重要单位工程和合同项目的竣工验收并应提交竣工总结报告。工程资料是竣工验收及其质量等级评定的依据,完工后应通过监理部移交业主。

(3)各种质量检查合格证、质量评定表、验收签证书的内容和格式,统一按《水利水电建设工程验收规程》(SL 223—2008)和《水利水电工程施工质量检验与评定规程》(SL 176—2007)进行。

(4)工程验收中所发现的问题,由验收小组或验收委员会协商确定,主持验收单位有最终仲裁权,同时对仲裁决定负有相应的责任。

(5)未经验收或验收不合格的工程,既不能进行下一道工序施工,也不预支付签证。对已签证部位,除有特殊要求抽样复验外,一般不再复验。

(6)建筑物竣工或已按合同完成,但未通过竣工验收正式移交业主以前,应由承包人负责管理维护和保养,直至竣工验收和合同规定的责任期。

第六节　工程验收工作程序

一、单元工程检查及开工签证程序

(1)单元工程检查签证的主要任务是检查单元工程及工序的质量是否符合设计要求,并对工程质量进行评定,以确定后续工序能否开工,监理部对单元工程检查签证的工作基础是承包人提交的终检合格证明。

对单元工程检查的主要成果是签发"单元工程申请验收报告"和"混凝土浇筑、衬砌开仓证"及"单元工程质量评定表"。

(2)隐藏工程、关键部位、重要工序的检查签证和质量等级评定工作,在承包人提交检验合格证后,由监理部主持并邀请业主和设计单位联合进行,检查合格后签发"施工质量联合检验合格(开仓)证"及"单元工程质量评定表"。

(3)单元工程检查验收的工作程序如下:

①单元工程施工完毕并经承包人终检合格后,可向监理部提交验收申请并同时提交终检合格证及相关的材料、设备质量证明。

②监理部在接到验收申请后,对非联检项目应在12 h以内完成检查工作,对联检项目应在24 h以内完成联合检查工作,在确认工程施工质量、原材料、设备质量符合设计要求后,签发开工(开仓)签证,同时确认下一道工序开工。若检查验收不合格,由此造成的工期延误及其他一切损失,全部责任均由承包人承担。

③单元工程验收检查签证文件均一式4份,在完成全部签证手续以后,报送监理部和业主各1份,其余2份承包人留存归档,作为基本资料和后续工程验收依据。

④凡地基、基槽、高边坡等需要进行地质编录和地质鉴定的单元工程,承包人施工完毕后,应向监理部提交验收申请,监理部通知设计及施工地质单位会同承包人进行地质编录和地质鉴定的会签工作,会签完毕后,随即进行本单元工程的联检验收。

⑤监理部在接到验收申请后,在规定时限内未进行检查验收签证,也未以其他方式通

知承包人对验收申请的处理意见,承包人可视为本单元终检成果已被认可,并签发下一道工序开工签证报监理部确认。

若业主或监理部在工程开工后要求停工进行复检,承包人应予执行,复检后质量符合要求,则由此发生的费用由业主承担,如复检后质量不符合要求,则由此发生的一切损失由承包人承担。

二、分部工程检查签证程序

(1)分部工程检查签证是合同项目竣工验收的基础,当分部工程施工完成后,由监理部主持,组织业主、设计、施工等单位组成联合验收组,进行检查签证。

(2)分部工程检查签证的主要任务是检查施工是否符合设计要求,并按国家或部颁规定评定工程质量等级。检查的重点是工程质量,对达不到"合格"标准的部位,要坚决返工,返工后要再次验收。

(3)承包人应在分部工程检查签证开始前7天向监理部提交分部工程检查签证申请及符合要求的验收资料。监理部应在接到施工承包人验收申请后的7天之内,完成验收准备工作。监理部主持和组织联合验收组在14天之内,完成分部工程验收签证工作。

(4)监理部要求承包人提交进行分部工程检查签证的主要资料如下:

①设计和竣工图纸。

②设计变更说明和施工要求。

③施工原始记录、原材料试验资料、半成品及预制件鉴定资料和出厂合格证。

④工程质量检查、试验、测量、观测等记录,单元工程验收及质量评定资料等。

⑤地质资料(地质部门提供的地质结论及地质素描图等)。

⑥特殊问题处理说明书和有关技术会议纪要。

⑦其他与验收签证有关的文件和资料。

(5)联合验收组在验收工作中,除应审核承包人提交的各项签证文件及资料外,还应进行现场检查,其主要内容如下:

①工程部位的位置、高程、轮廓尺寸、外观是否与设计相符。

②各项施工记录是否与实际情况相符。

③对施工中出现过的质量事故或缺陷进行处理的部位,处理后是否满足设计要求。

对于检查中发现工程质量有怀疑的部位,可进行必要的抽样试验或检查,以便对工程质量做出符合实际的结论。

(6)分部分项工程检查签证文件正本一式6份,除交监理部和业主各1份外,其余4份交承包人暂存。

(7)分部分项工程验收的图纸、资料及验收签证书是竣工验收资料的组成部分,必须按国家或部颁验收规程和业主的有关竣工验收标准资料整理。

三、阶段(中间)验收程序

(1)工程施工过程中,当涵闸基础处理完成,闸门关门挡水,主体结构完建,重要设备调试和设备启用,规模较大的分项工程完建,承包人将进行更换,以及工程项目停建、缓建等重大情况时,均应进行阶段(中间)验收。

(2)进行阶段(中间)验收的前 14 天,承包人应向监理部报送下述资料:

①单元、分部、单位工程验收签证。

②验收工程的施工报告。

③验收工程的竣工图纸和资料。

④已完、未完的工程项目清单。

⑤质量事故及重大缺陷处理和处理后的检查记录。

⑥建筑物运用及度汛方案。

⑦建筑物运行或运用前属于承包人应完成的工作说明,以及签证、协议等文件。

⑧业主和监理部要求报送的其他资料。

上述资料除一式 4 份报送监理部外,承包人应准备一定数量资料供验收时备查。

(3)监理部在接受承包人报送的验收报告后 7 天内完成对报告的审核,并及时报告业主。

(4)阶段(中间)验收委员会的工作开展,依据业主的安排进行,主要包括以下内容:

①听取承包人、监理部及其他有关单位的工作汇报。

②审查验收文件、资料。

③检查或抽查已完重要分项、分部(单位)工程项目的工程形象面貌、工程质量和设备安装质量。

④审定建筑物的运行、应用方案。

⑤检查运行、应用的内外部条件及落实情况。

⑥对验收中发现的问题和存在的工程缺陷,提出处理意见并责成承包人限期处理。

⑦根据检查和验收结果,签署阶段(中间)验收鉴定书。

⑧确定可以进行交接的工程项目清单,并限期办理交接手续。

(5)阶段(中间)验收的成果是验收鉴定书。一式 6 份,除送交业主和监理部各 1 份外,其余 4 份交承包人暂存,作为单位工程险收和竣工验收资料的一部分。

四、单位工程验收程序

(1)当单位工程在整个工程竣工前已经完成,具备独立发挥效益,或业主要求提前启用时,应进行单位工程验收,并根据验收要求或继续由承包人维护,或办理提前启用和资产移交手续。

单位工程验收工作由业主主持和组织验收委员会进行验收。

(2)申请单位工程验收必须具备的条件:

①土建工程已按设计施工完毕,质量符合要求。

②设备制作已安装调试、试运行,安全可靠,符合规定和设计要求。

③所需观测仪器设备,已按设计要求埋设,并能正常观测。

④工程质量缺陷已处理完毕,能保证工程安全应用。

（3）进行单位工程验收，至少在验收前 21 天，承包人应向监理部提交单位工程验收申请报告，并随同报告提交或准备下列主要文件：

①竣工图纸（包括基础竣工地形图）及图纸说明。

②施工过程中有关设计变更的说明及施工要求。

③试验、质量检验及施工测量成果。

④隐蔽工程、基础灌浆工程及重要单元、分项工程的检查记录、照片以及必需的工程录像资料，对于基础工程，还应包括所取岩芯和土样的照片及文字资料。

⑤单元、分部工程验收签证和质量等级评定表。

⑥基础处理及竣工地质报告资料。

⑦施工概况说明，包括开工日期、完工日期、设计工程量、实际完成工程量，以及施工过程中违规、停工、返工记录等。

⑧已完报验的工程项目清单。

⑨质量事故记录、分析资料及处理结果。

⑩施工大事记和施工原始记录。

⑪业主或监理部根据合同文件规定要求报送的其他资料。

上述资料必须随同验收报告一式 4 份报送监理部，此外，承包人并应准备一定数量的资料，在验收工程中，供工程验收委员会备查。

（4）监理部接受承包人报送的单位工程验收申请报告后，在 14 天内完成对验收报告的审核，并即时报告业主，监理部协助业主完成单位工程验收和单位工程质量等级评定的确认签证。若已具备合同文件规定的交接条件，承包人同业主办理单位工程交接手续。

（5）单位工程验收的成果是单位工程验收鉴定书和单位工程质量等级评定表。单位工程通过验收后，由验收委员会签署单位工程验收鉴定表和单位工程质量等级评定表。一式 6 份，除 1 份送业主和监理部各 1 份外，其余 4 份交承包人暂存，作为竣工验收资料的一部分。

五、竣工验收程序

（1）当工程承包合同工程项目全部完建，并具备竣工验收条件后，承包人应及时向监理部申请竣工验收。除非业主另有指示，否则竣工验收应在工程完建（或完工）后 3 个月内进行。如在 3 个月内进行确有困难，由承包人申请，经业主批准可适当延长。

（2）工程竣工验收应具备的条件如下：

①工程已按合同规定和经审查签发的设计文件的要求完建。

②分部、单位及阶段（中间）验收合格，验收中发现的问题已基本处理完毕，并符合合同文件和设计的规定。

③各项独立运行或运用的工程已具备运行或运用条件，能正常运行或运用，并已通过设计条件的考验。

④竣工验收要求的报告，资料已经整理就绪，并经监理部预检通过。

（3）进行工程竣工验收的前 28 天，承包人应向监理部提交工程竣工报告，并随同报告提交或准备下列主要验收文件：

①工程竣工报告，包括工程概况、开工日期、竣工日期、设计工程量、实际完成工程量及已完工程项目清单等。

②工程施工报告，包括施工过程中设计、施工与地质条件的重大变化情况及其处理方案。

③各阶段(中间)、单位工程验收鉴定与签证文件。

④竣工图纸(包括图纸目录及其说明)。

⑤竣工支付结算报告。

⑥必须移交的施工原始记录及其目录：包括检测记录、施工期间测量记录以及其他与工程有关的重要会议纪要。

⑦工程承包合同履行报告，包括重要工程项目的分包单位选择及分包合同履行情况，工程承包合同履行情况，以及有关合同索赔等事项。

⑧工程施工大事记。

⑨业主指示或监理部依据工程承包合同文件规定要求承包人报送的其他资料。

上述资料必须随同验收申请报告送监理部外，其他文件由施工承包人整理就绪，供验收委员会查阅。

(4)监理部应在接受承包人的申请验收报告后28天内完成审核，并及时上报业主，限时组织和进行工程竣工验收与交接手续。

(5)竣工验收一般不再复验原始资料，竣工验收小组的工作主要包括：

①听取承包人、监理部、设计单位及有关单位的汇报。

②对施工是否符合工程承包合同文件和设计文件的要求做出全面评价。

③对合同工程质量等级做出评定。

④确定工程能否正式移交、投产、应用和运行。

⑤确定尾工清单、合同完工期限和缺陷责任期。

⑥讨论并通过竣工验收鉴定书。

(6)工程竣工验收的成果是竣工验收鉴定书和合同工程质量等级评定书。通过竣工验收后，由验收委员会签署竣工验收鉴定书和合同工程质量等级评定书。一式6份，除1份送交监理部外，其余5份连同历次阶段单位工程验收鉴定书和工程质量评定签证正本一并移交业主。

(7)工程通过竣工验收后，承包人还应根据合同文件及国家、部门工程管理法规和验收规程的规定，及时整理其他各项必须报送的工程施工记录和施工原始资料，并按业主的指示或监理部的要求，一并向业主移交。

(8)竣工图纸、资料的编制要求，可按《水利水电建设工程验收规程》(SL 223—2008)的规定执行。

六、采用的表式清单

监理机构在工程验收监理工作中采用的表式清单见表3-10-1。

表 3-10-1 工程验收监理工作中采用的表式清单

《水利工程施工监理规范》（SL 288—2014）

序号	表格名称	表格类型	表格编号	页码
1	验收申请报告	CB35	承包[　　]验报号	P121

《水利工程施工验收规程》（SL 223—2008）

序号	表格名称	页码
1	各项验收鉴定书	P34～P69
2	工程质量保修书	P72
3	合同工程完工证书	P74
4	·工程质量保修责任终止证书	P77
5	工程竣工证书	P79

第十一章　监理服务质量体系

第一节　质量方针和质量策划

一、质量方针

（1）公司质量方针是：规范管理，优质服务，诚实守信，持续改进。

（2）公司质量方针转化为工程建设监理的下列质量目标：

①竭诚为顾客提供合同规定的服务，合同履约率100%。

②通过质量策划，确保监理产品符合建设标准和合同要求，项目合格率100%。

③监理工作满足顾客对工程进度、质量、投资和安全、环境保护等需求的特征，顾客满意率90%以上。

二、质量策划

（1）为了使本工程监理服务的质量活动标准化、程序化和规范化，监理公司质量管理体系文件是本工程监理部监理服务质量活动的基本依据。根据公司质量方针和工程建设监理的质量目标，为满足监理委托合同规定所应预期达到的标准，对每一监理项目进行质量策划。

（2）本工程除按照监理投标文件配置充足的资源外，在监理合同签订后，总监理工程师将按照监理投标文件和监理合同组织编写并审查监理规划，经公司总工程师审定并批准后提交给建设单位，作为本工程监理实施的依据和指导性文件，并作为建设单位对现场监理机构服务质量进行监督检查的依据。

（3）在监理实施过程中，总监理工程师根据工程的实际情况或监理合同的要求，组织专业监理工程师按照批准的监理规划编写监理实施细则，针对特定的项目规定专门的监理控制程序和现场监督检查要求。

第二节　质量服务内容

一、监理服务人员

（一）监理人员调配

在征得建设单位的同意后，由监理单位批准任命总监理工程师；总监理工程师有权负责现场监理机构人员的聘用和撤换，但需经公司人力资源部审查、批准。公司工程部负责对项目监理机构人员的专业、数量等配置状态进行适时监控，并及时向人力资源部提出人员调整的建议,由人力资源部与总监理工程师沟通,合理调整现场人员。

(二)监理人员考核

(1)对于现场监理人员的考核分为试用期考核和年度考核,由人力资源部负责组织实施。每年年终,对监理部人员要进行年度考核,被考核人向考核组提交"年度员工考核表",考核结果分为优秀、称职、不称职。不称职人员必须调离工作岗位或解除劳动合同。

(2)对项目监理机构的考核要与建设单位评议相结合。

(三)监理人员培训

(1)总监理工程师、副总监理工程师、专业监理工程师、监理员都必须具备相应的资格证书和岗位证书,且在本公司注册。

(2)现场监理机构将安排一名经过培训取得资格证书的内部质量审核员作为兼职质量管理人员,以指导监理机构实施公司质量保证体系并对实施情况进行监督。

(3)现场监理机构从事安全管理、测量和试验操作的监理人员应经过国家有关部门的培训并取得岗位资格证书。

(4)在监理服务过程中,将根据具体的情况对现场监理人员进行定期或不定期脱产或不脱产的培训,现场监理人员应始终接受项目或专业监理工程师、总(副)监理工程师指导,不断进行专业技术工作以及监理控制程序和方法的培训。

(四)监理人员工作守则

(1)正确使用经验证合格、符合施工合同文件和规程规范要求的监理依据。

(2)认真进行材料和工序的检验及验证后签认检查验收记录,无正当理由不得推迟或拒绝签认检查验收记录。

(3)向承包单位或供货单位提出的任何要求应符合工程建设的法律法规、规程规范或施工合同文件的规定。

(4)不得非法滥用监理工程师权利。

(5)按规定期限审批承包单位提交的资料,及时答复承包单位提出的问题或做出的正确决定,无正当理由不得无故推迟。

(6)保证监理工作符合监理合同和公司质量体系文件的要求。

二、监理过程控制

(一)监理过程检查

在监理实施过程中,总监理工程师应对监理人员的工作质量和产品质量进行检查考核,以提高监理工作质量和服务水平。其内容包括但不仅限于以下内容:

(1)所有要求检查的项目是否及时进行了检查。

(2)所有需要审批的文件,包括施工图纸,承包单位提交的技术性文件、施工进度计划、计量支付申请或索赔申请等是否及时进行了审批。

(3)所有的文函是否按合同文件要求的时限发出。

(4)所有决定是否公正、科学并符合合同文件的规定。

(5)是否按规定真实地填写了监理日志和提交了报告。

(6)是否按监理合同的要求履行了规定的合同义务。

(7)各项工程建设目标控制措施是否有效,所有不能满足合同文件、国家标准和规程规范的作业是否得到了有效的纠正并形成记录。

(8)监理的文函和报告是否已按规定进行了校审。

(二)定期报告和中间检查

(1)在监理实施过程中,总监理工程师应每月向公司提交一份监理月报。

(2)在监理实施过程中,公司将授权或指定有关人员对现场监理机构的服务质量每半年进行一次中间检查,其检查内容主要包括:

①项目过程是否执行公司质量管理体系文件。

②是否明确各工作人员的职责,并将人员姓名、分工和授权范围报送建设单位。

③记录是否规范,资料整理是否与项目进展同步,资料是否分类清楚、整齐有序。

④工程建设基础资料、设计文件等是否记入"顾客提供文件验证表"。

⑤是否定期组织业务学习,学习记录是否完整。

⑥主要监理人员对施工合同文件和质量验收内容、指标、方法是否清楚。

⑦监理过程和效果是否满足合同文件及相关规程、规范要求。

(3)中间检查人员应编写中间检查报告,并报送公司总部。对中间检查发现的问题,检查人员应提醒并通报总监理工程师注意,必要时开具不合格报告,并要求总监理工程师组织现场监理人员按照有关规定进行整改且形成记录。

(三)检验、测量和试验设备的控制

(1)监理将根据测量任务以及所要求的测量准确度选择使用监理合同中规定的具有所需准确度和精密度的测量仪器或设备。

(2)对监理使用的每一件检验、试验和测量设备,将指定专人进行管理,并建立相应的操作、维护和保管规程,确保仪器处于完好的可用状态。

(3)对于准确度会影响检验和试验结论的设备,在使用前进行校准和调整,并且在设备使用过程中按照国家规定的周期进行这种校准和调整。

(4)为保证检验、测量和试验设备的准确性,对于国家规定进行强制检定的设备,送到计量部门指定或授权的具有资质的设备检定部门进行校验和调整,对于国家非强制检定的设备,委托具有合法资质的试验和检测机构进行校验。如果设备校验后在首次使用时发现问题,则立即停止使用,并进行重新校验。

(5)所有要求检定的检验、测量和试验设备在检定后,将校验和调整报告作为设备的档案予以保存,校验或检定合格的设备应在设备上做好明显的、不易脱落或丢失的标志。

(6)在设备使用过程中,发现检验、测量和试验设备发生过大的误差得出错误的结论或设备发生故障或损坏时,立即做好记录,并停止使用。对这些设备进行重新调整和校验,或送到指定的部门进行维修后进行重新调整和校验。

(7)所有的设备严格按照设备的使用说明书进行搬运、使用、维护和保管,确保在规定的检定周期内其适用性良好,准确性满足规定的要求。

(8)当监理服务结束后,所有的检验、试验和测量设备在进行检查清理后,按照产权的归属移交给建设单位或送回公司总部保存。

（四）不合格品控制

（1）监理服务的不合格品包括文函和报告校审、服务检验和建设单位检查后认为质量不能满足规定要求的文函、报告或服务。

（2）根据文函和报告的校审级别，由校核或审查人员对文函或报告校审发现的不合格品做好标识和记录。

（3）监理服务过程中的文函或定期报告经校核或审查不合格时，由总监理工程师责成相关人员重新编制，由相关人员按照校审意见进行修改后重新校审。

（4）当出现不合格服务时，总监理工程师应组织相关人员对不合格的原因和性质进行分析，针对具体的情况采取必要的处置措施，必要时通报公司总部、建设单位或承包单位。

（五）质量记录控制

质量记录的填写或编写要求如下：

（1）符合记录的标识要求：工程监理活动中形成的监理文件由注册监理工程师按照规定签字盖章后方可生效。

（2）记录的内容应按照相应的填注规则，如《水利工程施工监理规范》（SL 288—2014）。

（3）内容必须真实、准确、全面；需附加说明的，填在备注栏内或另附页；重要的记录须经审核和批准。

（4）记录应采用耐久性强的书写材料，如碳素墨水、蓝黑墨水，不得使用易褪色的书写材料。记录可以打印。

（5）记录不得随意修改。确需修改的，采取划改，并在更改处签字。

记录原件份数，根据需报送的单位和报送份数的总和确定，并在记录的适当位置（如记录所用表格的底部）注明。

（6）质量记录的管理。

①记录储存环境应符合档案管理要求。非电子媒体的记录要存放在专门档案柜里，储存环境要通风、防潮、防火、防蛀、防鼠等。电子媒体的记录应有足够的电子备份。电子备份应保存在适宜的环境中，如防潮、防尘、防压、防火、防消磁等。

②记录管理人员负责本部门形成的各类记录的保护，如防盗防抢、保密。

③借阅记录应填写"记录借阅登记表"，重要记录的借阅必要时应经负责人批准。

三、质量服务文件和资料控制

（一）质量服务文件和资料的控制范围

（1）质量手册（含形成文件的质量方针和质量目标）。

（2）《质量管理体系要求》（GB/T 19001—2016）要求形成文件的程序。

（3）为确保公司业务范围涉及的过程有效策划、运作和控制所需的文件，如作业指导书、操作规程、图样、技术文件等。

（4）《质量管理体系要求》（GB/T 19001—2016）要求形成和保持的记录。

（5）外来文件（包括法律和法规要求、规章、标准，项目委托方提供的图样、规范、合同,基础设施供应商提供的维护手册)。

(二)文件的获得和批准

(1)《质量手册》程序文件和(或)作业指导书。管理者代表批准,质量办负责发放。

(2)法律和法规要求、规章、标准。工程部经理批准,工程部负责发放。

(3)监理合同文件。经营部负责发放。

(4)基础设施供应商提供的维护手册。综合部在配备基础设施时同时发放。

(5)《质量管理体系要求》(GB/T 19001—2016)要求形成和保持的记录获得与批准,根据岗位权限,由现场监理机构制定。

(三)文件和资料的归档管理

(1)监理部资料员应做好平时文件的预立卷工作,并在工程完工后及时装订成册移交公司资料室保管。

(2)所有文件材料在归档时要保证其清洁、完整、准确、系统,无破损、无灰尘、无杂质,装订整齐,零乱的、未经过系统整理的文件材料,不允许向档案室归档。

(3)文件可采用任何形式或类型的媒体,如硬件拷贝或电子媒体。文件的版本一般分为印刷版本和电子版本。

第十二章　缺陷责任期施工监理实施细则

第一节　编制依据

本细则的编制依据如下：

（1）工程合同文件、招标文件、监理合同文件、监理规划、已签发的工程设计文件及相应的工程变更文件、调整概算文件、施工图纸及主要设备技术说明书等。

（2）有关现行规程、规范和规定：

①《水利工程施工监理规范》（SL 288—2014）。

②《水利水电工程施工质量检验与评定规程》（SL 176—2007）。

③《水电水利基本建设工程单元工程质量等级评定标准》（2012 年版）。

④《工程建设标准强制性条文（水利工程部分）》（2020 年版）。

⑤《水闸施工规范》（SL 27—2014）。

⑥其他工程质量评定的相关法律法规、条例、办法、规定等文件。

本细则若有与以上文件不符之处，以上述文件为准。

第二节　缺陷责任期的控制

一、缺陷责任期

根据合同规定，完工证书签发之日就是缺陷责任期开始之时。起算日期必须以签发的工程完工证书日期为准。

二、缺陷责任期的起算、延长和终止

（1）监理部按有关规定和施工合同的约定，在工程移交证书中应注明缺陷责任期的起算日期。

（2）当缺陷责任期满后仍存在施工期的施工质量缺陷未修复或有施工合同约定的其他事项时，监理机构应在征得建设单位同意后，做出相关工程项目缺陷责任期延长的决定。

（3）缺陷责任期或缺陷责任期延长期满，施工承包人提出缺陷责任期终止申请后，监理部在检查施工承包人已经按照施工合同约定完成全部其应完成的工作，且经检验合格后，应及时办理工程项目缺陷责任期终止事宜。

三、缺陷责任期监理工作的内容

（1）检查承包人剩余工程计划。监理工程师应定期检查承包人剩余工程计划的实施，并视工程具体情况建议承包人对剩余工程计划进行调整。

（2）对工程进行检查：

①监督承包人在完工证书中规定的日期之后尽快完成当时遗留的工程。

②在缺陷责任期满之前对工程进行检查，指示承包人修补、重建和补救缺陷、收缩或其他毛病，承包人应在缺陷责任期内或期满后的 14 天之内实施工程师指示的上述所有工作。

（3）确定缺陷责任及修复费用：

①监理工程师应对工程缺陷发生的原因及责任者进行调查，对非承包人原因造成由承包人进行修复的工程质量缺陷，应根据合同条款规定，做出费用估价，在合同价格上追加费用并相应地通知承包人并送给业主一份该通知副本。

②因承包人原因造成的工程质量缺陷，承包人未能在合理时间内进行修复，业主雇用他人和支付费用来完成这项工作，这笔费用应当由业主从承包人处收回，工程师应与业主和承包人协商之后，做出费用估价，同时，工程师应相应地通知承包人并送业主一份副本。

（4）缺陷责任期工作内容：

①尽快完成完工证书中确认的剩余工作，尽快整修"工程检查表"中所提的缺陷工程监督承包人对《剩余工作计划》的执行，督促承包人尽快整修缺陷工程，并对完成的工程进行检查和验收。

②对缺陷责任期内出现的新缺陷进行修补、返工，经常检查工程现场，及时发现缺陷。指示和监督承包人及时修补缺陷；调查分析新缺陷出现的原因，确定缺陷责任和修复费用。

③继续进行竣工图纸和竣工资料的编制整理工作，监督承包人继续进行竣工图纸和竣工资料的编制与整理工作。

④继续处理合同支付、工程变更、延期和索赔等方面的遗留问题，为编制最终结账单做准备；缺陷责任期结束时，为提出发放《工程缺陷责任终止证书》的申请做好准备；缺陷责任期后期，为签发《工程缺陷责任终止证书》做准备工作。

⑤督促承包人按合同规定完成交工资料。

四、缺陷责任期的监理组织

监理工程师应根据剩余工作量和工作配套需要配备缺陷责任期的监理工作人员，包括现场巡视、检查的监理人员，负责质量检验的试验人员及处理合同事宜（索赔、变更）、办理支付、督促交工资料的合同管理人员。

五、《工程缺陷责任终止证书》的签发程序

（一）《工程缺陷责任终止证书》签发的必要条件

（1）监理工程师确认承包人已按合同规定及监理工程师的指示完成全部剩余工程，并对全部剩余工程的质量检查认可。

（2）监理工程师收到承包人含有如下内容的终止缺陷责任申请：

①剩余工作计划的执行情况。

②缺陷责任期内监理工程师发现并指示承包人进行修复的工程完成情况。

③竣工图纸资料已全部完成。

④对缺陷责任期的工作情况进行评价，确定是否签发《工程缺陷责任终止证书》。

（二）审定申请报告

检查小组审议承包人关于终止缺陷责任的申请报告，对申请报告内容的完整性、真实性进行审定，并确认是否满足合同规定及监理工程师的要求，审议工程是否达到缺陷责任期验收标准。

（三）最终检查和评价

（1）最终检查主要从以下两方面进行：

①剩余工作及缺陷工程的完成情况。

②整个工程的使用情况，包括交通标志、标线、护栏、护网绿化带。

（2）评价主要围绕现场检查结果进行，除合理磨损外，工程均应达到合同规定的检验标准。

（四）编制检查报告

（1）检查小组把上述全部检查情况和结论写成检查报告，报送业主，并抄送给承包人。

（2）检查报告的主要内容包括：

①概述。检查小组的邀请信及组成人员名单、工作简况、接受承包人申请的日期。

②现场检查的内容及情况。

③检查小组对承包人缺陷责任期全部工作的评议。

④小组的结论。

⑤附件。承包人的终止缺陷责任申请、检查活动计划、工程缺陷一览表及承包人整修剩余工程计划等。

（五）签发《工程缺陷责任终止证书》

监理工程师收到检查小组的报告，并确认缺陷责任期工作已达到合同规定的标准，应向承包人签发缺陷责任期终止证书。签发日期应以工程通过最终检验的日期为准。证书中应包括以下主要内容：

（1）获得证书的工程范围。

（2）审查缺陷责任期工作的单位。

（3）工程交工日期合同缺陷责任期终止日期。

（4）《工程缺陷责任终止证书》的签发人（业主、监理工程师、承包人各方的代表）。

第三节　缺陷责任期监理工作

（1）当项目竣工投入使用后，工程进入缺陷责任期，监理单位将按合同约定继续履行义务，监理单位依据委托监理合同约定的工程质量缺陷责任期监理工作的时间、范围和内容开展工作，按照《工程质量缺陷责任期工作流程》规定的程序继续进行监理工作。

（2）承担质量缺陷责任期监理工作时，监理单位安排监理人员对建设单位提出的工程质量缺陷进行检查和记录，对承包单位进行修复的工程质量进行验收，合格后予以签认。

（3）监理人员对工程质量缺陷原因进行调查分析并确定责任归属，对非承包单位原因造成的工程质量缺陷，监理人员应核实修复工程的费用和签署工程款支付证书，并报建设单位。

（4）协助建设单位与施工单位签订保修合同，并定期对工程质量进行回访，做好回访记录。

（5）监理将设专人与建设单位代表保持联系，了解工程缺陷责任期内质量信息。

（6）对建设单位反映的工程缺陷原因及责任进行调查和确认，协助建设单位组织有关单位或部门鉴定质量问题的责任归属，督促责任单位制定维修计划，监督施工单位按维修计划实施整改并验证处理的结果直至符合要求。

（7）督促施工承包人按施工合同约定的时间和内容向建设单位移交整编好的工程资料。

（8）签发工程项目保修责任终止证书。

（9）签发工程最终付款证书。

（10）缺陷责任期间现场监理部适时予以调整，除保留必要的人员和设施外，其他人员和设施可撤离，或将设施移交建设单位。

（11）做好缺陷责任期监理工作的记录和总结。

第四篇　施工专项工程监理实施细则

第一章　黄河下游引黄闸改建施工监理控制的重难点

第一节　黄河下游引黄闸改建工程概况

一、引黄闸改建的由来

2018 年 7 月 11～13 日、2018 年 11 月 11～12 日，水利部水利水电规划设计总院召开黄河下游引黄涵闸改建工程可行性研究报告技术讨论会、复审会。2019 年 9 月 16～20 日，中国水利水电建设工程咨询有限公司在郑州组织召开项目可行性研究评估。依据 2019 年 10 月 24 日国家发改委办公厅《关于进一步做好黄河下游引黄涵闸改建工程前期工作的函》(发改办农经〔2019〕994 号)要求，结合落实习近平总书记关于黄河流域生态保护和高质量发展的重要讲话精神，优化项目前期方案论证工作，做好与其他工程的衔接，合理确定建设时机。

经方案研究比选后，涵闸改建方式及改建规模与原可研报告一致。2020 年 7 月 15～16 日，水利部水利水电规划设计总院召开可研报告复核审查会，形成了审查意见。2021 年 5 月 11～12 日，中国水利水电建设工程咨询有限公司组织召开可研报告评估会，依据评估意见，核减霍家溜闸、韩刘闸、李家岸闸、北店子防沙闸、大王庙闸、沟杨闸、刘春家闸，列入本期涵闸改建工程的黄河下游引黄涵闸共计 40 座，其中河南黄河河务局 18 座，涉及郑州黄河河务局 2 座、焦作黄河河务局 3 座、新乡黄河河务局 5 座及濮阳黄河河务局 8 座；山东黄河河务局 22 座，涉及菏泽黄河河务局 4 座、东平湖管理局 1 座、聊城黄河河务局 3 座、德州黄河河务局 1 座、淄博黄河河务局 1 座、滨州黄河河务局 7 座及河口管理局 5 座。涵闸改建方式均采用涵闸拆除重建方式。

二、引黄闸改建的内容

黄河下游干流共有引黄涵闸 111 座(含河南局注册登记的 5 座防沙闸)，其中河南段 47 座、山东段 64 座，111 座涵闸均为黄委直属引黄涵闸，不包含黄河下游分洪闸以及地方政府、灌区单位管理的引渠防沙闸。

山东段满足本次改建工程选取原则的涵闸有 22 座，分别为新谢寨闸、高村闸、旧城闸、杨集闸、国那里闸、陶城铺闸、位山闸、郭口闸、豆腐窝闸、马扎子闸、张桥闸、归仁闸、白龙湾闸、大崔闸、小开河闸、兰家闸、张肖堂闸、五七闸、路庄闸、十八户闸、一号穿涵闸、罗家屋子闸。

河南段满足本次改建工程选取原则的涵闸有 18 座，分别为马渡闸、张菜园闸、老田庵闸、白马泉闸、韩董庄闸、于店闸、大功防沙闸、禅房闸、大车集闸、杨小寨闸、南小堤闸、王称固闸、邢庙闸、于庄闸、刘楼闸、王集闸、王集防沙闸、影堂闸。

（一）工程等级

本次改建的 40 座涵闸的工程等别根据灌溉面积确定，分别为 I ~ IV 等。各涵闸级别均采用其所在防洪堤的级别。位于控导工程上的老田庵闸、王集防沙闸为 3 级，五七闸为 2 级，其余均为 1 级。

（二）涵闸改建内容

1. 工程选址

本次改建的 40 座涵闸属于水闸拆除重建工程，老闸上下游渠系建筑物已建成，拆除的老涵闸位于渠道穿黄河大堤处，原址重建可最大程度地利用原有渠系，减少新建渠道造成的移民征地，利用堤顶道路作为对外交通，方便施工期及日后管理交通，因此一般涵闸均为原址重建。

位山闸闸前引渠长约 300 m，黄河调水调沙及汛期高含沙洪水过后引渠淤积严重，引渠年清淤工作量高达 5.56 万 ~ 7.63 万 m³。为改善引渠淤积情况，平顺水流，改建方案比选了闸址前移方案。在减少淤积、改善水流条件、保证引水能力方面，位山闸闸址前移方案明显优于原址拆除重建方案；在地质条件、施工工期方面，原址重建方案优于闸址前移方案。综合考虑闸址前移方案能减少淤积，保证引水能力及后期运行方便等原因，本阶段推荐闸址前移方案。

2. 主要建筑物布置

改建涵闸的设计范围包括涵闸自身、上下游防渗系统、消能设施。一般涵闸的上下游渠系不归本工程设计，由地方政府负责配套改建。若涵闸距黄河较近，上游引渠较短，则将上游引渠纳入本次涵闸改建项目。

闸前引渠长度不等，较长的引渠渠首一般设有防沙闸或节制闸，穿堤涵闸仅控制涵洞及下游渠道过流，配合上游引渠的其他引水闸分流，无分洪、退水功能。较短引渠的涵闸直接起节制及拦沙作用。

涵闸主要包括闸前渐变段、混凝土或浆砌石挡墙、节制闸、穿堤涵洞（有的无涵洞）、出口渐变段、消力池、海漫、护坡。上下游与原渠道平顺连接。节制闸包括检修闸、工作闸和控制室。

3. 地基处理

近几年，黄河下游涵闸改建、除险加固工程基础处理设计中，考虑各涵闸的地质条件，基础处理主要采用了振冲碎石桩（置换桩）、水泥土搅拌桩、高压旋喷桩、水泥粉煤灰碎石桩（CFG 桩）、PHC 预制管桩等五种复合地基基础处理方式。结合黄河涵闸工程经验并在分析本次改建涵闸在不同地质条件、基底应力计算结果的基础上，本次涵闸基础处理对上述五种基础处理方式从工程造价、地基适应性、施工工艺及效率、地基处理效果、闸基渗流、施工影响、成桩质量等方面分析其优缺点，振冲挤密桩（置换桩）对黏性土的加固效果差、加固后的地基不利于抗渗，改建涵闸位于黄河大堤，防渗要求高，因此本次基础处理设计不考虑采用振冲挤密桩（置换桩）；水泥粉煤灰碎石桩（CFG 桩）施工工艺要求高，受施工工艺影响，易出现塌孔、扩径、缩颈断桩、桩体强度不均匀、桩体夹砂等现象，导致桩体质量检测不合格,影响工程施工工期,黄河下游涵闸位于黄河大堤,防汛压力大,施工工期安排短,为保证施工质量及工期,本次设计不考虑采用水泥粉煤灰碎石桩(CFG 桩)。本次涵闸改建基础处理依据各个涵闸基础地质条件,结合涵闸闸室基础、翼墙基础、涵洞基础基底应力计算、地基沉降计算结果以及各种复合地基处理方式的优缺点及适应性,预制混凝土管桩、高压旋喷桩、水泥土搅拌桩复合地基三种基础处理方式适应性好,确定为地基处理方式。

4. 堤防恢复

本期改建涵闸所在黄河大堤现状堤防均满足黄河下游堤防设防标准,涵闸改建堤防按原标准恢复,堤顶道路按原路面结构及原标准恢复。对于险工段涵闸,新建涵闸后对拆除部分险工结构采用原结构恢复。

填筑材料以亚黏土或壤土为主,黏粒含量为 10% ~ 35%,塑性指数宜为 7 ~ 20。堤身填筑压实度不应小于 0.95。

5. 安全监测

1)渗流监测

可沿闸室中心线埋设若干渗压计,以监测水闸底板扬压力分布情况;在闸室每侧挡墙外侧与护堤结合部位分别埋设若干渗压计,以监测水闸与护堤结合部的渗透压力分布情况。

2)变形监测

为监测闸室的不均匀沉降,在水闸的四周及闸室闸墩各布设若干沉降标点;为监测水闸涵洞段的沉降情况,可在涵洞顶部布设若干深式沉降标点。根据工程实际情况,可在水闸闸墩两侧布设固定测斜仪,监测水闸水平位移。

在水闸附近选取受外界干扰小、基础稳定的部位布设水准工作基点。

3)其他

在闸前、闸后水流相对平顺的部位各布置一支水位计,以监测水闸的上下游水位;在水闸附近布置温度计。仪器电缆可引设至闸室启闭机房内的集线箱。

6. 机电及金属结构

1)电气

本工程涵闸动力和照明负荷均按三级负荷设计,监控和监视系统需配备备用电源,用电按二级负荷。涵闸高压电源“T”接自闸管所 10 kV 高压架空线路终端杆。涵闸动力和照明采用网电。

本工程采用箱式变电站,高低压柜和变压器均在箱式变电站内,高压进线开关选用高压真空负荷开关,带接地刀开关和熔断器,10 kV 母线为单母线接线,网电和备用电源间设双电源手动转换开关,0.4 kV 侧采用单母线接线,在箱变内预留双电源转换开关端口。

闸门监控系统基本确定采用由主控级、现地级和网络设备组成的分层分布式控制系统。闸门升、降、停控制既可在启闭机房就地控制,也可在闸管所控制室远程控制。涵闸监控系统可将该涵闸信息上送,接入统一的黄河下游涵闸远程监控系统,自动化控制。在各涵闸设置 1 套视频监视系统,系统由前端监视设备、网络传输系统、监控中心等部分组成。

2）金属结构

根据水工建筑物的布置,本期改建涵闸共计 40 座,除位山闸采用闸址前移方案外,李家岸闸、刘春家闸采取移址新建方案,其他涵闸均采用涵闸拆除重建方案。每座闸由单孔或多孔布置,每孔进口依次设一道检修闸门和一道工作闸门。

检修闸门按正常引水位设计,运用方式为静水启闭,平压方式采用堤顶节门充水平压。除单孔涵闸采用一门一机外,其他启闭机均采用移动式启闭机配合抓梁进行操作,抓梁采用机械挂脱自如式自动挂钩梁,多孔共用一机。

工作闸门按设计洪水位设计,运用方式为动水启闭,闸门操作按最高运用水位。启闭机均为一门一机布置,弧形工作闸门启闭机采用液压启闭机启闭,平面闸门采用固定卷扬式启闭机启闭。

闸门门叶和埋件主材均为 Q235-B。封水座板、封水压板以及紧固件材料均采用不锈钢材料。闸门顶、侧止水采用橡塑复合水封。主支承除弧形闸门支铰和定轮采用 ZG310-570 外,主滑块采用工程塑料合金自润滑材料,反滑块为灰口铸铁。

金属结构设备主要包括平面闸门 154 扇、弧形闸门 8 扇、单轨移动式启闭机 32 台、单向门机 1 台、固定卷扬机 120 台、液压启闭机 8 台。金属结构总质量约为 4 850.1 t。

第二节　施工监理控制的重难点

本次实施的位于黄河大堤及控导工程上的引黄闸改建,汛前改建施工要全部保证闸门关门挡水度汛,汛期不再安排施工。施工导流及度汛应编制专项施工方案,并按规定报批。

各引黄闸均临近主河槽,闸基础低于施工期水位,为保证涵闸能够在干地施工,需要在引黄闸进口位置修筑挡水围堰。除位山闸采用分期导流方案外,其他闸均采用一次截断,用围堰挡水的导流方式。

闸室定位、基坑开挖降排水和高边坡保护、闸基的加固及防渗处理、建筑物的回填、堤身加固满足设计规范要求。

闸底板、闸墩、胸墙、工作桥、机架桥排架、启闭机房、检修桥、桥头堡、交通桥等钢筋混凝土浇筑满足设计规范要求。

进场的原材料、中间产品、构配件和机电产品等进场检测满足设计规范要求。钢筋混凝土及所属建筑物的内在、外观质量符合设计规范要求。闸门及启闭机预埋件的埋设、金属结构监造、安装调试符合设计规范要求。机电设备安装调试及电气自动化符合设计规范要求。

根据引黄闸改建施工内容,主要对穿堤建筑物涵闸工程的施工导流、围堰填筑方案审查,基坑开挖的降排水方案是否可行,对基槽开挖后的评价验收,建筑物土方开挖和回填前的检查验收,地基基础处理施工方案是否满足设计要求,浆砌石工程、混凝土和钢筋混凝土、预理件和止水的安装检查,金属结构及机电设备安装工程、水泵电机等机电设备安装、闸门及启闭机等其他金属结构等方面进行施工监理控制的重难点分析。

一、施工围堰关键点、难点及监理对策

（一）关键点和难点

上游围堰布置以围堰下游坡脚不压闸室上钢筋混凝土铺盖及钢筋混凝土挡土墙施工为原则，两端与险工坝头连接。围堰压抛石槽，下游坡脚起点距铺盖上游端 1 m。

下游围堰布置以围堰上游坡脚不压抛石槽为原则，即上游坡脚起点为抛石槽下游端。下游渠道兼作场内临时交通，由于地形的限制或遇建筑物，围堰布置受限时，围堰位置应适当调整。

围堰安全与否，是直接关系整个工程能否正常施工、按期完成的关键，关键在于对闸前施工导流围堰填筑方案的审查。

（二）监理对策

鉴于各引黄闸均临近主河槽，闸基础低于施工期水位，为保证涵闸能够在干地施工，除位山闸采用分期导流方案外，其他闸均采用一次截断，用围堰挡水的导流方式。

采用的对策是承建单位在修筑挡水围堰前上报专项围堰方案，修筑围堰满足安全可靠，能满足稳定、抗渗、抗冲要求；结构简单，施工方便，易于拆除，并能充分利用当地材料或开挖渣料；堰基易于处理，堰体便于与岸坡或已有建筑物连接；在预定施工期内能修筑到需要的断面及高程。

二、基坑降水及土方开挖关键点、难点及监理对策

（一）关键点

土石方开挖和填筑，应选择合适的降、排水措施，并进行挖填平衡计算，合理调配。弃土、弃渣或取土宜与其他建设相结合，对需使用的土、渣料应按要求分类堆放，并注意环境保护与恢复。应按照批复的水土保持方案合理组织施工。当地质情况与设计文件不符合时，应及时与有关单位协商处理。发现测绘、地质、地震、通信等部门设置的地下设施或永久性标志时，应妥善保护，及时报请有关部门处理。做好基坑开挖后的评价验收，论证基坑开挖的降排水方案是否可行。控制开挖部位的底部高程、几何尺寸，基坑开挖几何尺寸必须满足设计文件及施工技术规范的要求。

（二）难点

土方开挖工程的控制难点为准确控制开挖边界，开挖边界的控制应保证不超挖也不欠挖。

基坑开挖时，降水及软弱地基下卧层处理效果等是否满足要求，其施工质量是否满足设计文件及施工技术规范的要求。

（三）监理对策

（1）基坑的排水设施，应根据坑内的积水量、地下水渗流量、围堰渗流量及降雨量等计算确定。

（2）抽水水位下降速率应根据工程具体特点确定，并确保基坑及围堰边坡稳定。基坑的外围宜在离边坡上沿外侧设置截水沟与围埝，防止基坑以外来水流入基坑。

（3）降低地下水位可根据工程地质和水文地质情况、周边环境和建筑物分布情况，选

用集水坑或井点降水,做好降水及软弱地基处理,确保基坑开挖工程施工质量符合设计及有关技术规范的要求。

(4)对重要项目、隐蔽工程和关键部位设置质量控制点,质量控制点包括见证点、待检点和旁站点,具体设置情况如下:

①见证点:终挖基础面土质情况;基坑尺寸开挖处理过程。

②待检点:土方开挖保护层厚度、土方开挖边坡、土方开挖底高程及几何尺寸;基坑尺寸、高程等。

③旁站点:保护层开挖;基坑底部压实度及基础加固处理等指标。

三、土方回填工程关键点、难点及监理对策

(一)关键点

(1)原始断面的量测与计算。

(2)清基的深度和范围。

(3)土料含水量的控制,压实度的控制与检测。

(4)施工机械设备按均衡的最大强度配置。

(二)难点

土方填筑工程的控制难点为新老结合面处理及与建筑物的结合部处理,结合面或结合部的处理质量,应满足技术规范的要求。

(三)监理对策

为了确保土方填筑工程施工质量符合设计及有关技术规范的要求,采取的监理对策是对重要项目、隐蔽工程和关键部位设置质量控制点,质量控制点包括见证点、待检点和旁站点,具体设置情况如下:

(1)见证点:土料碾压试验、土料场、填筑范围、填筑层土料取样、土料压实质量检测。

(2)待检点:填筑基面验收、铺填边线、铺土厚度、土料含水量、压实干密度(压实度)、土方填筑高程及几何尺寸。

(3)旁站点:隐蔽部位土方填筑、结合部土方填筑。

四、地基处理关键点、难点及监理对策

(一)关键点、难点

关键点、难点在于选择地基处理方案时,必须考虑上部结构、基础和地基的共同作用,进行多种方案的技术经济比较,从加固原理、适用范围、预期处理效果、耗用材料、施工机械、工期要求和对环境的要求等方面分析对比。闸基需要基础处理后方可作为基础持力层,选择基础处理方案是地基处理的关键点。

(二)工程监理对策

根据《黄河下游引黄闸改建工程初步设计》,引黄闸改建地基处理方案采用水泥土搅拌桩、混凝土灌注桩和预制混凝土管桩(PHC)三种形式,其监理控制要点如下。

1. 水泥土搅拌桩监理质量控制要点

(1)检查施工场地、回填面高程、桩位的放样。

（2）水泥的质量检测、水灰比的控制、泥浆的搅拌质量。

（3）施工机械的平稳，钻机平面水平，钻杆的对中。

（4）钻进、提升与喷搅的速度、压力等过程控制。

（5）喷浆的深度与复喷、补喷。

（6）每根桩水泥浆用量的总量检查。

（7）单桩或复合地基承载力满足设计要求。

2. 混凝土灌注桩监理质量控制要点

（1）成孔工艺合理，清孔质量符合要求，孔底沉淀厚度满足设计、规范要求。

（2）桩孔中心位置、孔径和孔深必须符合设计、规范要求。

（3）桩基钢筋笼的制作、安装符合设计、规范要求。

（4）桩基混凝土连续、均匀、致密，无夹层、断桩，强度满足设计要求。

（5）桩顶标高、成桩中心坐标满足设计规范、要求。

3. 预制混凝土管桩（PHC）监理质量控制要点

（1）承建单位应按照报经批准的施工措施计划实施，同时加强质量和技术管理，做好实施过程中资料的记录、收集和整理，并定期向监理机构报送。原则上每根管桩完成后 3 d 内即应上报相应的记录资料。

（2）沉桩场地应平整、密实，满足打桩机对地面的承载力要求，在邻近边坡施工时，应做好坡脚保护。

（3）打桩前应采取以下措施保护桩头：桩帽或送桩帽与桩头周围间隙应取 0.5~1.0 cm，桩锤与桩帽、桩帽与桩头之间应加弹性垫块，桩锤、桩帽、桩身应在同一中心线上。

（4）施工前应处理作业面上空和地下障碍物。场地应平整、排水畅通，并满足桩机承载力的要求。

预制桩应在桩身混凝土强度达到设计强度的 70% 时方可起吊，吊索与桩身间应加衬垫，起吊应平稳，防止撞击和振动。依据工程地质条件、桩型、单桩承载力、桩的密集程度及施工条件选择桩锤。桩基施工前应做打桩工艺性试验，以检验桩机设备和施工工艺是否满足设计要求，数量不少于 2 根。

（5）预制桩施打宜重锤低击，桩帽或送桩帽与桩周围的间隙为 5~10 mm，桩锤与桩帽、桩帽与桩顶之间应有弹性衬垫。

（6）设计桩尖置于坚硬土层时，应以贯入度控制为主，桩尖进入持力层深度或桩尖高程为辅。当贯入度已满足要求而桩尖高程未达到设计要求时，应继续锤击 3 阵，并以每阵 10 击的贯入度不大于设计规定的数值确认，必要时，施工控制的贯入度应通过试验确定。

（7）设计桩尖置于软土层时，应以桩尖设计高程控制为主，贯入度值为辅。

（8）打桩顺序应按自中间向两个方向或向四周对称施打，并采取跳桩施打。

预制桩基邻近既有建筑物时，宜由邻近建筑物的一侧向远离一侧施打，可采取适当的隔振措施。群桩施工时，应自中间向两个方向或四边施打，并有减少桩位位移的措施。预制桩有多种规格时，沉桩施工宜先大后小，先长后短；桩基高程不同时，宜先深后浅。

（9）预制桩入土初始垂直度偏差应小于 0.5%。桩锤重心应与桩身中心重合，开始沉桩时落距宜小，桩身入土稳定后可加大落距，但不宜大于 1.0 m。

（10）异常情况的处理：承包人在打桩过程中发现贯入度剧变、大幅度位移或倾斜、突然下沉、严重回弹、桩顶破裂、桩身裂缝或破碎、断桩等情况时，应暂停施工，承包人应将处理方案报监理批准，由承包人按监理人批准的处理方案进行处理，并经监理人签认合格后方可继续施工

（11）静力压桩施工应符合下列规定：静力压桩宜选择液压式压桩工艺，压桩机的每件配重应用量具核实。最大压桩力不应小于设计的单桩竖向极限承载力标准值，必要时由现场试验确定。宜将每根桩一次性连续压到位，垂直度偏差不应大于 0.5%，依据现场试桩试验确定终压力标准。

（12）桩基完成开挖土方时，应制定合理的开挖顺序和控制措施，防止桩的位移和倾斜。

（13）施工完成后，应根据《建筑地基基础工程施工质量验收标准》（ GB 50202—2018）进行桩身质量检验和承载力检验。

五、防渗墙工程关键点、难点及控制要点

（一）重点

（1）对桩机的定位进行检查，钻头中心和钻机轨道要与墙体轴线平行。

（2）对桩架垂直度和钻杆长度进行标定检查。

（3）对桩机的各种计量表进行标定检查。

（4）在施工过程中随时检查钻进、提升速度，水灰比、浆液比重、孔口返浆情况。

（二）关键点

（1）墙体的垂直偏差不能超过设计值，避免墙体开叉。

（2）墙体底高程必须按设计要求控制以满足截渗要求。

（三）控制要点

槽孔验收、清孔换浆、埋件下设和混凝土浇筑为质量控制重点，现场监理工程师须进行（中间）隐蔽工程验收，并对先导孔取芯、埋件下设、混凝土浇筑工序及特殊情况处理等关键工序。

（1）槽孔验收检查项目为槽孔宽度、长度、孔深、孔斜偏差等，应符合设计规定。

（2）清孔换浆检查孔底淤积厚度、泥浆指标，应符合设计要求。

（3）接头孔检查孔形、孔深、孔斜和孔位偏差，应符合设计要求。

（4）混凝土浇筑主要检查项目为导管布置及埋深，混凝土上升速度，混凝土面高差，钢筋笼、预埋件、观测仪器安装埋设（若有）。

（5）过程中应检查施工记录、图表是否齐全完整，还需特别检查孔揭示的墙体均匀性、存在缺陷和墙段连接情况。

六、护坡、护岸工程及浆砌石工程关键点、难点及监理对策

(一)护坡工程重点、关键点

1. 护坡工程重点

(1)护坡基面的整理压实。

(2)混凝土护坡的导流盲沟铺设。

(3)混凝土护坡的分缝与分块检查。

(4)砌石护坡的垫层厚度与面石厚度。

2. 护坡工程关键点

(1)砌石石料的选择,特别是面石料。

(2)砌石的方案与工艺过程控制。

(3)草皮护坡的种植时间要选择好。

(二)护岸工程重点、关键点

1. 护岸工程重点

(1)检查用于防护的材料品种、规格、性能是否满足设计要求。

(2)完工后及时对水上、水下抛护的范围、高程、厚度进行量测检查。

2. 护岸工程关键点

(1)对抛护体的范围进行定位。

(2)确定水流对抛护体的影响。

(三)浆砌石工程关键点、难点及监理对策

1. 关键点

浆砌石工程的施工内容包括石料采购、石料加工、石料砌筑、水泥砂浆勾缝等,根据各施工内容对浆砌石工程建设质量、安全、进度、投资的制约影响程度,确定浆砌石工程建设的关键点为浆砌石砌筑、水泥砂浆勾缝及浆砌石养护。

2. 难点

根据工程建设内容的施工复杂程度及其质量控制的难易程度等,确定浆砌石工程建设实施的难点在于石料选定、料场外购及石料加工。

3. 监理对策

针对上述浆砌石工程施工的关键点与难点,提出监理对策如下:

(1)在监理细则中明确工程建设的关键点和难点。在编写监理实施细则时,对全部工程建设内容进行梳理并明确工程建设的关键点和难点。

(2)针对工程建设的关键点和难点单独编制监理控制细则。在工程监理工作开展之前,除编制《监理规划》和《监理实施细则》等常规监理工作文件外,还要针对工程建设的关键点和难点单独编制监理控制细则。细则内容应包括监理项目概况、工程建设的关键点和难点、工程建设关键点和难点的监理目标、工程建设关键点控制措施、工程建设难点控制措施等。

(3)针对工程建设的关键点和难点单独设置质量控制点。对于关键工程建设内容及施工难度或质量控制难度较大的工程部位、施工工序等,在进行质量控制时应设置质量控

制点,包括见证点、待检点和旁站点。

①见证点:对于浆砌石工程,其质量控制的见证点包括石料材质鉴别、几何尺寸量测、物理力学指标检验,水泥取样检验,砂子取样检验,水泥砂浆试块制作,水泥砂浆勾缝前清缝质量等。

②待检点:对于浆砌石工程,其质量控制的待检点包括砌筑基面验收、砌缝宽度、砌筑面平整度、砌体高程、砌体几何尺寸等。

③旁站点:对于浆砌石工程,其质量控制的旁站点包括石料垒砌与砌筑砂浆填塞等。

七、混凝土及钢筋混凝土工程

本工程涉及闸底板、闸墩、胸墙、工作桥、机架桥排架、启闭机房、检修桥、桥头堡、交通桥等部位钢筋混凝土浇筑内容,其工程建设的关键点、难点及监理对策如下。

(一)工程建设的关键点、难点及监理对策

1. 关键点

混凝土工程的施工工序包括基础面与施工缝处理、模板制作及安装、钢筋制作及安装、预埋件(止水、伸缩缝等)制作及安装、混凝土浇筑(含养护、脱模)、混凝土外观质量控制六道施工工序。根据各施工工序对整个混凝土工程建设质量、安全、进度、投资的制约影响程度,确定混凝土工程建设实施的关键点如下。

1)混凝土配合比设计与控制

混凝土工程开工之前,应委托有资质的检测试验单位进行混凝土配合比设计,混凝土配合比设计的合理与否,既取决于检测试验单位的水平,特别是配合比设计经验,也取决于用于混凝土配合比设计的混凝土原材料的代表性。鉴于混凝土配合比设计既是混凝土工程施工的前提和基础,也是混凝土工程施工质量的决定性因素,因此必须将混凝土配合比设计及其施工现场配制作为重点监管内容,具体监管内容包括混凝土配合比设计所用原材料见证取样、进场原材料与混凝土配合比设计所用原材料的一致性检查、混凝土生产现场实际混凝土配合比检测控制等。

2)混凝土实体与外观质量控制

混凝土工程的施工工序包括基础面与施工缝处理、模板制作及安装、钢筋制作及安装、预埋件(止水、伸缩缝等)制作及安装、混凝土浇筑(含养护、脱模)、混凝土外观质量控制6道施工工序,其中钢筋制作及安装、混凝土浇筑(含养护、脱模)为主要施工工序。为确保混凝土工程的实体质量与外观质量,一是要严格控制各工序特别是主要工序的施工质量,二是要严禁使用旧模板及杜绝模板跑模现象,三是大体积混凝土浇筑一定要采取合理温控措施以防止混凝土裂缝的产生。

2. 工程建设的难点

根据工程建设内容的施工复杂程度及其质量控制的难易程度等,确定混凝土工程施工的难点如下。

1)混凝土外观质量控制

混凝土工程的外观质量缺陷包括鼓模、跑模、蜂窝、麻面、漏浆等,是混凝土工程常见的施工质量通病,混凝土工程发生外观质量缺陷的影响因素包括混凝土配合比、模板制作

与安装质量、模板支撑的刚度与稳定性、混凝土振捣的均匀性、模板脱模时间等。为了防控混凝土外观质量缺陷的发生或将其发生的程度减少到最低,应就外观质量缺陷产生的影响因素进行有针对性的控制。

2)混凝土裂缝防控

混凝土裂缝是混凝土工程的施工质量通病,混凝土裂缝产生的原因包括混凝土建基面刚性基础情况、混凝土浇筑温度控制情况、混凝土伸缩缝设置的合理性、混凝土振捣与养护情况等。为了防控混凝土裂缝的发生或将裂缝的发生减少到最低程度,应就混凝土裂缝产生的影响因素进行有针对性的控制。

(二)工程监理对策

针对上述混凝土工程建设实施的关键点与难点,提出工程监理对策如下。

1.在监理实施细则中明确工程建设的关键点和难点

在编写监理实施细则时,对全部工程建设内容进行梳理并明确工程建设的关键点和难点。

2.针对工程建设的关键点和难点单独编制监理控制细则

在工程监理工作开展之前,除编制《监理规划》和《监理实施细则》等常规监理工作文件外,还要针对工程建设的关键点和难点单独编制监理控制细则。细则内容应包括监理项目概况、工程建设的关键点和难点、工程建设关键点和难点的监理目标、工程建设关键点控制措施、工程建设难点控制措施等。

3.针对工程建设的关键点和难点单独设置质量控制点

对于关键工程建设内容及施工难度或质量控制难度较大的单项工程、工程部位、施工工序等,在进行质量控制时应设置质量控制点,包括见证点、待检点和旁站点。

(1)见证点:对于混凝土工程,其质量控制的见证点包括水泥、砂子、石子、外加剂、钢筋、止水片等混凝土原材料见证取样,混凝土配合比试验通知单,混凝土试块制作与送检。

(2)待检点:对于混凝土工程,其质量控制的待检点包括基面验收、钢筋验收、模板检查、混凝土浇筑仓位检查、混凝土配合比复核、混凝土拌合物质量测试、混凝土浇筑高程及几何尺寸量测。

(3)旁站点:对于混凝土工程,其质量控制的旁站点包括混凝土浇筑。

(三)模板工程控制要点

审查模板设计报验,模板及其支架应根据结构形式、施工工艺、设备和材料供应等条件进行设计,模板设计应重点审查以下主要内容:

(1)模板的选型和选材。

(2)模板及其支架的强度、刚度和稳定性计算,其中包括支杆支承面积的计算、受力铁件的垫板厚度及与木材接触面积的计算。

(3)防止吊模变形和位移的措施。

(4)模板及其支架在风载作用下防止倾倒的构造措施。

(5)各部分模板的结构设计,各接点的构造,以及预埋件、止水片等的固定方法。

(6)隔离剂的选用。

(7)模板的拆除程序、方法及安全措施。

(8)采用砖胎模时砖模内侧应粉水泥砂浆。

(9)模板采用可靠的支模方案,在模板内设穿墙止水螺栓,使整个模板具有足够的强度、刚度和稳定性。

(10)采用螺栓固定模板时,应选用两端能拆卸的螺栓,螺栓宜用三道止水片,并在外侧套木垫片,穿墙螺杆横向间距不能过大。止水环与螺栓应满焊严密,两端止水环与两侧模板之间应加垫木,拆模后除去垫木,将螺栓沿平凹底割去,凹坑以膨胀水泥砂浆封堵。

(11)模板宜先安装一侧,绑完钢筋后,安装另一侧模板,分层预留操作窗口。

(12)在安装的最下一层模板时,应在适当位置预留清扫杂物用的洞口。在浇筑混凝土前,应将模板内部清扫干净,经检验合格后,再将洞口封闭。

(13)模板上口可设临时撑木,固定在钢筋或模板上,以保持壁厚一致和模板稳定,临时撑木在浇筑混凝土至该处时再取去。

(14)固定在模板上的预埋管、预埋件的安装必须牢固,位置准确。安装前应清除铁锈和油污,安装后应做标志。

(四)钢筋工程控制要点

1. 原材料及加工

承建单位钢筋翻样前应仔细阅读图纸内容,对每一个特殊部位都要做详细的技术交底。所有进场钢筋必须有出厂证明书,并按规范要求制作试件见证试验,合格后方可使用,钢筋工程必须符合相关规范要求。箍筋抗震构造135°弯钩要求预制加工,不得绑扎后弯折。止水钢板处,箍筋与钢板可焊接。

2. 钢筋连接

(1)本工程钢筋连接方式应根据设计抗震规范要求确定。

(2)钢筋搭接长度和同一截面的接头数量按施工规范和设计要求执行。

(3)钢筋闪光对焊和电渣压力焊应符合国家标准的规定,按规范抽检并见证送检,合格后方可使用。

3. 钢筋绑扎、安装

(1)钢筋绑扎严格按图纸操作,绑扎箍筋和板筋前应画出图纸要求的间距再进行绑扎,板上洞口加强筋按图纸要求进行绑扎,其绑扎质量必须符合设计及施工验收规范的要求。

(2)竖向钢筋采用焊接接头位置和接头在任意截面的数量应符合规范要求;梁板的面筋可在跨度中间1/3范围内搭接,底筋可在支座范围内搭接,钢筋的搭接长度及锚固长度符合施工图纸及规范要求。

(3)闸墩、排架核心区为抗震关键部位,核心区的梁、柱钢筋绑扎接头的搭接长度范围内应加密箍筋,不得因绑扎困难而稍有马虎。

(4)为保证钢筋保护层厚度,保护层的垫块应采用比结构高一强度等级的细石混凝土制作成符合保护层厚度要求的不同厚度的小方块,梁的垫块在扎梁筋之前放于梁底模上,柱、侧壁的垫块在封模之前绑在其钢筋上。

(5)焊条按图纸设计要求及有关规范规定采用,参加工程焊接人员必须有操作合格证,持证上岗。

（6）所有钢筋均需控制好保护层，尤其是柱竖向钢筋的垂直度控制。在柱根及顶部可靠固定使其稳定，防止浇筑混凝土过程中钢筋变位。

（7）板筋绑扎应分档画线，绑扎呈"八"字形，锚固弯脚弯向混凝土内，间隔0.5 m垫混凝土保护层垫块。钢筋施工应与设备水电安装紧密配合，并留足充分的施工时间进行穿插施工。

（8）对钢筋较密的部位，以及穿线管的交叉处，需要留出切断钢筋的位置，施工前应征得设计部门同意后并加以补强，填写好记录方可进行。

（9）钢筋进场后，应分规格堆放整齐，垫好垫木防止污染和变形，并在质保书、检验报告齐全并符合要求的情况下方可使用。

（10）质量要求：钢筋的品种和质量必须符合设计要求和有关标准规定。钢筋的规格、形状、尺寸、数量、间距、锚固长度、接头位置必须符合设计要求和有关规定。监理对钢筋工程应高度重视，进行全检。

（五）混凝土工程控制要点

1. 混凝土保护层施工控制要点

（1）混凝土工程对混凝土保护层的要求较高，施工中必须严格控制混凝土保护层的厚度。

（2）各部位混凝土保护层的厚度必须有专项记录，并指定专人负责检查混凝土保护层的制作和放置。

（3）按图纸要求制作混凝土保护层垫块，保护层的垫块应采用比结构高一强度等级的细石混凝土，制作成符合保护层厚度要求的不同厚度的小方块，在封模之前绑在其钢筋上。

（4）混凝土浇捣时应要求承建单位质量检查员加强对钢筋保护层厚度的检查。

2. 防水混凝土工程控制要点

（1）结构所用密实性混凝土，无论采用施工现场搅拌台集中搅拌的混凝土，还是采用商品混凝土，均应严格控制原材料质量：

①结构部位的混凝土应使用同厂家、同品种、同强度等级的水泥拌制。

②混凝土用的粗骨料可选用5~31.5连续粒级洁净碎石，含泥量控制在1%以下。当采用多级级配时，其规格及级配应通过试验确定。

③混凝土的细骨料宜采用中粗砂，砂的细度模数宜控制在2.3~3.0范围内，为改善砂料级配，可将粗细砂不同的砂料分仓堆放，配合使用，其含泥量不应大于2%。

（2）拌制混凝土宜采用对钢筋混凝土的强度、耐久性无影响的洁净水。

（3）配制混凝土时，根据设计和施工要求宜掺入适宜的高效复合防水剂，使混凝土产生补偿收缩效果，外加剂应符合现行国家标准的规定。

（4）混凝土的配合比必须由实验室出具。混凝土配合比的选择，应保证结构设计所规定的强度、抗渗、抗冻等性能及施工和易性的要求，并应通过计算和试配确定。

（5）混凝土浇筑前，施工现场可根据砂石的实际含水率适当地调整配合比，送总监理工程师批准后实施。

（6）严格执行按配合比施工，监理应加强对混凝土配合比的计量和对水灰比的检查。

（7）严格控制混凝土的搅拌时间，由于掺入外加剂，每机搅拌时间不少于 180 s。

（8）混凝土拌合物入模坍落度应符合规范和施工方案要求。

3. 混凝土浇筑

（1）混凝土的浇筑必须在对模板和支架、钢筋、预埋管、预埋件以及止水带等经检查符合设计要求后，监理验收合格后方可进行。

（2）混凝土浇筑前，应将模板表面洒水湿润。

（3）混凝土浇筑过程中，模板和钢筋派专人看护。

（4）混凝土入模处配足振动器。

（5）高度在 2 m 以上的柱、墙板浇筑混凝土时，为防止混凝土的离析，需采用滑槽或串筒下料，混凝土分层浇筑的下料高度小于 500 mm。

（6）采用振捣器捣实混凝土时，应符合下列规定：

①浇筑时确保快插慢拔，每一振点的振捣延续时间，应使混凝土表面呈现浮浆和不再沉落。

②采用插入式振捣器捣实混凝土的移动间距不宜大于作用半径的 1.5 倍，插入间距一般为 300 mm，呈梅花状布置，并应尽量避免碰撞钢筋、模板、预埋管（件）等。振捣器应插入下层混凝土中 50~100 mm。

③表面振动器的移动间距，应能使振动器的平板覆盖已振实部分的边缘。

④浇筑预留孔洞、预埋管、吊模、预埋件及止水带等周边混凝土时，应辅以小型插入式振捣器施工或人工插捣。浇筑过程中拌合物内严禁随便加水。

（7）浇筑混凝土应连续进行；当需要间歇时，间歇时间应在前层混凝土初凝之前，将次层混凝土浇筑完毕。

（8）浇筑大面积底板混凝土时，可分组浇筑，但先后浇筑混凝土的压茬时间应符合规范的规定。

（9）浇筑混凝土时，应分层交圈，连续浇筑。

（10）为防止混凝土的收缩裂缝，除严格控制混凝土的水灰比外，在混凝土初凝前进行二次复振，以减少气泡，提高混凝土的密实性。混凝土浇筑完毕后，板面混凝土应在终凝前，掌握时间进行反复抹压表面的工作，防止混凝土开裂。

（11）混凝土浇筑完毕后，应根据现场气温条件及时覆盖和洒水保湿养护。

4. 施工缝留设与处理

（1）混凝土施工原则上不留垂直施工缝，由于特殊原因需留施工缝时，必须事先征得设计人员和总监理工程师的同意，填写技术措施单后方可留设。

（2）所有施工缝必须凿去表面浮浆露出石子，浇筑前洒水润湿后用与结构相同级配的水泥砂浆进行接浆处理。

（3）在浇筑过程中，由于设备故障而无法连续浇筑时，必须按规范要求留设施工缝，施工缝位置宜设在次梁（板）跨中 1/3 范围内。

（4）施工缝必须垂直设置，严禁留斜缝。

5. 混凝土养护

（1）混凝土浇筑终凝后，即可进行养护工作。

（2）养护时，一般采用覆盖草包浇水养护，冬天或雨天采用塑料薄膜覆盖养护。

（3）养护期应符合施工验收规范要求。

（4）浇筑后的混凝土表面应控制人员走动，严禁堆放杂物。混凝土表面强度达1.2MPa后方可上人操作。

（5）在回填土时，方可撤除养护物料。

6. 钢筋混凝土抗渗控制要点

（1）本工程混凝土设计强度等级必须符合设计要求，抗渗等级必须符合设计要求，施工中必须采取措施，保证混凝土的强度和密实度达到要求，无渗漏、裂缝等现象发生。

（2）所用混凝土宜采用商品混凝土或施工现场搅拌台集中搅拌的混凝土。混凝土的水平及垂直运输宜用混凝土输送泵。

（3）混凝土宜选用普通硅酸盐水泥、中粗砂（细度模数2.5以上，含泥量控制在2%以下）、5～31.5连续粒级洁净碎石（含泥量控制在1%以下）；设计要求掺高效复合减水剂，以降低混凝土水灰比，改善混凝土和易性及可泵性，同时起到混凝土缓凝的作用，并使混凝土产生微膨胀以补偿收缩。

（4）混凝土的配合比必须由实验室出具，现场按实验室提供的配合比进行施工。严格执行按配合比施工，宜采取自动计量装置上料台。

（5）严格控制混凝土的搅拌时间，每机搅拌时间不少于180 s。

（6）为了加快浇筑速度，不使之产生施工冷缝，混凝土浇筑时应采用分层、分条、分段、连续不断地浇筑施工。各施工段混凝土采用一次性连续浇筑，从操作技术上防止裂缝。

（7）混凝土浇筑时，采用分层下料的施工方法，每层下料高度宜≤500 mm，连续浇筑到顶，不留施工缝与冷缝。留有一定的振捣间隙时间并进行二次振捣，以防止因混凝土早期塑性收缩而产生裂缝。

（8）外墙根部止水坎与底板同时浇筑，施工缝处留凸槽接槎，并留钢板止水带。

（9）钢筋密集区（墙、柱、梁相交处）如有必要可采用φ30插入式振捣棒振捣。振捣时应做到快插、慢拔。振捣以表面水平，不再显著下降，不再出现气泡，表面泛出灰浆为准。

（10）采用复振和表面抹灰以消除混凝土的塑性收缩。本工程采取初凝前复振结合初凝时间和观察混凝土的凝固状况进行复振，表面抹压要反复进行，以闭合收缩裂缝。

（11）加强混凝土的养护是保证混凝土不出现裂缝极为重要的一环。基础底板应加强混凝土养护，板表面混凝土浇筑结束，用木屑压实抹平，即采取养护措施保护混凝土适宜的温度及湿度。混凝土及时养护，养护时间不少于14天。

（六）预埋件和预留洞口的控制要点

（1）本工程预埋铁件及预留洞口较多，需配合安装单位精确预留。

（2）所有预埋件和预留洞口的安装位置及尺寸必须经安装单位验收。

（3）设备基础模板采用定型模板，应保证设备基础几何尺寸的准确，防止胀模，定型模板可用对拉螺栓进行加固，两端定位环与两侧模板之间应加垫木，拆模后除去垫木，将螺栓沿平凹底割去，凹坑以膨胀水泥砂浆封堵抹平。

（4）预埋铁件精确定位后,监理应测设标高和位置。

（5）地脚螺栓可采用专用模具固定,固定螺栓模具的支撑要与模板的支撑系统相互独立。地脚螺栓下端用钢筋与基层钢筋点焊成一体。

（6）预埋螺栓可采用定型模板上精确画线打孔,用双螺母将地脚螺栓夹定在模板上的方法定位。

（7）预埋螺栓的位置必须符合设计图纸的要求。

（8）设备基础浇筑螺栓部位混凝土时,严禁将混凝土斜向振捣,以防固定螺栓的模板位移或螺栓(孔)位移而发生偏差。混凝土浇筑至螺栓(孔)高度的 1/3 时,应进行二次复测检查,发现偏差及时纠正。

（9）为防止混凝土产生收缩裂缝,除严格控制混凝土的水灰比外,在混凝土初凝前要进行二次复振,以减少气泡,提高混凝土的密实性。混凝土应在终凝前掌握时间进行反复抹压表面的工作,防止混凝土表面裂缝。

（10）混凝土浇筑过程中,应派专人对预埋铁件和螺栓进行监控,发现变形、移位时,应立即停止浇筑混凝土,进行校正,加固后再继续施工。

（11）安装好的地脚螺栓表面涂抹黄油,用塑料管套紧密封,以防混凝土浇筑过程中碰坏丝口和粘上水泥浆。

（七）止水带施工质量控制要点

1. 金属止水带

金属止水带应平整、尺寸准确,其表面的铁锈、油污应清除干净,不得有砂眼、钉孔;接头应按其厚度采用折叠咬接或搭接;搭接长度不得小于 20 mm,咬接或搭接必须采用双面焊接;金属止水带在伸缩缝中的部分应涂防锈和防腐涂料。

2. 橡胶止水带

（1）变形缝设计采用橡胶止水带,将其划分为多个施工单元,施工中必须制定严格的技术措施,保证接头处不渗漏。

（2）橡胶止水带的形状、尺寸及其材质的物理性能均应符合设计要求,且无裂纹、无气泡。

（3）橡胶止水带接头应采用硫化热粘接,接缝应平整牢固,不得有裂口、脱胶现象。T字接头和十字接头在工厂加工成型,并留出足够的搭接长度。

（4）止水带安装应牢固,位置准确。其中间空心圆环与变形缝垂直,其中心线应与结构厚度中心线重合,不得在止水带上穿孔或用铁钉固定就位。

（5）变形缝的止水带在转弯处的转角半径 R 应做成 ≥200 mm 的圆弧形。

（6）止水带的接槎不得甩在转角处。

（7）浇筑底板混凝土时,止水带下侧易振捣不实,必须按下述程序操作:

①混凝土浇灌时,应首先从侧面浇捣,将止水带下面振实后再浇上面。

②应进行二次振捣。

③振动棒不得触碰止水带。

（8）橡胶止水带接头焊接由生产厂家在施工现场实施。

3. 观测实施和施工期观测

（1）工程施工期间应进行沉降、位移、水位等项目观测。

（2）各种观测设施在埋设前均应检查和率定，观测基点的选择与埋设应按有关规定进行。

（3）施工期间各观测项目由专人负责按时观测，并对观测数据及时处理分析，所有观测设备的埋设安装、率定检查和施工期观测记录、资料分析等，均应移交管理单位。

（4）有关应力、振动等专门性观测项目的观测设备埋设和观测应按有关规定进行。

八、金属结构及机电设备安装工程关键点、难点及监理对策

（一）关键点

设备采购、安装及调试的重点为设备到货验收、设备基础位置及高程复核、设备接地绝缘情况测试及设备调试等。

（二）难点

设备采购、安装及调试的控制难点为设备中标书技术参数及设备安装施工图的澄清和审核、设备预埋基础件、预埋工艺管线及套管、电气预埋管路以及自然接地极（接地端子板）等部件复验、设备供货计划及设备安装调试进度计划的落实等。

（三）监理对策

为了确保设备采购、安装和调试工程施工质量符合设计及有关技术规范的要求，采取的监理对策是对设备采购安装的重要环节设置质量控制点，质量控制点包括见证点和旁站点，具体设置情况如下。

1. 见证点

（1）文件见证点：主要是针对承包商提供的文件资料（含进场原材料、构配件及外购设备等产品合格证、质量保证书和使用说明书、检验记录和试验报告等）进行的审核。审核内容包括数量、质量、规格、尺寸、参数，文件的真实性和有效性等。监理工程师应根据所提交的报验文件到现场对实物进行见证和复核，必要时还应进行抽验复验，进一步检验其真实性、有效性、适用性；审核合格后签字确认，否则退回。

（2）现场见证点：对工程设备安装调试中关键、主要或复杂的工序进行测试、检验及对数据进行旁站。最常见的就是设备的调试过程，在单机、联动、空载和有载调试及带负荷运行期间均要旁站。

（3）停止见证点：对有些重要工序节点（如高压配电设备的交接验收）、隐蔽工程（焊缝检验、工艺管线的耐压试验）、关键的试验验收点（电气设备绝缘、接地数值测试）必须经监理工程师的现场监督，对其结果进行验收确认，该控制点称为停止见证点。它主要运用在某些难以依靠以后的检验来核查其内在质量的工序或过程，或者由于它的质量因素，会对下道工序造成难以挽救的后果等对象。

（4）日常巡检：日常巡检（视）即跟踪监控，要求监理人员必须做到腿到、眼到、手到、嘴到和心到。其关键是要具备和提高发现问题、指出问题和解决问题的能力，具有较丰富的现场工作经验，对设计图纸、规范标准熟练掌握。

2. 旁站点

(1)设备基础等复验。设备安装开始前,必须认真校核、复验设备预埋基础尺寸、预埋管线和孔洞以及自然接地极(接地端子板)等部件,这部分内容虽属土建施工范围,但为下道设备安装工序所用,一定要严格把关。按照规范要求,相关的土建单位在按照土建施工图完成施工任务且自检合格后,应与设备安装单位履行交接,不合格项目不得进行移交。履行程序时双方施工负责人和监理人员到达现场,进行复验完毕后予以签认,并履行好相关手续。

(2)主要针对设备基础、预埋孔洞、管线和轴线、标高等逐一进行复测复验;设备安装单位按照工艺设备图纸,在校核过程中发现问题应及时提请土建单位整改。

(3)与电气设备相关部分包括:高低压电器柜基础槽钢的平整度、垂直度校核;接地网敷设和接地电阻的测试。自然接地极系为钢筋主筋连接,虽然划归入土建部分,但监理应组织设备安装单位在土建单位自检合格提交验收时逐一进行复测确认。

(4)设备到货验收和报验。监理应对进场设备组织开箱验收,除检查外观质量、设备型号、规格数量和附件是否与合同一致,随机技术文件、备品件工具是否齐全外,还需注意以下方面:非标设备应进行出厂前初验;低压电器设备必须有 3C 认证标志;对选用的消防设备等器材,生产单位必须有相应资质,证书上的生产期限需在有效期限内;有关专业施工安装单位(如高压电气设备、压力容器、起重机械等)必须具有相应的资质,安装、继保测试等电试和质量报验资料必须符合相关规定要求;设备有防爆防腐要求的,须按照设计和有关规范执行。对受压容器、起吊设备安装经验收合格后,须有政府有关部门颁发的"安全使用许可证",通信入网设备和检测仪表必须有入网证,入网检测报告也必须同步提交。

(5)电气设备绝缘、接地电阻数值的测定。对高低压电气进行测试并提供电试、接地网敷设和接地电阻、等电位等的测试报告,使之符合设计和规范要求。

(6)设备调试。设备调试过程是项目施工的重要阶段。设备调试分单机空载、单机带负荷、空载联动和带负荷联动试车等四个阶段。

九、水泵、电机等机电设备安装重点、难点分析与对策

水泵、电机等机电设备是本工程的重要组成部分,安装质量的好坏、自动控制与电气设备安装是否同步进行,都是影响工程进度与质量的关键因素。

(一)机电设备安装重难点分析

1. 设备基础尺寸、标高、位置出现偏差

由于工程施工的设备图纸所标注的尺寸与实际安装时有偏差,使设备的基础尺寸、标高、位置出现偏差。

2. 预留电缆孔洞处转弯半径不够

由于机电设备结构复杂,需要大量的电缆,因此容易发生遗漏电缆孔洞的问题。发生电缆的实际半径和电缆孔洞转弯处空间不匹配的现象,造成电缆无法顺利通过转弯或者电缆的保护层被挤压破坏,或者是定位尺寸线找得不准确,使预留孔洞位置出现偏差。

3.遗漏预埋吊装环

由于水利工程使用的多是大型机械设备,设备在现场经常无法正常工作,只能采用托、吊、滑等方式相结合。因此,需要在施工中预埋吊装环。然而常存在遗漏预埋吊装环的问题,给将来的安装和检修带来很大的麻烦。

(二)机电设备安装对策

1.与土建施工的配合

(1)土建与机电设备安装的方案是相互影响的,土建在进行浇筑时要考虑设备安装要求预留的空间。这就要求土建在施工中要结合机械施工图纸的要求,相互配合,才能保证施工与设备安装顺利完成。

(2)施工现场布置的配合。水利工程使用的机电设备都是大型的机械,一般会在设备安装前运进现场。所以,施工现场的布置非常重要,临时道路的铺设要满足大型设备的运输要求。对不能及时安装的设备要进行维护,防止腐蚀。水泵存放时要防止变形。

(3)水利工程施工因为工作量大、工期短,土建和机电设备安装都需要加班加点,存在交叉施工的现象。因此,机电设备安装与土建的施工必须配合共同完成。土建与机电安装施工设计有时存在相互矛盾之处,这需要土建与机电安装相互协调,设计施工方案时需要兼顾对方的施工情况,以确保双方互不干扰,保证施工顺利进行。

基础工程施工中机电安装人员需要积极配合土建施工人员开展工作,为下一步的设备安装打好基础。

2.设备采购安装监理对策

(1)通过金属结构和机电设备驻厂监造,为保证机组重要部件、关键工序加工工艺满足设计标准和技术规范要求,实行旁站或平行监造;为保证机电设备制造加工质量,从源头上把好原材料关。

(2)通过验收小组对金属结构和机电设备出厂验收,把设备缺陷在场内解决,杜绝不合格的产品(配件)进入工地。

(3)由于机电设备制造厂家分布在省内外,则设备的运输方式不尽相同,为保证机电设备在运输过程中完好无损,设备必须按合同要求包装,且设备到达工地后进行开箱验收。

(4)设备安装时邀请设备供应商派驻技术人员跟班作业,同时监督和指导施工。

(5)设备安装开始前,先制定安装方案,并实施定位测量,重点是电动机与水泵轴线准确。

十、闸门、启闭机等其他金属结构的关键点分析与控制要点

(一)闸门、启闭机关键点分析与控制要点

(1)闸门、埋件安装前应具备下列技术资料:

①出厂验收资料。

②制造图纸、安装图纸和技术文件,产品使用和维护说明书。

③产品发货清单。

④现场到货交接清单。

（2）闸门安装所使用的测量工具和仪器,应经计量部门检定。

（3）闸门应按合同要求检查合格后,方可出厂。分节闸门宜在分节处设置定位板（块）,分节处打上标记后分解并进行编号。

（4）门体在吊运过程中应采取保护措施,防止构件变形和加工面损伤。运到现场后,应对门体做单节或整体复测。

（5）闸门埋件上的止水橡皮安装控制。

若埋件为组合件,组装后出厂,制造厂家在生产过程中从严把握,尽量按公差上限加标准尺寸定为控制尺寸;若埋件为单件出厂,工地安装组合,安装厂家就要在埋件就位时精确量测、调整,同样按公差上限加标准尺寸定为控制尺寸。解决好本难点,加上安装时满足其他精度要求,就能保证闸门止水效果良好。

（二）启闭机轨道安装、调试控制关键点分析与控制要点

（1）启闭机安装所使用的测量工具和仪器,应经计量部门检定。

（2）启闭机进场应按合同要求进行现场验收,合格后方可进行安装。

（3）启闭机安装前,应具备下列技术资料:

①出厂验收资料。

②启闭机产品合格证。

③制造图纸、安装图纸和技术文件,产品使用和维护说明书。

④产品发货清单。

⑤现场到货交接清单。

启闭机出厂前必须达到各项技术、精度指标;运输中要合理设置支撑点及牢固绑扎;运至工地后要水平放置,不允许场地有悬殊的凸凹;安装时要精细调整,不达指标不浇二期混凝土。

十一、观测设施施工期间重点、难点分析及控制要点

（一）重点、难点分析

（1）关于观测点选点和埋设的规定适用于基准点、工作基点和变形观测点,目的是使基准点、工作基点能够长久稳定,变形观测点能充分、灵敏地反映变形速率及变形量的大小。

（2）施工期的沉降标点一般布置在机房、岸墙等底板的四角和中点,放水前将标点转接到上部结构的适当位置。

（3）基坑开挖或基坑降水会直接或间接影响基坑附近建筑物的安全,因此对基坑附近的重要建筑物进行监测是控制施工安全的重要监测内容之一。

（4）采用井点降低基坑地下水位时,可能会因降水井点失效或抽、排水故障,导致地下水位失控,尚未完工的建筑物基底渗透压力加大,扬压力上升;因水情、雨情变化或防洪度汛应急抢险需要,基坑可能淹没或充水,基底扬压力也会增大;上、下游水位变化时,也会增大基底渗透压力。

（二）监理控制要点

（1）观测设备埋设前,应进行率定和现场检查。

（2）观测基点的选择与埋设应符合下列要求：

①基点应布置在建筑物两岸、不受沉陷和位移的影响、便于观测的基岩或坚实的土基上，临时观测基点应与永久观测基点相结合。

②用于观测水平位移的基准点应采用带有强制归心装置的观测墩。

③用于观测垂直位移的基准点宜采用双金属标或钢管标，且布设不应少于 1 组，每组不应少于 3 个固定点。

（3）建筑物变形观测点应设置牢固，有足够的数量，能反映变形特征。

（4）沉降标点应用铜制或钢制镀铜或不锈钢制。

（5）测压管的埋设应符合下列要求：

①安装前，应逐节检查，无堵塞。

②测压管的水平段应设 15% 左右的纵坡，进水口略低，避免气塞，管段应连接严密。

③测压管的垂直段应分节架设稳固，管身垂直度应符合设计要求，管口应设置封盖。

④安装完毕，应做注水试验。

（6）水位观测设施的布设位置应符合设计要求。当设计无要求时，宜布设在水流平稳地段，施工围堰处也应设置临时水尺。

（7）滑坡监测变形观测点位的布设应符合下列规定：

①对已明确主滑方向和滑动范围的滑坡，监测网可布置成"十"字形或方格形，其纵向应沿主滑方向，横向应垂直于主滑方向；对主滑方向和滑动范围不明确的滑坡，监测网宜布置成放射形。

②点位应选在地质、地貌的特征点上。

③单个滑坡体的变形观测点不宜少于 3 个。

④地表变形观测点宜采用有强制对中装置的墩标，困难地段也应设立固定照准标志。

（8）高边坡监测的点位布设，可根据边坡的高度，按上、中、下成排布点。

第二章　专项工程监理实施细则

第一节　施工测量控制

一、编制依据

本细则的编制依据如下：

（1）工程施工合同文件、监理合同文件、招标投标文件、监理规划、已签发的设计图纸、设计交底、变更，发包人提供的控制点等。

（2）有关现行规程、规范和规定：

①《国家三、四等水准测量规范》（GB/T 12898—2009）。

②《水利工程施工监理规范》（SL 288—2014）。

③《水利水电工程测量规范》（SL 197—2013）。

④《水闸施工规范》（SL 27—2014）。

⑤《水利水电工程施工测量规范》（SL 52—2015）。

⑥《工程建设标准强制性条文（水利工程部分）》（2020 年版）。

⑦《堤防工程施工规范》（SL 260—2014）。

⑧其他相关法律法规、条例、办法、规定等文件。

二、测量条件审查

（1）测量措施计划申报。施工单位应按设计图纸及有关资料图纸内容，根据本工程测量等级、精度要求及本工程特性，编制工程测量施测计划和方案（包括控制网、施测方案、施测要点、计算方法、各操作规程等），报监理机构审批。

（2）测量质量保证体系审查。施工单位应建立以项目经理、项目总工、测量负责人、测量员组成的测量质量管理组织，完成测量质量保证体系文件的编制，建立健全测量质量保证体系，并报送监理机构审查。

（3）测量准备工作检查：

①交桩及复查监理机构在发出开工通知前14天向施工单位提供测量基准点、基准线和水准点及其书面资料。施工单位接收后，应按监理机构提供的测量基准的（线）为基准，与监理人共同校测其基准的（线）的测量精度，并复核其资料和数据的准确性。

②测量人员审查施工单位的测量人员必须具有测绘技术资质和相关工程的测量经验。施工前，施工单位必须将其测量人员的资质及相关证明材料报监理机构审查。

③测量设备审查施工单位必须具有适应本工程的测量设备，所有用于本工程的测量

设备必须经有资质的计量部门检定合格,并在有效使用期内,否则不得使用;施测前必须把测量设备配置情况列表(主要包括名称、数量、性能、精度、检校情况等)及测量设备检定证书原件报监理机构审查。

④测设施工控制网按照国家测绘标准和本工程施工精度要求,测设用于工程施工的控制网,并应在收到开工通知后28天内,将施工控制网资料报送监理机构审批(或与监理机构联合进行复核,复测的数据,双方应签字认可),通过审批的施工控制网,施工单位可以此为基础进行施工放样工作。

⑤控制点(网)的维护承包人应负责保护好测量基准点、基准线、水准点及自行增设的控制网点,并提供通向网点的道路和防护栏杆。测量网点的缺失和损坏应由承包人负责修复。

在复测过程中发现错误或出现超过合同约定的误差时,承包人应按监理人指示进行修正或补测,并承担相应的复测费用。

三、工程测量控制要点

(一)明确测量精度标准

(1)根据设计图纸指标及本工程项目等级,确定施工平面控制测量、施工高程控制测量等工程测量等级标准。

(2)相关测量精度指标必须符合设计指标并满足《水利水电工程测量规范》(SL 197—2013)、《水利水电工程施工测量规范》(SL 52—2015)、《水闸施工规范》(SL 27—2014)等国家法律法规、规范标准的要求。

(二)测量准备工作

(1)监理机构应认真审查测量人员的资质、职称以及测量专业工作的简历等是否符合合同要求。

(2)监理机构应对进场的测量设备进行审查,审查内容包括设备的名称、数量、性能、精度、检校情况等。

(3)测量工作开始前,监理机构应要求施工单位根据设计图纸资料及现场查勘资料,确认工程所应用的平面、高程控制网和控制导线、基准点(桩)的位置和状况,拟定施测方案,并对测量方案进行审核。测量方案的内容主要包括控制网、施测方案、施测要点、计算方法和操作规程等。

(三)施工放样报检报验

(1)落实测量放样报验制度,测量报验及成果报送必须按《水利工程施工监理规范》(SL 288—2014)中规定的表格格式上报审批。

(2)工程施工放样测量工作必须以监理机构批准的导线点、水准点为基准。凡不是以监理机构批准的控制点为基准所进行的测量工作及其成果资料,均视为无效。

(四)测量过程旁站抽查

通过旁站监督、复测、抽样复测或与承包人联合测量等多种方法,复核承包人的测量成果。

(五) 测量成果复核验算

(1) 测量监理工程师必须对承包人上报的测量成果进行复核验算,确保数据真实、准确。

(2) 各种工程量的测量成果报告必须包括原始状态图和施工后的状态图。施工前后的测量必须是相同的控制网站和相同的控制断面。

(3) 上报的测量结果必须包括必要的、明确的计算式和结果,要图、式对应。

(4) 各种计量测量的结果必须上报监理机构,经测量监理工程师认真核实验算准确后才能申报结算。

(5) 工程竣工测量图纸、资料必须报测量监理工程师审查、认证。

四、工程测量监理工作内容、技术要求和程序

(一) 工程测量的基本工作内容

(1) 了解、熟悉图纸,对所负责项目范围内的控制点进行统计、了解。

(2) 进行测量基准点的复测校对工作,发现问题及时与发包人联系。

(3) 主持承包人与发包人、设计单位的交桩工作并办理移交手续,同时审核承包人所配备的测量人员及设备是否满足施工要求或合同要求。

(4) 审批承包人编制的施工控制网施测方案,并对承包人施测过程进行监督,并检查其加密网点布设形式与观测计算精度是否符合要求。批复承包人的施工控制网资料。

(5) 检查并审批承包人提供的复测结果。审批承包人编制的原始地形施测方案,可通过监督、复测、抽样复测或与承包人联合测量等方法,复核承包人的原始地形测量成果。

(6) 审核测量成果资料。对承包人提出测量资料归档的具体要求和办法,审查承包人根据测量资料整编的《工程测量工作总结》,并将所有测量资料向发包人移交归档。

(二) 施工控制测量的工作内容

1. 施工控制测量

施工控制测量应遵循从整体到局部、先控制后碎部的原则。

2. 平面控制测量

平面控制测量应符合下列规定:

(1) 施工平面控制网的坐标系统应与设计坐标系统相一致。

(2) 平面控制网的建立可采用全球定位系统(GPS)测量、三角形网测量和导线测量等方法。平面控制网建立方法的选择应因地制宜,根据工程规划及放样点的精度要求,做到技术先进、经济合理,确保质量。

(3) 平面控制网的加密布设可根据地形条件及放样决定,以 1~2 级为宜。

3. 高程控制测量

高程控制测量应符合下列规定:

(1) 施工高程控制网的坐标系统应与设计坐标系统相一致。

(2) 高程控制应布设成环形,加密时宜布设成附合路线和节点网。

(3) 三等及以上等级高程控制测量宜采用水准测量,四等及以下等级高程控制测量可采用电磁波测距三角高程测量,五等高程控制测量也可采用全球定位系统测量拟合高

程测量。

4.施工控制点位的选点

施工控制点位的选点除应满足通视良好、交通方便、地基稳定、有利于长期保存和加密的条件外,还应符合下列规定:

(1)卫星定位测量控制点位应远离大功率无线电发射源(如电视台、微波站等),其距离不应小于200 m;并应远离高压电线,其距离不应小于50 m,且高度角在15°以上的范围内无障碍物。

(2)采用电磁波测距时,导线点位之间应避开烟囱、散热塔等发热体及强电磁场。

(3)采用数字水准仪作业时,水准路线还应避开电磁场的干扰。

(三)施工放样的工作内容

(1)放样前,应根据设计文件和使用的施工控制网计算放样数据并校核,对已有数据、资料文件中的几何尺寸应校核后使用。

(2)施工放样测量应采用重复测量或闭合测量的方法进行。现场放样及检查资料均应记录在规定的放样手簿中,所有栏目应填写完整,不得涂改。放样点线应进行复核后交付使用。

(3)平面位置的放样方法应根据放样点精度要求、现场作业条件、仪器设备等因素适宜选择,可分别采用角度前方交会法、极坐标法和轴线交会法等。

(4)高程放样方法应根据放样点精度要求、现场作业条件等因素适宜选择,可分别采用水准测量法、电磁波测距三角高程法和视距法等。

(5)基础开挖前应根据设计数据实地测放出控制开挖轮廓的坡顶点、转角点或坡脚点,并用醒目的标志加以标定;开挖过程中,应定期测量收方断面图或地形图。开挖部位接近设计高程位置时,应及时测量基础轮廓点高程,并将欠挖部位及尺寸标于现场。

(6)底板浇筑完成后,应在底板上标定出主轴线、各闸孔中心线和门槽控制线,然后通过标定的轴线测点闸墩、门槽、翼墙等的立模线。

(7)各种曲线、曲面立模点放样,应根据设计文件和模板制作的不同情况确定放样的密度和位置,曲线起讫点、中点,折线的折点均应放出,曲面预制模板宜增放模板拼缝位置点。曲线、曲面放样应预先编制数据表,始终以该部位的固定轴线(固定点)为依据,采用相对固定的测站和方法。

(8)闸门预埋件安装高程和水闸上部结构高程的测量,应在闸底板上建立初始观测基点,采用相对高程进行测量。其中闸门预埋件的安装放样点测量允许误差应符合表4-2-2的规定。

(9)对软土地基的高程测量是否要考虑沉降因素,应与设计单位联系确定。

(四)测量成果资料

(1)工程测量成果资料应随着施工的进展,按竣工测量的要求,逐步积累采集。待工程完工后,再进行全面的竣工测量和资料整理工作。

(2)竣工测量的施测精度不应低于施工测量放样的精度。

(3)竣工测量应提供的资料有:①基础开挖建基面的地形图(或高程平面图)、平面和断面图;②工程总体平面和断面图;③工程结构部位细部平面和断面图;④金属结构、机电设备埋件及监测设施埋设安装竣工图;⑤建筑物内部的各种重要孔、洞的平面和断面图;⑥有特殊要求部位的平面和断面图。

（4）对于在施工图中平面位置以坐标表示的结构物,如浆砌石脚槽、浆砌石封顶、防渗墙等,在竣工图中,其折点、端点位置必须以坐标表示(不能单纯以长度表示)。

（五）工程测量监理工作技术要求

（1）施工放样轮廓点测量允许偏差见表 4-2-1。

表 4-2-1　施工放样轮廓点测量允许偏差　　　　　　　（单位:mm）

部位		允许偏差	
		平面	高程
混凝土	闸室底板	±20	±20
	闸墩、岸墙、翼墙	±25	±20
	铺盖、消力池、护底、护坡	±30	±30
浆砌石	闸墩、岸墙、翼墙	±30	±30
	护底、海漫、护坡	±40	±30
干砌石	护底、海漫、护坡	±40	±30
土石方开挖边坡		±50	±50

（2）闸门预埋件的安装放样点测量允许偏差见表 4-2-2。

表 4-2-2　闸门预埋放件的安装放样点测量允许偏差　　　　（单位:mm）

设备种类	细部项目	允许偏差	
		平面	高程
平面闸门安装	主反轨之间的间距和侧轨之间的间距	−1~+4	—
弧形门安装	—	±(2~3)	±(1~3)

（3）填筑工程量收方断面测量允许误差见表 4-2-3。

表 4-2-3　填筑工程量收方断面测量允许误差　　　　　　（单位:mm）

工程分类	断面间距	断面图比例尺	断面点点位中误差	
			平面	高程
混凝土工程量	与开挖竣工断面图一致	1:50~1:200	≤0.5	≤0.5
土石料填筑工程量		1:200~1:500	≤0.5	≤0.5

（六）工程测量监理工作程序

工程测量监理工作程序见图 4-2-1。

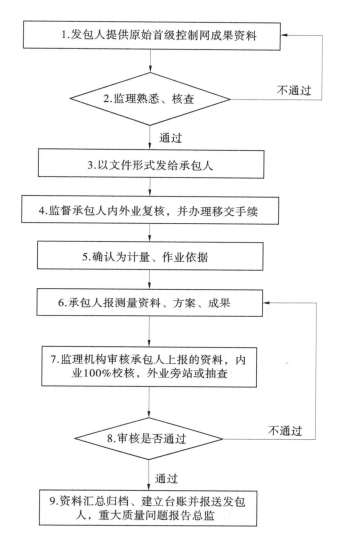

图 4-2-1　工程测量监理工作程序

五、测量质量控制

（1）控制点保护。施工单位应保护好所有测量控制点。若发现控制点遭受破坏，应立即书面向监理机构报告，并根据施工需要，按测量监理工程师认可的方案局部恢复或整体重建。恢复或重建的控制测量成果同样需报监理机构审查批准。

（2）测量成果：

①施工平面控制和高程控制测量成果，必须报监理机构审查，校验检查无误后，经监理机构批准方可使用。施工过程中各部位放定的样桩，亦需不定期检查，发现问题，应立即复测校正。

②所有测量数据,应随测随记,严禁涂改、伪造,字迹要清晰、工整、美观。

(3)测量要求:

①现场作业时,必须遵守有关安全、技术操作规程,注意人身和仪器的安全,禁止冒险作业。

②施工测量工作必须实行测量工作申报制度,做到正式测量过程公开。测量监理工程师应进行旁站监理,必要时进行监理检测,并做好监理检测记录。

③测量监理工程师应随时检查现场确定的测量基点(点或桩)的状态,必要时要求施工单位设置保护标志并要求施工单位复测。

④施工单位的基准线复核测量资料、施工控制测量成果资料及工程竣工测量资料应报测量监理工程师审核或认可。

⑤工程放样测量资料和施工检测资料应报监理工程师认可。

六、竣工测量

(1)竣工测量应随着施工的进展,按竣工测量的要求,逐步积累采集竣工资料。待工程完工后,再进行全面的竣工测量和资料整理工作。

(2)竣工测量的施测精度不应低于施工测量放样的精度。

(3)竣工测量应提供下列资料:

①闸室段、上游连接段和下游连接段基础开挖建基面的1:200~1:500地形图(或高程平面图)或纵、横断面图,上下游引河的平面和断面图。

②闸室段、上游连接段和下游连接段基础处理竣工图及总体平面、断面图。

③闸孔的门槽附近、闸墩尾部、护坦曲线段、斜坡段、闸室底板及翼墙等部位细部平面和断面图。

④金属结构、机电设备埋件及监测设施埋设安装竣工图。

⑤建筑物内部的各种重要孔、洞的平面和断面图。

⑥有特殊要求部位的平面和断面图。

竣工测量所绘图纸应与设计图纸相对应,图标编绘应符合工程档案验收要求。

七、采用的表式清单

(1)工程测量相关记录表:闭合导线测量记录表,水准测量记录表,工程轴线、定位桩、高程测量复核记录表。

(2)监理机构在工程测量监理工作中采用的表式清单见表4-2-4。

表 4-2-4 监理机构在工程测量监理工作中采用的表式清单

《水利工程施工监理规范》(SL 288—2014)

序号	表格名称	表格类型	表格编号	页码
1	施工技术方案申报表	CB01	承包[ ]技案号	P67
2	施工设备进场报验单	CB08	承包[ ]设备号	P74
3	施工放样报验单	CB11	承包[ ]放样号	P77
4	联合测量通知单	CB12	承包[ ]联测号	P78
5	施工测量成果报验单	CB13	承包[ ]测量号	P79

(3)施工测量控制应符合下列规定:

①监理机构应主持测量基准点、基准线和水准点及其相关资料的移交,并督促承包人对其进行复核和照管。

②监理机构应审批承包人编制的施工控制网施测方案,并对承包人施测过程进行监督,批复承包人的施工控制网资料。

③监理机构应审批承包人编制的原始地形施测方案,可通过监督、复测、抽样复测或与承包人联合测量等方法,复核承包人的原始地形测量成果。

④监理机构可通过现场监督、抽样复测等方法,复核承包人的施工放样成果。

第二节 施工导流

一、概述

(1)施工导流及度汛应编制专项施工措施计划,并按规定报批。除设计文件另有规定外,导流建筑物的等级划分及设计标准应按相关规范执行。当按规定标准导流有困难时,经充分论证并确保安全度汛,可适当降低标准。导流工程应满足上、下游用水的最低水位和最小流量要求,并减少上游淹没损失,在导流期内,应对导流工程定期进行观测、检查,并及时维护。

导流建筑物的等级划分及设计标准要遵照设计文件的要求执行,当无具体要求时,遵照《水利水电工程等级划分及洪水标准》(SL 252—2017)及《水利水电工程施工组织设计规范》(SL 303—2017)的相关规定。

(2)对个别工程所处地区特殊以及河道水位、流量变幅大,按规定标准导流不经济,技术上又确有困难时,经过技术论证并报批后,可适当降低围堰标准。采用降低围堰标准施工时,要准确掌握施工进度,在汛期到来之前,工程要达到能安全度汛的程度。

(3)大、中型水闸施工中,曾出现围堰出险及溃决事故,造成人力、物力浪费。这些情况多数发生在设计水头以内,因疏于检查、维护,渗流淘空堰体造成,只有个别是水位超过设计高程所致。

根据施工组织设计要求及进度安排,工程在非汛期施工(主体工程施工主要在 11 月至次年 5 月),每年的 7~9 月为主汛期,为不影响抗洪抢险、安全度汛,主汛期不安排工程施工。

《水利水电工程等级划分及洪水标准》(SL 252—2017)4.3.1 规定:拦河闸永久性水工建筑物的级别,应根据其所属工程的等别确定。

《灌溉与排水渠系建筑物设计规范》(SL 482—2011)3.1.1 规定:渠系建筑物的级别,应按照 GB 50288—99 渠道级别划分标准,且不应低于所在渠道的工程级别。

《灌溉与排水工程设计标准》(GB 50288—2018)3.1.8 规定:在防洪堤上修建的引水、提水工程及其他灌溉与排水渠系建筑物,或在挡潮堤上修建的排水工程,其级别不得低于防洪堤或挡潮堤的级别。

根据上述规定,本次改建的所有涵闸的级别,均采用其所在防洪堤的级别。

根据《水利水电工程等级划分及洪水标准》(SL 252—2017)和《水利水电工程施工组织设计规范》(SL 303—2017)规定,老田庵和王集防沙工程施工导流建筑物级别为 5 级,导流设计洪水标准采用枯水期 5 年一遇,马渡、赵口等 44 座涵闸及泵站工程施工导流建筑物级别为 4 级,导流设计洪水标准采用枯水期 10 年一遇。

但由于施工期间老闸拆除,黄河大堤留有缺口,围堰起到大堤的防洪作用,因此围堰防洪标准考虑采用不低于大堤枯水时段的防洪标准,黄河大堤堤防级别为 1 级,相应的防洪标准为 ≥100 年,本次涵闸改建项目均安排在非汛期施工,施工导流建筑物防洪标准采用非汛期 100 年一遇。

二、施工导流

(一)导流方式

本次设计的涵闸临近主河槽,闸基础低于施工期水位,为保证涵闸能够在干地施工,需要在涵闸进口位置修筑挡水围堰。除位山闸采用分期导流方案外,其他闸均采用一次截断,围堰挡水的导流方式,施工期临时引水采用供水补偿方式。

(二)围堰设计

1. 施工围堰平面布置

上游围堰布置以围堰下游坡脚不压闸室上钢筋混凝土铺盖及钢筋混凝土挡土墙施工为原则,两端与险工坝头连接。围堰压抛石槽,下游坡脚起点距铺盖上游端 1 m。

下游围堰布置以围堰上游坡脚不压抛石槽为原则,即上游坡脚起点为抛石槽下游端。下游渠道兼作场内临时交通,由于地形的限制或遇建筑物,围堰布置受限时,围堰位置适当调整。

2. 上游围堰

本次涵闸改建为原址拆改,分别位于黄河险工和黄河平工,除位山闸施工围堰采用钢板桩围堰外,其他闸围堰采用土石围堰。顶高程超高取 1.0 m,顶宽 6.0 m,上游边坡采用

1:2.5,下游边坡采用 1:2.5。

险工上的涵闸,围堰断面基本位于河槽内,水深相对较大,因此上游迎水面采用编织袋装土,顶宽 2.0 m。黄河险工根石较深,为防止基坑渗水量较大,采用高压旋喷桩截渗墙防渗,桩径 1.2 m,桩间距 0.8 m,墙底插入相对不透水层不小于 0.5 m。工程施工完成后将截渗墙凿除到设计闸底板顶高程。

平工上的涵闸,围堰底高程为现状渠底高程,考虑河道水深较浅,渠道内为防止渗水,上游侧渠道迎水面采用编织袋装土,顶宽 2.0 m。

焦作黄河河务局的白马泉闸非汛期 10 年一遇洪水流量 2 280 m³/s,相应水位为96.24 m,闸前已经建有围堤,围堤顶高程 101.76 m,能够满足施工期挡水要求,因此该闸不再修筑上游围堰。

3. 下游围堰

下游围堰采用均质土围堰,顶高程原则高出渠道两侧平均地面 0.5 m,考虑交通要求顶宽 6 m,上游边坡采用 1:2~1:3,下游边坡采用 1:2~1:2.5。

(三)导流设计

由于各闸均承担着沿黄城市及地区的生产生活和农业灌溉用水任务,本方案施工期间老闸拆除造成引水中断,因此施工期间需考虑临时取水措施。经与地方政府协商,确定采用供水补偿的方式解决。

(四)导流建筑物施工

1. 土方填筑

围堰填筑从土料场取料,采用 1 m³ 挖掘机挖装,10 t 自卸汽车运输至工作面,74 kW拖拉机分层碾压。

2. 高压旋喷桩

高压旋喷桩的施工采用 150 型钻机,泥浆护壁造孔,孔径 150 mm,孔斜不超过 1%,水泥采用 32.5 级普通硅酸盐水泥,水泥渗入比不少于 20%。水灰比采用 1.0:1~1.2:1,然后根据现场施工情况修正。

孔深达到设计要求后停钻,并将喷射装置水、气、浆三管下至孔底。采用边低压喷射水、气、浆边下管的方式进行,以防外水压力堵塞喷嘴,然后将三管压力提高到设计指标,按预定的提升速度边喷射边提升,由下而上进行高压喷射灌浆。按上述工序喷射第 2 孔,如此顺序进行,形成防渗体。

3. 钢板桩

钢板桩施工采用柴油振动锤打设钢板桩。为保证钢板桩打设精度,采用屏风式打入法,先用吊车将钢板桩吊至插桩点处进行插桩,插桩时锁口要对准,每插入一块即套上桩帽轻轻锤击。

第三节　围堰工程监理实施细则

一、土石围堰工程监理实施细则

(一) 编制依据

本细则适用于土石围堰工程的施工监理工作,其编制依据如下:

(1)工程施工合同文件、监理合同文件、招标投标文件、监理规划,已签发的设计图纸、设计交底、变更等,已批准的施工组织设计、施工方案等。

(2)有关现行规程、规范和规定。

①《水利水电工程施工测量规范》(SL 52—2015)。

②《水利水电工程围堰设计规范》(SL 645—2013)。

③《水利水电工程施工组织设计规范》(SL 303—2017)。

④《碾压式土石坝施工规范》(DL/T 5129—2013)。

⑤《水利水电工程高压喷射灌浆技术规范》(DL/T 5200—2019)。

⑥《水利工程施工监理规范》(SL 288—2014)。

⑦《工程建设标准强制性条文(水利工程部分)》(2020 年版)。

⑧《水闸施工规范》(SL 27—2014)。

⑨其他相关标准规范。

(二) 专项工程特点

围堰工程系临时性水工建筑物,具有使用期短、修建时间受限制、使用任务完成后往往还需拆除等特点。因此,围堰结构形式要在满足安全运用的基础上,力求结构简单、修筑及拆除方便、造价低廉。设计时要做多种方案比较,经全面论证后,因地制宜地选择适应这些特点的堰型。土石围堰由土石填筑而成,多用作上下游横向围堰,对基础适应性强,施工工艺简单。土石围堰的防渗结构形式有土质心墙和斜墙、混凝土心墙和斜墙、钢板桩心墙及其他防渗心墙结构。

1. 施工围堰平面布置

上游围堰布置以围堰下游坡脚不压闸室上钢筋混凝土铺盖及钢筋混凝土挡土墙施工为原则,两端与险工坝头连接。围堰压抛石槽,下游坡脚起点距铺盖上游端 1.0 m。

下游围堰布置以围堰上游坡脚不压抛石槽为原则,即上游坡脚起点为抛石槽下游端。下游渠道兼作场内临时交通,由于地形的限制或遇建筑物,围堰布置受限时,围堰位置适当调整。

2. 上游围堰

本次涵闸改建为原址拆改,分别位于黄河险工和黄河平工,除位山闸施工围堰采用钢板桩围堰外,其他闸围堰采用土石围堰。顶高程超高取 1.0 m,顶宽 6.0 m,上游边坡采用 1:2.5,下游边坡采用 1:2.5。

险工上的涵闸,围堰断面基本位于河槽内,水深相对较大,因此上游迎水面采用编织袋装土,顶宽 2.0 m。黄河险工根石较深,为防止基坑渗水量较大,采用高压旋喷桩截渗墙防渗,桩径 1.2 m,桩间距 0.8 m,墙底插入相对不透水层不小于 0.5 m。工程施工完成后将截渗墙凿除到设计闸底板顶高程。

平工上的涵闸,围堰底高程为现状渠底高程,考虑河道水深较浅,渠道内为防止渗水,上游侧渠道迎水面采用编织袋装土,顶宽 2.0 m。

焦作黄河河务局的白马泉闸非汛期 10 年一遇洪水流量 2 280 m³/s,相应水位为 96.24 m,闸前已经建有围堤,围堤顶高程 101.76 m,能够满足施工期挡水要求,因此该闸不再修筑上游围堰。

3.下游围堰

下游围堰采用均质土围堰,顶高程原则高出渠道两侧平均地面 0.5 m,考虑交通要求顶宽 6 m,上游边坡采用 1:2~1:3,下游边坡采用 1:2~1:2.5。

土石围堰可与截流戗堤结合,可利用开挖弃渣,并可直接利用主体工程开工挖装运设备进行机械化快速施工,这是我国应用最广泛的围堰形式。土石围堰抗冲刷能力较低,且占地面积大,一般多用于横向围堰,但在宽阔的河床中,若有可靠的防冲保护措施,也可用于纵向围堰。

(三)专项工程开工条件检查

1.专项工程开工条件检查

专项工程开工条件检查参照"专项工程开工条件检查"相关内容执行。

2.现场条件检查

(1)承建单位应在现场施工放样施测 7 d 前,将有关施工测量技术方案报监理部批准,其包括如下内容:

①施测项目概述。包括引用的控制点、轴线等基准资料。

②施工放样技术说明。包括施测方案与技术要求、计算方法等。

③测量仪器设备的配置、检验和校正资料。

④测量专业人员的配置。

⑤放样点保护措施。

(2)监理工程师应督促承包人在工程施工前 14 天内,提交根据施工设计图纸、施工规范编制的土石围堰专项施工措施计划,并应从施工设备、施工程序、质量保证体系和保证措施、施工进度等方面检查其是否满足施工的技术和进度要求。专项施工措施计划至少应包括以下内容:

①工程概况。

②施工总进度。

③施工程序,主要施工方法和关键技术措施。

④人员安排、主要施工设备、排水设施。

⑤质量控制措施。

⑥组织措施。

⑦安全措施。

3.施工质量保证体系的检查认可

承包人应建立以项目经理、项目总工、质量检测负责人、专职质量检测员组成的工程质量管理组织,配备质量检验和测量工程师,建立满足工程质量检测的现场实验室或委托有相应资质、资格的检测单位进行检测,建立班组自检、专职质量检测员复检和质量检测负责人终检的"三检"制,完成质量保证体系文件的编制,建立健全施工质量保证体系,并报送监理工程师检查认可。

4. 组织设计交底

工程开工前,监理机构应组织设计单位、承包人、发包人召开设计交底专题会议,使承包人明确设计意图、技术标准和要求,对承包人提出的相关技术问题应提请设计单位完成答疑,并完整地做好会议记录,及时向与会各方送达会议纪要。

5. 施工准备情况的检查

根据招标投标文件、设计文件及经总监理工程师批准的专项施工方案,监理工程师应督促承包人报验进场设备、材料及特种作业人员上岗资质,并及时对承包人的进场设备、材料、人员的投入和安全保障措施的落实、施工技术交底及安全教育等准备情况进行核查,有爆破施工内容的还应对承包人的爆破施工资质进行专项审查。

6. 签发工程开工许可证

上述承包人报送的报审材料连同审签意见单一式四份经承包人项目总工签署并加盖公章(涉及危险性较大的专项施工方案须经承包人技术负责人签署并加盖法人印章)后报送监理工程师,监理工程师在 7 天内返回审签意见单一份,审签意见包括"已审阅""照此执行""按意见修改后执行""修改后重新报送"四种。除非审签意见为"修改后重新报送",否则承包人即可向监理工程师报送开工申请报告,监理工程师应在收到开工申请 24 小时内签发工程开工许可证。

如果承包人未能按期向监理工程师报送开工所必需的材料,由此造成的施工工期延误和其他损失,均由承包人承担合同责任。承包人在期限内未收到监理工程师的审签意见单或批复文件,可视为已报经审阅同意。

(四)现场监理工作内容、程序和控制要点

土石围堰工程采用高压喷射灌浆的方法处理堰基,堰体防渗采用土质防渗墙。围堰施工、安全监测和拆除过程中,监理机构具体的工作内容、程序和控制要点如下。

1. 堰基处理

1)原材料检测

监理机构应现场查验水泥、外加剂等原材料,并核查承包人提交的原材料进场报验单,监理合同约定需做平行检测的,按要求进行。

2)现场试验

监理机构应监督承包人进行现场试验以确定高喷灌浆的施工参数,包括高喷设备、浆材配比、进浆比重、回浆比重、浆压、进浆流量、回浆流量、定摆喷角度、旋喷角度和提升速度等。

3)钻孔质量控制

(1)监理机构应审核承包人的先导孔钻孔柱状图和防渗墙轴线地质剖面图。如果先导孔揭示的地质情况与原设计资料基本符合,由监理机构确定防渗墙终孔深度;如果与原设计资料相差较大,由监理机构报请发包人和设计单位确定防渗墙终孔深度。

（2）监理机构应审核钻孔孔号平面图和剖面图,检查和控制钻孔开孔位置、孔径、孔斜和有效深度等符合设计要求和相应的技术标准。

（3）钻孔钻进过程中,出现泥浆严重漏失、孔口不返浆时,应督促承包人立即采取改进措施。

（4）施工人员在进行钻进时,应详细记录孔位、孔深、地层变化和漏浆、掉钻等特殊情况及其处理措施,并报监理机构审核。

（5）钻孔应经监理机构验收合格后,方可进行高喷作业。

4）灌浆质量控制

监理机构应监督承包人按照设计文件和相关技术标准要求的施工工艺,以及现场试验确定的施工参数进行喷浆作业,出现异常情况时,应立即督促承包人查找原因,及时处理。

5）灌浆质量检查

（1）高喷灌浆结束后,监理机构应监督承包人按施工合同和规范规定的数量对灌浆质量进行检查,检查方法及方案必须经过监理机构的批准。

（2）若发现高喷墙有抽检不合格,监理机构须重新确定抽检范围进行抽检。不合格的墙体,承包人应及时将补喷方案报监理机构审批后进行补喷,并在监理机构指定的时间内进行质量检查。

2. 堰体填筑

1）现场碾压试验

监理机构应及时审批承包人的现场碾压试验方案,以确定碾压设备的适用性和施工技术参数。现场碾压试验包括:①防渗土料碾压试验;②反滤料填筑碾压试验;③过渡料填筑碾压试验;④堰壳填筑料碾压试验;⑤层间结合碾压试验等。负责试验的监理工程师在碾压试验实施过程中重点参与试验检测及试验数据的采集整理工作,确保试验数据的准确性。

2）填筑料制备

承包人应按监理工程师批准的施工措施以及现场生产性试验确定的参数,进行堰体各部位填筑料的制备和加工,同时在料场严格控制填筑料的材质和颗粒级配。

3）填筑质量控制

（1）堰基、岸坡等隐蔽工程验收合格并经监理工程师批准后方可进行堰体填筑。

（2）堰体填筑过程中,监理工程师应严格控制各种堰体填料的级配并检测分层铺料厚度、含水率、碾压遍数及干密度等碾压参数,保证严格按照现场碾压试验确定的碾压参数和施工工艺进行施工,各填筑部位的压实度必须满足相应的规范和设计要求。

（3）监理工程师应要求承包人严格按照规范规定或监理工程师的指示进行分组取样试验分析,每层压实经取样检查合格后,方可继续填筑。

（4）监督并检查承包人必须严格按设计图纸标注的尺寸和要求进行施工,控制填筑边线和堰体坡度,对坡面和高程进行控制时必须考虑堰体沉降影响。

（5）堰体各部位的填筑标准必须达到设计控制指标的要求。

（6）检查堰体与堰基、岸坡及其他建筑物结合部位的处理情况,包括堰体防渗体与堰基防渗体的结合部位、堰体与岸坡的结合部位等,应保证围堰防渗系统的完整性和岸坡的稳定性。

（7）堰基和堰体的防渗措施也可采用混凝土防渗墙，混凝土防渗墙的施工监理工作可参照本章第七节防渗墙工程监理实施细则执行。

3. 围堰监测

监理工程师应督促承包人进行围堰安全监测，审批承包人的监测方案，监测方案应包括内外部监测项目、监测方法、监测断面和部位选择、监测计划安排等内容。

4. 围堰拆除

监理工程师应监督围堰拆除施工，围堰的拆除应符合下列规定：

（1）围堰拆除前应编制拆除方案，并根据上下游水位、土质等情况明确堰内充水、闸门开度等方法、程序。

（2）围堰拆除前应对围堰保护区进行清理，并完成淹没水位以下工程验收。

（3）围堰拆除应满足设计要求，土石围堰水下部分宜采用疏浚设计拆除。

（五）检查和检验项目、标准与工作要求

（1）不过水围堰堰顶安全加高下限值见表 4-2-5。

表 4-2-5　不过水围堰堰顶安全加高下限值　　　　　　　　　　　　　单位：m

围堰形式	围堰级别	
	3 级	4、5 级
土石围堰	0.7	0.5
混凝土围堰、浆砌围堰	0.4	0.3

（2）堰体压实检验项目和标准见表 4-2-6。

表 4-2-6　堰体压实检验项目和标准

填筑料类别及部位		检验项目	取样检测次数
防渗体	黏性土 边角夯实部位	干密度、含水率	每层 2~3 次
	黏性土 碾压面		每 100~200 m³ 检测 1 次
	黏性土 均质堰		每 200~500 m³ 检测 1 次
	砾质土 边角夯实部位	干密度、含水率、大于 5 mm 砾石含量	每层 2~3 次
	砾质土 碾压面		每 100~200 m³ 检测 1 次
反滤料		干密度、颗粒级配、含泥量	每 200~500 m³ 检测 1 次，每层至少 1 次
过渡料		干密度、颗粒级配	每 500~1 000 m³ 检测 1 次，每层至少 1 次
堰壳砂砾（卵）料		干密度、颗粒级配	每 5 000~10 000 m³ 检测 1 次
堰壳砾质土		干密度、含水率、大于 5 mm 砾石含量	每 3 000~6 000 m³ 检测 1 次
堆石料		干密度、颗粒级配	每 10 000~10 000 m³ 检测 1 次

注： 堆石料颗粒级配试验组数可比干密度适当减少。

（3）土石围堰防渗体顶部在设计洪水位以上的加高值,斜墙式防渗体为 $0.6 \sim 0.8$ m,心墙式防渗体为 $0.3 \sim 0.6$ m。3 级土石围堰的防渗体顶部宜预留完工后的沉降超高。

（4）堰顶宽度应满足施工和防汛抢险要求,宜为 $4 \sim 12$ m。

（5）土石围堰填筑材料宜符合下列要求:

①均质土围堰填筑材料渗透系数不宜大于 1×10^{-4} cm/s。

②土石围堰防渗体土料渗透系数不宜大于 1×10^{-5} cm/s。

③心墙或斜墙土石围堰堰壳填筑料渗透系数宜大于 1×10^{-3} cm/s,可采用天然砂卵石或石渣。

④围堰堆石体水下部分宜采用软化系数值大于 0.7 的石料。

（6）反滤层和过渡层的材料性能和填筑厚度应满足设计要求。

（7）防渗体分段碾压时,相邻两段交接带碾迹应彼此搭接,垂直碾压方向搭接带宽度应不小于 $0.3 \sim 0.5$ m;顺碾压方向搭接带宽度应为 $1 \sim 1.5$ m。

（8）振动碾压工作质量宜大于 10 t,振动频率为 $20 \sim 30$ Hz,行驶速度不应超过 4 km/h,定期检查振动碾的工作性能。

（六）档案资料整理

土石围堰工程施工监理过程中,档案资料整理的工作要求如下:

1. 资料分类管理

为满足工程项目实施过程查阅、求证需要,方便工程竣工后资料的归档和移交,监理信息文件必须进行科学的分类整理和存储。监理信息文件分类整理应符合下列规定。

1）归档文件质量要求

归档文件质量要求如下:

（1）归档的工程文件应为原件。

（2）工程文件的内容及其深度必须符合国家有关工程勘察、设计、施工、监理等方面的技术规范、标准和规程要求。

（3）工程文件的内容必须真实、准确,与工程实际相符合。

（4）工程文件应采用耐久性强的书写材料,如碳素墨水、蓝黑墨水,不得使用易褪色的书写材料。

（5）工程文件应字迹清楚、图样清晰、图表整洁,签字盖章手续完备。

（6）工程文件的纸张应采用能够长期保存的韧力大、耐久性强的纸张;图纸一般采用蓝晒图,竣工图应是新蓝图;计算机出图必须清晰,不得使用计算机出图的复印件,所有竣工图均应加盖竣工图章;利用施工图改绘竣工图,必须标明变更修改依据,凡施工图结构、工艺、平面布置等有重大改变,或变更部分超过图面 1/3 的,应当重新绘制竣工图。

2）归档文件分类要求

监理信息文件可按照文件的来源、专业、项目划分、施工阶段等属性进行分类,分类以满足查阅、求证的追溯链条为准则。

3）归档文件整理要求

归档文件整理要求如下:

（1）监理资料整理应以日常整理为基础,根据工程进展情况及时收集整理,严禁在工程完工以后补做工程资料。

（2）监理资料整理必须全面,对于同一内容的通知与回复、正文与附件、转发文与原件、申请与批复、相关的方案、措施、影像资料等,必须合并一起归档。

（3）监理资料整理要求内容准确、真实、有效,图表、影像资料等清晰、声音清楚,签字盖章手续完备。

2. 划分编码体系

监理信息文件以其分类为基础,建立编码体系,编码反映出文件的类别、属性、名称、顺序等信息,集合编码体系组成监理信息文件的检索数据库,形成电子目录。

编码由一连串英文字母和数字组成,根据文件类别体系不同,编码可采用二级、三级甚至四级,以逻辑紧密、条理清晰为原则。编码示例如下。

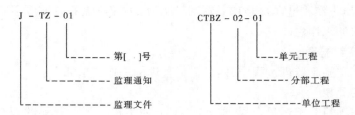

3. 档案管理

监理机构须建立档案管理制度,所有信息文件一经归档,任何人借阅必须按照档案管理的规定办理手续,保密文件须经相关负责人批准方可借阅。档案资料管理应符合下列规定:

（1）监理机构应要求承包人安排专人负责工程档案资料的管理工作,监督承包人按照有关规定和施工合同约定进行档案资料的预立卷和归档。

（2）监理机构对承包人提交的归档材料应进行审核,并向发包人提交对工程档案内容与整编质量情况审核的专题报告。

（3）监理机构应按有关规定及监理合同约定,安排专人负责监理档案资料的管理工作。凡要求立卷归档的资料,应按照规定及时预立卷和归档,妥善保管。

（4）在监理服务期满后,监理机构应对要求归档的监理档案资料逐项清点、整编、登记造册,移交发包人。

（七）质量评定工作要求

质量检验及评定的工作要求参照第三篇第九章第三节"工程质量评定监理工作内容、技术要求和程序"执行。本节不再详述。

（八）采用的表式清单

监理机构在土石围堰工程监理工作中采用的表式清单见表4-2-7。

表 4-2-7　土石围堰工程监理工作中采用的表式清单

《水利工程施工监理规范》(SL 288—2014)

序号	表格名称	表格类型	表格编号		页码
1	现场组织机构及主要人员报审表	CB06	承包[	]机构号	P72
2	原材料/中间产品进场报验单	CB07	承包[	]报验号	P73
3	施工设备进场报验单	CB08	承包[	]设备号	P74
4	施工放样报验单	CB11	承包[	]放样号	P77
5	联合测量通知单	CB12	承包[	]联测号	P78
6	监理巡视记录	JL27	监理[	]巡视号	P162

二、钢板桩围堰工程监理实施细则

(一)编制依据

本细则适用于钢板桩围堰施工,其编制依据如下:

(1)工程承包合同文件、招标投标文件、监理规划,已签发的设计图纸和已批准的施工组织设计等。

(2)有关现行规程、规范和规定:

①《建筑地基基础工程施工质量验收标准》(GB 50202—2018)。

②《水电水利工程施工测量规范》(DL/T 5173—2012)。

③《建筑基坑支护技术规程》(JGJ 120—2012)。

④《地基处理技术规范》(DG/TJ 08-40—2010)。

⑤《钢结构设计标准》(GB 50017—2017)。

⑥《地基基础设计规范》(DGJ 08-11—2010)。

⑦《基坑工程技术规范》(DG/TJ 08-61—2010)。

⑧其他相关标准、规范。

(二)专项工程特点

钢板桩围堰是最常用的一种板桩围堰。钢板桩是带有锁口的一种型钢,其截面有直板形、槽形及 Z 形等,有各种大小尺寸及联锁形式。其优点为:强度高,容易打入坚硬土层;可在深水中施工,必要时加斜支撑成为一个围笼;防水性能好;能按需要组成各种的围堰,并可多次重复使用。因此,它的用途广泛。

(三)专项工程开工条件检查

钢板桩运到工地后,详细对其进行检查、丈量、分类、编号,对桩身有弯曲、扭曲、死弯等缺陷,采用冷弯、热敲、焊补、割除、接长等方法加以整修。同时,接头强度与其他断面相等,接长焊时,用坚固夹具夹平,以免变形,在焊接时,先对焊,再焊接加固板,对新桩或接长桩,在桩端制作吊桩孔。板桩的锁口内,涂以黄油混合物油膏,以减少插打时的摩阻力,并加强防渗性能。

(四) 现场监理工作内容、程序和控制要点

1. 钢板桩打设

为确保整个钢板桩体系良好的挡土及防渗效果,必须从原材料、定位放样、沉桩施工各个环节进行控制,使整个施工过程处于受控状态,确保施工质量。

(1) 钢板沉桩必须平直,发现弯曲的必须校正后方可使用。

(2) 钢板桩垂直度控制在 5 cm 以内。沉桩时发现倾斜必须拔出重打。

(3) 桩顶标高及联结导梁标高均保持平直。

(4) 联结必须牢固。

2. 堰内淤泥的清除

堰内淤泥采用先抽干水后清淤的方式进行,堰内淤泥的清除分两次进行。第一次是在钢板桩围堰插打完毕后,将淤泥清除至相应标高以便于安装最下面一道围檩;第二次是在最后一层围檩安装到位后,将堰内淤泥清除到设计标高。

3. 封底混凝土施工

(1) 围堰内多余土的挖除。围堰封底前,用水力冲挖机组,配合抓斗清除围堰内多余土至设计标高。

(2) 封底混凝土施工。采用干封底施工,先抽干水后封底,这样有利于控制封底混凝土的质量,为减少封底混凝土与钢板桩之间的摩擦力,以利于钢板桩拔除,在封底混凝土浇筑前挖除围堰内多余淤泥至设计标高。

(3) 干封底混凝土浇筑前,应当在封底混凝土与钢板桩之间设彩条布等将封底混凝土与钢板桩隔开。

4. 防渗与堵漏

钢板桩打入之前,一般应在锁口内涂以黄油、锯末等混合物。当锁口不紧密漏水时,潜水员下到河道底部用棉絮等在外侧嵌塞,起到防水和减小水压力的双重效果。

基坑抽干水后,可清楚地观察到围堰挡水止水效果。钢板桩围堰内表面基本没有漏水,只有少数较残旧的钢板桩由于接头不紧密导致一些漏水,基坑内也没有出现渗漏、管涌等现象,说明钢板桩围堰是成功的,只需进行一些局部的堵漏。

5. 变形观测

在钢板桩围堰挡水期间,应定期对钢板桩顶的位移进行观测,如果发现桩顶向基坑内的偏移量稳定在 2~8 cm,则说明堰体是稳定的。

6. 钢板桩控制要点

(1) 钢板桩桩顶标高与地面齐平,顶部埋入路面板并与路面板钢筋固定连接。

(2) 钢板桩的规格、材质和排列方式应满足设计要求,桩体不应有缺损和变形;后续桩与先打桩间的钢板桩锁口使用前应通过套锁检查。

(3) 桩身接头在同一截面内不应超过 50%,接头焊缝质量应符合相关规范要求,且其各项强度指标不得低于原型材。

(4) 围堰两侧的钢板桩应通过钢筋拉结固定,穿钢筋处可留孔洞,钢筋与外侧 H 型钢横梁套箍固定。

(5) H 型钢横梁通过槽钢牛腿支承并与钢板桩采用焊接连接,并保证全施工期内的安全。

（五）检查和检验项目、标准与工作要求

（1）锁口检查：用一块长 1.5~2.0 m，符合类型、规格的钢板桩做标准，将所有同类型的钢板桩做锁口通过检查，检查用绞车或卷扬机拉动标准钢板桩平车，从桩头至桩尾做锁口通过检查。凡钢板桩有弯曲、破损、锁口不合的均进行整修，按具体情况分别采用冷弯、热敲（温度不超过 800~100 ℃）、焊补、铆补、割除、接长等措施。本围堰采用钢板桩长度为 18 m，钢板桩长度不够时，采用 12 m+6 m 焊接，焊接时，先对焊或将接口补焊合缝，再焊加固板，焊接必须牢固，相邻钢板桩接长缝注意错开。整修后的钢板桩符合下列验收标准：高度允许偏差±8 mm；宽度绝对偏差−5~+10 mm，相对偏差±3 mm；弯曲和挠度用 2 m 长锁口样板能顺利通过全长，挠度小于 1%；桩端平面平整，倾斜小于 3 mm；钢板桩背面及锁口里光滑无阻。

（2）在使用拼接接长的钢板桩时，钢板桩的拼接接头不能在围堰的同一断面上，而且邻桩的接头上下错开至少 2 m，所以在组拼钢板桩时，要预先配桩，在运输、存放时，按插桩顺利堆码，插桩时按规定的顺序吊插。

（3）钢板桩围堰在使用过程中，防止围堰内水位高于围堰外水位。在低水位处设置连通管，到围堰内抽水时，再予以封闭，在围堰内抽水时，钢板桩锁口漏水，在围堰外撒大量细煤渣、木屑、谷糠等细物，借漏水的吸力附于锁口内堵水，或者在围堰内用板条、棉絮等揿入锁口内嵌缝，撒煤渣等物堵漏时，要考虑水流方向并尽量接近漏缝，漏缝较深时用袋装下放到漏缝附近处徐徐倒撒，同时当围堰内抽水至各层支撑导梁处，逐层将导梁与钢板桩之间的缝隙用木楔揿紧，使导梁受力均匀。

（六）档案资料整理

档案资料整理见土石围堰工程监理实施细则中"（六）档案资料整理"。

（七）质量检验及评定工作要求

质量检验及评定的工作要求参照第三篇第九章第三节"工程质量评定监理工作内容、技术要求和程序"执行。

（八）采用的表式清单

监理机构在钢板桩围堰工程监理工作中采用的表式清单见表 4-2-8。

表 4-2-8 钢板桩围堰工程监理工作中采用的表式清单

《水利工程施工监理规范》（SL 288—2014）				
序号	表格名称	表格类型	表格编号	页码
1	现场组织机构及主要人员报审表	CB06	承包[ ]机构号	P72
2	原材料/中间产品进场报验单	CB07	承包[ ]报验号	P73
3	施工设备进场报验单	CB08	承包[ ]设备号	P74
4	施工放样报验单	CB11	承包[ ]放样号	P77
5	联合测量通知单	CB12	承包[ ]联测号	P78
6	监理巡视记录	JL27	监理[ ]巡视号	P162

第四节　土石方挖填工程监理实施细则

一、土石方开挖工程监理实施细则

(一)编制依据

本细则适用于涵闸等工程土石方明挖施工的监理,也可用于一般堤防工程的施工监理。

其编制依据如下:

(1)工程施工合同文件、监理合同文件、招标投标文件、监理规划、已签发的设计图纸、设计交底、变更等,已批准的施工组织设计、专项施工方案等。

(2)有关现行规程、规范和规定:

①《水利水电工程施工测量规范》(SL 52—2015)。

②《水利工程施工监理规范》(SL 288—2014)。

③《工程建设标准强制性条文(水利工程部分)》(2020年版)。

④《水闸施工规范》(SL 27—2014)。

⑤《水利水电工程单元工程施工质量验收评定标准—土石方工程》(SL 631—2012)。

⑥《水利水电工程施工质量检验与评定规程》(SL 176—2007)。

⑦《水利水电工程单元工程施工质量验收评定标准—堤防工程》(SL 634—2012)。

⑧《堤防工程施工规范》(SL 260—2014)。

⑨《水工建筑物岩石基础开挖工程施工技术规范》(DL/T 5389—2007)。

⑩《水工建筑物地下开挖工程施工规范》(SL 378—2007)。

⑪《建筑地基基础工程施工质量验收规范》(GB 50202—2018)。

⑫《水利水电建设工程验收规程》(SL 223—2008)。

⑬其他相关标准规范。

(二)专项工程特点

1. 土方开挖

土方开挖施工一般受地下水位、地质条件、气候条件等因素影响较大,结构工程的土方开挖应根据需要设置合理的工作面、堆放场地、运输路线等。深基坑开挖还应提前布置科学合理的引排水设施,同时须根据设计和规范要求进行岸坡的放坡,做好岸坡稳定监测。以上相关内容,在监理机构审查施工专项技术方案、度汛抢险应急预案中,均应作为重点核查内容。

2. 石方开挖

石方开挖在涵闸工程中一般以明挖为主,多采用爆破开挖、机械开挖并辅以人工开挖进行施工,位于设计建基面、设计边坡附近应严禁采用洞室爆破法或药壶爆破法施工。深基坑开挖时,应根据设计及规范要求、地质条件及专项施工方案设置边坡、马道及观测设施。监理机构对有关专项施工方案、应急抢险方案进行审批时,还应注意对基坑上下人行通道、车辆通行道路布置的合理性进行审查。

（三）专项工程开工条件检查

1. 专项工程开工条件检查

专项工程开工条件检查,参照"专项工程开工条件检查"相关内容执行。

2. 现场条件检查

（1）承建单位应在现场施工放样施测 7 天前,将有关施工测量技术方案报监理部批准,其包括内容如下:

①施测项目概述。包括引用的控制点、轴线等基准资料。

②施工放样技术说明。包括施测方案与技术要求、计算方法等。

③测量仪器设备的配置、检验和校正资料。

④测量专业人员的配置。

⑤放样点保护措施。

（2）监理工程师应督促承包人在工程施工前 14 天内,提交根据施工设计图纸、施工规范编制的土石方开挖专项施工措施计划,并应从施工设备、施工程序、质量保证体系和保证措施、施工进度等方面检查其是否满足施工的技术和进度要求。专项施工措施计划至少应包括以下内容:

①工程概况。

②施工总进度。

③施工程序,主要施工方法和关键技术措施。

④人员安排、主要施工设备、排水设施。

⑤质量控制措施。

⑥组织措施。

⑦安全措施。

3. 施工质量保证体系的检查认可

承包人应建立以项目经理、项目总工、质量检测负责人、专职质量检测员组成的工程质量管理组织,配备质量检验和测量工程师,建立满足工程质量检测的现场实验室或委托有相应资质、资格的检测单位进行检测,建立班组自检、专职质量检测员复检和质量检测负责人终检的"三检"制,完成质量保证体系文件的编制,建立健全施工质量保证体系,并报送监理工程师检查认可。

4. 组织设计交底

工程开工前,监理机构应组织设计单位、承包人、发包人召开设计交底专题会议,使承包人明确设计意图、技术标准和要求,对承包人提出的相关技术问题应提请设计单位完成答疑,并完整地做好会议记录,及时向与会各方送达会议纪要。

5. 施工准备情况的检查

根据招标投标文件、设计文件及经总监理工程师批准的专项施工方案,监理工程师应督促承包人报验进场设备、材料及特种作业人员上岗资质,并及时对承包人的进场设备、材料、人员的投入和安全保障措施的落实、施工技术交底及安全教育等准备情况进行核查,有爆破施工内容的还应对承包人的爆破施工资质进行专项审查。

6. 签发工程开工许可证

上述承包人报送的报审材料连同审签意见单一式四份经承包人项目总工签署并加盖公章(涉及危险性较大的专项施工方案须经承包人技术负责人签署并加盖法人印章)后报送监理工程师,监理工程师在 7 天内返回审签意见单一份,审签意见包括"已审阅""照此执行""按意见修改后执行""修改后重新报送"四种。除非审签意见为"修改后重新报送",否则承包人即可向监理工程师报送开工申请报告,监理工程师应在收到开工申请 24 小时内签发工程开工许可证。

如果承包人未能按期向监理工程师报送开工所必需的材料,由此造成施工工期延误和其他损失,均由承包人承担合同责任。承包人在期限内未收到监理工程师的审签意见单或批复文件,可视为已报经审阅同意。

(四)开工审批内容和程序

1. 提交施工措施计划

施工措施计划承包人在工程开工前 35 d 按监理人的指示和施工图纸的规定,提交一份施工措施计划,报监理部审批。其内容包括:

(1)开挖施工平面布置图(含施工交通线路布置)。

(2)开挖方法和程序。

(3)施工设备的配置和劳动力安排。

(4)施工降、排水措施。

(5)开挖边坡保护措施。

(6)土料利用和弃渣处理措施。

(7)质量与安全保证措施。

(8)可利用土料规划。

(9)施工进度计划(符合已批准的合同总进度计划)等。

承包人应按照报经批准的施工组织设计和专项施工方案进行遵章作业、文明施工。同时不断完善质量与技术管理,做好作业过程中资料的记录、收集与整理,并定期向监理机构报送。

2. 施工质量保证体系审查

承包人应坚持安全生产、质量第一的方针,建立以项目总工、质检负责人、专职质检员组成的工程质量管理组织,健全质量控制体系,加强质量管理。施工过程中,配备充足的质量检验和测量工程师;建立班组自检、专职质检员复检和质检负责人终检的"三检"制,确保土方开挖符合设计要求;完成质量保证体系文件的编制,建立健全施工质量保证体系,并报送监理部审查。

3. 施工放样

(1)放样前施工准备工作检查。在施工前,承包人应建好进场道路,完成场内交通道路布置,并结合施工开挖区的开挖方法和开挖运输机械的运行路线,规划好开挖区域的施工道路,建立起供电、供水系统,满足正常施工的需要。

(2)施工设备进场查验承包人应根据施工强度选用合适的施工设备,按施工承包合同要求组织进场,并向监理部报送施工设备进场报验单。监理部应检查施工设备是否满足施工工期、施工强度和施工质量的要求。未经监理部检查批准的施工设备不得在工程中使用。未经监理部的书面批准,施工设备不得撤离施工现场。

（3）开挖放样成果及复核。土方开挖前 21 d,承包人应将开挖前实测地形和开挖放样剖面图报送监理人复核,经监理人批准后,方可进行开挖。监理人的复核,并不减轻承包人对其放线准确性应负的责任。承包人不能因监理人指示纠正其放线错误而引起的工程量增加,向发包人要求额外支付。

（4）审批土石方开挖申请。承包人在土石方开挖条件具备的情况下,报送开挖申请,报送的开挖申请连同开挖方案一式 3 份经承包人项目经理或总工程师签署并加盖公章后报送监理部,经监理部审批后方能进行施工。

4. 施工过程控制

（1）施工过程中,承包人应按报经批准的施工措施计划和施工技术规范按章作业、文明施工,加强质量和技术管理,做好原始资料的记录、整理和工程总结工作。当发现作业成果不符合设计或施工技术规程、规范要求时,应及时修订施工计划,报送监理部批准后执行。

（2）施工过程中,监理人员应监督承包人质量保证体系的实施,做到责任到人,确保工程质量。对出现的质量或安全事故,要本着"三不放过"的原则认真处理。

（3）施工过程中,承包人应随施工作业进展做好施工测量工作,施工测量工作应包括下述内容:

①根据设计图纸和施工控制网点进行测量放线,在施工过程中,及时测放、检查开挖断面及控制开挖面高程。

②测绘或搜集开挖前后的地形、断面资料,如原始地面、开挖施工场地布置、土石方分界、竣工建基面等纵横断面图与地形图。

③提供工程各阶段和完工后的土石方测量资料。

④按合同文件规定或监理部要求进行的其他测量工作。

（4）为确保放样质量,避免造成重大失误和不应有的损失,必要时,监理部可要求承包人的测量在监理工程师直接监督下进行对照检查与校测。但监理工程师所进行的任何对照检查和校测,并不意味着可以减轻承包人对于保证放样质量所应负的合同责任。

（5）开挖应自上而下进行,某些部位如必须采用上、下层同时开挖方法作业,或按合同必须利用的开挖料,应采取有效的安全和技术措施,并事先报经监理部批准。

（6）施工过程中发现工程地质、水文地质条件或其他实际条件与设计条件不符时,承包人应及时将有关资料报送监理部,由监理部核转设计人,供变更或修改设计参考。

（7）当发生边坡滑塌,或观测资料表明边坡处于危险状态时,承包人应:

①及时向监理部报告并采取相应防范措施,防止事故或事态范围的扩大和延伸。

②记录事故或事态的发生、发展过程和处理经过,并及时报送监理部。

③会同设计人、地质勘察单位、监理部查明原因,及时提出处理措施报监理部批准后执行。

（8）当施工进度拖延时,监理部有权按合同文件规定,要求承包人采取赶工行动,即增加设备、人员、材料等资源投入或调整施工措施计划,并重新报监理部批准后执行。

（9）施工过程中，承包人若发生以下行为，监理部有权采取口头违规警告、书面违规警告，甚至返工、停工整改等方式予以制止。由此而造成的一切经济损失和合同责任，均由承包人承担：

①不按批准的施工措施计划实施。

②违反国家有关技术规范、安全规程和劳动保护条例施工。

③不按规定的路线、场区出渣、弃渣及进行有用料堆存。

④出现重大安全、质量事故等情况。

⑤因弃渣不当造成下游河道阻塞、有用土料污染，或因不当排污造成对环境的污染。

⑥其他违反施工承包合同文件的情况。

（10）基础和岸坡开挖完成后，承包人应及时完成施工区域完工测量，并依照合同文件规定，按监理部指示，给现场测试等工作创造优质的工作环境。

（五）检查和检验项目、标准与工作要求

1. 土方开挖工程

（1）表土及土质岸坡清理施工质量标准和检查、检验等有关工作要求应按照《水利水电工程单元工程施工质量验收评定标准—土石方工程》（SL 631—2012）中 4.2 节的有关规定及《山东省水利工程质量检测要点》（鲁水建字〔2013〕71 号）有关规定执行。表土及土质岸坡清理施工质量标准见表 4-2-9～表 4-2-11。

表 4-2-9　土方开挖施工质量检测内容及频次要求

土方开挖类型	检验项目	质量要求	检验方法	检验数量
疏浚工程	河道过水断面面积	不小于设计断面面积	测量	检测河道的横断面，横断面间距为 500 m，检测点间距 2～7 m
	宽阔水域平均底高程	达到设计规定高程		
	局部欠挖	深度小于 0.3 m，面积小于 5.0 m²		
	开挖横断面每边最大允许超宽值、最大允许超深值	符合设计要求，超深、超宽不应危及堤防、护坡及岸边建筑物的安全		
软基或土质岸坡	基坑断面尺寸及开挖面平整度	符合规范和设计要求	测量	1. 基底标高：基坑 1 点/200 m²，不少于 2 点/坑；基槽、管沟、排水沟、路面基层 1 点/200 m，总数不少于 5 点；场地平整测量 1 点/1 000 m²，总数不少于 10 点。 2. 基底长度与宽度：1 点/200 m²，每边不少于 1 点；边坡测量 1 点/200 m，每边不少于 1 点。 3. 表面平整度：1 点/500 m

表 4-2-10　土料压实施工质量检测内容及频次要求

检验项目	质量要求	检验方法	检验数量
压实度或相对密实度	压实度或相对密实度符合设计要求	取样试验黏土采用环刀法等。砾质土采用挖坑灌砂(灌水)法,土质不均匀的黏性土和砾质土的压实度检测也可采用三点击实法	每填筑 2 000 m³ 取样 1 个,堤防加固按堤轴线长度方向每 2 000 m 至少 1 个断面,每个断面至少抽检 2 层,每层至少抽检 3 点
断面尺寸及高程	符合设计要求	量测	平均 1 个/500 m

表 4-2-11　表土及土质岸坡清理施工质量标准

项次		检验项目	质量要求	检验方法	检验数量
主控项目	1	表土清理	树木、草皮、树根、乱石、坟墓及各种建筑物全部清除;水井、泉眼、地道、坑窖等洞穴的处理符合设计要求	观察,查阅施工记录	全数检查
	2	不良土质的处理	淤泥、腐殖质土、泥炭土全部清除;对风化岩石、坡积物、残积物、滑坡体、粉土、细砂等处理符合设计要求		
	3	地质坑、孔处理	构筑物基础区范围内的地质探孔、竖井、试坑的处理符合设计要求;回填材料质量满足设计要求	观察,查阅施工记录,取样试验等	
一般项目	1	清理范围	满足设计要求。长、宽边线允许偏差:人工施工 0~50 cm,机械施工 0~100 cm	量测	每边线测点不少于 5 个点,且点间距不大于 20 cm
	2	土质岸边坡度	不陡于设计边坡		每 10 延米量测 1 处;高边坡需测定断面,每 20 延米测 1 个断面

(2)软基或土质岸坡开挖施工质量标准和检查、检验等有关工作要求应按照《水利水电工程单元工程施工质量验收评定标准—土石方工程》(SL 631—2012)中 4.2 节的有关规定执行。软基或土质岸坡开挖施工质量标准见表 4-2-12。

表 4-2-12　软基或土质岸坡开挖施工质量标准

项次		检验项目	质量要求		检验方法	检验数量
主控项目	1	保护层开挖	保护层开挖方式应符合设计要求,在接近建基面时,宜使用小型机具或人工挖除,不应扰动建基面以下的原地基		观察,查阅施工记录	全数检查
	2	建基面处理	构筑物软基和土质岸坡开挖面平顺。软基和土质岸坡与土质构筑物接触时,采用斜面连接,无台阶、急剧变坡及反坡			
	3	渗水处理	构筑物基础区及土质岸坡渗水(含泉眼)妥善引排或封堵,建基面清洁无积水		观察,测量,查阅施工记录	
一般项目	1	基坑断面尺寸及开挖断面平整度	无结构要求或无配筋	长或宽不大于10 m	符合设计要求,允许偏差为-10~20 cm	观察,测量,查阅施工记录	检测点采用横断面控制,断面间距不大于20 m,各横断面点数间距不大于2 m,局部突出或凹陷部位(面积在0.5 m² 以上者)应增设检测点
				长或宽大于10 m	符合设计要求,允许偏差为-20~-30 cm		
				坑(槽)底部标高	符合设计要求,允许偏差为-10~20 cm		
				垂直或斜面平整度	符合设计要求,允许偏差为+20 cm		
			有结构要求,有配筋预埋件	长或宽不大于10 m	符合设计要求,允许偏差为0~+20 cm		
				长或宽大于10 m	符合设计要求,允许偏差为0~+30 cm		
				坑(槽)底部标高	符合设计要求,允许偏差为0~+20 cm		
				斜面平整度	符合设计要求,允许偏差为+15 cm		

2. 石方开挖工程

(1)岩石岸坡开挖施工质量标准和检查、检验等有关工作要求应按照《水利水电工程单元工程施工质量验收评定标准—土石方工程》(SL 631—2012)中 4.3 节的有关规定执行。岩石岸坡开挖施工质量标准见表 4-2-13。

表 4-2-13 岩石岸坡开挖施工质量标准

项次		检验项目	质量要求	检验方法	检验数量
主控项目	1	保护层开挖	浅孔,密孔,少药量,控制爆破	观察,量测,查阅施工记录	每个单元抽测 3 处,每处不少于 10 m²
	2	开挖坡面	稳定且无松动岩块、悬挂体和尖角	观察,仪器测量,查阅施工记录	全数检查
	3	岩体的完整性	爆破未损害岩体的完整性,开挖面无明显爆破裂隙,声波降低率小于10%或满足设计要求	观察,声波检测(需要时采用)	符合设计要求
一般项目	1	平均坡度	开挖坡面不陡于设计坡度,台阶(平台、马道)符合设计要求	观察,量测,查阅施工记录	总检测点数量采用横断面控制,断面间距不大于 10 m,各横断面沿坡面斜长方向测点间距不大于 5 m,且点数不少于 6 个;局部突出或凹陷部位(面积在0.5 m²以上者)应增设检测点
	2	坡度标高	±20 cm		
	3	坡面局部超欠挖	允许偏差:欠挖不大于 20 cm,挖超不大于 30 cm		
	4	炮孔痕迹保存率	节理裂隙不发育的岩体 大于80%		
			节理裂隙发育的岩体 大于50%		
			节理裂隙极发育的岩体 大于20%		

(2)岩石地基开挖施工质量标准和检查、检验等有关工作要求应按照《水利水电工程单元工程施工质量验收评定标准—土石方工程》(SL 631—2012)中 4.4 节的有关规定执行。岩石地基开挖施工质量标准见表 4-2-14。

表 4-2-14 岩石地基开挖施工质量标准

项次		检验项目	质量要求	检验方法	检验数量
主控项目	1	保护层开挖	浅孔,密孔,少药量,控制爆破	观察,量测,查阅施工记录	每个单元抽测 3 处,每处不少于 10 m²
	2	建基面处理	开挖后岩面应满足设计要求,建基面上无松动岩块,表面清洁,无泥垢、油污		全数检查
	3	多组切割的不稳定岩体开挖和不良地质开挖处理	满足设计要求		
	4	岩体的完整性	爆破未损害岩体的完整性,开挖面无明显爆破裂隙,声波降低率小于10%或满足设计要求	观察,声波检测(需要时采用)	符合设计要求

续表 4-2-14

项次		检验项目	质量要求		检验方法	检验数量
一般项目	1	无结构要求或无配筋的基坑断面尺寸及开挖面平整度	长或宽不大于10 m	符合设计要求,允许偏差为-10~20 cm	观察,仪器测量,查阅施工记录	检测点采用横断面控制,断面间距不大于20 m,各横断面点数间距不大于2 m,局部突出或凹陷部位(面积在0.5 m²以上者)应增设检测点
			长或宽大于10 m	符合设计要求,允许偏差为-20~30 cm		
			坑(槽)底部标高	符合设计要求,允许偏差为-10~20 cm		
			垂直或斜面平整度	符合设计要求,允许偏差为+20 cm		
	2	有结构要求或有配筋预埋件基坑断面尺寸及开挖面平整度	长或宽不大于10 m	符合设计要求,允许偏差为0~10 cm		
			长或宽大于10 m	符合设计要求,允许偏差为0~20 cm		
			坑(槽)底部标高	符合设计要求,允许偏差为0~20 cm		
			垂直或斜面平整度	符合设计要求,允许偏差为+15 cm		

(3)岩石开挖地质缺陷处理施工质量标准和检查、检验等有关工作要求应按照《水利水电工程单元工程施工质量验收评定标准—土石方工程》(SL 631—2012)中4.4节的有关规定执行。岩石开挖地质缺陷处理施工质量标准见表4-2-15。

表 4-2-15　岩石开挖地质缺陷处理施工质量标准

项次		检验项目	质量要求	检验方法	检验数量
主控项目	1	地质控孔、竖井、平洞、试坑处理	符合设计要求	观测,量测,查阅施工记录等	全数检查
	2	地质缺陷处理	节理、裂隙、断层、夹层或构造破碎带的处理符合设计要求		
	3	缺陷处理采用材料	材料质量满足设计要求	查阅施工记录,取样试验等	每种材料至少抽验1组
	4	渗水处理	地基及岸坡的渗水(含泉眼)已引排或封堵,岩面整洁无积水	观察,查阅施工记录	全数检查
一般项目	1	地质缺陷处理范围	地质缺陷处理的宽度和深度符合设计要求。地基及岸坡岩石断层、破碎带的沟槽开挖边坡稳定,无反坡,无浮石,节理、裂隙内的充填物冲洗干净	测量,观察,查阅施工记录	检测点采用横断面或纵断面控制,各断面点数不少于5个点,局部突出或凹陷部位(面积在0.5 m²以上者)应增设检测点

注:构筑物地基、岸坡地质缺陷处理的灌浆、沟槽回填混凝土等工程措施,按《水利水电单元工程施工质量验收评定标准—地基处理与基础工程》(SL 633—2012)或《水利水电单元工程施工质量验收评定标准—混凝土工程》(SL 632—2012)中的有关条文执行。

3. 旁站监理的范围和内容

土石方开挖工程施工旁站监理的范围和内容主要如下：

（1）施工部位原有的高大建筑物的拆除施工。

（2）设计有明确技术要求的为保护基坑安全的中小型临时围堰施工。

（3）周边环境复杂、毗邻建筑物及深基坑开挖的基坑支护和降、排水施工。

（4）土石方开挖距设计标高 1 m 以内的机械施工与人工清理的衔接作业。

（5）毗邻建筑物、管线的基坑边坡采用机械施工的土石方开挖作业。

（6）石方开挖采用爆破作业时，爆破员对爆破孔进行装药、引线的施工作业。

（7）出现高边坡滑塌或根据监测资料显示高边坡即将失稳时，承包人进行的应急排险施工。

（8）发生安全事故或质量事故时，承包人进行的现场应急抢险、救援行动。

4. 监理工程师巡视与检查要点

（1）施工机械、运输车辆等设施的显性工况是否满足施工质量保障要求和施工安全技术要求。

（2）高边坡稳定监测与相应的防护措施的落实情况。

（3）基坑降排水、爆破孔钻孔等涉及临时施工用电的安全保障措施的落实情况。

（4）爆破作业在启爆前的落石区域与安全警戒范围内的人员疏散、设施设备的保护情况等。

5. 监理跟踪检查、检测

在土石方开挖施工作业前后，除丈量、测量和工序施工质量检查与验收等基本的质量控制工作外，现场监理人员还应对试验性施工（如爆破试验）进行现场跟踪、实地检查或检测，以确保选用的施工参数的可靠性。

（六）档案资料的整理

档案资料整理见本章第三节围堰工程监理实施细则中"（六）档案资料的整理"。

（七）质量评定工作要求

质量检验及评定的工作要求参照"工程质量评定监理工作内容、技术要求和程序"执行。

（八）采用的表式清单

监理机构在土石方开挖工程监理工作中采用的表式清单见表 4-2-16。

二、土石方回填工程监理实施细则

（一）编制依据

本细则适用于涵闸等工程土石方回填施工的监理，堤防工程土石方填筑施工监理亦可参照执行。本细则的编制依据如下：

（1）工程施工合同文件、监理合同文件、招标投标文件、监理规划，已签发的设计图纸、设计交底、变更等，已批准的施工组织设计、专项施工方案等。

（2）有关现行规程、规范和规定：

①《水利工程施工监理规范》（SL 288—2014）。

表 4-2-16　土石方开挖工程监理工作中采用的表式清单

《水利工程施工监理规范》（SL 288—2014）

序号	表格名称	表格类型	表格编号	页码
1	施工技术方案申报表	CB01	承包[　]技案号	P67
2	施工设备进场报验单	CB08	承包[　]设备号	P74
3	施工放样报验单	CB11	承包[　]放样号	P77
4	联合测量通知单	CB12	承包[　]联测号	P78
5	施工测量成果报验单	CB13	承包[　]测量号	P79
6	施工技术交底记录	CB15 附件 2	承包[　]技交号	P83
7	工序/单元工程施工质量报验单	CB18	承包[　]质报号	P86
8	旁站监理值班记录	JL26	监理[　]旁站号	P161
9	监理巡视记录	JL27	监理[　]巡视号	P162
10	监理机构联系单	JL39	监理[　]联系号	P175

《水利水电工程施工质量检验与评定规程》（SL 176—2007）

序号	表格名称	页码
1	重要隐蔽单元工程质量等级签证表	P42

《水利水电工程单元工程施工质量验收评定表及填表说明》（2016 年版，上册）

序号	表格名称	页码
1	单元工程施工质量验收评定表	第 1 部分土石方工程，P3~P25

②《工程建设标准强制性条文（水利工程部分）》（2020 年版）。

③《水闸施工规范》（SL 27—2014）。

④《堤防工程施工规范》（SL 260—2014）。

⑤《水利水电工程单元工程施工质量验收评定标准—土石方工程》（SL 631—2012）。

⑥《水利水电工程单元工程施工质量验收评定标准—堤防工程》（SL 634—2012）。

⑦《水利水电工程施工质量检验与评定规程》（SL 176—2007）。

⑧《水利水电建设工程验收规程》（SL 223—2008）

⑨《水利水电工程施工安全管理导则》（SL 721—2015）。

⑩其他相关标准规范。

（二）专项工程特点

1. 土方填筑

在涵闸的基础施工中，一般多涉及压实度的指标要求，但在结构工程周边往往受工作面限制，无法实现大面积的大型机械施工，常采用小型打夯机械进行夯实施工。因此，在类似部位施工时，应特别注意土料摊铺的均匀性、衔接度以及打夯施工时的推进节奏。

2. 砂砾料填筑

砂砾料填筑一般多为混凝土结构部位的地基平整，常见于山区大型涵闸基础底板的地基处理施工。由于受地基承载力的要求,设计一般对相对密度有具体要求。但实际施工过程中,施工单位往往不注重填筑料的粒径控制,对摊铺后的砂砾料压实效果产生不利影响。因此,现场监理应特别注意督促施工单位使用合格的摊铺材料,严格控制砂砾料的最大粒径,并根据摊铺试验确定的控制参数,做好砂砾料摊铺厚度、碾压遍数的现场控制。单元工程应以设计或施工铺填区段划分,每一区段为一个单元工程。每个单元工程应划分为砂砾料铺填、压实2道工序,其中砂砾料压实工序为主要工序。

3. 防冲体护脚

防冲体护脚单元工程应以设计或施工抛投区段划分,每一区段为一个单元工程。每个单元工程应划分为防冲体制备、防冲体抛投2个工序,其中防冲体制备中常见的有散抛石、石笼防冲体(合金网兜抛石)、预制防冲体等,防冲体抛投工序为防冲体护脚单元工程的主要工序。

(三)专项工程开工条件检查

(1)专项工程开工条件检查,参照"专项工程开工条件检查"相关内容执行。

(2)现场条件检查,参照本节中"土石方开挖工程监理实施细则"中有关内容。

(四)开工审批内容和程序

1. 施工措施计划

承包人在工程开工前35天按监理人的指示和施工图纸的规定,提交一份施工措施计划,报监理部审批。其内容包括:

(1)施工布置图。

(2)土(砂)方填筑的方法和程序。

(3)土(砂)方平衡计划。

(4)施工设备和设施的配置。

(5)质量与安全保证措施。

(6)施工进度计划。

2. 施工质量保证体系

审查承包人应坚持安全生产、质量第一的方针,建立以项目总工、质检负责人、专职质检员组成的工程质量管理组织,健全质量控制体系,加强质量管理。施工过程中,配备充足的质量检验和测量工程师;建立满足工程质量检测需要的现场实验室,建立班组自检、专职质检员复检和质检负责人终检的"三检"制,完成质量保证体系文件的编制,建立健全施工质量保证体系,并报送监理部审查。

3. 施工放样

(1)放样前施工准备工作检查。在施工前,承包人应建好进场道路等,完成场内交通道路布置,并结合施工填筑区的填筑要求和土料运输机械的运行路线,规划好填筑区域的施工道路,建立起供电、供水系统,满足正常施工的需要。

(2)施工设备进场查验。承包人应根据施工强度选用合适的施工设备,按施工承包合同要求组织进场,并向监理部报送施工设备进场报验单。监理部应检查施工设备是否满足施工工期、施工强度和施工质量的要求。未经监理部检查批准的施工设备不得在工程中使用。未经监理部的书面批准,施工设备不得撤离施工现场。

（3）地形测量及复核。土（砂）方填筑前 21 天，承包人应将填筑区基础开挖验收后实测的平、剖面地形测量资料报送监理机构，经监理机构签认的地形测量资料作为填筑工程量计量的原始依据。

（4）现场生产、试验计划和试验成果报告。土（砂）方填筑工程开工前 28 天，承包人应根据料场复查资料，以及料场规划中提供的各种土（砂）方填筑料源，提交一份包括下列工作内容的现场生产性试验计划，报监理机构审批，试验成果应报送监理机构：

①土料碾压试验应确定铺土（砂）方式、铺土（砂）厚度、碾压机械的类型及重量、压实方法、碾压遍数、填筑含水量等施工方法和参数。

②土（砂）料碾压试验后，应检查碾压土（砂）层之间以及土（砂）层本身的结构状况。

4．审批土（砂）方填筑申请

（1）承包人在土（砂）方填筑条件具备的情况下，报送土（砂）方填筑申请，报送的填筑申请连同填筑方案及上述材料一式 3 份经承包人项目经理或总工签署并加盖公章后报送监理部，经监理部审批后方能进行施工。施工过程中，承包人应按报经批准的施工措施计划和施工技术规范按章作业、文明施工，加强质量和技术管理，做好原始资料的记录、整理和工程总结工作。当发现作业成果不符合设计或施工技术规程、规范要求时，应及时修订施工计划，报送监理部批准后执行。

（2）施工过程中，监理人员应监督承包人质量保证体系的实施，做到责任到人，确保工程质量。对出现的质量或安全事故，要本着"三不放过"的原则认真处理。

（3）施工过程中，承包人应随施工作业进展做好施工测量工作，施工测量工作应包括下述内容：

①根据设计图纸和施工控制网点及填筑区域进行测量放线，在施工过程中，及时测放、检查土（砂）方填筑横断面。

②测绘或搜集地形、断面资料，用来计算土（砂）方填筑方量的控制网点资料。

③提供工程各阶段和完工后的土（砂）方测量资料。

④按合同文件规定或监理部要求进行的其他测量工作。

（4）为确保放样质量，避免造成重大失误和不应有的损失，必要时，监理部可要求承包人的测量在监理工程师直接监督下进行对照检查与校测。但监理工程师所进行的任何对照检查和校测，并不意味着可以减轻承包人对于保证放样质量所应负的合同责任。

5．基础处理

（1）施工单位在土（砂）方填筑前，必须将树木、杂物等全部清除；堤基清理应符合设计要求。

（2）地质勘探孔应逐一检查，并在监理人在场时进行处理。

（3）土（砂）方填筑必须在基础处理、隐蔽工程和基坑及地基清理等完工并经监理机构验收合格后才能进行。验收合格的基坑、堤基和地基应及时填筑，以防造成破坏。

6．接缝及刚性接触面处理

（1）土堤碾压施工，分段间有高差的连接或新老堤相接时，垂直堤轴线方向的各种接缝，应以斜面相接，坡度可采用 1:3~1:5。

（2）垂直堤轴线的堤身接缝碾压时，应跨缝搭接碾压，其搭接宽度不小于 3.0 m。

（3）建筑物周边回填土（砂）方，宜在建筑物强度达到设计强度 50%～70% 的情况下施工。

（4）建筑物两侧填土（砂），应保持均衡上升，贴边填筑宜用夯具夯实，铺土（砂）层厚度宜为 15～30 cm。

7. 料场复查与规划

（1）料场复查。施工单位对设计人提供的料场勘察报告和调查试验资料应进行认真核查。料场复查的内容包括：

①填筑体采用的各种土（砂）料的取土（砂）范围和数量。

②土（砂）料场表土开挖厚度及可利用土（砂）层厚度。

③根据施工图纸要求对各种土料进行物理性能复核试验。

④土（砂）料的开挖和运输条件。

⑤土（砂）料的工程地质和水文地质条件。

（2）料场规划：

①取土（砂）区的划分，以及取土（砂）区的排水系统，运输线路、弃土（砂）场等的布置设计。

②上述各系统和料场所需各项设备和设施的布置。

③料场的分期用地计划（包括用地数量和使用时间）。

8. 土（砂）方填筑堤防填筑

土（砂）方填筑堤防填筑必须在堤基处理及隐蔽工程验收合格后进行。

（1）填筑土（砂）料的参数必须符合设计要求，否则不允许进入施工作业面。对于已运至填筑地点的不合格料，施工单位必须挖除并运出施工作业面，并承担相应的合同责任。

（2）施工中必须严格控制填筑层厚度及土（砂）粒径。人工夯实每层厚度不超过 20 cm，土块粒径不大于 5 cm，机械压实每层厚度不超过 30 cm。

每层压实后，经监理机构验收合格后方可铺筑土（砂）料。卸料前应有层厚标尺，以控制铺料厚度，每一填层碾压后，应按 20 m×20 m 加方格布网进行高程测量，据此检查填筑厚度，并作为质量、计量认证依据的附件。

（3）土（砂）方填筑应采用最优含水量（经试验确定）的土（砂）料，且土（砂）料的含水量应控制在最优含水量上下一定范围内，若超出，应采取措施（如翻晒、加水等），使其含水量满足要求后，再进行填筑。施工单位应配备能进行现场含水量快速测定的设备，以便进行土（砂）料填筑的过程控制。

（4）铺料至设计边线时，应在设计边线外侧各超填一定余量，人工铺料宜为 10 cm，机械铺料宜为 30 cm，以保证全部设计断面达到压实度要求。

（5）碾压宜采用进退错距法，在进退方向上一次延伸至整个单元，错距不应大于碾轮宽除以碾压遍数，碾压速度应经碾压试验确定。当采用分段碾压时，相邻两段搭接碾压宽度，顺碾压方向搭接长度不小于 0.5 m，垂直碾压方向搭接宽度不小于 3 m。机械碾压不到的部位，应辅以夯具夯实，夯实时应采用连环套打法，夯迹双向套压，夯压夯 1/3，行压行 1/3 分段。分片夯实时，夯迹搭压宽度应不小于 1/3 夯径。相邻各层的填筑，原则上应均衡上升，当不能均衡上升时，相邻各层的填筑高差应按有关规程、规范，并应采取放坡搭接措施。

（6）施工单位应根据填筑部位的不同,采取不同的压实方法,确保填筑土(砂)方达到设计要求。堤防、站区平台和建筑物两侧及墙后回填等工作面较大时,应采用机械填筑压实;建筑物周边或墙后拐角处的回填土,宜用人工和小型机具夯压密实。新筑堤防、站区平台、建筑物及翼(挡)墙后填筑土方压实度不小于0.93,砂性土压实后相对密度不得小于0.95。

（7）土(砂)方填筑,应采用接近最优含水量的土(砂)料,土(砂)料的含水量应控制在最优含水量的−2%～+3%范围内,如果超出,应采取措施(如翻晒、加水等),使其含水量满足要求后,再进行填筑。

（8）分段填筑时,各段土层之间应设立标志,以防漏压、欠压和过压,上下层分段位置应错开。

（9）由于气候、施工等原因停工的回填工作面应加以保护,复工时必须仔细清理,经监理机构验收合格后方准填土(砂),并做记录检查。

（10）当填土(砂)出现"弹簧"、层间光面、层间中空、松层或剪力破坏现象时,应根据情况认真处理,并经监理机构检验合格后,方可进行下一道工序施工。

（11）下雨前应注意保持填筑面平整,保持一定坡度以利排除积水。下雨时应采取措施以防雨水下渗和避免积水。下雨时或下雨后不允许践踏填筑面,雨后填筑面应晾晒或处理,并经监理机构检验合格后方可继续施工。

（12）负温下施工,压实土(砂)料的温度必须在−1.0 ℃以上,但在风速大于10 m/s时,应停止施工。

（13）填土(砂)中严禁有冰雪和冻块。如因冰雪停止施工,复工前须将表面积雪清理干净,并经监理机构检验合格后方可继续施工。

（14）施工单位应按国家相关规程、规范、合同文件、设计文件和监理机构批准的检测计划进行自检,并应在上一工序完成并报监理机构质量检验合格后,再进行下一工序施工。监理机构应对填筑区域进行抽检,抽检不合格时[如土(砂)质不符合要求,土(砂)块过多、过大、土(砂)料中草皮、树根等杂质未清除干净,或填筑区出现弹簧土、填土(砂)面凹凸超标、干密度或压实度达不到设计要求等],监理机构提出处理意见,包括以下内容:

①扩大抽检范围。

②对不合格部位进行返工处理。

③对抽检范围内的填筑工程全部返工。

④其他处理措施。

（15）施工单位必须按监理机构的指令组织实施,并承担相应的合同责任,监理机构的抽检均在施工单位"三检"合格基础上进行,但并不免除施工单位应承担的合同责任。

9.承包人违规行为处置

施工过程中,承包人若发生以下行为,监理部有权采取口头违规警告、书面违规警告,直至返工、停工整改等方式予以制止。由此而造成的一切经济损失和合同责任,均由承包人承担。

（1）不按批准的施工措施计划实施。

（2）违反国家有关技术规范、安全规程和劳动保护条例施工。

（3）不按监理人批准的取土（砂）范围、开采方式和深度进行土（砂）料的开采。

（4）出现重大安全、质量事故等情况。

（5）其他违反施工承包合同文件的情况。

10. 土方回填质量评定工作组织

每一区段的每一层土石方回填施工完成并经断面测量、地质编录、现场测试满足设计要求后，监理工程师应及时组织承包人、设计单位、项目法人（发包人）、运行管理单位进行隐蔽工程验收，并现场完成重要隐蔽单元工程质量等级签证，具体要求和表式按照《水利水电工程施工质量检验与评定规程》（SL 176—2007）附录 F 执行。

11. 隐蔽单元工程评定工作组织

隐蔽单元工程质量等级签证完成后，承包人应在落实"三检制"的基础上，及时填报工序施工质量验收评定表和单元工程施工质量验收评定表，经监理工程师验收、评定合格后，方可进行下一道工序施工。

（五）检查和检验项目、标准与工作要求

1. 土方填筑的施工质量标准及检查、检验

（1）土料摊铺施工质量标准和检查、检验等有关工作要求应按照《水利水电工程单元工程施工质量验收评定标准—堤防工程》（SL 634—2012）中 5.0.5 章节的有关规定执行。土料摊铺施工质量标准见表 4-2-17，铺料厚度和土块限制直径见表 4-2-18。

表 4-2-17　土料摊铺施工质量标准

项次		检验项目	质量要求	检验方法	检验数量
主控项目	1	土块直径	符合《水利水电工程单元工程施工质量验收评定标准—堤防工程》（SL 634—2012）中表 5.0.5-2 的要求	观察、量测	全数检查
	2	铺土厚度	符合碾压试验或符合《水利水电工程单元工程施工质量验收评定标准—堤防工程》（SL 634—2012）中表 5.0.5-2 的要求，允许偏差为 -0.5~0 cm	量测	作业面积每 100~2 000 m² 检测 1 个点
一般项目	1	作业面分段长度	人工作业不小于 50 m，机械作业不小于 100 m	量测	全数检查
	2	铺填边线超宽值	人工铺料大于 10 cm，机械铺料大于 30 cm	量测	按区段长度每 20~50 m 检测 1 个点
			防渗体：0~10 cm	量测	按区段长度每 20~30 m 或按填筑面积每 100~400 m² 检测 1 个点
			包边盖顶：0~ -10 cm		

（2）土料碾压施工质量标准和检查、检验等有关工作要求应按照《水利水电工程单元工程施工质量验收评定标准—堤防工程》（SL 634—2012）中 5.0.6 章节有关规定执行，软基或土质岸坡开挖施工质量标准见表 6-11。

表 4-2-18　铺料厚度和土块限制直径　　　　　　　　单位:cm

压实功能类型	压实机具种类	铺料厚度	土块限制直径
轻型	人工夯、机械夯	15~20	≤5
	5~10 t 平碾	20~25	≤8
中型	12~15 t 平碾、斗容 2.5 m³ 铲运机、5~8 t 振动碾	25~30	≤10
重型	斗容大于 7 m³ 铲运机、10~16 t 振动碾、加载气胎碾	30~50	≤15

土料碾压填筑的压实质量控制指标应符合下列规定:

①摊铺土料为黏性土或少黏性土时应以压实度来控制压实质量;摊铺土料为无黏性土时应以相对密度来控制压实质量,相对密度指标由设计确定或根据《水利水电工程单元工程施工质量验收评定标准—堤防工程》(SL 634—2012)中表 5.0.7 选取。

②边坡与填筑区顶部填筑(包边盖顶),应按《水利水电工程单元工程施工质量验收评定标准—堤防工程》(SL 634—2012)表 5.0.7 中老堤加高培厚的要求控制压实质量。

③不合格样的压实度或相对密度不应低于设计值的 96%,且不合格样不应集中分布。

④合格工序的压实度或相对密度等压实指标合格率应符合《水利水电工程单元工程施工质量验收评定标准—堤防工程》(SL 634—2012)表 5.0.7 中的有关规定;优良工序的压实指标合格率应超过《水利水电工程单元工程施工质量验收评定标准—堤防工程》(SL 634—2012)表 5.0.7 中规定数值的 5 个百分点或以上。

土料碾压施工质量标准见表 4-2-19。

表 4-2-19　土料碾压施工质量标准

项次		检验项目	质量要求	检验方法	检验数量
主控项目	1	压实度或相对密度	符合设计要求和《水利水电工程单元工程施工质量验收评定标准—堤防工程》(SL 634—2012)中 5.0.7 条的规定	土工试验	每填筑 100~200 m³ 取样 1 个,按区段长度每 20~50 m 取样 1 个
一般项目	1	搭接碾压宽度	平行于区段方向不小于 0.5 m,垂直于区段方向不小于 1.5 m	观察、量测	全数检查
	2	碾压作业程序	应符合《堤防工程施工规范》(SL 260—2014)的规定	检查	每台班 2~3 次

2. 砂砾料填筑的施工质量标准及检查、检验

(1)砂砾料铺填施工质量标准和检查、检验等有关工作要求应按照《水利水电工程单元工程施工质量验收评定标准—土石方工程》(SL 631—2012)中 6.3.4 节的有关规定执行。砂砾料铺填施工质量标准见表 4-2-20。

(2)砂砾料压实施工质量标准和检查、检验等有关工作要求应按照《水利水电工程单元工程施工质量验收评定标准—土石方工程》(SL 631—2012)中 6.3.5 节的有关规定执行。砂砾料压实施工质量标准见表 4-2-21。

表 4-2-20　砂砾料铺填施工质量标准

项次		检验项目	质量要求	检验方法	检验数量
主控项目	1	铺料厚度	铺料厚度均匀,表面平整,连线整齐。允许偏差不大于铺料厚度的10%	按20 m×20 m方格网的角点为测点,定点测量	每个单元不少于10个点
	2	岸坡接合处铺填	纵横向接合部符合设计要求;岸坡接合处填料不应分离、架空;检测点允许偏差0~+10 cm	观察、量测	每条边线,每10延米量测1组
一般项目	1	铺填层面外观	砂砾料铺填力求均衡上升,无团块、无粗粒集中	观察	全数检查
	2	富裕铺填厚度	富裕铺填宽度满足削坡后压实质量要求。检测点允许偏差0~+10 cm	观察、量测	每条边线,每10延米量测1组

表 4-2-21　砂砾料压实施工质量标准

项次		检验项目	质量要求	检验方法	检验数量
主控项目	1	碾压参数	压实机具的型号、规格,碾压遍数,碾压速度,碾压振动频率,振幅和加量应符合碾压试验确定的参数值	按碾压试验报告检查,查阅施工记录	每班至少检查2次
	2	压实质量	相对密度不低于设计要求	查阅施工资料,取样试验	按铺填1 000~5 000 m³取1个试样,但每层测点不少于10个点,渐至顶处每层或每个单元不宜少于5个点;测点中应至少有1~2个点分布在设计边坡线以内30 cm处,或与岸坡接合处附近
一般项目	1	压层表面质量	表面平整,无漏压、欠压	观察	全数检查
	2	断面尺寸	压实削坡后上、下游设计边坡超填值允许偏差为±20 cm;区段长度方向与邻区段接合面距离的允许偏差为±30 cm	测量检查	每层不少于10处

3. 防冲体护脚的施工质量标准及检查、检验

(1)防冲体制备施工质量标准和检查、检验等有关工作要求应按照《水利水电工程单元工程施工质量验收评定标准—堤防工程》(SL 634—2012)中8.0.3节的有关规定执行。散抛石施工质量标准及石笼防冲体制备施工质量标准见表4-2-22及表4-2-23。此外,当设计明确石料的软化系数、抗压强度等指标时,应作为主控项目采取抽样试验检测,检测数量为至少 1 次,质量要求为满足设计要求。

表 4-2-22　散抛石施工质量标准

项次	检验项目	质量要求	检验方法	检验数量
一般项目	石料块重	符合设计要求	检查	全数检查

表 4-2-23　石笼防冲体制备施工质量标准

项次	检验项目	质量要求	检验方法	检验数量
主控项目	钢筋(丝)笼网目尺寸	不大于填充块石的最小块径	观察	全数检查
一般项目	防冲体体积	符合设计要求,允许偏差为 0~10%	检测	

(2)防冲体制备中,预制防冲体、土工袋(包)防冲体、柴枕防冲体的制备不属于土石方工程范畴,故本细则对相关施工质量标准不做详尽规定。在工程实施中确需发生的,可参照《水利水电工程单元工程施工质量验收评定标准—堤防工程》(SL 634—2012)中8.0.3 章节的有关规定执行,并纳入相应的专业工程监理实施细则。

(3)防冲体抛投施工质量标准和检查、检验等有关工作要求应按照《水利水电工程单元工程施工质量验收评定标准—堤防工程》(SL 634—2012)中8.0.4节的有关规定执行。防冲体抛投施工质量标准见表 4-2-24。

表 4-2-24　防冲体抛投施工质量标准

项次		检验项目	质量要求	检验方法	检验数量
主控项目	1	抛投数量	符合设计要求,允许偏差 0~10%	量测	全数检查
	2	抛投程序	符合《堤防工程施工规范》(SL 260—2014)或抛投试验的要求	检查	
一般项目	1	抛投断面	符合设计要求	量测	投抛前、后每 20~50 m测 1 个横断面,每横断面 5~10 m 测 1 个点

4.旁站监理的范围和内容

土石方回填工程施工旁站监理的范围和内容主要包括:①有碾压要求的土石方填筑,应对碾压试验进行旁站见证,并在施工过程中对每区段每一层填筑料的压实施工进行旁站监理;②采用石笼(合金网兜抛石)进行防冲体护脚施工的,应在防冲体制备过程中对块石装笼(网)进行旁站;③利用船舶等设备进行水上作业的防冲体抛投;④毗邻建筑物、管线、边坡等回填料铺填作业;⑤出现高边坡滑塌或根据监测资料显示高边坡即将失稳时,承包人进行的应急排险施工;⑥发生安全事故或质量事故时,承包人进行的现场应急抢险、救援行动。

5.监理工程师的巡视与检查要点

(1)进场回填料的质量核查,判断是否满足设计要求。

(2)回填料的堆放、储备是否按施工组织设计的要求予以落实,判断是否对周边建筑物、土坡稳定产生不利影响。

（3）施工机械、运输车辆等设施的显性工况是否满足施工质量保障要求和施工安全技术要求。

（4）施工沉降观测点埋设及有关数据采集、整理、分析的落实情况。

（5）土方填筑料在铺填前的含水率是否过高，土方填筑经碾压后是否出现"弹簧土"。

6. 监理跟踪检查、检测

在土石方填筑施工作业前后，除丈量、测量和工序施工质量检查与验收等基本的质量控制工作外，现场监理人员还应按有关要求做好石料、合金钢丝等原材料及回填碾压施工质量等取样和平行检测的工作，以确保工程质量。

（六）档案资料的整理

档案资料整理见本章第三节围堰工程监理实施细则中"（六）档案资料的整理"。

（七）质量评定工作要求

质量评定的工作要求参照第三篇第九章中"工程质量评定监理工作内容、技术要求和程序"执行。

（八）采用的表式清单

监理机构在土石方回填工程监理工作中采用的表式清单见表4-2-25。

表4-2-25 土石方回填工程监理工作中采用的表式清单

《水利工程施工监理规范》（SL 288—2014）

序号	表格名称	表格类型	表格编号	页码
1	施工技术方案申报表	CB01	承包[ ]技案号	P67
2	施工设备进场报验单	CB08	承包[ ]设备号	P74
3	施工放样报验单	CB11	承包[ ]放样号	P77
4	联合测量通知单	CB12	承包[ ]联测号	P78
5	施工测量成果报验单	CB13	承包[ ]测量号	P79
6	施工技术交底记录	CB15 附件 2	承包[ ]技交号	P83
7	工序/单元工程施工质量报验单	CB18	承包[ ]质报号	P86
8	旁站监理值班记录	JL26	监理[ ]旁站号	P161
9	监理巡视记录	JL27	监理[ ]巡视号	P162
10	监理机构联系单	JL39	监理[ ]联系号	P175

《水利水电工程施工质量检验与评定规程》（SL 176—2007）

序号	表格名称	页码
1	重要隐蔽单元工程质量等级签证表	P42

《水利水电工程单元工程施工质量验收评定表及填表说明》（2016 年版，上册）

序号	表格名称	页码
1	单元工程施工质量验收评定表	第1部分土石方工程，P3~P25

第五节　基坑开挖支护工程监理实施细则

一、基坑降(排)水工程监理实施细则

(一) 编制依据

本细则适用于基坑降(排)水施工的监理。主要包括集水坑降(排)水、井点降(排)水施工。

其编制依据如下:

(1)工程施工合同文件、监理合同文件、招标投标文件、监理规划、已签发的设计图纸、设计交底、变更等,已批准的施工组织设计、施工方案等。

(2)有关现行规程、规范和规定:

①《水利水电工程施工测量规范》(SL 52—2015)。

②《水闸施工规范》(SL 27—2014)。

③《建筑地基处理技术规范》(JGJ 79—2012)。

④《工程测量规范》(GB 50026—2020)。

⑤《建筑基坑支护技术规程》(JGJ 120—2012)。

(二) 专项工程特点

(1)基坑降(排)水在地下水位比较高的施工环境中,是土方工程、地基与基础工程施工中的一项重要技术措施,能疏干基土中的水分,促使土体固结,提高地基强度,同时可以减少土坡土体侧向位移与沉降,稳定边坡,消除流沙,减少基底土的隆起,使位于天然地下水以下的地基与基础工程施工能避免地下水的影响,提供比较干的施工条件,还可以减少土方量、缩短工期、提高工程质量和保证施工安全。工程降(排)水是基坑工程的一个难点,尤其是在软土地基的基坑开挖中,降(排)水更具有至关重要的作用。基坑降水可以防止流沙、基底的隆起与破坏;增加边坡的稳定性,并防止基坑从边坡或基底的土粒流失;截住基坑坡面及基底的渗水,使得原来地下水位以下的工作变得犹如在地面上一样方便,保证施工的顺利进行和工程质量。

(2)基坑排水包括初期排水和基坑经常性排水。初期排水主要为围堰闭气后进行基坑初期排水,包括基坑积水、基础和堰体渗水、围堰接头漏水、降雨汇水等,初期排水在上下游围堰填筑完成后进行,采用泵抽。经常性排水由基坑渗水、降雨汇水和施工弃水等组成,根据各类井点排水适用的范围,本次设计基坑排水采用轻型井点法排水和管井排水。

(3)基坑水下开挖及涵洞混凝土浇筑采用井点排水,沿开挖边坡由现状高程开挖至井点平台,井点平台高程比背河滩地平均地面高程低 1.0 m,平台宽 4.0 m,井点平台沿基坑四周布置井点管间距 2.0 m。在基坑回填前,陆续拆除井点。

开挖基坑下部一般位于地下水位以下,存在基坑排降水问题,水上基坑临时边坡开挖(未衬砌)可采用 1:1.75~1:2.0 边坡,水下基坑临时边坡开挖(未衬砌)可采用 1:2.0~1:2.5 边坡。

一般采用集水坑降(排)水法的基本为无承压水土层;采用井点降(排)水法施工的主

要为各类砂性土、砂、砂卵石等有承压水的土层。

（三）专项工程开工条件检查

1. 开工条件检查

本专项工程开工条件检查,参照"专项工程开工条件检查"相关内容执行。

2. 现场条件检查

（1）基坑降（排）水施工前,总监理工程师组织专业监理工程师审查承包单位报送的基坑降水专项方案,提出审查意见,并结合深基坑专家评审意见督促承包单位完善施工方案,确保基坑施工过程安全。承包人基坑降水专项方案审查内容见表4-2-26。

表 4-2-26　承包人基坑降水专项方案审查内容

序号	审查内容
1	现场质量、安全、文明施工保证体系组织架构及人员组成
2	施工平面布置（包括施工用电、施工道路、排水系统、运输土方道路布置等）
3	施工组织（包括开挖前准备工作,基坑开挖及支撑施工步骤、顺序等）
4	针对本工程深基坑特点制定有针对性的施工技术措施及预防措施、安全技术措施、应急措施
5	施工进度计划、劳动力和施工机具配备计划、工程材料检测计划等

（2）审查承包单位现场质量保证体系。基坑降（排）水前,总监理工程师审查承包人现场项目管理机构的质量管理体系、技术管理体系和质量保证体系。承包人质量保证体系审查内容见表4-2-27。

表 4-2-27　承包人质量保证体系审查内容

序号	审查内容
1	质量管理、技术管理和质量保证体系的组织机构;质量管理、技术管理制度
2	专职管理人员和特种作业人员的资格证、上岗证

（3）复核测量基准点。专业监理工程师对承包单位报送的施工测量成果报验申请表进行审核,并对测量基准成果及保护措施进行检查,符合要求后,予以签认。

（4）核查施工机械进场安全许可验收手续。施工机械进场后,总监理工程师应组织监理工程师核查承包方机械进场验收手续,在确保正常、安全使用状态的前提下同意承包方投入使用。

（5）检查基坑开挖前准备工作,组织基坑开挖条件验收,满足要求后方同意进行开挖工作。基坑开挖前需满足的条件见表4-2-28。

降水井点在施工7天前,承建单位应对井点布置的轴线、孔位进行实地放样,并将成果报监理机构审核。

表 4-2-28　基坑开挖前需满足的条件

序号	基坑开挖前需满足条件
1	基坑开挖专项方案需经专家组评审,并对专家组评审意见进行回复
2	桩基础混凝土强度满足设计要求
3	地基加固及基坑降水满足设计要求
4	基坑开挖期间使用的机械设备、支撑材料、人员落实到位
5	基坑及周边环境监测点已按要求布置,初始值已设定
6	地面排水系统建立,能确保地表水排水通畅
7	基坑开挖应急预案已经审批,应急物资已落实
8	远程监控系统已经建立

(四)现场监理工作内容、程序和控制要点

1. 基坑降水监理工作程序

基坑降水监理工作程序见图 4-2-2。

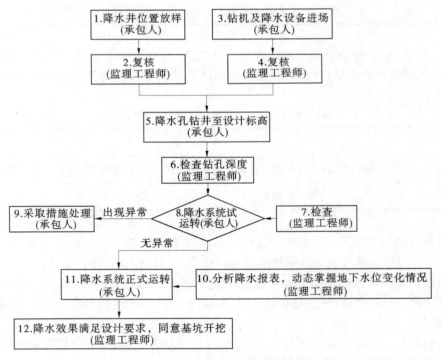

图 4-2-2　基坑降水监理工作程序

2. 基坑降水工程控制要点

(1)分析地质勘察报告,审查《基坑降水专项方案》,基坑降水专项方案审查要点见表 4-2-29。

表 4-2-29　基坑降水专项方案审查要点

序号	监理审查重点
1	根据设计降水深度、含水层分布对降水管井出水能力进行验算
2	施工工艺流程安排
3	降水井管结构布置
4	降水井管间距及平面布置图
5	降水井管结构构造及剖面结构图
6	施工进度计划及机械、劳动力安排

（2）根据设计要求督促承包单位合理安排降水作业（开挖前 30 d 进行,降水至坑底下 1 m 以下）。

（3）基坑降（排）水控制要点。

①集水坑和排水沟应设置在基础底部轮廓线以外一定距离处。

②集水坑和排水沟应随基坑开挖而下降。集水坑底应低于基础底 1.0 m 以下。

③基坑挖深较大时,应分级设置平台和排水设施。

④排水设备能力应与需要抽排的水量相适应,并有一定的备用量。

（4）井点排水控制要点。井点排水可采用轻型井点和管井轻型井点两类。井点类型的选择宜考虑透水层厚、埋深、渗透系数及所要求降低水位的深度与基坑面积大小等因素,进行分析比较确定。

采用井点排水,应根据水文地质资料和降低地下水位的要求进行计算,以确定井点数量、位置、井深、抽水量以及抽水设备型号。必要时,可做现场抽水试验,确定计算参数。

采用轻型井点,基坑宽度大于 6 m 时宜采用双排井点或环形井点布置。降深超过 5 m 时宜采用二或三级（层）井点。孔距一般为 0.8～1.6 m,最大不宜超过 3 m。轻型井点施工应符合下列规定:

①应按以下顺序进行安装:敷设集水总管、沉放井点管、灌填滤料、连接管路、安装抽水机组。

②各部件安装均应严密、不漏气。集水总管、井点管宜用软管连接,集水总管、集水箱宜接近天然地下水位。

③冲孔直径不应小于 300 mm,孔底应比管底低 0.5 m 以上。

④在井点管与孔壁之间填入砂滤料时,管口应有泥浆冒出,或向管内灌水时,能很快下渗,方为合格。

⑤井点系统安装完毕,应及时试抽,合格后将孔口以下 0.5 m 范围用黏性土填塞密封。实际井点数宜为计算数的 1.2 倍,管井井点总降水位宜低于工程要求值 0.5 m。

（5）管井井点施工应符合下列规定:

①管井可用钻孔法成孔,且宜采用清水固壁。当需用泥浆固壁时,应按有关规定

执行。

②管井各段的连接应牢固,清洗、检查合格后方可使用。

③滤网(滤布)应紧固于滤水管上,井底滤料应按级配分层连续均匀铺填。

④成井后,应及时采用分级自上而下和抽停相间的程序抽水洗井。

⑤试抽时,应调整水泵抽水量,达到预定降水高程。

(五)检查和检验项目、标准与工作要求

降水管井管安装质量检验标准见表 4-2-30。

表 4-2-30　降水管井管安装质量检验标准

项次	检查项目	允许偏差或允许值	检查方法
1	井管间距	≤150 mm	量测
2	井管垂直度	1%	目测
3	井管深度	≤200 mm	量测
4	过滤填料灌至深度	≤5 mm	检查回填料用量
5	洗井	—	检查井内水质

(六)档案资料的整理

资料整理见围堰工程监理实施细则中"(六)档案资料的整理"。

(七)质量评定工作要求

质量检验及评定的工作要求参照第三篇第九章中"工程质量评定监理工作内容、技术要求和程序"执行。

(八)采用的表式清单

监理机构在基坑降(排)水监理工作中采用的表式清单见表 4-2-31。

表 4-2-31　基坑降(排)水监理工作中采用的表式清单

《水利工程施工监理规范》(SL 288—2014)

序号	表格名称	表格类型	表格编号		页码
1	现场组织机构及主要人员报审表	CB06	承包[　　]	机构号	P72
2	原材料/中间产品进场报验单	CB07	承包[　　]	报验号	P73
3	施工设备进场报验单	CB08	承包[　　]	设备号	P74
4	施工放样报验单	CB11	承包[　　]	放样号	P77
5	联合测量通知单	CB12	承包[　　]	联测号	P78
6	监理巡视记录	JL27	监理[　　]	巡视号	P162

二、基坑支护工程监理实施细则

(一) 编制依据

本细则适用于基坑降排水及支护工程的监理,主要包括基坑降排水设施及钢管围护桩施打安装、基坑围护支撑体系钢结构安装、基坑开挖、基坑围护系统安全监测。

其编制依据如下:

(1)工程施工合同文件、监理合同文件、招标投标文件、监理规划,已签发的设计图纸、设计交底、变更等,已批准的施工组织设计、施工方案等。

(2)《水利工程施工监理规范》(SL 288—2014)。

(3)《工程建设标准强制性条文(水利工程部分)》(2020 年版)。

(4)《水利水电工程施工质量检验与评定规程》(SL 176—2007)。

(5)《建筑基坑支护技术规程》(JGJ 120—2012)。

(6)《建筑深基坑工程施工安全技术规范》(JGJ 311—2013)。

(7)《建筑地基基础工程施工质量验收规范》(GB 50202—2018)。

(8)《建筑基坑工程监测技术标准》(GB 50497—2019)。

(9)《国家一、二等水准测量规范》(GB/T 12897—2006)。

(10)《工程测量标准》(GB 50026—2020)。

(11)《水利水电工程施工测量规范》(SL 52—2015)。

(12)《钢结构工程施工规范》(GB 50755—2012)。

(13)《钢结构工程施工质量验收标准》(GB 50205—2020)。

(14)其他相关标准规范。

(二) 专项工程特点

基坑支护工程是集基坑开挖、围护桩施工、支撑钢结构安装以及基坑安全监测于一体的系统工程。

基坑支护的安全稳定性不仅是确保主体工程地下部分施工质量的基础,更关系到施工期间人员作业安全。

基坑支护、开挖、监测施工工艺:测量放线→钢管桩打入→围护桩施工→基坑开挖→第一层支撑安装→基坑开挖(安全监测)→第二层支撑安装→基坑开挖(安全监测)→建基面。

(三) 专项工程开工条件检查

(1)本专项工程开工条件检查,参照第二篇第一章第二节中"专项工程开工条件检查"相关内容执行。

(2)现场条件:

①施工现场已完成设计、勘察交底。

②基坑围护设计和施工方案通过专家评审,评审意见已予落实或整改。

③基坑开挖、围护结构堵漏施工方案已审批,已向管理层和作业层进行了交底,监理细则已通过审批和交底。

④地基处理已完成,已有检测报告并达到设计要求。

⑤降水(降压)已按设计要求完成并通过专家评审,现场运行满足开挖要求。

⑥施工现场坑外排水措施已落实。

⑦调查基坑周围的保护构筑物、管线等现有状况,以及能承受变形的能力,并且制定好切实可行的保护措施。

⑧周围环境及基坑监测控制按批准监测方案已布点,且已测取初始值。

⑨围护结构施工阶段遗留问题已按要求解决或已制定相应的方案。

⑩人员、设备、支撑都已到位。

⑪对本工程潜在的风险进行辨识和分析,有针对性、可操作性的应急预案编制完成并落实抢险设备、材料、人员、方案。

(四)现场监理工作内容、程序和控制要点

基坑支护监理主要工作内容包括原材料、施工设备和安全监测设备管理,围护桩施工、支撑钢结构安装、基坑开挖及基坑安全监测监理工作。

1.原材料、施工设备和安全监测设备管理

基坑支护工程原材料主要包括各种型钢、板材、电焊条等;钢管桩围护主要材料有钢管;灌注桩围护主要原材料有水泥、钢筋和砂石骨料。

施工设备包括汽车起重机,平板拖车,液压千斤顶,气割、气刨和电焊设备,钢管打桩机(钢管桩),长臂挖掘机,短臂挖掘机,精密水准仪(配测微器),经纬仪或全站仪,不锈钢标头,钢板应变计,电测水位计,活动式测斜仪等。钢管桩打设主要设备是钢管打桩机,灌注桩施工主要设备是拌和系统和桩机。

2.围护桩施工监理

基坑支护围护桩类型主要有钢管桩和灌注桩围护。钢管桩围护具有施工便利、快速成型的优点,灌注桩施工工艺成熟、可靠性较高。

1)钢管桩围护

(1)钢管桩施工工艺流程:测量定位—桩机就位—吊桩、稳桩(调整垂直度)—静力压桩—接桩—送桩。

(2)检查运至现场的钢管桩长度和型号必须符合设计要求。

(3)检查桩顶和其他标高刻度线,必须满足沉桩标高控制要求。

(4)在沉桩施工过程中,监理人员必须在沉桩测量控制点旁站,并对每一根桩沉桩过程中发生的异常情况做好记录。对钢管桩接桩焊接质量进行外观检查,确保焊接饱满,无咬边,并督促施工单位进行焊缝探伤自检,监理按比例进行平行检测。

(5)严格按照设计停锤标准要求控制现场沉桩的停锤,以贯入度控制为主,桩底标高作为校核。具体控制标准暂定如下:

①嵌岩桩。嵌岩钢管桩终锤标准初定为最后3阵锤(2挡)的平均贯入度为不大于8 mm/击(每阵10击);当沉桩贯入度已达到控制贯入度,而桩顶未达到设计标高,且桩端距设计标高不超过1.5 m时可以终锤;当桩端已达到设计标高而贯入度仍较大时,应继续捶击使其贯入度接近控制贯入度。

②打入桩。打入桩管桩终锤标准初定为最后3阵锤(3挡)的平均贯入度为不大于5 mm/击(每阵10击);当沉桩贯入度已达到控制贯入度,而桩顶未达到设计标高,且桩端

距设计标高不超过 1.5 m 时可以终锤,应继续捶击至最后 3 阵锤的平均贯入度为不大于 3 mm/击(每阵 10 击);当桩端距设计标高超过 1.5 m 时,应终锤,并上报监理机构与设计单位,研究改为嵌岩桩的可能性;当桩端已达到设计标高而贯入度仍较大时,应继续捶击使其贯入度接近控制贯入度。对于出现异常的桩或沉桩未能达到上述标准的,应报设计、监理单位研究解决。

(6)检查施工单位沉桩施工原始记录,按规定要求施工单位在每根桩沉桩后即测出沉桩桩顶施工偏位值。根据对一阶段桩的沉桩偏位情况的分析和工程地质特点,及时要求施工单位调整桩基定位下桩预控提前量,以确保沉桩后桩顶偏位值满足设计和规范要求。

2)灌注桩围护

灌注桩施工监理详见本章第六节中"二、钻孔灌注桩工程监理实施细则"。

3.支撑钢结构安装

基坑围护支撑体系由钢管桩、钢围檩、钢支撑及格构柱组成,在支护钢管桩打设结束、第一层土方剥离后,即可进行第一道钢支撑安装。钢支撑安装顺序为:支撑牛腿焊接—围檩安装固定—格构柱纵梁焊接—钢支撑安装—钢支撑抱箍固定—给支撑施加预应力—完成。

钢支撑一端为固定端,另一端为活动端。采用吊车吊装就位,钢管支撑之间用高强螺栓连接。钢支撑吊装就位后,将活动端拉出顶住钢围檩,用液压千斤顶施加预应力,严格按照设计要求分级施加预应力,第一级施加 50%~80%,通过调整螺栓螺帽,无异常情况后,施加第二次预应力,达到设计要求。

监理控制重点包括对两次预应力数值进行核对,确保各道钢支撑受力均匀。对安装精度进行复核,钢支撑轴线偏差小于 20 mm,立柱垂直度偏差不大于基坑开挖深度的 1/300,支撑与立柱轴线偏差不大于 50 mm,支撑水平投影轴线偏差不大于 30 mm,支撑标高偏差不大于 20 mm。

4.基坑开挖

严格按批准的施工方案控制基坑内土方开挖,遵循"开槽支撑、先撑后挖、分层分块、对称开挖"的原则,严格控制基坑变形;加强对钢支撑的保护,防止作业设备触碰钢支撑。根据每天监测数据包括轴力、位移、沉降等,确保钢支撑系统的稳定性,并随时进行加固处理。

5.基坑安全监测

基坑安全监测主要内容包括设置围护结构垂直、水平位移监测,钢支撑内力监测,深层水平位移(测斜)监测,基坑内外地下水位监测与地表沉降(垂直位移)监测项目。

监理机构应对基坑稳定情况进行巡视检查,检查内容包括围堰表面、基坑边坡及周围地面等是否出现裂缝、滑坡等变形。对巡视检查中发现的薄弱地段制定相应措施。基坑边坡表面及环境建筑物等出现肉眼可见的裂缝时,应在裂缝的中部和两端做标记,及时进行观测,布设裂缝观测点。

(五)检查和检验项目、标准与工作要求

基坑支护工程的检查和检验项目主要包括:钢管桩或灌注桩的施工平面位置及高程

误差,钢管桩焊接质量;钢支撑安装尺寸误差及焊接质量;基坑开挖程序、分段分块尺寸及每层高度误差;安全监测数值是否超出设计或规范报警值等。

钢管桩质量评定表详见《建筑地基基础工程施工质量验收规范》(GB 50202—2002)表5.5.4-1及表5.5.4-2的规定。钢支撑系统质量评定表详见《建筑地基基础工程施工质量验收规范》(GB 50202—2002)表7.5.6。基坑开挖质量评定表详见《建筑地基基础工程施工质量验收规范》(GB 50202—2002)表6.2.4。安全监测质量标准详见《建筑基坑工程监测技术规范》(GB 50497—2009)。

(六)档案资料的整理

资料整理见本章第三节围堰工程监理实施细则中(六)档案资料的整理。

(七)质量检验及评定

质量评定参照第三篇第九章中"工程质量评定监理工作内容、技术要求和程序"执行。

(八)采用的表式清单

深基坑支护工程监理工作中采用的表式清单见表4-2-32。

表4-2-32　深基坑支护工程监理工作中采用的表式清单

序号	表格名称	表格类型	表格编号	页码
1	现场组织机构及主要人员报审表	CB06	承包[　　]机构号	P72
2	原材料、中间产品进场报验单	CB07	承包[　　]报验号	P73
3	施工设备进场报验单	CB08	承包[　　]设备号	P74
4	施工放样报验单	CB11	承包[　　]放样号	P77
5	工程设备采购计划申报表	CB16	承包[　　]设采号	P84
6	事故报告单	CB21	承包[　　]事故号	P89
7	旁站监理值班记录	JL26	监理[　　]旁站号	P161
8	监理巡视记录	JL27	监理[　　]巡视号	P162

《建筑基坑工程监测技术规范》(GB 50497—2019)

序号	表格名称	页码
1	水平位移与竖向位移记录表	P31
2	支护系统深层水平位移记录表	P32
3	桩、墙体内力及土压力、孔隙水压力记录表	P33
4	支撑轴力监测记录表	P34
5	地下水位、沉降、隆起监测记录表	P35
6	巡视监测日报表	P36

第六节　地基处理与加固工程监理实施细则

　　闸基一般存在渗透变形、地震液化、抗滑稳定、沉降变形、抗冲刷淘刷、边坡稳定性等工程地质问题。工程区的粉质黏土、粉质壤土、沙壤土渗透变形类型为流土,粉砂的渗透变形类型以管涌为主。

　　闸基一般需要处理后方可作为基础持力层,下游涵闸改建基础处理设计上采用水泥土搅拌桩、CFG 桩等地基处理方案或采用预制管桩、钻孔灌注桩等桩基方案。本项工程基础处理加固采用水泥土搅拌桩、混凝土灌注桩、高压旋喷桩和预制混凝土管桩(PHC)四种形式。

一、水泥搅拌桩工程监理实施细则

(一)编制依据

本细则适用于桩基水泥土搅拌桩施工,其编制依据如下:

(1)工程施工合同文件、监理合同文件、招标投标文件、监理规划,已签发的设计图纸、设计交底、变更等,已批准的施工组织设计、施工方案等。

(2)有关现行规程、规范和规定:

①《水利工程施工监理规范》(SL 288—2014)。

②《建筑地基处理技术规范》(JGJ 79—2012)。

③《工程建设标准强制性条文(水利工程部分)》(2020 年版)。

④《建筑桩基技术规范》(JGJ 94—2008)。

⑤《水利水电工程施工质量检验与评定规程》(SL 176—2007)。

⑥《水利水电建设工程验收规程》(SL 223—2008)。

⑦《建筑基桩检测技术规范》(JGJ 106—2014)。

⑧《水工混凝土施工规范》(SL 677—2014)。

⑨《水泥土桩复合地基技术规程》(DB13(J)/T 39—2016)。

⑩其他相关标准规范。

(二)专项工程特点

水泥搅拌桩是软基处理的一种有效形式,将水泥作为固化剂的主剂,利用搅拌桩机将水泥喷入土体并充分搅拌,使水泥与土发生一系列物理化学反应,使软土硬结而提高地基强度。水泥土搅拌桩的施工工艺分为浆液搅拌法和粉体搅拌法,适用于处理淤泥、淤泥质土、素填土、软-可塑粉黏土、松散-中密粉细砂、稍密-中密粉土、松散-稍密中粗砂和砾砂、黄土等土层。

(三)专项工程开工条件检查

1.专项工程开工条件检查

本专项工程开工条件检查参照第二篇第一章第二节中"专项工程开工条件检查"相关内容执行。

2. 施工前的准备检查

施工前的准备检查包括如下内容：

（1）施工场地。搅拌桩施工场地应事先平整,清除桩位处地上的一切障碍物(包括石块、树根和垃圾等),场地低洼时应按设计要求回填至交工面。

（2）桩位放样。依据设计图纸审核承包人的桩位放样复核记录,并进行现场抽检,抽检频率 20%～25%,要求桩位定位平面偏差小于 5 cm。

（3）检查进入现场的水泥按批进行试验,要有试验报告、出厂检验报告。严禁使用过期、受潮、结块、变质的劣质水泥。搅拌用水应符合《混凝土用水标准》(JGJ 63—2006)。

（四）现场监理工作内容、程序和控制要点

1. 施工过程控制

水泥搅拌桩施工过程中,监理机构应进行旁站监理,监督承包人以下工作：

（1）施工前应处理地上和地下障碍物。场地应平整,遇有洼地积水时应抽水清淤,回填黏性土并压实,不应回填杂填土。

（2）应根据设计进行工艺性试桩,数量不少于 2 根。当桩周为成层土时,对软弱土层宜增加搅拌次数或增加水泥掺量。

通过工艺性试桩确定水泥浆的水灰比、泵送时间、搅拌头的提升速度、复搅深度等参数,以保证水泥用量能足额掺入。其提升速度宜控制在 0.5～0.8 m/min。

（3）搅拌桩机应配置自动记录喷浆(粉)量及搅拌深度的记录仪。搅拌头的直径应定期检查,其磨耗量不应大于 10 mm。

（4）施工中应保持搅拌桩机底盘水平和导向架竖直,桩机应设有纠偏系统,确保钻进过程电塔架和钻杆的垂直度,搅拌桩的垂直偏差不大于 1%;桩位的允许偏差量为 50 mm;成桩直径和桩长不小于设计值。施工机具安装。施工机械就位要平稳,钻机平面要水平,钻杆要对中,偏差不得大于 5 cm,钻杆导向架要垂直,垂直度要小于 1.5%。

（5）水泥浆配置。严格按最佳水灰比进行调制配合比,用砂浆搅拌机拌和,每次搅拌不得少于 3 min,使水泥浆充分搅拌均匀。制作好的水泥浆,放入罐(池)中,指定有专人进行搅拌,确保水泥浆稠度均匀,放入量不得少于每根桩计划用量外加 50 kg 的总量。

（6）水泥土搅拌桩施工应采取下列主要步骤：

①搅拌机械就位、调平。

②预搅下沉至设计加固深度。

③边喷浆(粉)边搅拌提升直至预定的停浆(粉)面。

④重复搅拌下沉至设计深度。

⑤根据设计要求,喷浆(粉)或仅搅拌提升直至预定的停浆(粉)面。

⑥关闭搅拌机械。

（7）水泥搅拌桩施工工序。

①督促施工人员在钻机的钻杆上依据设计桩长做明显标志,以便现场施工人员及检查人员准确掌握钻孔深度,避免下钻深度不足。

②钻头下钻前应进行试喷,确认能够正常喷浆时方可下钻,待下到设计深度时,方可开始喷浆。首先,应在桩底连续喷浆 30 s 左右,然后方可匀速提升喷浆,提升时压浆泵的

压力为 0.4～0.6 MPa,提升至离地面 50 cm 处停止喷浆,然后重复搅拌下沉到底,重复喷浆搅拌提升,搅拌提升 2～3 次。钻进、提升速度应控制在 0.5～1.0 m/min,喷浆压力和钻杆升降速度应互补同步,确保整桩搅拌均匀。桩顶高出设计桩顶面的 30 cm 范围内挖除后采用 30 cm 厚的碎石垫层回填。

③桩机操作者与拌浆人员要保持密切联系,保证机械搅拌喷浆时连续供浆,不得中断,严禁在尚未喷浆的情况下进行搅拌提升。供浆因故暂停时,应立即通知操作者,为防止断桩,采取补喷处置措施,在断浆面上下重复搭接应大于 0.5 m。

④在整个注浆过程中,常有冒浆的产生,在冒浆过程中,有一定数量的土粒随着一部分浆液沿着注浆管壁冒出地面,冒浆量小于注浆量的 20% 为正常,超过 20% 或完全不冒浆时,应要求查明原因,采取相应措施。

⑤施工中,发现喷浆量不足,应要求整桩复搅复喷,复喷的喷浆量仍应不少于设计量。如遇停电、机械故障等原因使喷浆中断时,应及时记录中断深度,在 12 h 内采取补喷处理措施,并将补喷情况填报于施工记录内。补喷重叠孔段应大于 100 cm,超时 12 h 应采取补桩措施。

⑥承包人在钻杆钻进遇到较硬土层下沉困难时,需报监理工程师批准后,方可足量冲水。随着施工进展,应随时复核桩位位置,以防人为、机械震动等因素造成桩位发生偏离。钻头直径磨损量不得大于 1 cm。

⑦施工时,停浆(灰)面应高于桩顶设计标高 0.3～0.5 m。桩头宜人工凿除。

⑧承包人在搅拌桩施工中,应认真做好施工记录,施工记录应包括下列内容:

a. 施工桩号,施工日期,天气情况。

b. 记录搅拌机每米下沉或提升的时间,供浆与停浆时间,钻进深度、停浆面标高等以及每根桩所用水泥浆总量。

c. 砂浆泵压力、管道压力。

d. 每罐(池)浆液的水泥和水以及外掺剂的用量。

e. 每米喷浆量,储料罐(池)内浆液剩余量。

f. 要求施工人员进行上岗培训,认真执行作业规定,保证工程质量。操作规程及主要技术参数现场挂牌注明。

2. 监理工作程序

水泥搅拌桩工程监理工作程序见图 4-2-3。

3. 控制要点

(1)检查施工场地、回填面高程、桩位的放样。

(2)水泥的质量检测、水灰比的控制、泥浆的搅拌质量。

(3)施工机械的平稳,钻机平面水平,钻杆的对中。

(4)钻进、提升与喷搅的速度、压力等过程控制。

(5)喷浆的深度与复喷、补喷。

(6)每根桩水泥浆用量的总量检查。

(7)单桩或复合地基承载力满足设计要求。

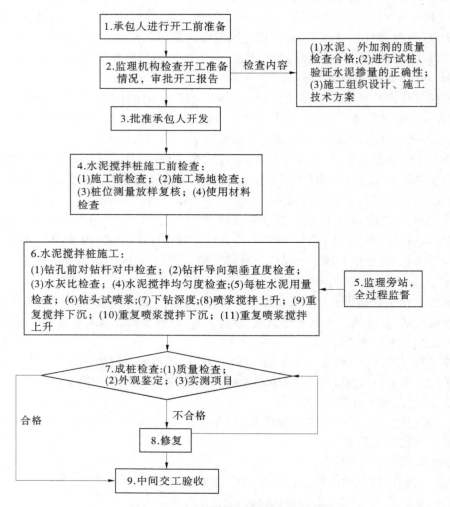

图 4-2-3　水泥搅拌桩工程监理工作程序

(五)检查和检验项目、标准和工作要求

1. 质量检验

(1)要求承包人开挖自检,用目测法检查桩体成型情况、搅拌均匀程度,如实做好记录。开挖深度为 0.5~1.0 m,如发现凝体不良等情况,应报废补桩。

(2)成桩 3 天内,用轻型动力触探(N₁₀)检查桩身的均匀性,检测数量为总桩数的 2%,且不少于 3 根。成桩 28 天,采用钻孔取芯法检测桩身无侧限抗压强度,检测数量为总桩数的 0.5%,且不少于 3 根。

(3)监理工程师可在成桩 28 天后,随机抽检单桩或复合地基承载力。由单桩或复合地基载荷试验测试其承载力,检验桩身质量。随机抽检的桩数不宜少于总桩数的 0.2%,并不得少于 3 根。试验用最大载荷为单桩或复合地基设计荷载的 2 倍。

(4)在对搅拌桩进行检验时,钻孔后留下的空洞应采用与原桩每米水泥含量相同并搅拌均匀的水泥土回填并挤压密实,也可采用同等强度的水泥砂浆回灌密实。

2. 外观鉴定

（1）桩体圆匀，无缩颈和凹陷现象。

（2）搅拌均匀，凝体无松散。

（3）群桩桩顶齐平，间距均匀。

（4）水泥土搅拌桩外观质量检验标准见表 4-2-33。

表 4-2-33　水泥土搅拌桩外观质量检验标准

项次	项目	规定值或允许偏差	检查频率
1	桩距	±10 cm	抽查桩数 2%
2	桩径	不小于设计值	抽查桩数 2%
3	竖直度	不大于 1%	用经纬仪检查
4	桩长	不小于设计值	喷浆前检查钻杆长度，成桩 28 d 后钻孔取芯
5	单桩每延米水泥掺入量	不小于设计值	100%
6	桩位无侧限抗压强度	不小于设计值	桩头及桩身、桩底取样 1.5%（直径 100 mm）
7	单桩或复合地基承载力	不小于设计值	按规定方法和数量检查

（六）档案资料整理

资料整理见本章第三节围堰工程监理实施细则中"（六）档案资料的整理"。

（七）质量评定工作要求

质量检验及评定的工作要求参照第三篇第九章中"工程质量评定监理工作内容、技术要求和程序"执行。

（八）采用的表式清单

监理机构在水泥搅拌桩施工监理工作中常用的表式清单见表 4-2-34。

表 4-2-34　水泥搅拌桩施工监理工作中常用的表式清单

《水利工程施工监理规范》（SL 288—2014）

序号	表格名称	表格类型	表格编号		页码
1	现场组织机构及主要人员报审表	CB06	承包[	]机构号	P72
2	原材料/中间产品进场报验单	CB07	承包[	]报验号	P73
3	施工设备进场报验单	CB08	承包[	]设备号	P74
4	施工放样报验单	CB11	承包[	]放样号	P77
5	工程设备采购计划申报表	CB16	承包[	]设采号	P84
6	施工质量缺陷处理方案报审表	CB19	承包[	]缺方号	P87
7	施工质量缺陷处理措施计划报审表	CB20	承包[	]缺陷号	P88
8	旁站监理值班记录	JL26	监理[	]旁站号	P161
9	监理巡视记录	JL27	监理[	]巡视号	P162
10	工程质量平行检测记录	JL28	监理[	]平行号	P163
11	工程质量跟踪检测记录	JL29	监理[	]跟踪号	P164

二、钻孔灌注桩工程监理实施细则

(一)编制依据

本细则适用于基础加固工程的钻孔灌注桩施工,其编制依据如下:

(1)工程施工合同文件、监理合同文件、招标投标文件、监理规划,已签发的设计图纸、设计交底、变更等,已批准的施工组织设计、施工方案等。

(2)有关现行规程、规范和规定:

①《水利工程施工监理规范》(SL 288—2014)。

②《建筑地基处理技术规范》(JGJ 79—2012)。

③《工程建设标准强制性条文(水利工程部分)》(2020年版)。

④《建筑桩基技术规范》(JGJ 94—2008)。

⑤《水利水电工程施工质量检验与评定规程》(SL 176—2007)。

⑥《水利水电建设工程验收规程》(SL 223—2008)。

⑦《建筑基桩检测技术规范》(JGJ 106—2014)。

⑧《水工混凝土施工规范》(SL 677—2014)。

⑨《水电水利工程施工测量规范》(DL/T 5173—2012)。

⑩《水利水电基本建设工程单元工程质量等级评定标准 第1部分:土建工程》(DL/T 5113.1—2005)。

⑪《建筑地基基础工程施工质量验收规范》(GB 50202—2018)。

⑫《钻孔灌注桩施工规程》(DZ/T 0155—95)。

⑬其他相关标准规范。

(二)专项工程特点

施工工艺流程:测量放线→埋设护筒→钻机就位→泥浆制备→钻进成孔→钢筋笼制作与安装→导管安装→混凝土搅拌、运输、灌注→成桩移位。

混凝土灌注桩采用泥浆护壁法,CZ-22冲击钻造孔,0.4 m³搅拌机现场拌制混凝土,手推胶轮车运输送入料斗,直升导管法进行浇筑。

钻孔灌注桩支护墙体的特点有:施工时无振动、无噪声等环境公害,无挤土现象,对周围环境影响小,墙身强度高、刚度大,支护稳定性好、变形小,当工程桩也为灌注桩时,可以同步施工,从而有利于组织施工、方便施工、缩短工期。钻孔灌注桩围护墙是排桩式中应用最多的一种,在我国得到广泛的应用,其多用于坑深7~15 m的基坑工程,在我国北方土质较好的地区已有8~9 m的臂桩围护墙。

(三)专项工程开工条件检查

1.专项工程开工条件检查

本专项工程开工条件检查参照第二篇第一章第二节中"专项工程开工条件检查"相关内容执行。

2.现场开工条件检查

(1)承包人应按照合同要求在桩基加固工程开工前完成地质复勘工作,了解、掌握施工区地质情况,并编制复勘工程地质剖面图,以此确定桩基加固施工工艺和施工参数。

（2）桩基加固工程开工前，承包人应根据设计图纸完成桩位轴线放样和标高复核，并将测量资料报送监理人复核。

（3）钻孔灌注桩工程开工前28天，承包人应按照设计要求，完成拟使用的混凝土的配合比试验，其力学指标应满足施工合同技术条款和设计文件的有关要求，施工配合比须报经监理人审查批准。试验中所用的材料来源应符合合同要求且与实际施工中使用材料一致。

（4）在进行混凝土配合比试验前，承包人应通知监理人，以便监理人在必要时能从材料取样开始时对试验全过程进行检查、监督和认证。

（5）所使用的原材料（包括钢材、水泥、砂石骨料、外加剂及掺合料等）均应有产品合格证、检验报告等。同时承包人应按有关施工技术规范或监理人批准的检测计划中规定的数量和批量进行抽样检验。所有上述资料必须于施工开始前报送监理人审查认可。

（四）现场监理工作内容、程序和控制要点

施工过程中，承包人应按报经批准的施工措施计划和施工技术规范按章作业、文明施工，加强质量和技术管理，监理工程师应对原始资料的记录进行检查。当发现作业效果不符合设计或施工技术规程、规范要求时，应要求承包人及时修订施工措施计划，报送监理机构批准后执行。

1. 原材料质量控制

（1）所使用的水泥，应有产品出厂日期和厂家的品质试验报告，承包人实验室必须按规定进行复检，必要时还应进行化学分析。试验检查项目包括水泥强度等级、凝结时间、体积稳定性等。

（2）所使用的砂石骨料，应符合技术规范要求，承包人必须按规定进行抽样试验，每批进料抽样试验数量不少于3组，试验成果应报送监理人审核。检测项目包括细度模数、比重、吸水率、含泥量、针片状含量、有机物含量和超逊径含量。

（3）所使用的钢材（规格、品种、力学指标）性能，应符合国家规定，必须有出厂质量合格证书和标牌。证书、标牌齐全者必须经过批量质量抽样检查合格后方可使用，有关证书、标牌和抽样检查的记录，承包人应按月报监理人审核。

2. 钻孔机具

钻孔灌注桩的钻孔机具与工艺，应根据工程地质、桩型、钻孔深度、泥浆排放处理条件等综合考虑，可选用旋挖、回转、冲击、冲抓、潜水结扩等钻机。

3. 桩位控制

（1）承包人必须按设计要求对每个桩孔进行测量放样，并经监理人检查合格后方可进行下一工序施工。

（2）为保证放样准确无误，对每根桩必须进行3次定位，即第一次定位挖、埋设护筒；第二次校正护筒；第三次在护筒上用十字交叉法定出桩位。

4. 护筒设置

（1）护筒应采用4~8 mm厚钢板制作，用回转钻机时，护筒内径宜大于钻类直径100 mm；用冲击、冲抓钻机时，护筒内径宜大于钻头直径200 mm。

（2）护筒埋置应稳定，其中心线与桩位中心的允许偏差为±50 mm；竖直倾斜偏差不大于 1%。

（3）护筒顶端应高出地面 0.3 m 以上。当桩位土层有承压水时，应保持孔内泥浆面高出承压水位 1.5~2.0 m。

（4）护筒的埋设深度在黏性土中不宜小于 1.0 m，在砂土中不宜小于 1.5 m，在回填土中应超过填土层 200 mm。护筒与坑壁之间应分层回填黏性土并对称夯实。

5. 泥浆制备

（1）在黏性土中成孔时，可注入清水，以原土造浆护壁。排渣泥浆的密度应控制在 1.1~1.2 g/cm³。

（2）在不能自行造浆的土层中成孔时，应制备泥浆。可选用高塑性黏土（$I_p \geqslant 17$）或膨润土，并根据施工机械、工艺和穿越土层情况进行配合比设计。在砂土和夹砂土层中成孔时，泥浆密度应控制在 1.1~1.3 g/cm³；在砂卵石或易坍孔的土层中成孔时，泥浆密度应控制在 1.3~1.5 g/cm³，在易产生泥浆渗漏的土层应采取维持孔壁稳定的措施。

（3）制备泥浆的黏度为 18~22 s，含砂率为 4%~8%、胶体率不小于 90%。

（4）施工中，应经常在孔内取样，测定泥浆的密度。

（5）废弃的泥浆、泥渣应进行妥善处理，不应污染环境。

6. 钻孔过程控制

（1）开钻前，必须对开钻桩位进行复核，确认无误后进行钻机定位、平整、稳固，确保施工中不发生倾斜、移位。钻机垂直度允许偏差小于 0.5%，钻机回转盘中心与设计桩位中心偏差小于 20 mm，并按要求设置导向装置。以上工作承包人自检合格并经监理工程师认可后方可开钻。

（2）钻机安置应平稳，不应产生沉陷或位移。

（3）钻进时，应注意土层变化情况并填写记录。

（4）当桩孔深度达到要求后，应及时进行孔位、孔径、孔深、垂直度的检测和清孔，并填写检查、清孔记录。清孔应符合下列规定：

①孔壁土质较好且不易坍孔时，可采用空气吸泥机清孔。

②用原土造浆的桩孔，可采用清水换浆，清孔后泥浆密度应控制在 1.1 g/cm³ 左右。

③孔壁土质较差时，宜循环置换泥浆清孔，清孔后的泥浆密度控制在 1.15~1.25 g/cm³。

④清孔过程中，必须保持泥浆面稳定。

⑤清孔后，孔底以上 0.2~0.5 m 内的泥浆密度应小于 1.25 g/cm³，含砂率不大于 8%，黏度不大于 22 s。

⑥清孔后孔底沉渣厚度：端承型桩应小于 50 mm，摩擦型桩应小于 100 mm，对抗拔、抗水平力桩应小于 200 mm。

（5）桩机试成孔施工，宜在与桩位相同的土层中进行。

（6）终孔检查。

①清孔检查。当钻孔至设计孔深，经检查认可后，即可进行清孔。清孔后孔内泥浆比重应达到 1.1~1.2 g/cm³，黏度 18~22 s，含砂率小于 6%，胶体率大于 90%，沉渣厚度小于 100 mm。

②终孔检查。清孔后应立即检查成孔质量,并填写施工记录。成孔质量必须符合如下要求:深度不小于设计孔深,桩径容许偏差小于 5 cm,垂直度容许偏差小于 1%,边桩桩位容许偏差小于 100 mm,中间桩桩位容许偏差小于 150 mm,孔底沉渣容许厚度小于100 mm。

(7)灌注桩钻孔的施工允许偏差应符合表 4-2-35 的规定。

表 4-2-35　灌注桩钻孔的施工允许偏差

项目	允许偏差
孔的中心位置偏差	单排桩,100 mm;群桩,150 mm
孔径偏差	50 mm
孔斜率	小于 1%
孔深	不小于设计孔深

7. 钢筋笼制作

钢筋笼制作必须符合设计和规范要求,并经监理人检查合格后方可进行吊装。

(1)钢筋笼制作的允许偏差除按《水闸施工规范》(SL 27—2014)表 7.3.4 条执行外,还应满足主筋间距允许偏差为±10 mm、螺旋筋螺距允许偏差为±20 mm。

(2)钢筋骨架的焊接、固定以及保护层的控制应符合下列规定:

①分段制作钢筋骨架时,应对各段进行预拼接,做好标志;其接头宜采用焊接或机械连接,焊接时两侧钢筋对称施焊,以保持其垂直度。

②钢筋笼安放应对准孔位,避免碰撞孔壁,不应自由落下,钢筋骨架的顶端应固定,以保持其位置稳定,避免上浮。

③钢筋保护层的混凝土环形垫块宜设置在加劲箍筋上,加劲箍筋宜设在主筋外侧的采取定位、固定措施,保证安装质量。

8. 导管配置

导管配置长度应满足桩长要求,底管长度不小于 4 m,控制导管底部至孔底距离为30~50 cm。导管使用前须试拼、试压,检查密闭性,试水压力为 0.6~1.0 MPa。

(1)导管直径宜为 200~250 mm,导管接头处外径应比钢筋笼内径小 100 mm 以上,接头宜采用双螺纹方扣快速接头。

(2)导管使用前应预拼装和压水试验,试水压力为 0.6~1.0 MPa,预拼装后编号堆放。

(3)导管安装时应检查导管是否破损或有污垢,按编号拼接,安装严密。

(4)拆下的每节导管应及时清洗。

(5)使用的隔水栓应有良好的隔水性能,并能顺利排出,可采用与桩身混凝土强度等级相同的细石混凝土制作。

9. 混凝土灌注

(1)配合比应通过试验确定,混凝土应具有良好的和易性。

(2)粗骨料最大粒径应不大于导管内径的 1/6 和钢筋最小间距的 1/3,并不大于40 mm。

（3）砂率宜为 40%～50%，宜选用中粗砂，宜掺用减水外加剂，水灰比不宜大于 0.6。

（4）坍落度宜为 180～220 mm，扩散度宜为 340～380 mm。

（5）灌注水下混凝土应符合下列规定：

①初灌混凝土时，导管下部底口至孔底距离宜为 0.3～0.5 m。

②初灌混凝土时，储料斗的混凝土储料量应使导管初次埋入混凝土内深度不小于 1 m；初灌的储备量应计算确定。

③灌注应连续进行，导管埋入深度应控制在 2.0～5.0 m；混凝土进入钢筋骨架下端时，导管宜深埋，并放慢灌注速度。应及时测量导管埋深及管内外混凝土面的高差，并填写灌注记录。

④灌注的桩顶高程应比设计高程加高 0.5～0.8 m，桩头宜人工凿除。

⑤应随时测定混凝土的坍落度。

⑥桩径大于 1.0 m 或桩体混凝土量超过 25 m³ 的单桩，灌注混凝土时应留一组混凝土试块；反之，每个灌注台班留置混凝土试块不应少于 1 组。

⑦混凝土灌注至钢筋笼底端时应降低浇筑速度，发现钢筋笼开始上浮时，应立即停止浇注，准确计算导管埋深和已浇混凝土标高，并采取相应措施进行处理。

⑧桩身混凝土的实际灌注量不得小于计算体积，充盈系数不小于 1.1。

⑨当混凝土灌注至最后一斗时，应准确探明浮渣厚度，控制最后一次灌注量，超灌高度 0.6～1.0 m，凿出桩顶浮浆层后必须保证桩顶标高混凝土强度达到设计等级。

10. 检验

桩基施工完成后，应根据《建筑地基基础工程施工质量验收标准》（GB 50202—2018）进行桩身质量检验和承载力检验。

（五）检查和检验项目、标准和工作要求

1. 钻孔灌注桩检查和检验项目、质量标准

钻孔灌注桩施工质量检验内容及频次要求见表 4-2-36。

表 4-2-36　钻孔灌注桩施工质量检测内容及频次要求

工序	检验项目	质量要求	检验方法	检验数量
钻孔	孔深	符合设计要求	检查钻杆、钻具长度或测绳量测	每 20 根至少检查 1 次
	孔底沉渣厚度	≤100 mm	重锤法或沉渣仪量测	
钢筋笼制作安装	主筋间距偏差	≤10 mm	钢尺量测	每 20 根至少检查 1 次
	钢筋笼长度偏差	≤100 mm	钢尺量测	
混凝土浇筑	混凝土抗压强度	符合设计要求	现场成型试件，养护至设计龄期，室内试验	每 20 根至少检测 1 组
成桩检验	桩身完整性	符合设计要求	低应变法或声波透射法或取芯法等方法检测	桩基工程的抽检数量不应少于总桩数的 10%，且不得少于 2 根
	单桩竖向抗压承载力	检测结果符合设计要求	高应变法、单桩竖向抗压静载试验	核查单桩竖向抗压承载力检测报告

2.钻孔灌注桩检查和检验工作要求

灌注桩完整性采用低应变法检测，Ⅰ型灌注桩检测率100%。Ⅰ型灌注桩单桩竖向抗压承载力静载试验检测数量为2根，Ⅱ型灌注桩水平静载试验检测数量不少于3根。

(六)档案资料的整理和质量评定工作要求

资料整理见本章第三节围堰工程监理实施细则中"(六)档案资料的整理"。

(七)质量检验及评定

质量检验及评定参照第三篇第九章中"工程质量评定监理工作内容、技术要求和程序"执行。

(八)采用的表式清单

监理机构在钻孔灌注桩工程监理工作中采用的表式清单见表4-2-37。

表4-2-37　钻孔灌注桩工程监理工作中采用的表式清单

序号	表格名称	表格类型	表格编号		页码
1	现场组织机构及主要人员报审表	CB06	承包[	]机构号	P72
2	原材料/中间产品进场报验单	CB07	承包[	]报验号	P73
3	施工设备进场报验单	CB08	承包[	]设备号	P74
4	施工放样报验单	CB11	承包[	]放样号	P77
5	工程设备采购计划申报表	CB16	承包[	]设采号	P84
6	施工质量缺陷处理方案报审表	CB19	承包[	]缺方号	P87
7	施工质量缺陷处理措施计划报审表	CB20	承包[	]缺陷号	P88
8	旁站监理值班记录	JL26	监理[	]旁站号	P161
9	监理巡视记录	JL27	监理[	]巡视号	P162
10	工程质量平行检测记录	JL28	监理[	]平行号	P163
11	工程质量跟踪检测记录	JL29	监理[	]跟踪号	P164

《水利水电工程单元工程施工质量验收评定表及填表说明》(2016年版)

序号	表格名称	页码
1	钻孔灌注桩工程单桩及单元工程施工质量验收评定表	P370
2	钻孔灌注桩工程单桩钻孔工序施工质量验收评定表	P372
3	钻孔灌注桩工程单桩钢筋笼制作安装工序施工质量验收评定表	P374
4	钻孔灌注桩工程单桩混凝土浇筑工序施工质量验收评定表	P376

三、高压旋喷桩工程监理实施细则

(一)本细则的编制依据

本细则适用于基础加固工程的高压旋喷桩施工,高压旋喷桩普遍应用于地质处理的土体加固中,整个施工过程是在土层中进行。

其编制依据如下：

（1）工程施工合同文件、监理合同文件、招标投标文件、监理规划、已签发的设计图纸、设计交底、变更等，已批准的施工组织设计、施工方案等。

（2）有关现行规程、规范和规定：

①《水利工程施工监理规范》（SL 288—2014）。

②《建筑地基处理技术规范》（JGJ 79—2012）。

③《工程建设标准强制性条文（水利工程部分）》（2020 年版）。

④《建筑桩基技术规范》（JGJ 94—2008）。

⑤《水利水电工程施工质量检验与评定规程》（SL 176—2007）。

⑥《水利水电建设工程验收规程》（SL 223—2008）。

⑦《建筑基桩检测技术规范》（JGJ 106—2014）。

⑧《水工混凝土施工规范》（SL 677—2014）。

⑨《水电水利工程施工测量规范》（DL/T 5173—2012）。

⑩《水利水电基本建设工程单元工程质量等级评定标准 第 1 部分：土建工程》（DL/T 5113.1—2019）。

⑪《建筑地基基础工程施工质量验收规范》（GB 50202—2018）。

⑫《软土地基深层搅拌桩加固法技术规程》（YBJ 225—91）。

⑬《水泥土桩复合地基技术规程》（DB13（J）/T 39—2016）。

⑭其他相关标准规范。

（二）专项工程特点

要控制好高压旋喷桩施工质量，首先做好预控，其次施工过程中采取有效措施，控制好主要环节，最后把好质量验收关。

监理工作的流程：场地三通一平→测量放线→桩位复核、钻机就位→钻孔→插管→喷射作业→冲洗浆管→桩机移至下个桩位，重复以上作业。

（1）审查施工单位资质，企业法人营业执照、资质等级证书、安全生产许可证、施工许可证，并进行必要的考察了解。检查督促施工单位落实施工管理制度和建立质量保证体系，按施工组织设计检查管理人员到位情况。

（2）审查经施工单位上级部门审批过的组织设计（专项施工方案），并针对现场布置、技术措施、机械材料供应、劳动力组织、环保安全等，从技术可能、进度保证、经济合理等方面提出书面意见。督促施工方对上述项目中不足之处按有关要求及时修改、补充和完善。

（3）督促施工单位及时提交原材料的出厂质保书（如水泥等）、有关项目的试验报告（水泥检测报告等），以及进场批量验收、抽检等资料，并审查认定。

（4）测量放样定位。对施工单位高压旋喷桩地基加固工程定位放线的抽线和备用水准点做复核签证。

（5）检查施工场地是否平整和施工区域内供电、供水、道路、施工设施、材料堆场及生活垃圾设施等的布置安排。

（6）督促施工单位提供特殊工种的上岗证，并审查认定。

（7）现场监理要全面掌握工程的施工工艺流程，明确监理要复核、验收，质量检评的工序、施工与监理关于检测项目的检测频率。

（三）专项工程开工条件检查

1. 专项工程开工条件检查

本专项工程开工条件检查参照第二篇第一章第二节中"专项工程开工条件检查"相关内容执行。

2. 现场开工条件检查

（1）施工场地。旋喷桩施工场地应事先平整，清除桩位处地上的一切障碍物（包括石块、树根和垃圾等），场地低洼时应按设计要求回填至交工面。

（2）桩位放样。依据设计图纸审核承包人的桩位放样复核记录，并进行现场抽检，抽检频率20%~25%，要求桩位定位平面偏差小于5 cm。

（3）检查进入现场的水泥按批进行试验，要有试验报告、出厂检验报告。严禁使用过期、受潮、结块、变质的劣质水泥。搅拌用水应符合《混凝土用水标准》（JGJ 63—2006）。

（四）现场监理工作方法、措施和控制要点

1. 监理工作方法

（1）审核施工方报批的高压旋喷桩施工方案是否满足工程要求。

（2）现场巡视监理。现场巡视检查是监理检查和控制工程质量最主要的方法，也是体现监理对工程质量进行预控的一种重要方式。监理人员坚持每天都到施工现场进行巡视。及时发现问题，及时提出，施工单位及时整改，将一些质量和安全问题消灭在初始阶段或萌芽状态，减少因工程返工或大范围的整改而造成的不必要的损失。

（3）现场旁站监理。根据本工程的施工内容和特点，监理人员对高压旋喷桩全程旁站监理，按旁站要求认真填写旁站记录。

（4）技术交底。为加强对施工质量的预控，监理工程师将在开工前以书面形式对施工单位进行技术交底，明确工序质量控制要点及质量通病，提醒施工单位加强控制。同时，监理工程师督促施工项目部建立技术交底和安全交底制度，由项目部的技术负责人组织实施，每道工序开始之前，技术负责人必须组织相关人员（包括质量员、班组长等）进行技术交底，对于现场的安全文明施工，也应由技术负责人对相关人员进行技术交底，由安全员组织具体实施、检查并形成书面记录，交底的记录必须报现场监理工程师审查，施工技术交底由施工单位自行进行，必要时，可以请现场监理工程师参加。

（5）检查和验收。每道工序完成后，施工单位须进行自检，合格后报告监理工程师，监理工程师现场检验合格并同意后方可进入下道工序施工。

（6）监理指令。对巡视检查和旁站检查过程中发现的一些问题，监理工程师将以口头指令或书面下发通知单的形式要求施工单位限期整改，监理工程师将全程监督问题的整改情况，直至整改结果达到要求后才允许施工单位继续开展此项目的施工，若施工过程中发生以下情况，在与建设单位沟通一致后，总监将要求施工单位暂停施工：

①隐蔽工程未经现场监理人员检验自行封闭、掩盖者。

②施工质量下降、达不到优良目标，经指出拒不整改继续作业者。

③存在质量问题或已发生的质量事故未进行处理继续作业者。

④擅自变更设计者。

⑤使用没有完整质保资料的材料、设备，或擅自替换、变更工程材料、设备者。

⑥施工质保体系不全，质量自控难以实现者。

2. 质量控制措施

（1）旋喷桩是用高压泵（20 MPa）把水泥浆液通过钻杆端头的特殊喷嘴，以高速喷入土层，喷嘴在喷浆液时，一面缓慢旋转（14 r/min），一面徐徐提升（16 cm/min），高压浆液的水平射流，不断切削土体，并使强制切削下来的土与浆液进行搅拌混合，最后在喷射力的有效范围内形成一个由圆状混合物连续堆积成的圆柱凝柱体。

（2）原材料质量控制。对进场 P. O42.5 水泥，严格审查厂家备案证书及质量证明书等质保资料，复试合格经报验批准后才准予在本工程中使用。

（3）机械设备质量控制。设备性能，应能满足本工程土层的物理力学性质、有机质含量、含水量等特点和设计技术要求，按设计要求的桩长配备好钻杆、喷嘴直径，机械进场使用前先进行调试，检查桩机运转和输料畅通情况，灰浆泵要有压力计、计量设备，压力表要经过标定，灰浆搅拌机制浆的能力要满足成柱施工的要求，桩机组装后专业技术人员验收，并经监理工程师批复同意后方可使用。

（4）施工现场事先予以平整，清除障碍物。开挖施工沟槽，清除施工区表层垃圾浮土、地下管线、树根等障碍物，为处理后地基的隆起预留空间，沟槽不宜过深、过浅，也不宜超出灰线范围。

（5）测量放线质量控制。确认测量基准线，复核施工测量放样，复查轴线、柱位与桩数（桩位布置与设计图误差不得大于 5 cm）；按照设计的要求，将待加固土体的平面位置用灰线标出，施工沟槽开挖后，再精确地放出加固土体的轴线和边线，并沿轴线方向，每隔一定距离做出标记。施工前，监理工程师应对临时水准点放样、工程基准线放样、工程控制点放样进行测量复核。

（6）钻机就位质量控制。桩机设备安装时，枕木下地基要挖固，机器底座要水平，搅拌头导轨要垂直。

钻机安放应保证足够的平整度和垂直度，钻杆垂直度控制不得大于 1%，钻孔孔位与设计位置的偏差不得大于 50 mm。按设计要求的桩顶、桩底标高在钻塔上做出相应的明显标志，以便在施工中控制好桩顶和桩底标高，以满足设计和规范要求。

（7）制浆质量控制。根据设计要求通过成桩试验，确定高压旋喷桩的水泥掺量和水灰比等各项参数与施工工艺，确认每根高压旋喷桩的水泥用量和水的用量，然后在配制浆液处挂牌施工。配制水泥浆液时，应严格控制水泥用量和水灰比，所用材料必须计量，按规定先进行试拌，测定浆液的比重，作为后期检测的标准。水泥在进入灰浆桶时要过筛，不得有大颗粒进入。水泥浆的制备要使用专用的制浆桶，对每桶所用水泥和水的用量进行抽查，发现问题及时纠正。水灰比确定后，浆液的浓度可用比重计测试，应经常抽查，每台班应不少于 2 次，并做好记录。

（8）成孔。旋喷桩位放好并经复核合格后，利用钻机成孔或直接利用高压台车通过高压水和高压喷管的自然重力而成孔，成孔深度大于设计深度 0.5 m，成孔时用水平尺检查钻机机架垂直度，桩机垫平垫稳，钻进中不得发生倾斜和移动，垂直度偏差小于 1/100（用水平尺检查钻机机架水平度来控制），确保桩间距和邻柱桩体搭接，成柱过程中钻杆的旋转和提升必须连续不中断,标卸钻杆续喷时,注浆管搭接长度不得小于 100 mm,即必须下注浆管到原旋喷处以下 100 mm,重复搅拌均匀。

(9)提升旋喷浆。旋喷机架就位,喷管处于自然悬吊状态时喷管中心对准孔心,偏差不大于 50 mm,保证下管及提升、旋喷注浆的顺利。下喷管前先检查喷嘴及喷浆口是否完好畅通,再做喷浆试验,当浆压符合设计要求时方可下管。喷管下至较设计深度多 10 cm,开始拌送水泥浆,然后开高压气,达到设计参数,孔口冒浆正常后,坐浆 2 min 后,开始旋喷提升。喷注中如遇故障等情况,喷管须下降 10 cm 才能开始继续喷注,以保证旋喷加固体的竖向连续性:施工中及时做好废浆处理。

(10)成品检验。施工结束后,按照设计要求进行相应的测试检验。

3. 控制要点

(1)监理人员要经常在现场巡回检查,并满足监控要求。

(2)在旋喷桩施工前排除地下障碍物,确保桩施工顺利进行,在施工过程中出现与地基勘定报告不符或其他异常情况时,应做好书面记录。

(3)按设计图纸检查复核桩位偏差不大于规范要求。

(4)旋喷桩位放好后,直接用旋喷机成孔下喷管至大于设计深度,垂直度偏差小于1/100,确保柱间距和邻桩桩体搭接。

(5)检查旋喷注浆作业。下喷管前先检查和调试气嘴及喷浆口是否完好畅通。下喷管必须垂直,保证喷管正常提升和旋转,当喷管下至设计深度时开始拌送水泥浆,然后开启高压水泥浆及压缩空气,待送浆 30 s 后且孔口喷浆正常时方可旋喷提升。喷注中当上节喷管要卸除,下节喷管继续作业时,必须待下部喷管高出井口装置 20 cm 以上方可停止喷注,卸除上节喷管后,为保证加固体垂向连续性,喷管须下沉 10 cm,再喷浆提升。

(6)检查回灌过程。因旋喷柱成桩后桩顶可能有一个收缩过程,喷射灌浆应该高出桩顶标高 10~20 cm,以便保证桩顶标高。

(7)施工技术参数。根据本工程设计要求,采用二重管高压旋喷桩工艺,用≥20 MPa的高压水泥浆对土体进行切割充填。为保证切割及填充效果,用≥0.7 MPa 的压缩空气对水泥浆柱进行保护,同时,利用压缩空气气举作用对切割破碎的土体进行置换和对水泥浆液进行搅拌使之均匀。

高压旋喷柱桩径 800 mm,相邻桩搭接 300 mm。与地连墙搭接 200 mm,加固 28 天后,无侧限抗压强度不小于 1.0 MPa。材料水泥为 P.O 32.5 普通硅酸盐水泥。

水泥浆液压力:因本工程旋喷桩径较大,在规范的基础上适当增大压力,水泥浆液压力控制在 25~32 MPa。

气压:为有效保护高压水泥浆流及保证气举置换和浆液搅拌的效果,在规范的基础上适当增大压缩空气压力,空气压力控制在 0.7 MPa。

喷浆嘴:ϕ 2.2 mm×2。

喷气嘴:ϕ 10 mm×2。

提升速度:13 cm/min。

旋转速度:10 r/min。

浆液流量:≥100 L/min。

水灰比：1∶1。

（五）检查和检验项目、标准与工作要求

（1）旋喷桩成桩质量采用取芯检测，试件无侧限抗压强度应不小于 1.0 MPa。

（2）检测数量根据有关规定要求进行确定。

（3）对施工单位提供的水泥土块强度报告及监理平行检测的试块强度按要求评定综合确认。

（4）督促施工单位竣工资料的整理，并检查其完整性、正确性。竣工资料包括以下几项：

①桩位平面布置图。

②原材料合格、试验报告。

③水泥土块试验报告。

④施工记录。

⑤隐蔽工程验收记录。

⑥工程质量检验评定表。

⑦设计变更通知书及事故处理记录及有关文件。

⑧桩位竣工平面图。

（5）高压喷射灌浆防渗墙单孔施工质量检验标准见表 4-2-38。

表 4-2-38　高压喷射灌浆防渗墙单孔施工质量检验标准

项次	项目	规定值或允许偏差	检查方法	检查频率
1	孔位偏差	≤50 mm	钢尺测量	逐孔
2	钻孔深度	大于设计墙体深度	测绳或钻杆、钻具测量	
3	喷射管下入深度	符合设计要求	钢尺或测绳量测喷管	
4	喷射方向	符合设计要求	罗盘测量	
5	提升速度	符合设计要求	钢尺、秒表测量	
6	浆液压力	符合设计要求	压力表量测	
7	浆液流量	符合设计要求	体积法	
8	进浆密度	符合设计要求	比重秤量测	
9	摆动角度	符合设计要求	角度尺或罗盘测量	
10	施工记录	齐全、准确、清晰	查看	

（六）档案资料整理

资料整理见本章第三节围堰工程监理实施细则中"（六）档案资料整理"。

（七）质量检验及评定

质量检验及评定参照第三篇第九章中"工程质量评定监理工作内容、技术要求和程序"执行。

（八）采用的表式清单

监理机构在高压喷射灌浆防渗墙单孔施工监理工作中采用的表式清单见表 4-2-39。

表 4-2-39　高压喷射灌浆防渗墙单孔施工监理工作中采用的表式清单

《水利工程施工监理规范》(SL 288—2014)

序号	表格名称	表格类型	表格编号		页码
1	现场组织机构及主要人员报审表	CB06	承包[	]机构号	P72
2	原材料/中间产品进场报验单	CB07	承包[	]报验号	P73
3	施工设备进场报验单	CB08	承包[	]设备号	P74
4	施工放样报验单	CB11	承包[	]放样号	P77
5	工程设备采购计划申报表	CB16	承包[	]设采号	P84
6	施工质量缺陷处理方案报审表	CB19	承包[	]缺方号	P87
7	施工质量缺陷处理措施计划报审表	CB20	承包[	]缺陷号	P88
8	旁站监理值班记录	JL26	监理[	]旁站号	P161
9	监理巡视记录	JL27	监理[	]巡视号	P162
10	工程质量平行检测记录	JL28	监理[	]平行号	P163
11	工程质量跟踪检测记录	JL29	监理[	]跟踪号	P164

《水利水电工程单元工程施工质量验收评定表及填表说明》(2016 年版)

序号	表格名称	页码
1	高压喷射灌浆防渗墙单元工程施工质量验收评定表	P332
2	高压喷射灌浆防渗墙单孔施工质量验收评定表	P334

四、混凝土预制桩工程监理实施细则

(一)编制依据

本细则适用于基础加固工程的混凝土预制桩(锤击式)施工。混凝土预制桩在一般黏性土及土、淤泥和淤泥质土、粉土、非自重湿陷性黄土等土层中使用,大量应用于提高各种建筑的基础承载力。

其编制依据如下:

(1)工程施工合同文件、监理合同文件、招标投标文件、监理规划,已签发的设计图纸、设计交底、变更等,已批准的施工组织设计、施工方案等。

(2)有关现行规程、规范和规定:

①《水利工程施工监理规范》(SL 288—2014)。

②《建筑地基处理技术规范》(JGJ 79—2012)。

③《工程建设标准强制性条文(水利工程部分)》(2020 年版)。

④《建筑桩基技术规范》(JGJ 94—2008)。

⑤《水利水电工程施工质量检验与评定规程》(SL 176—2007)。

⑥《水利水电建设工程验收规程》(SL 223—2008)。

⑦《建筑基桩检测技术规范》(JGJ 106—2014)。

⑧《水工混凝土施工规范》(SL 677—2014)。

⑨《水电水利工程施工测量规范》(DL/T 5173—2012)。

⑩《水利水电基本建设工程单元工程质量等级评定标准 第 1 部分:土建工程》(DL/T 5113.1—2019)。

⑪《建筑地基基础工程施工质量验收规范》(GB 50202—2018)。

⑫《预制混凝土构件质量检验评定标准》(GBJ 321—90)。

⑬其他相关标准规范。

(二)专项工程特点

(1)预应力预制桩能较好地适应各种软弱地质条件及荷载情况,具有承载力大、强度高、承压性能好、稳定性好、沉降值小等特点。

(2)预应力预制桩施工灵活,并能采用机械化施工,大大提高了施工速度。

(3)预应力混凝土管桩可较大地减轻自重,从而节省材料,增强其抗拉性能。采用工厂化预制,保证成品质量。

(三)专项工程开工条件检查

(1)本专项工程开工条件检查参照第二篇第一章第二节中"专项工程开工条件检查"相关内容执行。

(2)现场作业条件:

①桩基的轴线和标高均已测定完毕,并经过检查办理了预检手续。桩基的轴线和高程的控制桩,应设置在不受打桩影响的地点,并应妥善加以保护。

②处理高空和地下的障碍物。当施工影响邻近建筑物或构筑物的使用或安全时,应会同有关单位采取有效措施,予以处理。

③根据轴线放出桩位线,用木橛或钢筋头钉好桩位,并用白灰做标志,以便于施打。

④场地应碾压平整,排水畅通,保证桩机的移动和稳定垂直。

⑤打试验桩。施工前必须打试验桩,其数量不少于 2 根。确定贯入度并校验打桩设备、施工工艺以及技术措施是否适宜。

⑥要选择和确定打桩机进出路线和打桩顺序,制定施工方案,做好技术交底。

(四)现场监理工作内容、程序和控制要点

(1)承建单位应按照报经批准的施工措施计划按章作业,同时加强质量和技术管理。做好作业过程中资料的记录、收集和整理,并定期向监理机构报送。原则上每根管桩完成后 3 天内即应上报相应的记录资料。

(2)沉桩场地应平整、密实,满足打桩机对地面承载力的要求,在邻近边坡施工时,应做好坡脚保护。

(3)打桩前应采取以下措施保护桩头:

①桩帽或送桩帽与桩头周围间隙应取 0.5~1.0 cm。

②桩锤与桩帽、桩帽与桩头之间应加弹性垫块。

③桩锤、桩帽、桩身应在同一中心线上。

(4)施工前应处理作业面上空和地下障碍物。场地应平整、排水畅通,并满足桩机承载力的要求。

①预制桩应在桩身混凝土强度达到设计强度的 70% 时方可起吊,吊索与桩身间应加衬垫,起吊应平稳,防止撞击和振动。

②依据工程地质条件、桩型、单桩承载力、桩的密集程度及施工条件选择桩锤。

③桩基施工前应做打桩工艺性试验,以检验桩机设备和施工工艺是否满足设计要求,数量不少于 2 根。

(5)预制桩施打宜重锤低击,桩帽或送桩帽与桩周围的间隙为 5~10 mm,桩锤与桩帽、桩帽与桩顶之间应有弹性衬垫。

(6)设计桩尖置于坚硬土层时,应以贯入度控制为主,桩尖进入持力层深度或桩尖高程为辅。当贯入度已满足要求而桩尖高程未达到设计要求时,应继续锤击 3 阵,并以每阵 10 击的贯入度不大于设计规定的数值确认,必要时,施工控制的贯入度应通过试验确定。

(7)设计桩尖置于软土层时,应以桩尖设计高程控制为主,贯入度值为辅。

(8)打桩顺序应按自中间向两个方向或向四周对称施打,并采取跳桩施打。

①预制桩基邻近既有建筑物时,宜由邻近建筑物的一侧向远离一侧施打,可采取适当的隔振措施。

②群桩施工时,应自中间向两个方向或四边施打,并有减少桩位位移的措施。

③预制桩有多种规格时,沉桩施工宜先大后小,先长后短;桩基高程不同时,宜先深后浅。

(9)预制桩入土初始垂直度偏差应小于 0.5%。桩锤重心应与桩身中心重合,开始沉桩时落距宜小,桩身入土稳定后可加大落距,但不宜大于 1.0 m。

(10)异常情况的处理:承包人在打桩过程中发现贯入度剧变、大幅度位移或倾斜、突然下沉、严重回弹、桩顶破裂、桩身裂缝、破碎或断桩等情况时,应暂停施工,承包人应将处理方案报监理批准,由承包人按监理人批准的处理方案进行处理,并经监理人签认合格后方可继续施工。

(11)静力压桩施工应符合下列规定:

①静力压桩宜选择液压式压桩工艺,压桩机的每件配重应用量具核实。

②最大压桩力不应小于设计的单桩竖向极限承载力标准值,必要时现场试验确定。

③宜将每根桩一次性连续压到位,垂直度偏差不应大于 0.5%,依据现场试桩试验确定终压力标准。

(12)桩基完成开挖土方时,应制定合理的开挖顺序和控制措施,防止桩的位移和倾斜。

(13)施工完成后,应根据《建筑地基基础工程施工质量验收标准》(GB 50202)进行桩身质量检验和承载力检验。

(五)检查和检验项目、标准与工作要求

1.预制成品桩的质量检查和验收

每批进场的预制成品桩都要进行质量检查,验收的指标主要如下:

①预制桩直径偏差:±5 mm。

②管壁厚度偏差:-5 mm。

③圆孔中心线对桩中心线偏差：5 mm。

④桩尖中心线偏差：10 mm。

⑤下节桩或上节桩法兰对中心线的倾斜偏差：2 mm。

⑥中节桩两个法兰对中心线倾斜之和：3 mm。

2.预制桩沉桩的质量检查和验收

①桩身贯入土层的倾斜度不得超过 0.5%。

②预制桩打桩允许偏差：桩位允许偏差，最外边的桩为 1/3 桩径，中间桩为 1/2 桩径；桩顶标高的允许偏差为 −50～+100 mm；接桩时上下节桩中心线偏差不超过 2 mm。焊缝质量应达到设计标准，两施焊面上的泥土、油污、铁锈等要预先清刷干净，焊接层数不得少于设计要求，内层焊渣必须清除干净方可施焊外一层，焊缝应饱满连续，并按《建筑桩基技术规范》(JGJ 94—2008)比例进行探伤检测，探伤比例为不少于 3 个接头。

3.桩基的成桩检验

预制桩施工结束后，应马上安排对每根桩进行完整性检测，检测方法根据设计要求或规范要求确定。

（六）档案资料整理和要求

资料整理见本章第三节围堰工程监理实施细则中"（六）档案资料整理"。

（七）质量评定工作

质量检验及评定的工作要求参照第三篇第九章中"工程质量评定监理工作内容、技术要求和程序"执行。

（八）采用的表式清单

监理机构在混凝土预制管桩施工监理工作中采用的表式清单见表 4-2-40。

表 4-2-40　预制管桩施工监理工作中采用的表式清单

《水利工程施工监理规范》(SL 288—2014)

序号	表格名称	表格类型	表格编号		页码
1	现场组织机构及主要人员报审表	CB06	承包[	]机构号	P72
2	原材料/中间产品进场报验单	CB07	承包[	]报验号	P73
3	施工设备进场报验单	CB08	承包[	]设备号	P74
4	施工放样报验单	CB11	承包[	]放样号	P77
5	工程设备采购计划申报表	CB16	承包[	]设采号	P84
6	施工质量缺陷处理方案报审表	CB19	承包[	]缺方号	P87
7	施工质量缺陷处理措施计划报审表	CB20	承包[	]缺陷号	P88
8	旁站监理值班记录	JL26	监理[	]旁站号	P161
9	监理巡视记录	JL27	监理[	]巡视号	P162
10	工程质量平行检测记录	JL28	监理[	]平行号	P163
11	工程质量跟踪检测记录	JL29	监理[	]跟踪号	P164

第七节 防渗墙工程监理实施细则

一、编制依据

本细则适用于涵闸松散透水地基或土石坝坝体内厚度不大于 1 000~1 200 mm、深度不大于 100 m 的主体工程混凝土防渗墙施工监理质量管理。

其编制依据如下：

（1）工程施工合同文件、监理合同文件、招标投标文件、监理规划、已签发的设计图纸、设计交底、变更等、已批准的施工组织设计、施工方案等。

（2）有关现行规程、规范和规定：

①《水利工程施工监理规范》（SL 288—2014）。

②《建筑地基处理技术规范》（JGJ 79—2012）。

③《工程建设标准强制性条文（水利工程部分）》（2020 年版）。

④《水利水电工程施工质量检验与评定规程》（SL 176—2007）。

⑤《水利水电工程混凝土防渗墙施工技术规范》（SL 174—2014）。

⑥《水利水电工程单元工程施工质量验收评定标准—地基处理与基础工程》（SL 633—2012）。

⑦《水工混凝土施工规范》（SL 677—2014）。

⑧《水工混凝土外加剂技术规程》（DL/T 5100—2014）。

⑨《水利水电建设工程验收规程》（SL 223—2008）。

⑩《水电水利工程施工测量规范》（DL/T 5173—2012）。

⑪《水利水电基本建设工程单元工程质量等级评定标准 第 1 部分：土建工程》（DL/T 5113.1—2019）。

⑫《建筑地基基础工程施工质量验收标准》（GB 50202—2018）。

⑬其他相关标准规范。

二、专项工程特点

混凝土防渗墙垂直墙体的纵切面，墙是沿坝体延伸的，是在松散透水地基中连续造孔，以泥浆固壁，往孔内灌注混凝土而建成的墙形防渗建筑物。它是对涵闸等水工建筑物在松散透水地基中进行垂直防渗处理的主要措施之一。防渗墙按分段建造，一个圆孔或槽孔浇筑混凝土后构成一个墙段，许多墙段连成一整道墙。墙的顶部与涵闸的防渗体连接两端与岸边的防渗设施连接，底部嵌入基岩或相对不透水地层中一定深度，即可截断或减少地基中的渗透水流，对保证地基的渗透稳定和涵闸安全，充分发挥水库效益有重要作用。

三、专项工程开工条件检查

（1）专项工程开工条件检查参照第二篇第一章第二节中"专项工程开工条件检查"相

关内容执行。

（2）混凝土防渗墙开工前，应具备以下条件：

①收集、研究有关施工要求、施工条件的文件、图纸、资料和标准。

②根据批准的设计文件和施工合同，编制施工组织设计和施工细则。

③施工场地准备。

④设置防渗墙中心线定位点、水准基点和导墙沉陷观测点。

⑤修建导墙和施工平台。

⑥修建和安装施工辅助设施。

⑦进行墙体材料和固壁泥浆的配合比试验，并选定施工配合比和原材料。

⑧补充地质勘探。设计阶段的勘探孔密度一般不能满足防渗墙施工的需要，为保证墙底嵌岩质量，应在原有勘探孔的基础上进行补充勘探，加密勘探孔。

⑨当防渗墙中心线上有裸露的或已探明的大孤石时，在修建导墙和施工平台之前应予以清除或爆破。

四、现场监理工作内容、程序和控制要点

现场监理工程师应加强施工过程的质量巡查，对质量控制关键点和关键工序，应采取质量检验和旁站监督的方式进行控制。防渗墙工程质量检验和旁站项目见表 4-2-41（但不限于）。

表 4-2-41　防渗墙工程质量检验和旁站项目

序号	监理主要验收项目	监理旁站项目
1	测量放样、导墙基础	导墙钢筋、模板和混凝土浇筑
2	孔位	接头管、灌浆预埋管安装
3	单孔基岩面鉴定	导管下设、拆卸
4	槽孔（孔深、孔斜、孔宽）质量检查	混凝土浇筑、接头管起拔
5	槽孔清孔和接头孔刷洗质量检查	施工过程特殊情况处理

质量控制要点：槽孔验收、清孔换浆、埋件下设和混凝土浇筑为质量控制重点，现场监理工程师须进行（中间）隐蔽工程验收，并对先导孔取芯、埋件下设、混凝土浇筑工序及特殊情况处理等关键工序进行旁站监督。

（1）槽孔验收检查项目为槽孔宽度、长度、孔深、孔斜偏差等，应符合设计规定。

（2）清孔换浆检查孔底淤积厚度、泥浆指标，应符合设计要求。

（3）接头孔应检查孔形、孔深、孔斜和孔位偏差，应符合设计要求。

（4）混凝土浇筑主要检查项目为导管布置及埋深，混凝土上升速度，混凝土面高差，钢筋笼、预埋件、观测仪器安装埋设（若有）。

（5）施工过程中应检查施工记录、图表是否齐全完整，还需特别检查钻孔揭示的墙体均匀性、存在缺陷和墙段连接情况。

（一）造孔和成槽质量控制

采用钻劈法施工时，开孔钻头直径应大于终孔钻头直径，终孔钻头直径应满足设计墙厚要求；采用钻抓法施工时，应先钻主孔，后抓取副孔，主孔中心距离不应大于抓斗的开度。

（1）槽孔建造质量控制：①槽壁应平整垂直，不应有梅花孔、小墙等；②孔位允许偏差不大于 30 mm；③槽孔深度应满足设计要求；④孔斜率：成槽施工时应不大于 4%，遇含孤石地层及基岩陡坡等特殊情况时，应控制在 6% 以内。

（2）造孔过程中，应经常检查钢丝绳完好情况和防钻头（抓斗）脱断埋钻保护绳，若有断丝现象，应立即停钻更换。另外，应随时抽查钻头直径和钻孔偏斜情况，磨损后应及时补焊，发现存在超偏趋势时，应立即采取防斜和纠偏措施，发现主孔已经明显偏斜时，应进行纠偏处理后方可施工该深度相邻的副孔。

（3）造孔过程中，应经常检查槽内泥浆面，不宜低于导墙顶面 0.3~0.5 m，泥浆各项性能指标应满足护壁要求，以确保孔壁稳定；发现泥浆漏失严重时，要求施工机组立即进行补浆，并及时采取有效的堵漏措施（填筑黏土等堵漏材料、采用堵漏泥浆等）和查明原因。

（4）造孔遇孤石、漂石、基岩陡坡时，可采用重凿冲砸或爆破等方法处理，爆破时应保证槽壁安全。

（5）基岩面判断：①依照防渗墙轴线地质剖面图，当孔深接近设计基岩面时，开始留取岩样，根据岩样性质确定基岩面；②对照邻孔基岩面高程，分析本孔钻进情况，确定基岩面；③当上述方法难以确定基岩面时，或对基岩面产生怀疑时，应钻取岩芯予以验证和确定，钻孔深度应不小于 10 m。基岩岩样应按顺序、深度、位置编号排放在岩芯箱内，并填写防水岩芯牌，任何人不得对所取芯样实施筛选、排列和伪造芯样。施工过程中，由设计、监理和地质工程师联合进行基岩鉴定，确定基岩面，会签单孔基岩顶面鉴定表，并据此绘制防渗墙轴线基岩顶面线。每个槽孔所取先导孔芯样、主副孔钻渣样均应由施工、监理和设计地质工程师会同业主现场代表进行岩样鉴定，以确定最终成槽深度；当施工过程中发现基岩面与原设计差异较大时，承包人应立即报监理机构，及时组织设计、业主代表现场研究措施。

（6）主、副孔入岩部分须用平底型冲击钻头修整或钻凿，避免在基岩内形成凹槽。

（7）槽孔验收：造孔结束后，应对造孔质量进行全面检查验收，不应有梅花孔、小墙等；槽孔的孔位允许偏差、孔斜率、槽深、宽度、垂直度、套接厚度和搭接长度等均应符合《水利水电工程混凝土防渗墙施工技术规范》（SL 174—2014）的要求。槽孔经检查合格后，应及时进行清孔换浆。

（8）槽孔清孔换浆。

①清孔前，应做好预埋管定位钢桁架、灌浆管、浇筑导管及墙内埋件等的准备工作。

②二期槽孔清孔换浆结束前，应用刷子钻头清除混凝土孔壁上的泥皮，以刷子钻头基本不带泥屑、孔底淤积不再增加为合格标准。

③用抽筒法或气举反循环法进行清底换浆，清孔换浆完成 1 h 后应达到下列指标要求：孔底淤积厚度不大于 100 mm；槽内泥浆性能指标应达到设计或规范的要求；在下导管后，应复测淤积指标，不符合要求时应进行二次清孔，至沉渣厚度小于 100 mm。清孔换浆合格后，方可进行下道工序。

(二) 浇筑混凝土导管下设

(1) 导管应连接可靠,管节接头宜采用快速连接方式,并进行封闭试验。开浇前,导管底口距槽度应控制在 150~250 mm 范围内。

(2) 一个槽孔使用两套以上导管浇筑时,导管中心距不宜大于 4.0 m。当采用一级配混凝土时,导管中心距可适当加大,但不应大于 5.0 m。导管中心至槽孔端或接头管壁面的距离宜为 1.0~1.5 m。当槽孔底部的高差大于 250 mm 时,导管应布置在其控制范围的最低处,并从最低处开始浇筑。

(3) 开浇前,导管内应放入可浮起的隔离塞球或其他适宜的隔离物。开浇时,宜先注入少量的水泥砂浆,随即注入较多的混凝土,挤出塞球并埋住导管底端。

(4) 导管埋入混凝土的最小深度不宜小于 2 m,最大深度也不宜大于 6 m,在混凝土面上升较快时,可适当加大,但不宜超过 8 m;当混凝土面接近孔口或设计墙顶高程时,为便于混凝土流动,导管埋深可适当减小,但不宜小于 1 m。

(三) 防渗墙塑性混凝土浇筑

(1) 浇筑前各工序已验收合格,混凝土浇筑仓面设计检查通过。

(2) 导管稳固落在座架上,料斗和溜槽搭设稳固,距离和坡度适宜,浇筑平台铺设完好,无混凝土落入槽孔死角,操作和检查人员无掉入槽孔风险。

(3) 清孔检验合格后,应于 4 h 内开浇混凝土,不能在 4 h 内开浇混凝土的槽孔,浇筑前应重新测量淤积厚度,验收不符合要求时,监理工程师应强制要求施工单位重新清孔换浆。

(4) 泥浆下混凝土浇筑质量受搅拌车数量、拌和楼供料、运距、路径以及混凝土性能、浇筑机具等因素影响,应能满足槽内混凝土面的上升速度和连续上升的要求,否则应立即采取措施进行整改。若发生浇筑质量事故,须采取重新造孔、补贴新墙等合适方法进行彻底处理。

(5) 相关工序验收合格后,监理工程师签发混凝土"开仓证",方可进行混凝土浇筑。浇筑混凝土时,监理工程师应旁站检查浇筑全过程和接头管起拔工序。

①入槽混凝土必须和易性良好,坍落度符合设计要求,从最低处起浇,应严禁不合格料入槽,并防止料斗内混凝土将空气压入导管内。

②槽内混凝土面的上升速度及导管埋深应符合设计技术要求,应小于 2 m/h。

③槽内混凝土面应均匀上升,各处高差应控制在 500 mm 以内,相邻导管底部高差不宜超过 3.0 m。

④混凝土浇筑应连续进行,发现导管漏浆或混凝土内混入泥浆,应立即停浇处理,监理工程师做好现场记录,并及时汇报监理中心。

⑤接头管起拔应符合早期早微动、下部混凝土实际静置时间已超过脱管龄期的接头管应及时起拔、脱离的要求,尽量提高拔管成孔率,坚决杜绝拔管铸管事故。

⑥开浇和开浇后 30 min,应对每车混凝土进行取样,检测混凝土坍落度、扩散度,观察和易性,和易性差和坍落度不满足要求的混凝土应予以废弃,不得卸入分料斗内。正常浇筑过程中,取样检测频次可适当放宽,如每间隔 30 min 或 2~3 车。

⑦监理工程师对拌和楼原材料进行必要的抽查,在出机口随机取样检查,确保混凝土质量。浇筑过程中,应按要求在槽孔口取样,分别制作强度、抗渗、弹模等试件,按要求进

行养护和室内试验,提交试验报告。

⑧在混凝土浇筑过程中,若发现质量事故,施工单位应立即停止施工,并在 3 h 内将事故发生情况和原因分析报告监理单位和业主,并提交初步处理方案和措施,监理单位和业主分别按质量事故处理程序启动后续工作。

⑨混凝土终浇高程应高于设计的墙顶高程 0.5 m。防渗墙墙体应均匀完整,不应有混浆、夹泥、断墙、孔洞等。

(四)防渗墙墙段连接

采用钻凿法施工接头孔时,应在已浇混凝土终凝后方可开始钻凿接头孔。

五、检查和检验项目、标准与工作要求

(1)成墙后,承建单位应将资料报监理单位审核,监理单位和业主与相关单位确定检查位置、数量和方法。检查时段控制在成墙 28 天以后;检查方法包括浇筑槽口随机取样,钻孔取芯试验、钻孔压(注水)试验和钻取芯样及室内物理力学性能试验。检查孔位置应具有代表性。混凝土防渗墙施工质量检测内容及频次要求见表 4-2-42。

表 4-2-42　混凝土防渗墙施工质量检测内容及频次要求

工序	检验项目		质量要求	检验方法	检验数量
造孔	槽孔孔深		不小于设计孔深	钢尺或测绳量测	每20槽至少抽测1次
	孔斜率		符合设计要求	重锤法或测井法量测	
清孔	孔底淤积		≤100 mm	测绳量测	每20槽至少抽测1次
	孔内泥浆密度	黏土	≤1.30 g/cm³	比重秤量测	
		膨润土	根据地层情况或现场试验确定		
	孔内泥浆黏度	黏土	≤30 s	500 mL/700 mL 漏斗量测	
		膨润土	根据地层情况或现场试验确定		
	孔内泥浆含砂量	黏土	≤10%	含砂量测量仪量测	
		膨润土	根据地层情况或现场试验确定		
混凝土浇筑	混凝土配合比		符合设计要求	现场核查	每20槽至少抽测1次
	混凝土扩散度		34~40 cm	现场试验	
	混凝土坍落度		18~22 cm 或符合设计要求	现场试验	
	混凝土抗压强度、渗透系数、弹性模量等		符合抗压、抗渗、弹性模量等设计指标	现场成型试件,养护至设计龄期,室内试验	
成墙检验	成墙连续性及内部质量		检测结果符合设计要求	探地雷达、高密度电法等无损检测方法	每500 m坝段抽检100 m
	成墙检验(厚度、单轴抗压强度、渗透系数)		检测结果符合设计要求	采用钻机,墙体钻孔取芯,室内试验;现场结合钻孔压注水试验	每2 000 m坝段取芯样1组,每分部工程至少1组

（2）浇筑槽口取样试验数量与常规混凝土试验要求相同。试验项目包括抗压强度、抗折强度、渗透系数、水力坡降、弹性模量等，具体测试样品分配由承建单位提出，报监理单位批准。

（3）防渗墙合格标准：墙体物理力学强度标准和抗渗标准应达到设计值。

（4）检查孔封孔：应按机械封孔法进行封孔。

（5）当检查孔不合格时，应按监理工程师指示增加检查孔数，并对检查不合格的槽孔段进行处理，直到达到合格标准。

六、档案资料整理

资料整理见本章第三节围堰工程监理实施细则中"（六）档案资料整理"。

七、质量评定工作

质量检验及评定的工作要求参照第三篇第九章中"工程质量评定监理工作内容、技术要求和程序"执行。

八、采用的表式清单

监理机构在防渗墙工程监理工作中采用的表式清单见表4-2-43。

表 4-2-43　防渗墙工程监理工作中采用的表式清单

《水利工程施工监理规范》（SL 288—2014）

序号	表格名称	表格类型	表格编号		页码
1	现场组织机构及主要人员报审表	CB06	承包[	]机构号	P72
2	原材料/中间产品进场报验单	CB07	承包[	]报验号	P73
3	施工设备进场报验单	CB08	承包[	]设备号	P74
4	施工放样报验单	CB11	承包[	]放样号	P77
5	工程设备采购计划申报表	CB16	承包[	]设采号	P84
6	施工质量缺陷处理方案报审表	CB19	承包[	]缺方号	P87
7	施工质量缺陷处理措施计划报审表	CB20	承包[	]缺陷号	P88
8	旁站监理值班记录	JL26	监理[	]旁站号	P161
9	监理巡视记录	JL27	监理[	]巡视号	P162
10	工程质量平行检测记录	JL28	监理[	]平行号	P163
11	工程质量跟踪检测记录	JL29	监理[	]跟踪号	P164

第八节　混凝土和钢筋混凝土工程监理实施细则

一、混凝土工程监理实施细则

(一) 编制依据

本细则适用于水闸的混凝土工程施工监理。混凝土工程包括钢筋混凝土工程、素混凝土工程。

其编制依据如下：

(1) 工程施工合同文件、监理合同文件、招标投标文件、监理规划,已签发的设计图纸、设计交底、变更等,已批准的施工组织设计、施工方案等。

(2) 有关现行规程、规范和规定：

①《水利工程施工监理规范》(SL 288—2014)。

②《建筑地基处理技术规范》(JGJ 79—2012)。

③《工程建设标准强制性条文(水利工程部分)》(2020 年版)。

④《水利水电工程施工质量检验与评定规程》(SL 176—2007)。

⑤《水利水电工程混凝土防渗墙施工技术规范》(SL 174—2014)。

⑥《水利水电工程单元工程施工质量验收评定标准—地基处理与基础工程》(SL 633—2012)。

⑦《水工混凝土施工规范》(SL 677—2014)。

⑧《水工混凝土外加剂技术规程》(DL/T 5100—2014)。

⑨《水利水电建设工程验收规程》(SL 223—2008)。

⑩《水电水利工程施工测量规范》(DL/T 5173—2012)。

⑪《水利水电基本建设工程单元工程质量等级评定标准第 1 部分:土建工程》(DL/T 5113.1—2019)。

⑫《建筑地基基础工程施工质量验收规范》(GB 50202—2018)。

⑬《水工混凝土试验规程》(SL 352—2006)。

⑭《混凝土用水标准》(JGJ 63—2006)。

⑮《混凝土结构工程施工质量验收规范》(GB 50204—2015)。

⑯《混凝土质量控制标准》(GB 50164—2011)。

⑰《普通混凝土用砂、石质量标准及检验方法》(JGJ 52—2006)。

⑱《混凝土强度检验评定标准》(GB/T 50107—2010)。

⑲《山东省水利工程质量检测要点》(鲁水建字〔2013〕71 号)。

⑳其他相关标准规范。

(二) 专项工程特点

混凝土浇筑包括素混凝土垫层、闸室底板、闸墩、涵洞、挡土墙、消力池护面、机架桥、混凝土预制构件浇筑等。钢筋及模板的制作材料质量要求,制作、安装允许偏差必须按《水闸施工规范》(SL 27—2014)执行,混凝土施工按《水工混凝土施工规范》(SL 677—

2014)执行,钢筋及模板加工均以机械为主,人工立模和绑扎钢筋。

混凝土浇筑采用自拌混凝土,施工过程中严格控制混凝土质量和运输时间,严禁不合格混凝土入仓。混凝土运输至工地后,采用泵送入仓。入仓后的混凝土采用 1.1 kW 插入式或平板式振捣器振捣密实。混凝土运输、浇筑及间歇的全部时间不应超过混凝土的初凝时间,同一施工段的混凝土应连续浇筑,并应在底层混凝土初凝之前将上一层混凝土浇筑完毕。混凝土浇筑完毕后及时采取有效的养护措施。顶底板浇筑振捣完成后混凝土表面人工找平、压光。

混凝土所用水泥品质应符合国家标准,水位变化区或有抗冻、抗冲刷、抗磨损要求的混凝土,应优先选用硅酸盐水泥、普通硅酸盐水泥;水上部位的混凝土,宜选用普通硅酸盐水泥。水泥强度等级不宜低于 42.5,未经试验论证,不同品种水泥不得混合使用。

混凝土骨料的质量技术要求,混凝土拌制、浇筑、养护、质量检验必须按《水闸施工规范》(SL 27—2014)执行。施工时对于水泥、钢材、砂石料物的进料质量进行严格把关,不合格的材料严禁使用。混凝土拌和应严格控制水灰比和配合比,确保混凝土施工质量。

(1)水闸工程结构尺寸较大、结构厚薄不均,施工难度较大。

(2)水闸混凝土施工主要是闸室工程的底板、闸墩、胸墙,两岸工程的上下游翼墙、刺墙等混凝土浇筑。水闸混凝土浇筑应遵循下列原则:

①先浇筑深基础,后浇筑浅基础,以避免深基础的施工扰动破坏浅基础土体,并可降低排水施工的难度。

②先浇筑影响上部施工或高度较高的部位,闸底板与闸墩需安排先施工,以便上部交通桥和启闭机房施工。

③先浇筑荷重较大的部分,待其完成部分沉陷后,再浇筑与其相邻的荷重较小的部分,以减少两者间的沉陷差。

④先主后次,以闸室为主,岸翼墙为辅,上下游连接段穿插进行。水闸施工时必须认真控制好底板、闸墩、止水设施等主要部位的施工质量,只有保证这些部位的施工质量,才能控制好整个工程的施工质量。

(三)专项工程开工条件检查

1.专项工程其他开工条件

本专项工程其他开工条件检查参照第二篇第一章第二节中"专项工程开工条件检查"相关内容执行。

2.现场开工条件检查

(1)在混凝土工程开工 28 天以前,监理机构应督促承建单位按设计要求,完成拟使用的各种强度等级混凝土配合比试验,并向监理机构提供一式 3 份至少包括 7 d、14 d、28 d 或要求的长龄期的试验成果或试验推算资料,报监理机构审核。

(2)试验中所用的所有材料来源应符合合同要求且应与实际施工中使用的材料一致,并事先得到监理机构或由监理机构授权检测监理处批准。

(3)在进行混凝土配合比试验的 3 天前,由承建单位(或其实验室)书面通知检测监理机构,以便必要时检测监理工程师能从材料取样开始对试验全过程进行检查、监督和认证。

(4)混凝土工程开工 28 d 前,监理机构应督促承建单位根据合同技术规范、设计文件

（包括施工图纸、设计通知、技术要求）及施工规程规范和单元工程质量评定标准,结合施工水平向监理机构报送混凝土工程施工措施计划。主要应包括如下内容:

①工程概况,包括:申报开工部位、设计工程量、浇筑平剖面图,以及必要的混凝土浇筑布置与工序流程图。

②浇筑程序,包括:浇筑作业工序、分缝、分段、分层、分块和止水安装详图;有观测仪器埋设要求的,还应包括观测仪器埋设详图。

③浇筑进度,包括浇筑工程量、进度安排、循环作业时间及分月浇筑强度。

④原材料品质,包括砂石骨料、水泥、止水材料、钢材、掺合料与外加剂。

⑤混凝土生产,包括级配、配合比、坍落度、浇筑中的允许间歇时间、拌和时间及外加剂品种与掺合料品种和掺量。

⑥施工作业方法,包括设缝、缝面处理、模板、钢筋、预埋件安装、止水设施、混凝土运输、入仓、平仓、振捣手段、拆模、构件保护与混凝土养护。有观测仪器埋设要求的,还应包括该仪器埋设作业和保护内容。

⑦施工设备配置与劳动力组织。

⑧质量控制和安全措施。

⑨合同支付计划。

（5）对于有温控、防裂、抗冲耐磨、预缩等特殊要求的混凝土浇筑,监理机构应督促承建单位根据设计文件和合同技术规范有关规定进行专门设计、试验和研究,并将这部分内容作为专项列入施工措施计划。

（6）特殊部位（如基础填塘、洞、槽、键等）的混凝土施工及温控措施,或必须在特别不利的自然条件下进行混凝土浇筑作业,或采用掺粉煤灰、掺硅粉等混凝土,或监理机构认为应该特别报告的情况下,监理机构应督促承建单位在该项混凝土施工作业的 21 d 前,制定专项施工措施计划报送监理机构批准。

（7）混凝土工程浇筑使用的原材料（包括钢筋、水泥、砂石骨料、止水材料、外加剂及掺合料）均应有产品合格证、试验报告或使用说明,并按工程承建合同文件或施工规范技术规定进行抽样检验。止水材料还应提供样品。所有这些资料和样品必须于施工作业开始 14 天前报送监理机构检查认可。

（四）现场监理工作内容、程序和控制要点

1. 原材料控制

（1）混凝土工程中使用的水泥,应有产品出厂合格证、生产厂家的出厂检验报告。承建单位实验室必须按国家和行业有关规范要求进行复检,试验检查项目包括:

①水泥强度等级。

②凝结时间。

③安定性。

④稠度。

⑤细度。

⑥水化热。袋装水泥储运时间超过 3 个月、散装水泥超过 6 个月,使用前应重新检验。

（2）用于工程的钢筋应有出厂合格证或检测报告单。使用前应做拉力、冷弯试验，需要焊接的钢筋应做焊接工艺试验。钢号不明的钢筋，经试验合格后方可使用，但不得用于承重结构的重要部位。

（3）钢筋的调直和清除污锈应符合下列要求：

①钢筋的表面应洁净，使用前应将表面的油渍、漆污、锈皮、鳞锈等清除干净。

②钢筋应平直、无局部弯折和表面裂纹，钢筋中心线同直线的偏差不应超过其长度的1%，成盘的钢筋或弯曲的钢筋均应矫正调直后才允许使用。

③钢筋在调直机上调直后，其表面伤痕使钢筋截面面积减少不得大于5%。

④如用冷拉法调直钢筋，则其矫直冷拉率不得大于1%（Ⅰ级钢筋不得大于2%）。

（4）以另一种钢号或直径的钢筋代替设计文件规定的钢筋时，必须征得设计单位或监理工程师的书面同意，并应遵守以下规定：

①以另一种钢号或种类的钢筋代替设计文件规定的钢号或种类的钢筋时，应将两者的计算强度进行换算，并对钢筋截面面积做相应的改变。

②以同种钢号钢筋代换时，直径变更范围不宜超过4 mm，变更后的钢筋总截面面积不得小于设计截面面积的98%或超过其103%。

③钢筋等级的变换不能超过一级，也不宜采用改变钢筋根数的方法来减少钢筋截面面积，必要时应校核构件的裂缝和变形。

④以较粗的钢筋代替较细的钢筋，必要时应校核代替后构件的握裹力。

⑤外加剂应有产品出厂日期、厂家出厂合格证、产品质量检验结果及使用说明。当储存时间超过产品有效存放期，或对其质量有怀疑时，承建单位必须进行质量检验鉴定。

⑥因设计或施工要求，必须在混凝土中掺用减水、缓凝、引气、调稠等外加剂及其他胶凝材料和掺合料时，其掺量及材料必须符合设计文件和技术规范的规定，并经过试验确定后报监理机构批准。

⑦混凝土浇筑所用的砂石骨料的性能指标应满足设计文件及有关规程规范的要求，对砂的细度模数、含泥量、碎石的级配、超逊径及含泥量等指标应重点检测。

2. 混凝土浇筑准备工作控制

（1）混凝土工程首仓开仓3 d以前，承建单位应对浇筑仓面边线及模板安装实地放线成果进行复核，并将放样成果报监理机构审核。为了确保放样质量，避免造成重大失误和不应有的损失，必要时，监理机构可要求承建单位在监理工程师直接监督下进行对照检查。

（2）混凝土开仓浇筑前，承建单位应对各工序质量进行自检，并在"三检"合格基础上填报"混凝土浇筑开仓报审表"，检查内容如下：

①基础面、层面或缝面处理。

②钢筋布设。

③模板安装。

④止水安装及伸缩缝处理。

⑤灌浆、排水等系统布设，观测仪器、设备及预埋件安装。

⑥混凝土生产与浇筑准备。

⑦其他必须检查检测的项目。

（3）承建单位自检合格后，填报各工序质量检查评定表，报监理工程师复核。在开仓前3~8 h通知监理工程师对上述内容进行检查确认，并在认证合格后办理单元工程开仓签证手续。

（4）检查标准按照《水电水利基本建设工程单元工程质量等级评定标准》（2012年版）、工程承建合同技术规范和施工图纸要求执行。

（5）模板安装。安装前应检查模板质量（平面尺寸、清洁、破损等），安装时必须按混凝土结构物的施工详图测量放样，确保模板的刚度和支撑牢固，重要结构应多设控制点，以利于检查校正。浇筑过程中，若发现模板变形走样，应立即采取纠正措施，直至停止混凝土浇筑。

过流面和边墙迎水面的模板应能保证混凝土表面平整、光滑，避免有可能导致气蚀的错台及局部凹凸。

（6）钢筋制作。

①在加工厂中，钢筋的接头应尽量采用闪光对头焊接。现场作业或不能进行闪光对焊时，宜采用电弧焊（搭接焊、帮条焊、熔槽焊等）。焊接前，应将施焊范围内的浮锈、漆污、油渍等清除干净。直径小于25 mm的钢筋可采用绑扎接头，但轴心受拉、小偏心受拉构件和承受振动荷载的构件，均应采用焊接接头。钢筋接头的布置应符合设计要求和技术规范有关规定。

②为保证电弧焊接质量，在开始施焊前，或每次改变钢筋的类别、焊条牌号以及调换焊工之前，特别是在可能干扰焊接操作不利环境下现场的施焊时，应预先用相同的材料，相同的焊接操作条件、参数，制作两个抗拉试件并经抗拉试验合格后，才允许正式施焊。

（7）为了保证混凝土保护层的必要厚度，应在钢筋与模板之间设置强度不低于构件设计强度的埋设有铁丝的混凝土垫块，并与钢筋扎紧。垫块应互相错开，分散布置。各排钢筋之间应用短钢筋支撑，以保证钢筋布设位置准确。

（8）成品嵌缝填料应抽样检验其主要技术指标。与嵌缝填料接触的混凝土表面必须平整、密实、洁净、干燥，嵌缝填料施工完毕后应及时保护。

（9）止水与伸缩缝。

①金属止水片的焊接、金属止水片与塑性止水的连接等作业，必须将试焊、试接样品送请监理工程师认可后，方可实施焊接作业。

②金属止水铜片表面应光滑平整并有光泽，其浮皮、锈污、油漆、油渍均应清除干净，若有砂眼、钉孔，应予焊补。金属止水片宜用机械加工成型，成型的金属止水片，在运输、安装中应避免扭曲变形。

③金属止水铜片的接头数量应按实际需要尽可能少，焊接材料符合设计和合同技术规范的规定，焊接形式应采用双面搭接焊；搭接长度须符合设计和技术规范的规定，或经过监理工程师的批准。焊接作业必须先将试焊样品经过试验证明符合设计和技术规范要求后方可施焊。

④塑料止水片接头不允许现场烧焊，应采用黏结方法，施工前应做现场试验报监理确认。塑料止水与金属止水片连接，采用搭接螺栓紧固。接头搭接长度应满足规范要求。

⑤伸缩缝止水材料的形式、结构尺寸、材料的品种规格和物理力学指标均应符合设计

要求。其原材料的品种、生产批号、质量均应记录备查。采用代用品时,须经过试验论证并征得设计单位同意后方可使用。

3. 混凝土拌和控制

(1)承建单位应严格按批准的混凝土配合比拌制混凝土,对于运送或浇筑不合格混凝土入仓的,监理工程师有权按承建合同文件规定拒绝入仓或指令返工处理。

(2)混凝土的坍落度应符合合同技术规范和设计文件的规定,若技术规范和设计文件未明确,则应当根据结构部位的性质、含筋率、混凝土运输、浇筑方法和气候条件等决定,并尽可能采用小的坍落度。

4. 混凝土的运输控制

(1)混凝土运输设备应根据施工条件选用。运输过程中应避免发生分离、漏浆、严重泌水或过多降低坍落度。

(2)运输不同强度等级的混凝土时,应在运输设备上设置明显的标志,以免混仓。

(3)应尽量缩短运输时间或转运次数。因故停歇过久,混凝土产生初凝时,应做废料处理。在任何情况下,严禁途中在混凝土中加水后运入仓内。

(4)不论采用何种运输设备,当混凝土入仓自由下落高度大于 2 m 时,应采取缓降措施。

5. 混凝土浇筑控制

(1)混凝土浇筑过程中,承建单位应有技术人员、质检人员以及调度人员在施工现场进行技术指导、质量检查和作业调度。

(2)在混凝土浇筑施工中,应安排值班人员经常检查钢筋架立位置和模板有无跑模,若发现变动,应及时矫正,严禁为方便浇筑擅自移动或割除钢筋。

(3)浇筑混凝土时,应防止止水片产生变形、变位或遭到破坏。止水片周围的混凝土必须特别注意振捣密实。已安装的暴露时间较长的周边缝止水片必须及时用钢或木保护罩保护。

(4)浇入仓内的混凝土应随浇随平仓,不得堆积。仓内若有粗骨料堆积时,应均匀地散铺于砂浆较多处或未经振捣的混凝土上,但不得用水泥砂浆覆盖,以免造成内部蜂窝。

(5)在倾斜面浇筑混凝土时,应从低处开始浇筑,并使浇筑面保持水平。

(6)仓内的泌水应及时排除,严禁在模板上开孔赶水,以免带走灰浆;严禁用振捣器赶料;严禁在流水中浇筑混凝土;已浇筑的混凝土在硬化之前不得受水流的冲刷。

(7)混凝土浇筑应保证连续性。若因故中止且超过允许间歇时间,则应按施工缝处理。若能重塑,经监理工程师认定,仍可继续浇筑混凝土。

(8)雨季或冬季施工时,应有防雨或防冻等措施。

6. 混凝土预制构件

本工程混凝土预制构件安装,主要包括闸门、便桥桥板及排架等构件,采用 20 t 汽车起重机吊装。

预制构件应具备所有必需的标志、标记及说明书,构件安装校正、完成焊接作业后,必须在报经监理工程师检查认可,开出开仓签证后,方可浇灌接头混凝土。回填预留孔混凝土或砂浆之前,均必须事先报送作业措施并征得监理工程师的同意后方可实施。

1）预制构件的制作

（1）预制场地应平整坚实,宜使用混凝土硬化,排水良好。

（2）浇筑预制构件应符合下列规定:

①浇筑前检查预埋件、预留孔的数量和位置。

②每个构件一次浇筑完成,不应间断,并应振捣密实。

③构件表面平整、密实,无蜂窝麻面。

④重叠法制作构件,下层构件混凝土的强度达到 5 MPa 后方可浇筑上层构件,并应有隔离措施。

⑤构件浇筑完毕应进行标识,标注型号、混凝土强度等级、制作日期、施工人员等。无吊环的构件应标明吊点位置。

（3）小型构件可采用干硬性混凝土,脱模后即进行修整。构件不应有掉角、扭曲和开裂等现象。

（4）预制构件采用蒸汽养护时,应符合下列规定:

①浇筑后,构件应停放 2~6 h,停放温度宜为 10~20 ℃。

②当构件表面系数大于或等于 6 时,升温速率不宜大于 15 ℃/h;当构件表面系数小于 6 时,升温速率不宜大于 10 ℃/h。

③恒温时的混凝土温度,不宜超过 80 ℃,相对湿度应为 90%~100%;恒温时间根据水泥品种和混凝土达到 70% 设计强度的时间来选定。当构件表面系数大于或等于 6 时,降温速率不应大于 10 ℃/h;当构件表面系数小于 6 时,降温速率不宜大于 5 ℃/h;出池后构件表面与外界温差不应超过 20 ℃。

④蒸汽养护过程应记录。

（5）混凝土拌合物的质量检查,应按有关规定执行。对桥梁等重要构件应做荷载试验。

（6）构件移运应安全稳定,防止损伤并符合下列规定:构件移运时的混凝土强度应符合设计要求。构件的移运方法和支承位置,应符合构件的受力情况。

（7）构件堆放应符合下列规定:堆放场地应平整夯实,并有排水措施。构件应按装卸顺序,堆放稳定。重叠堆放的构件,标志应向外,堆垛高度应按构件强度、地面承载力、垫木强度及堆垛的稳定性确定,各层垫木的位置应在同一垂直线上。

（8）混凝土预制构件的允许偏差应符合《水闸施工规范》（SL 27—2014）适用表格,见表 4-2-44。

2）预应力张拉与放张

（1）预应力筋的品种、级别、规格、数量应符合设计要求,进场后应按批量进行验收、复试。

（2）锚具、夹具和连接器应按设计要求选用,并按规定进行进场检验。

（3）当采用先张法施工时,预应力筋张拉应符合下列规定:

①张拉前,应对台座、锚固横梁及张拉设备进行检查。

②同时张拉多根预应力筋时,应先调整各单根预应力筋的初应力基本一致再整体张拉。张拉过程中,应使活动横梁与固定横梁保持平行,并检查预应力筋的预应力值偏差不大于预应力筋应力总值的 5%。

表4-2-44　混凝土预制构件制作的允许偏差　　　　　　　单位:mm

项目	截面尺寸					侧向弯曲	保护层厚度	对角线差	表面平整度	预留孔	预留洞	预埋件		
	长度	宽度	高度	肋宽	厚度							中心线位移	螺栓位移	螺栓露出长度
板、工作桥检修桥	+10 -5	±5	±5	+4 -2	+4 -2	L/1 000 且不大于20	+5 -3	10	5 5					
块体	±5	±5			±5			10	5 5	5	15	10	5	+10 -5
柱	+5 -10	±5	±5			L/750 且不大于20	+10 -5							
梁	+10 -5	±5	±5			L/750 且不大于20	+10 -5							

注:L 为构件长度。

　　③先张法预应力筋张拉程序应符合设计规定,设计未规定时,其张拉程序可按《水闸施工规范》(SL 27—2014)表8.3.3 的规定进行。

　　④先张法预应力筋放张应符合下列规定:

　　混凝土强度应符合设计要求。

　　预应力筋放张前,应将限制位移的模板拆除。

　　预应力筋放张顺序应符合设计要求,设计未要求时,应均匀、对称、交错放张。

　　预应力筋放张后,对钢丝和钢绞线应采用机械切割的方式进行;对螺纹钢筋可采用氧气-乙炔切割,但应注意高温产生的不利影响。

　　长线台座上预应力筋的切断顺序,应由放张端开始,依次向另一端切割。

　　(4)采用后张法施工,预应力筋的张拉和锚固应符合下列规定:

　　①预应力筋张拉机具设备及仪表,应定期维护和校验。张拉设备应配套检定,并配套使用。

　　②应确保预留孔(预应力筋)的位置准确、畅通。

　　③预应力筋下料长度应根据张拉方式计算确定,且应采取切割机或砂轮片切割机。

　　④预应力张拉时应拆除侧面模板,混凝土强度应达到设计要求。

　　⑤张拉时,应校核张拉力下预应力筋伸长值。允许偏差为±6%,否则应查明原因并采取措施后再张拉。

　　⑥预应力筋张拉端的设置应符合设计要求,设计未要求时应符合下列规定:

　　直线筋和螺纹筋可在一端张拉。对曲线预应力筋,应根据计算的要求采取两端张拉或一端张拉的方式进行,当锚固损失的影响长度小于或等于L/2(L 为结构或构件长度)时,应采取两端张拉;当锚固损失的影响长度大于L/2 时,可采取一端张拉。

　　当同一截面中有多束一端张拉的预应力筋时,张拉端宜分别设置在结构或构件的两端。

　　预应力筋采用两端张拉时,宜两端同时张拉,或先在一端张拉锚固后,再在另一端补足预应力值进行锚固。

⑦后张法预应力筋张拉程序应符合设计要求,设计未要求时,其张拉程序可按《水闸施工规范》(SL 27—2014)表8.3.4的规定进行。

⑧预应力筋在张拉控制力达到稳定后方可锚固,锚固完毕并经检验合格后方可切割端头多余的预应力筋。

⑨预应力筋张拉后,应及时进行孔道灌浆。灌浆用水泥浆应满足强度、黏结力、流动性、泌水性要求,必要时宜采取二次灌浆。

3) 预制构件堆放及运输

(1) 预制构件堆放应符合下列要求:

堆放场地应平整夯实,并有排水措施;

构件应按吊装顺序,以刚度较大的方向稳定放置;

重叠堆放的构件,标志应向外,堆垛高度应按构件强度、地面承载力、垫木强度和堆垛的稳定性确定,各层垫木的位置应在同一垂直线上。

(2) 预制构件运输应符合下列要求:

构件移运时的混凝土强度,设计无特别要求时,不应低于设计强度的70%;

构件的移运方法和支承位置,应符合构件的受力情况,防止损伤。

4) 预制构件安装

(1) 预制构件安装应制定安装专项施工措施计划。

(2) 支承构件部位的混凝土强度应符合设计要求。

(3) 安装前,应对吊装设备、工具的承载能力等做系统检查,对构件进行外形复查。

(4) 安装前,应标注构件的中心线,其支承结构也应校测和标画中心线及高程。

(5) 构件起吊应符合下列规定:

构件应按标明的吊点位置起吊,吊装前,对吊装设备、工具的承载能力等应做系统检查,对预制构件应进行外形复查。

预制构件安装前,应标明构件的中心线,其支承结构上也应校测和标画中心线及高程。

构件应按标明的吊点位置和吊环起吊。

当起吊方法与设计要求不同时,应复核构件在起吊过程中产生的内力。

起吊绳索与构件水平面的夹角不宜小于45°,若小于45°,应对构件进行验算。

(6) 构件之间的连接件应焊接牢固,并采取措施防止混凝土在高温作用下受损。

7. 混凝土施工缝的处理

(1) 已浇好的混凝土,在强度达到2.5 MPa前,不得进行上一层混凝土浇筑的准备工作。

(2) 混凝土表面应加工成毛面并清洗干净,排除积水,铺设2~3 cm厚水泥砂浆后方可浇筑新混凝土。

(3) 如果因施工方面的原因要求增加或改变施工缝,必须在浇筑程序详图中标明,并报监理机构批准。

8. 混凝土拆模与养护

(1)确定混凝土模板拆除的期限,应得到监理机构的同意。除非设计文件另有规定,否则应遵守下列规定:

①不承重的侧面模板,应在混凝土强度达到 2.5 MPa 以上,并能保证其表面及棱角不因拆模而损坏时才能拆除。

②钢筋混凝土结构的承重模板,至少应在混凝土强度达到设计强度的 70% 以上,对于跨度大于 8 m 的梁板和跨度大于 2 m 的悬臂构件必须达到设计强度的 100%,才能拆除。

(2)混凝土浇筑完毕后,当硬化到不因洒水而损坏时,就应采取洒水等养护措施。混凝土表面应经常保持湿润状态直到养护期满,养护期不少于 28 天;在炎热或干燥气候条件下,早期混凝土表面应经常保持水饱和或用覆盖物进行遮盖,避免太阳暴晒。

9. 施工记录的收集与整理

(1)施工期间,承建单位必须做好详细的施工记录,包括内容如下:

①每一构件、块体混凝土浇筑数量,所用原材料的品种、质量、混凝土强度等级及配合比。

②各构件、块体的实际浇筑顺序,起讫时间,养护及表面保护时间、方式,模板,钢筋及止水设施,仪器埋件、预埋件等的情况。

③浇筑地点的气温,各种原材料的湿度,混凝土的出机口与入仓温度各部位模板拆除的日期和时间。

④混凝土试件的试验结果(试件数量按检测要求)及其分析。

⑤混凝土试件裂缝的部位、长度、宽度、深度,裂缝条数,发现的日期及发展情况。

⑥施工中发生的质量缺陷或事故、安全事故及其处理措施。

(2)承建单位应按照报经批准的施工组织计划按章作业、文明施工。同时,加强质量和技术管理,做好作业过程中资料的记录、收集与整理。

需根据试验或试验性作业成果决定施工实施,或必须调整、修订施工作业程序、方法与进度计划,或必须调整混凝土原材料与配合比等,属于对施工组织计划的实质性变更,均应事先报经监理机构书面同意后方可实施。

(3)承建单位应按合同、施工技术规范和质量等级评定标准规定的数量和方法对拌和混凝土及各种原材料进行取样检测。

(4)每一规定时段(通常为每月),承建单位或其实验室应一式两份向监理机构提交书面试验报告,内容如下:

①所用的各种材料及其试验数据的详细描述。

②试验方法、程序及试验仪器设备情况。

③试验过程和结果的详细陈述。

④结论意见。

10. 质量缺陷、事故处理

(1)对于施工中发生的一般混凝土缺陷,应在拆模后 24 小时内修复、修补完毕。修复、修补措施应报经监理工程师同意后进行,修复、修补过程中,均须有详细的记录。

（2）对于施工中发生的质量事故，承建单位应保护好现场，及时报告监理机构，立即查明其范围、数量，填报质量事故报告单，分析产生质量事故的原因，提出处理措施，经监理机构审批和设计认可后，方可进行处理。

（3）为了确保施工质量，承建单位必须按照有关施工规范和设计文件进行施工。对发生的违规作业行为，监理工程师可发出违规警告、返工指令，直至指令停工整顿。

（五）检查和检验项目、标准和工作要求

混凝土浇筑检查检验项目主要包括混凝土原材料进场的检验、混凝土浇筑过程的质量控制、混凝土后期养护及修补处理工作。质量标准详见《水工混凝土施工规范》（SL 677—2014）、《山东省水利工程质量检测要点》（鲁水建字〔2013〕71 号）的质量要求。

1. 原材料及中间产品

原材料及中间产品的检测项目及频次要求见表 4-2-45～表 4-2-53。

表 4-2-45　水泥检测项目及频次要求

检验项目		质量要求	检验方法	检验数量
细度		符合水泥国家标准要求	抽样、试验	每个单位工程至少抽检 1 次
凝结时间/min				
安定性（沸煮法）				
抗折强度/MPa	3 d			
	28 d			
抗压强度/MPa	3 d			
	28 d			

注：大型混凝土工程选择水泥时，应根据工程情况，检测水泥熟料中的碱含量（水泥中的碱含量按 $Na_2O+0.658K_2O$ 计算值表示，碱含量应不大于 0.60%）及氯离子等化学指标。

表 4-2-46　钢筋主要机械性能检测内容及频次要求

检验项目	质量要求	检验方法	检验数量
屈服强度/MPa	符合钢筋相应产品质量国家标准	抽样、试验	每个单位工程不同种类、钢号、直径至少抽检 1 次
抗拉强度/MPa			
断后伸长率/%			
冷弯			

注：钢筋接头（焊接、机械连接、绑扎等）的力学性能，应符合国家或行业有关规定。

表 4-2-47　掺合料检测内容及频次要求

检验项目	质量要求	检验方法	检验项目
细度（45 μm 方孔筛筛余）/%	符合规范要求	抽样、试验	每个单位工程至少抽检 1 次
烧失量/%			
需水量比/%			
三氧化硫/%			
含水量/%			

表 4-2-48　砂料检测内容及频次要求

检验项目		质量要求	检验方法	检验项目
含泥量/%		符合规范要求	抽样、试验	每个单位工程 至少抽检 1 次
泥块含量				
石粉含量/%				
表观密度/(kg/m³)				
细度模数				
坚固性/%	有抗冻要求			
	无抗冻要求			

注:根据工程需要,检测砂料的碱活性、氯离子。

表 4-2-49　粗骨料检测内容及频次要求

检验项目		质量要求	检验方法	检验项目
含泥量/%		符合规范要求	抽样、试验	每个单位工程 至少抽检 1 次
泥块含量				
坚固性/%	有抗冻要求			
	无抗冻要求			
表观密度/(kg/m³)				
超逊径 含量/%	超径			
	逊径			

注:根据工程需要,检测粗骨料的压碎值指标、碱活性。

表 4-2-50　外加剂检测内容及频次要求

检验项目	质量要求	检验方法	检验数量
密度/(g/cm³)	生产厂控制范围内	抽样、试验	每个单位工程 至少抽检 1 次
pH			
减水率/%	符合《混凝土外加剂》 (GB 8076—2008)国家标准		
含气量/%			

注:根据工程需要,检测外加剂中含固量、总碱量、氯离子含量等指标。

2.混凝土拌合物物理力学耐久性能

核查混凝土配合比是否按照试验部门签发并经审核的混凝土配料单进行配料。水工混凝土必须掺加适量的外加剂,有抗冻要求的混凝土必须掺加引气减水剂。混凝土拌和物物理力学耐久性能检测内容及频次要求见表 4-2-53。

表 4-2-51　混凝土拌和与养护用水检测内容及频次要求

检验项目	质量要求		检验方法	检验数量
	钢筋混凝土	素混凝土		
pH	>4	>4	抽样、试验	每座枢纽工程抽检 1 次
不溶物/(mg/L)	<2 000	<5 000		
可溶物/(mg/L)	<5 000	<10 000	抽样、试验	
氯化物(以 Cl⁻计)/(mg/L)	<1 200	<3 500	抽样、试验	
硫酸盐(以 SO_4^{2-} 计)/(mg/L)	<2 700	<2 700	抽样、试验	

注:根据工程需要,与标准饮用水对比试验,检测水泥初终凝时间差、砂浆抗压强度差。

表 4-2-52　橡胶止水带检测内容及频次要求

检验内容	质量要求	检验方法	检验数量
硬度(邵氏 A)/度	符合国家标准《高分子防水材料 第 2 部分:止水带》(GB 18173.2—2014)要求	抽检、试验	每座枢纽工程至少抽检 1 次
拉伸强度/MPa			
扯断伸长率/%			
压缩永久变形/%			
撕裂强度/(kN/m)			
热空气老化			

表 4-2-53　混凝土拌合物物理力学耐久性能检测内容及频次要求

检验项目	质量要求	检验方法	检验数量
坍落度	规范的允许偏差	抽样、试验	每座枢纽工程至少抽检 2 次
含气量(有抗冻要求时)	允许偏差范围		
设计龄期抗渗性	满足设计要求	抽样、试验	每个单位工程同一强度等级、抗渗等级的混凝土至少抽检 1 组
抗压强度	满足《水利水电工程施工质量检验与评定规程》(SL 176—2007)中附录 C 规定	抽样、试验	每个构件或工程部位至少留 1 组抗压试块
设计龄期抗拉项目	满足设计要求	抽样、试验	大体积混凝土:设计龄期每 2 000 m³ 1 组;非大体积混凝土:设计龄期每 1 000 m³ 1 组或每类构件至少 1 组
设计龄期抗冻性		抽样、试验	主要部位同一强度等级、抗冻等级的混凝土至少抽检 1 组

注:1. 坍落度以设计要求的中值为基准,变化范围以《水工混凝土施工规范》(SL 677—2014)的允许偏差为准。

2. 含气量以配合比设计要求的中值为基准,允许偏差范围为±0.5%。

3. 大型工程的抗冻混凝土,应特别注意其原材料的稳定性。现场质量控制应以含气量为主要指标。最终评定混凝土的抗冻性应以快冻试件测定的成果为准。混凝土的抗冻试件合格率不应低于 80%。

3. 混凝土外观质量

混凝土拆模后,应检查其外观质量。当发现质量问题时,应做好记录并通知有关单位处理。混凝土外观质量检测可在拆模后或消除缺陷处理后进行。混凝土结构工程外观质量检查标准见表 4-2-54,工程质量检测内容及频次要求见表 4-2-55。

表 4-2-54　混凝土结构工程外观质量检查标准

项次		检验项目	质量要求	检验方法	检验数量
主控项目	1	表面平整度	符合规范和设计要求	使用 2 m 靠尺或专用工具检查	1 000 m² 以上的表面检查点数 6~10 个;1 000 m² 以下的表面检查点数 3~5 个
	2	形体尺寸		钢尺量测	抽查 2%
	3	重要部位缺损		观察、仪器检测	抽查
一般项目	1	麻面、蜂窝		观察	抽查
	2	孔洞		观察、量测	抽查
	3	错台、跑模、掉角		观察、量测	抽查
	4	表面裂缝		观察、量测	抽查

表 4-2-55　混凝土结构工程质量检测内容及频次要求

检验项目	质量要求	检验方法	检验数量
结构工程混凝土强度	符合规范和设计要求	利用回弹法结合取芯法检测工程结构混凝土强度。实施检测前,用砂轮打磨回弹测区表面,使之清洁平整后,测试混凝土回弹值和碳化深度值	每个单位工程不同强度等级的构件抽检 10 个测区。钢筋混凝土结构物以无损检测为主,在必要时采取钻孔法检测混凝土抗压强度。大体积混凝土应根据工程情况,适量地进行钻孔取芯和压水试验,每万立方米至少钻 1 孔取样
钢筋安置	符合设计要求	利用磁感仪在结构表面测量钢筋位置、保护层厚度及间距	每个单位工程不同钢筋混凝土构件抽检 10 个测点

(六) 档案资料整理

资料整理见本章第三节围堰工程监理实施细则中"(六) 档案资料的整理"。

(七) 质量检验及评定

其工作要求参照第三篇第九章中"工程质量评定监理工作内容、技术要求和程序"执行。

（八）采用的表式清单

监理机构在混凝土工程监理工作中常采用的表式清单见表4-2-56。

表4-2-56　混凝土工程监理工作中常采用的表式清单

《水利工程施工监理规范》（SL 288—2014）

序号	表格名称	表格类型	表格编号
1	混凝土浇筑开仓报审表	CB17	承包[　　]开仓号
2	工序/单元工程施工质量报验单	CB18	承包[　　]质报号

二、钢筋制安工程监理实施细则

（一）编制依据

本细则适用于水闸工程的各种钢筋的制安施工监理。

其编制依据如下：

（1）工程施工合同文件、监理合同文件、招标投标文件、监理规划,已签发的设计图纸、设计交底、变更等,已批准的施工组织设计、专项施工方案等。

（2）《水利工程施工监理规范》（SL 288—2014）。

（3）《工程建设标准强制性条文（水利工程部分）》（2020年版）。

（4）《水利水电工程施工质量检验与评定规程》（SL 176—2007）。

（5）《水工混凝土钢筋施工规范》（DL/T 5169—2013）。

（6）《水利水电工程单元工程施工质量验收评定标准——混凝土工程》（SL 632—2012）。

（7）《钢筋混凝土工程施工质量验收规范》（GB 50204—2015）。

（8）《钢筋机械连接技术规程》（JGJ 107—2016）。

（9）《钢筋焊接及验收规程》（JGJ 18—2012）。

（二）专项工程特点

钢筋混凝土结构在工程中占据着重要地位,直接关系着工程质量,而钢筋在结构中主要起着抗拉、抗弯、抗剪的作用,影响着结构的稳定性、安全性、耐久性,作用巨大。

水闸的主要承重构件是闸室的底板、闸墩、胸墙,两岸工程的上下游翼墙、刺墙等结构。泵站和水闸的结构复杂,钢筋工程不易施工。

（三）专项工程开工条件检查

1.专项工程其他开工条件检查

本专项工程其他开工条件检查参照第二篇第一章第二节中"专项工程开工条件检查"相关内容执行。

2.现场开工条件检查

（1）钢筋应有产品认证证书、出厂质量证明书或试验报告单,钢筋表面或每捆（盘）钢筋均应有标志,进场后应按批号及直径分批检验。检验内容包括查对标志、外观检查,按现行国家有关标准的规定抽取试样做力学性能试验,进口钢筋需先经化学成分检验和焊接试验合格后向监理机构申报,监理工程师批准后,方可投入使用。

(2)钢筋在加工过程中,若发生脆断、焊接性能不良或力学性能显著不正常现象,应根据现行国家标准对该批钢筋进行化学成分检验或其他专项检验。

(3)对有抗震要求的框架结构纵向受力钢筋应进行检验,检验所得到的强度实测值,应符合下列要求:

①钢筋的抗拉强度实测值与屈服强度实测值的比值不应小于 1.25。

②钢筋的屈服强度实测值与钢筋的强度标准值的比值,当按一级抗震设计时,不应大于 1.25;当按二级抗震设计时,不应大于 1.4。

(4)钢筋在运输和储存时,不得损坏标志,并应按分批堆放整齐,避免锈蚀或油污。

(5)钢筋的级别、种类和直径应按设计要求采用。当需要代换时,应征得设计单位的同意,并应符合下列规定:

①不同种类钢筋的代换,应按钢筋受拉承载力设计值相等的原则进行(等应力代换)。

②当构件受抗裂、裂缝宽度或挠度控制时,钢筋代换后应进行抗裂、裂缝宽度或挠度验算。

③钢筋代换后,应满足混凝土结构设计规范中所规定的钢筋间距、锚固长度、最小钢筋直径、根数等要求。

④对于重要受力构件,不宜用Ⅰ级光面钢筋代换变形(带肋)钢筋。

⑤梁的纵向受力钢筋与弯起钢筋应分别进行代换。

⑥对有抗震要求的框架,不宜以强度等级较高的钢筋代替原设计中的钢筋。当必须代换时,其代换的钢筋检验所得实际强度与钢筋的强度标准值的比值,当按一级抗震设计时,不应大于 1.25;当按二级抗震设计时,不应大于 1.4。

⑦预制构件的吊环,必须采用未经冷拉的Ⅰ级热轧钢筋制作,严禁以其他钢筋代换。

(四)现场监理工作内容、程序和控制要点

工程监理工作内容包括钢筋原材料质量控制、钢筋加工质量控制、钢筋连接质量控制,以及钢筋安装、隐蔽验收质量控制。

1. 钢筋原材料质量控制

(1)检查钢材进场存放和保管措施,应按不同生产厂家、规格、型号分别垫格堆放整齐,并做出标识牌,且在雨季期间采取防雨淋措施,以防错用和钢筋锈蚀。

(2)检查施工方提供的产品质量证明书和出厂检验报告等质量证明报审文件。

(3)现场检查钢筋的外形、外观质量。其外形规格、型号、直径、级别等应符合设计要求和相关标准。外观应平直、无损伤,表面不得有裂纹、油污、颗粒状或片状老锈。

(4)在钢筋外形、外观质量检查合格后,现场监理见证取样送样。其取样应按同一厂家、同一牌号、同一规格、同一炉号、每一进场批次质量不大于 60 t 为一组。

(5)审核试验单位资质和复试报告。其资质和检验试验内容范围应符合要求,试验报告强度指标符合设计要求及规范规定,且对一级、二级抗震等级结构,当设计无具体要求时,检验所得的强度实测值应符合下列规定:

①钢筋的抗拉强度实测值与屈服强度实测值的比值不应小于 1.25。

②钢筋的屈服强度实测值与屈服强度标准值的比值不应大于 1.3。

（6）当发现钢筋脆断、焊接性能不良或力学性能显著不正常等现象时，应对该批钢筋进行化学成分检验或其他专项检验。

（7）对钢筋需代换使用进行审查控制，其审核代换方案应符合"等强"原则（原钢筋强度与截面面积和的乘积同代换后的钢筋强度与截面面积和的乘积相等）且同时应满足钢筋净距的构造要求（梁水平纵筋净距不小于 25 mm，板厚不大于 150 mm 时，钢筋间距不宜小于 200 mm），并应经设计单位认可。

2. 钢筋加工质量控制

（1）检查钢筋末端制作弯钩的工艺和质量标准。Ⅰ级筋末端为 180° 弯钩，其弯弧内直径不应小于钢筋直径的 2.5 倍，平直长度不小于钢筋直径的 3 倍。Ⅱ、Ⅲ 级钢筋需做 135° 弯钩时，钢筋的弯弧内直径不应小于钢筋直径的 4 倍，平直长度应符合设计要求。

（2）检查箍筋制作的工艺及规格尺寸，其标准 Ⅰ 级钢筋制作箍筋时，应做 135° 的弯钩，弯钩的弯弧内直径应大于受力钢筋直径，且不小于箍筋直径的 2.5 倍。弯钩的平直长度应不小于箍筋直径的 5 倍，有抗震要求的不应小于箍筋直径的 10 倍。同时，箍筋下料和制作时，应考虑梁、柱、主筋的外轮廓尺寸。

（3）抽查钢筋的下料尺寸，其尺寸应考虑到主筋的搭接方式、搭接长度、接头位置和锚固长度，以保证符合要求和规范规定。

（4）检查钢筋加工的形式及尺寸。

（5）巡查成型钢筋的暂存环境和措施。对已加工合格的钢筋，应按规格、型号、级别和形式的不同分别垫格堆放整齐，并设置标志牌，以免混淆，同时应有防雨、防潮及防锈的措施。

3. 钢筋连接质量控制

1）钢筋连接方法及接头位置控制

（1）检查钢筋的连接方式和接头位置的设置，其连接方式应符合设计要求。接头宜设置在受力较小处，同一纵向受力钢筋不宜设置 2 个或 2 个以上接头，接头的末端至钢筋弯起点的距离不应小于钢筋直径的 10 倍，且接头不宜设置在有抗震要求的框架梁端、柱端箍筋加密区内（非机械连接）。

（2）核查焊工资格证件，操持钢筋焊接人员须有符合要求颁发的资格证件，持证上岗、人证相符。

（3）检查钢筋连接接头的区段长度，其纵向受力钢筋为机械连接接头及焊接接头时，接头相互错开，其连接区段长度为 $35d$（d 为纵向受力钢筋的较大直径）且不小于 500 mm；当为绑扎搭接接头时，其接头相互错开，且连接区段长度为 $1.3L$（L 为搭接长度，按设计要求）。

（4）直接承受动力荷载的接头构件中，不宜采用焊接接头。

（5）控制检查钢筋连接在同一连接区段，纵向受力钢筋接头截面面积百分率，应符合设计要求，当设计无具体要求时，按以下要求检验：

①受拉区的机械连接和焊接不宜大于 50%。

②抗震设防框架梁端、柱端箍筋加密区和直接承受动力荷载的结构构件，机械连接接头不应大于 50%。

③板类和墙类构件,绑扎搭接接头不宜大于 25%,当有必要增加时,不应大于 50%。

④梁类构件,工程中有必要增加接头百分率时,绑扎搭接不应大于 50%。

⑤柱类构件,绑扎搭接接头不宜大于 50%。

2)钢筋焊接质量控制

(1)对钢筋焊接条件进行检查。焊机性能、焊条与焊件应相匹配,焊工应持证上岗,并进行现场条件下的试焊,经试验合格正式生产。

(2)电弧焊的质量控制检查。电弧焊包括帮条焊、搭接焊、坡口焊、窄间隙焊和熔槽帮条焊 5 种接头形式。其检查要点和标准如下:

①根据钢筋牌号、直径、接头形式和焊接位置,正确选择焊条、焊接工艺和焊接参数,特别是焊条的选用。

②焊接时,不得烧伤主筋。

③焊接地线与钢筋应接触紧密。

④焊接过程中应及时清渣,焊缝表面光滑,焊缝余高应平缓过渡,弧坑应填满。

⑤帮条焊两主筋端面间隙应为 2~5 mm,且两钢筋的轴线应在同一直线上,其轴线偏移小于 0.1d(d 为主筋直径),帮条焊长度双面焊不小于 5d,单面焊不小于 10d,焊缝厚度不小于 0.3d,宽度不小于 0.8d。

⑥搭接焊焊接端钢筋应预弯,并使两根钢筋的轴线在同一直线上,其轴线偏移不大于 0.1d 焊缝长度,厚度和宽度同帮条焊。

⑦坡口焊、窄间隙焊和熔槽帮条焊,若工程设计有,可按《钢筋焊接及验收规程》(JGJ 18—2012)相关章节进行编制。

(3)电渣压力焊的质量控制检查如下:

①钢筋与电极接触处,应无烧伤缺陷(渣壳敲净)。

②四周焊包凸出钢筋表面的高度不得小于 4 mm。

③接头处的弯折角不得大于 3°。

④接头处的轴线偏移不大于 0.1d,且不得大于 2 mm。

(4)闪光对焊的质量控制检查。闪光对焊有连续闪光焊、预热闪光焊和闪光、预热闪光焊 3 种焊接工艺方法,根据钢筋直径、钢筋牌号及钢筋端面平整情况等选择。

①选择合适的调伸长度、烧化留量、顶锻留量及变压器级数等焊接参数。

②接头处不得有横向裂纹。

③与电极接触处的钢筋表面不得有明显烧伤。

④接头处的弯折角不得大于 3°。

⑤接头处的轴线位移不大于 0.1d,且不得大于 2 mm。

(5)钢筋接头施工现场检验与验收控制检查。

①电弧焊接头以 300 个同牌号钢筋,同型式接头为一批,切取 3 个试件做拉伸试验。

②电渣压力焊接头以 300 个同牌号钢筋接头为一批,切取 3 个试件做拉伸试验。

③闪光对焊接头以 300 个同牌号、同直径钢筋接头为一批,切取 6 个试件做拉伸试验和弯曲试验。

④机械连接接头以 500 个同牌号、同直径接头为一批,切取 3 个试件做拉伸试验。

上述各数量接头不足一批的,应按一批计,复试报告指标应符合设计要求和规范规定。

4. 钢筋安装、隐蔽验收质量控制

(1)检查钢筋安装前工序条件具备情况,对上一道工序应在自检评定和工序交接并经监理验收合格后进行。

(2)检查柱、梁、墙主筋接头位置和数量。其钢筋数量、规格型号、位置(含附加筋、吊筋)和标高等符合设计要求。其接头位置、数量(同一截面的接头百分率)以及搭接长度应满足"钢筋连接质量控制"的要点及目标值。

(3)检查钢筋锚固形式和锚固长度,其锚固形式和锚固长度应符合相关规范和设计的要求。

(4)检查受力钢筋保护层厚度。保护层厚度应符合设计要求和规范规定,且其用作保护层支承块、架的强度数量和固定方法、措施应满足施工中钢筋不变位的需要。

(5)检查梁柱的箍筋安装质量。其箍筋的规格形式、数量、位置等应符合设计要求,且应与主筋紧贴绑牢。

(6)在梁柱墙构件纵向受力钢筋搭接长度范围内,当设计无具体配置箍筋要求时,亦应配置箍筋,并符合下列规定:

①箍筋直径不应小于搭接钢筋较大直径的 0.25 倍。

②受拉搭接区段的箍筋间距不应大于搭接钢筋较小直径的 5 倍,且不应大于100 mm。

③受压搭接区段的箍筋间距不应大于搭接钢筋较小直径的 10 倍,且不应大于200 mm。

④当柱墙中纵向受力钢筋直径大于 25 mm 时,应在搭接接头 2 个端面外 100 mm 范围内各设置 2 个箍筋,其间距宜为 50 mm。

(7)检查板钢筋的安装质量。其规格、数量、位置、接头位置和百分率以及伸入支座长度等应符合设计要求和规范规定。特别负弯矩筋的形式和有效高度的控制措施以及负弯筋在板 4 个角(或其他处)的位置重叠处安装均应符合规范要求和满足需要(施工过程不变位)。

(8)检查钢筋安装后和隐蔽过程中的成品保护措施。应铺设架空通道等措施,避免和防止施工人员与机械设备随意出入踩踏而导致钢筋变形、变位。

(9)对成型钢筋安装隐蔽验收申报进行平行检验。

(五)检查和检验项目、标准与工作要求

钢筋检查检验项目主要包括钢筋出厂合格证、钢筋使用前的力学冷弯试验和焊接性能、图纸要求的尺寸。质量标准详见《钢筋混凝土工程施工质量验收规范》(GB 50204—2015)、《钢筋机械连接技术规程》(JGJ 107—2016)、《钢筋焊接及验收规程》(JGJ 18—2012)。

监理工程师在钢筋加工质量控制过程中重点检查和检验项目如下:

(1)检查钢筋加工的形式及尺寸应符合设计要求,钢筋加工形式及尺寸的允许偏差值见表 4-2-57。

表 4-2-57　钢筋加工形式及尺寸的允许偏差值　　　　　（单位:mm）

项目	允许偏差
受力钢筋顺长度方向全长的净尺寸	±10
弯起钢筋的弯折位置	±20
箍筋内净尺寸	±5

（2）检查钢筋连接接头的区段长度,其纵向受力钢筋为机械连接接头及焊接接头时,接头相互错开,其连接区段长度为 $35d$（d 为纵向受力钢筋的较大直径）且不小于 500 mm;当为绑扎搭接接头时,其接头相互错开,且连接区段长度为 $1.3L$（L 为搭接长度,按设计要求,当设计无具体要求时,按表 4-2-58 中的标准执行）。

表 4-2-58　钢筋类型混凝土强度等级

钢筋类型混凝土强度等级		C15	C20~C25	C30~C35	≥C40
光圆钢筋	HPB235 级	$45d$	$35d$	$30d$	$25d$
带肋钢筋	HRB335 级	$55d$	$45d$	$35d$	$30d$
	HRB400 级、RRB400 级		$55d$	$40d$	$35d$

注:1.当搭接接头面积百分率为 25%~50%（含 50%）时,表中数值乘以 1.2 使用。

　　2.d 为钢筋直径。

（3）钢筋的锚固形式和锚固长度应符合设计要求。当设计对锚固长度无具体要求时,钢筋锚固长度参数值见表 4-2-59。

表 4-2-59　钢筋锚固长度参数值

钢筋类型混凝土强度等级	C20	C25	C30	C35
HPB235 级	$31d$	$27d$	$24d$	$22d$
HRB335 级	$39d$	$33d$	$30d$	$27d$
HRB400 级	$55d$	$55d$	$40d$	$40d$

注:d 为钢筋直径。

（4）钢筋安装位置的检验方法和允许偏差见表 4-2-60。

（六）档案资料整理

资料整理见本章第三节围堰工程监理实施细则中"（六）档案资料的整理"。

（七）质量评定工作

质量检验及评定的工作要求参照第三篇第九章中"工程质量评定监理工作内容、技术要求和程序"执行。

（八）采用的表式清单

监理机构在钢筋制安工程监理工作中采用的表式清单见表 4-2-61。

表 4-2-60　钢筋安装位置的检验方法和允许偏差　　　　　单位:mm

项目		检验方法	允许偏差
绑扎钢筋网	长度	尺量检查	±10
	网眼尺寸	钢尺量连续三挡,取偏差绝对值最大处	±20
绑扎钢筋骨架	长	尺量检查	±10
	宽、高	尺量检查	±5
纵向受力钢筋	锚固长度	尺量检查	负偏差不大于20
	间距	钢尺量两端、中间各一点,	±10
	排距	取偏差绝对值最大处	±5
纵向受力钢筋及箍筋保护层厚度	基础	尺量检查	±10
	其他	尺量检查	±5
绑扎箍筋、横向钢筋间距		钢尺量连续三挡,取偏差绝对值最大处	±20
钢筋弯起点位置		尺量检查	+20
预埋件	中心线位置	尺量检查	+5
	水平高度	钢尺和塞尺检查	0~+3

注:1.抗震设防为一级、二级时,表中数值乘以 1.15 使用。

　　2.d 为钢筋直径。

表 4-2-61　钢筋制安工程监理工作中采用的表式清单

《水利工程施工监理规范》(SL 288—2014)

序号	表格名称	表格类型	表格编号		页码
1	现场组织机构及主要人员报审表	CB06	承包[　]	机构号	P72
2	原材料/中间产品进场报验单	CB07	承包[　]	报验号	P73
3	施工设备进场报验单	CB08	承包[　]	设备号	P74
4	施工放样报验单	CB11	承包[　]	放样号	P77
5	工程设备采购计划申报表	CB16	承包[　]	设采号	P84
6	施工质量缺陷处理方案报审表	CB19	承包[　]	缺方号	P87
7	施工质量缺陷处理措施计划报审表	CB20	承包[　]	缺陷号	P88
8	旁站监理值班记录	JL26	监理[　]	旁站号	P161
9	监理巡视记录	JL27	监理[　]	巡视号	P162
10	工程质量平行检测记录	JL28	监理[　]	平行号	P163
11	工程质量跟踪检测记录	JL29	监理[　]	跟踪号	P164

三、大体积混凝土工程监理实施细则

(一) 编制依据

本实施细则适用于水利工程钢筋混凝土工程质量检测、试验工作。

其编制依据如下:

(1)有关合同文件、设计文件与图纸、监理合同文件、招标投标文件、监理规划,已签发的设计图纸、设计交底、变更等,已批准的施工组织设计、施工方案等。

(2)《水利工程施工监理规范》(SL 288—2014)。

(3)《工程建设标准强制性条文(水利工程部分)》(2020 年版)。

(4)《水利水电工程施工质量检验与评定规程》(SL 176—2007)。

(5)《水工混凝土施工规范》(SL 677—2014)。

(6)《水工混凝土钢筋施工规范》(DL/T 5169—2013)。

(7)《水利水电工程单元工程施工质量验收评定标准—混凝土工程》(SL 632—2012)。

(8)其他有关规程、规范。

(二) 专项工程特点

大体积混凝土施工具有结构厚、体形大、钢筋密、混凝土数量多等特点,工程条件复杂,施工技术要求高。

大体积混凝土的截面尺寸较大,在混凝土硬化期间水泥水化过程中温度增高,使混凝土内外温差过大,内外温差产生的温度应力大于混凝土的抗拉应力,是导致混凝土结构出现裂缝的主要因素。

在大体积混凝土施工中必须考虑温度应力的影响,主要是采用相应的技术措施控制内外温差,减小混凝土内外由于温度差而产生的温度应力。

(三) 专项工程开工条件检查

(1)本专项工程开工条件检查参照第二篇第一章第二节中"专项工程开工条件检查"相关内容执行。

(2)现场开工条件检查参照本节"一、混凝土工程监理实施细则"中开工条件有关内容。

(四) 现场监理工作内容、程序和控制要点

1. 原材料及混凝土配合比控制

1) 水泥

监理机构需检查水泥的出厂合格证、生产厂家的出厂检验报告和自检报告。自检报告检查项目包括水泥凝结时间、水泥安定性等。

2) 钢筋

(1)钢筋应有出厂合格证书或检测报告,使用前应做拉力、冷弯等试验。

(2)钢筋表面应洁净,使用前应将表面油渍、锈皮等清除干净;钢筋应平直、无局部弯折和裂纹,钢筋中心线同直线的偏差不应超过其长度的1%,成盘的钢筋或弯曲的钢筋应矫正后才能使用;钢筋加工的尺寸应符合图纸要求。

3）砂石料

砂石料的性能指标应满足设计文件及有关规程、规范要求。对砂的细度模数、含泥量，碎石的级配、超逊径及含泥量指标应重点检测。

4）外加剂

（1）因设计要求或施工需要，必须在混凝土中掺用减水剂等外加剂时，掺量及材料必须符合设计文件或技术规范的规定，并经多次试验确定后报监理机构批准。

（2）外加剂应有产品出厂日期、出厂合格证、产品质量检验结果及使用说明书。

5）混凝土配合比

承包人应按施工图纸要求和监理机构指示，通过室内试验成果进行混凝土配合比设计，并报监理机构审批。混凝土配合比试验前 28 天，承包人应将各种配合比试验的配料及拌和、制模和养护等的配合比试验计划报送监理机构。

6）降低水泥水化热

大体积混凝土浇筑水泥用量多，混凝土浇筑时间集中，水泥水化热不易散发，易产生较大的温差，导致产生裂缝。为有效控制裂缝的出现，监理必须严格控制降低水泥水化热。

在混凝土浇筑前，重点对混凝土的原材料进行抽样检测，严格控制砂石骨料的含泥量，并且掺加粉煤灰、减水剂、缓凝剂，改善混凝土的和易性，降低水灰比，降低混凝土水化热。

2. 工序控制

1）浇筑前控制

混凝土在开仓浇筑前，承包人应对各工序质量进行自检，自检合格后报监理验收，验收内容如下：

（1）施工放样。在混凝土浇筑开仓 1 天前，承包人应对浇筑仓面边线及模板安装位置进行复核，并将施测成果报监理机构审核。

为了确保放样质量，避免造成重大失误和不应有的损失，必要时，监理机构可要求承包人在监理工程师直接监督下进行对照检查。

（2）基础面处理。承包人需对基础面进行检查，并将结果报监理机构审批，必要时，监理机构可要求承包人在监理工程师直接监督下进行检查。

（3）模板安装。模板安装必须按混凝土结构的施工详图测量放样，确保模板的刚度和稳定性，重要结构应多设控制点，以利于检查校正。模板安装过程中，必须加强检查维护，经常保持足够的临时固定设施。浇筑过程中，若发现模板变形走样，应立即采取纠正措施，直至停止混凝土浇筑。

（4）止水材料。止水材料的形式、结构尺寸、材料的品种规格和物理学指标均应符合设计要求。其原材料的品种、生产批号、质量等均应记录备查。采用代用品时，需经过试验人认证并征得设计单位同意后方可使用。

（5）钢筋制安。为保证混凝土保护层的必要厚度，在钢筋与模板之间设置标准垫块，并与钢筋绑扎紧。垫块应互相错开，分散布置。混凝土垂直表面垫块应随着混凝土浇筑上升高度而跟着拆除，各排钢筋之间应用短钢筋支撑，以保证钢筋布设位置准确。

2）开仓证签发

承包人在"三检"合格后，填报各工序质量检查评定表，报监理工程师复核。在开仓前 8 h(重要隐蔽工程为 12 h)通知监理工程师对上述内容进行检查确认,并在确认合格后办理混凝土浇筑开仓签证手续。

3)浇筑过程控制

在混凝土浇筑过程中,承包人应有技术人员、质检员以及调度人员在现场进行技术指导、质量检查和作业调度,做好浇筑时的安排,明确分工,确保质量。在浇筑过程中建立有效的通信联络和指挥系统。

(1)钢筋。在混凝土现场施工浇筑过程中,应安排值班人员经常检查钢筋架立位置,若发生变动应及时矫正,严禁为方便混凝土浇筑擅自移动或割除钢筋。

(2)止水。浇筑时,在止水处需有专人负责,防止止水产生变形、移位或遭到破坏。止水周围的混凝土必须特别注意振捣密实。已安装的暴露时间较长的周边缝止水必须及时用钢或木保护罩保护。

(3)承包人自检。承包人应对混凝土拌和物和各种原材料进行抽样检测,并将检测报告书面上报监理机构。

(4)混凝土质量。承包人应严格按批准的配合比拌制混凝土,对不合格的混凝土,监理工程师有权按有关规定拒绝其入仓。

(5)混凝土运输。运输过程中避免发生分离、漏浆、严重泌水或过多降低坍落度等情况;当输送因故障停歇过久,产生初凝时,应做废料处理。

(6)混凝土浇筑。

①开始浇筑前 8 h(隐蔽工程为 12 h),承包人必须通知监理机构对浇筑部位的准备工作进行检查。检查内容包括地基处理以及模板、钢筋、插筋、冷却系统、预埋件、止水和观测仪器等设施的埋设和安装等,经监理机构检验合格后,方可进行混凝土浇筑。

②承包人应根据监理机构批准的浇筑分层和浇筑程序进行施工。在浇筑时,由远及近,保持混凝土均匀上升,在浇筑护坡混凝土时,应从最低处开始,直至保持水平面。

③不合格的混凝土严禁入仓,已入仓的不合格混凝土必须予以清除,并按监理机构指示弃置在指定地点。

④浇筑混凝土时,严禁在仓内加水。若发现混凝土和易性较差,应采取加强振捣等措施,以保证质量。

⑤仓内的泌水应及时排除。严禁在模板上开孔赶水,以免带走灰浆,严禁用振捣器赶料,严禁在流水中浇筑混凝土,已浇筑的混凝土在硬化之前不得受水流冲刷。

⑥浇筑入仓的混凝土应随浇随平仓,不得堆积;仓内若有碎石堆积,应均匀地散铺于砂浆较多处或未经振捣的混凝土上,但不得用水泥砂浆覆盖,以免造成内部蜂窝。

⑦浇筑混凝土应使振捣器捣实到可能的最大密实度。每一位置的振捣时间以混凝土不再显著下沉、不出现气泡并开始泛浆为准。根据泵送浇筑时自然形成一个坡度的实际情况,在每道浇筑带前后布置 3 道振捣棒,前道振捣棒布置在底排钢筋处和混凝土坡脚处,确保下部混凝土密实,后道振捣棒布置在混凝土卸料点,解决上部混凝土的捣实。在混凝土浇筑过程中,为了使上下层不产生冷缝,上层混凝土振捣密实,应在下层混凝土初凝前完成,且振捣棒下插 5 cm,并不得触动钢筋及预埋件。振捣要采取闪插慢拔的原则,防止先将上层混凝土振实,而下层混凝土气泡无法排出,且振捣棒略微上下抽动,使振捣

密实。凡无法使用振捣器的部位,应辅以人工捣固。

⑧结构物设计顶面的混凝土浇筑完毕后,应使其平整,高程应符合施工详图的规定,平整度调整应在混凝土初凝前进行。

⑨严格控制混凝土出罐温度不低于 10 ℃,入槽温度不低于 5 ℃。承包人通过测温记录与保温覆盖,务必使内外温差控制在 25 ℃以下。

(7)加强混凝土施工过程中的温度控制。

①浇筑时按照"斜面分层,薄层浇筑,循序渐进,一次到顶"的方法连续施工,改善约束条件,削减温度应力。

②采用二次振捣法,浇筑后及时排除表面积水,加强早期养护,提高混凝土的早期抗拉强度和弹性模量,以提高混凝土的极限拉伸强度。

③选择级配良好的粗细骨料,严格控制其含泥量,加强混凝土的振捣,提高混凝土密度和抗拉强度,减少收缩变形,保证混凝土的施工质量。

④根据大体积混凝土裂缝控制的计算,混凝土内部最高温度可达 70 ℃。要想把混凝土内外温差控制在 25 ℃以内,必须采取塑料薄膜保温、覆盖草袋等保温措施,在混凝土浇筑完后对混凝土加以覆盖,养护和保温时间不少于 14 天,延缓降温速率,充分发挥混凝土的应力松弛效应。

⑤加强温度的检测与管理:①测温点(孔)的布置必须具有代表性和可比性,并能反映本工程的特点和各部位的温度;②测温指定专人负责,做好记录,当发现内外温差超过 25 ℃时,及时向总监理工程师汇报,根据情况调整保温材料的厚度。在混凝土浇筑后开始测温,升温阶段每 1 小时测温 1 次,降温阶段每 4 小时测温 1 次。

(8)混凝土面的修整。混凝土表面修补前必须清楚缺陷部分,或凿去薄弱的混凝土表面,用水冲洗干净,应采用比原混凝土强度等级高一级的砂浆、混凝土或其他填料填补缺陷处,并予抹平,修整部位应加强养护,确保修补材料牢固黏结,色泽一致,无明显痕迹。

(9)施工期间,承包人应做好详细的施工记录。

4)模板拆除检查

大体积混凝土模板一般为不承重侧面模板,应在混凝土强度达到其表面及棱角不因拆模而损伤时,方可拆除。

5)混凝土养护

混凝土浇筑完成后,应做好顶面收浆抹面工作,加强洒水养护,混凝土面保持湿润状态。做好养护记录,定时观测内外温度变化,防止温差过大出现裂缝,在混凝土浇筑后开始测温,升温阶段每 11 h 测温 1 次,降温阶段每 4 h 测温 1 次。

6)质量事故处理

(1)对于施工中发生的质量事故,承包人应保护好现场,及时向监理工程师报告;同时,应立即查明其范围、数量,填报质量事故报告单,分析产生质量事故的原因,提出处理措施,经监理机构审批并报请发包人和设计单位认可后,方可进行处理。

(2)对于一般的混凝土缺陷,应在报请监理工程师检验并得到同意处理后,在拆模后 24 h 内修复、修补完毕。修复、修补措施应报监理工程师同意后进行。修复、修补过程均需有详细记录。

（五）检查和检验项目、标准与工作要求

1. 原材料

（1）水泥。每批水泥需有厂家的试验报告，每批水泥需进行取样检测，水泥每 200～400 t 同品种、同强度等级的作为一取样单位，不足 200 t 也作为一取样单位。检测项目包括水泥强度等级、凝结时间、体积安定性、稠度、细度、比重等试验。流道大体积混凝土浇筑，应进行水化热试验。

（2）粉煤灰。粉煤灰及其他掺合料检测取样以每 100～200 t 作为一取样单位，不足 100 t 也作为一取样单位。检测项目包括细度、需水量比、烧失量和二氧化硫等指标。

（3）外加剂。为防止流道层发生裂缝现象，必须严格按配合比要求加足外加剂。通过试验确定外加剂掺量，其试验成果报送监理机构。

（4）水。承包人应对拌和及养护用水进行水质分析，并定期检测。夏季、冬季施工时需对水进行降温、加热处理。

（5）砂石料。在正常情况下，以 400 m³ 或 600 t 为一批，不足上述规定数量者也以一批计。取样一般是在料堆上取，取样部位均匀分布，取样时先将取样部位表层铲除，然后由各部位抽取大致相等的试样 8 份组成一组样品；在拌和场应检查砂子、碎石的含水量，砂子细度模数，以及砂石料的含泥量、超逊径。砂子、碎石的含水率变化每班应检查 2 次，宜分别控制在 ±0.5%～±0.2%。在气温变化较大、雨后、砂石储料条件突变等情况下，每 2 h 应检查 1 次。砂子细度模数每天至少检查 1 次，检查结果超出 ±0.2 时，则须调整混凝土的配合比。砂石料的超逊径、含泥量每班应检查 1 次。此外，每季度应对砂石料进行 1 次全分析检查。

（6）配合比。在混凝土拌和场每班至少应进行 3 次各种原材料配合比的检查试验，混凝土各组分称量的允许偏差应符合规范要求。

2. 工序控制

（1）基础面或混凝土施工缝处理。要求建基面无松动岩石；地表水和地下水已妥善引排或封堵；表面无乳皮、成毛面。

（2）模板。要求模板表面光洁平整，接缝严密、不漏浆。木模板要求稳定性、刚度和强度满足设计要求；钢模板要求拼接严密、表面平整，处理好接缝处。模板制作安装允许偏差应控制在规定范围内。

（3）钢筋。钢筋焊接后的机械性能应符合规范要求，钢筋规格尺寸、安装部位应符合设计要求。在浇筑混凝土前须对钢筋的加工、安装质量进行验收，加工后钢筋允许的偏差不得超过规范要求。

（4）止水。止水设施的形式、尺寸、埋设位置应符合图纸规定。止水片应平整，无砂眼和钉孔，衔接按其厚度分别采用折叠、咬接或搭接的方式。止水片安装应防止变形和撕裂。止水尺寸、搭接长度偏差应符合规范要求。

（5）混凝土浇筑。应确保混凝土连续浇筑，若因故中止超过允许间歇时间，必须按施工缝处理；浇筑混凝土过程中严禁中途加水；仓内混凝土应注意平仓振捣，不得堆积，严禁滚浇；平仓分层厚度不大于 50 cm，要求振捣无架空和漏振。

3.混凝土的质量检测

（1）承包人应按监理机构指示，并会同监理机构对混凝土拌和均匀性进行检测。

（2）每班应进行现场混凝土坍落度检测，出机口应检测 4 次，仓面应检测 2 次。在制取试件时，应同时测定坍落度。

（3）混凝土的强度检测以在标准条件下养护的抗压强度为主。必要时，尚需做抗拉、抗冻、抗渗等试验。抗压试件的组数应按以下规定制取：

①不同强度等级、不同配合比的混凝土，应分别制取试件。

②厚大结构物，28 天龄期每 100~200 m^3 成型试件 1 组。

③非厚大结构物，28 天龄期每 50~100 m^3 成型试件 1 组，每一单元工程至少成型试件 1 组。

（六）档案资料整理

资料整理见本章第三节围堰工程监理实施细则中"（六）档案资料整理"。

（七）质量检验及评定

质量检验及评定参照第三篇第九章中"工程质量评定监理工作内容、技术要求和程序"执行。

（八）采用的表式清单

监理机构在大体积混凝土工程监理工作中采用的表式清单见表4-2-62。

表 4-2-62　大体积混凝土工程监理工作中常采用的表式清单

《水利工程施工监理规范》(SL 288—2014)			
序号	表格名称	表格类型	表格编号
1	混凝土浇筑开仓报审表	CB17	承包[　]开仓号
2	工序/单元工程施工质量报验单	CB18	承包[　]质报号

注：本节监理工作中采用的其他表式清单见本章表4-2-59。

第九节　砌体工程监理实施细则

一、编制依据

本细则适用于水闸的砌体工程施工监理。砌体工程包括浆砌石、干砌石、混凝土预制块及砖砌体。

其编制依据如下：

（1）工程施工合同文件、监理合同文件、招标投标文件、监理规划，已签发的设计图纸、设计交底、变更等，已批准的施工组织设计、施工方案等。

（2）有关现行规程、规范和规定：

①《水利工程施工监理规范》（SL 288—2014）。

②《建筑地基处理技术规范》（JGJ 79—2012）。

③《工程建设标准强制性条文（水利工程部分）》（2020 年版）。

④《水利水电工程施工质量检验与评定规程》(SL 176—2007)。

⑤《砌体结构工程施工质量验收规范》(GB 50203—2015)。

⑥《水利水电工程单元工程施工质量验收评定标准—地基处理与基础工程》(SL 633—2012)。

⑦《水工混凝土施工规范》(SL 677—2014)。

⑧《水工混凝土外加剂技术规程》(DL/T 5100—2014)。

⑨《水利水电建设工程验收规程》(SL 223—2008)。

⑩《水电水利工程施工测量规范》(DL/T 5173—2012)。

⑪《水利水电基本建设工程单元工程质量等级评定标准第1部分:土建工程》(DL/T 5113.1—2019)。

⑫《建筑地基基础工程施工质量验收规范》(GB 50202—2018)。

⑬《水工混凝土试验规程》(SL 352—2020)。

⑭《混凝土用水标准》(JGJ 63—2006)。

⑮《混凝土结构工程施工质量验收规范》(GB 50204—2015)。

⑯《混凝土质量控制标准》(GB 50164—2011)。

⑰《混凝土强度检验评定标准》(GB/T 50107—2010)。

⑱《普通混凝土用砂、石质量标准及检验方法》(JGJ 52—2006)。

⑲《山东省水利工程质量检测要点》(鲁水建字〔2013〕71号)。

⑳《水利水电工程施工组织设计规范》(SL 303—2017)。

㉑其他相关标准规范。

二、专业工程施工特点

抛石由10 t自卸汽车运输石料,直接抛投,施工中应注意小石在里(不小于30 kg)、大石在外(不小于75 kg),内外咬茬,层层密实,坡面平顺,无浮石、小石。

浆砌石以人工为主进行施工。石料外运至工区后由临时堆场人工装车,机动三轮车运送,现场人工选料砌筑,砂浆现场拌制。施工应严格按照浆砌石施工规范要求进行。砌石不允许出现通缝,错缝砌筑;块石凹面向上,平缝坐浆,直缝灌浆要饱满,不允许用碎石填缝、垫底;块石要洗净,不许沾带泥土。

干砌石施工以人工砌筑施工。石料外运至工区后由临时堆场人工装车,机动三轮车运送,现场人工选料砌筑。

三、专项工程开工条件检查

(一)专项工程开工条件检查

本专项工程开工条件检查参照第二篇第一章第二节中"专项工程开工条件检查"相关内容执行。

(二)现场开工条件检查

1. 施工措施计划

砌体工程开工前3天,承包人应提交包括下列内容的施工措施计划,报送监理人

审批:

(1)施工平面布置图。

(2)砌体工程施工方法和程序。

(3)施工设备的配置。

(4)场地排水措施。

(5)质量和安全保证措施。

(6)施工进度计划。

2.砌体材料的试验报告

承包人应在砌体工程开工前14天,将工程采用的各种砌筑材料试验成果报送监理人批准。未经批准的材料不得使用。

3.质量检查记录和各种报表

在砌体工程砌筑过程前,承包人应按监理人指示提交施工质量检查记录和报表,其内容包括:

(1)砌体材料的取样试验成果。

(2)砌体工程基础的质量检查记录。

(3)砌体工程砌筑的质量检查记录。

(4)质量事故处理记录。

四、现场监理工作内容和控制要点

(一) 材料

(1)砌体所用材料主要有粗料石、块石、混凝土预制块和砖等。石料质地应坚硬,无风化剥落和裂缝,选用的石料应能耐风化;混凝土预制块形状、尺寸应统一,表面应整齐平整、无裂缝;砖应规格一致、尺寸准确、边角整齐,无掉角、裂缝和翘曲等现象。

(2)混凝土灌砌块石所用的石子粒径不宜大于20 mm。

(3)水位变化区、受水流冲刷的部位以及有抗冻要求的砌体,其水泥强度等级应满足设计要求。

(4)使用掺合料和外加剂,应通过试验确定。掺合料宜优先采用粉煤灰,其品质指标应符合国家现行有关标准的规定。

(5)砌筑用的水泥砂浆和细石混凝土应符合下列规定:

①砂浆和混凝土配合比通过试验确定,当设计有抗冻、抗渗要求时,还应进行抗冻、抗渗试验。

②应具有适宜的和易性,水泥砂浆的稠度宜为40~70 mm,细石混凝土的坍落度宜为70~90 mm。

(二) 浆砌石

(1)砌筑前,应将石料刷洗干净,并保持湿润。砌体的石块间应有胶结材料黏结、密实。

(2)砂石垫层铺设时,应自下而上,分层铺设。垫层铺设应平整、密实、厚度均匀。

(3)浆砌石宜用铺浆法砌筑,灰浆应饱满。护坡、护底等石块间空隙较大时,应先灌填砂浆或细石混凝土并捣实,再用碎石块嵌实。不应采用先填碎石块,后塞砂浆的方法施工。

(4)浆砌石墩、墙施工应符合下列规定:

①砌筑应分层,各砌层均匀坐浆,并随铺随砌。

②每层应依次砌角石、面石,再砌腹石。

③块石砌筑,应选择较平整的大块石经修整后用作面石,上下两层石块应错缝,内外石块应交错搭接。

④料石砌筑,按一顺一丁或两顺丁排列,砌缝应横平竖直,上下层竖缝错开距离不小于 100 mm,丁石的上下方不应有竖缝;粗料石砌体的砌缝宽度,平缝宜为 15~20 mm,竖缝可为 20~30 mm。

⑤砌体宜均衡上升,相邻段的砌筑高差和每日砌筑高度均不宜大于 1.2 m。

⑥砌筑因故停工,砂浆已超过初凝时间,应待砂浆强度达到 2.5 MPa 后才可继续施工;在继续砌筑前,应将原砌体表面的松散软弱层清除并洒水湿润;砌筑时应避免振动下层砌体。

⑦混凝土底板的浆砌石工程,基础混凝土面层应进行凿毛或冲毛,并冲洗干净后方可砌筑。基础混凝土面层宜埋设露面块石,露面高度宜为 0.15 m 或相当于块石高的 1/2,埋设位置距砌石边线宜为 0.4 m。

⑧墙面垂直度:浆砌料石墙面垂直度应小于墙高的 0.5%且不大于 20 mm;浆砌块石墙面垂直度应小于墙高的 0.5%且不大于 30 mm。

(5)永久缝应平整垂直。

(6)混凝土灌砌块石,块石净距应大于粗骨料粒径,不应采取先嵌填小石块再灌缝的方法,灌入的混凝土应插捣密实。

(7)砌体勾缝应符合下列规定:

砌体的外露面和挡土墙的临土面均应勾缝,宜为平缝。

勾缝砂浆强度等级应高于砌筑砂浆强度等级,宜用中细砂拌制。

砌体勾缝前,应清理缝槽,并用水冲洗湿润。

(8)砌筑过程中,应及时养护。

(三)干砌石

(1)具有框格的干砌石工程,宜先砌筑框格再进行砌石。

(2)砂石垫层铺设时,应自下而上,分层铺设。垫层铺设应平整、密实、厚度均匀。

(3)干砌石工程的砌筑应符合下列规定:

①砌体缝口应砌紧,底部应垫稳填实,不应架空。

②不应使用翘口石和飞口石。

③宜采用立砌法,不应叠砌和浮塞。

④坡面上的干砌石砌筑应采用层间错缝方式,砌石边缘应顺直、整齐牢固。

⑤砌体外露面的坡顶和侧边宜选用较大且整齐的石块砌筑平整。

(四)混凝土预制块

(1)混凝土预制块尺寸及强度等级应满足设计要求。

(2)混凝土预制块砌筑时强度不宜低于设计强度的 70%。

（3）具有框格的混凝土预制块工程,宜先修筑框格再进行砌筑。

（4）砂石垫层铺设时,应自下而上,分层铺设。垫层铺设应平整、密实、厚度均匀。

（5）混凝土预制块护坡砌筑时,不应破坏垫层,砌筑应平整、稳定,砌缝应紧密、缝线应规则,缝宽不宜大于 10 mm,砌块底部应垫平填实,不得架空。

（6）未被混凝土预制块覆盖的边角部位,应采用同强度等级的现浇混凝土覆盖。

（7）浆砌混凝土预制块墩、墙、柱施工应符合下列规定:

①砌块在使用前应浇水湿润,表面应清洗干净,砌筑过程中,及时养护。

②混凝土预制块浆砌时应坐浆砌筑,各砌层的砌块应安放稳固,砌块间应砂浆饱满,黏结牢固,相邻段的砌筑宜均衡上升。

③各砌层应先砌外层定位行列,后砌筑里层,外层砌块应与里层砌块交错连成一体,砌体外露面应进行勾缝。

④砌筑上层砌块时,应避免振动下层砌块。砌筑因故停工恢复砌筑时,应将原砌体表面的松散软弱层清除并洒水湿润。

（五）砖砌体

（1）砖的品种、规格尺寸、强度应符合设计要求。

（2）砌筑前,砖应提前适度湿润,不应采用干砖或处于饱和状态的砖砌筑。

（3）砖砌体墙、柱施工应符合下列规定:

①砖砌体砌筑内外搭砌,上下错缝,砖柱不应采用包心砌法。

砖砌体砌筑时,根据砌块规格宜采用随铺浆随砌筑的方法。当采用挤浆法砌筑时,铺浆长度不应大于 0.75 m,施工期间气温超过 30 ℃时,铺浆长度不应大于 0.5 m。

②厚度为 240 mm 的承重墙,每层墙的最上一皮砖,砖砌体的阶台水平面上及挑出层的外皮砖,应整砖丁砌。

③灰缝不应出现瞎缝、透明缝和假缝。

④砖砌体的灰缝应横平竖直、厚薄均匀,水平灰缝厚度及竖向灰缝宽度宜为 10 mm。水平灰缝的砂浆饱满度不应小于 80%,砖柱水平灰缝和竖向灰缝饱满度不应小于 90%。

砖砌体施工临时间断处补砌时,应将接槎处表面清理干净,浇水湿润,并填实砂浆,保持灰缝平直。

五、检查和检验项目、标准与工作要求

护坡工程施工质量检测内容及频次要求见表4-2-63。

六、档案资料整理

资料整理见本章第三节围堰工程监理实施细则中"（六）档案资料整理"。

七、质量检验及评定

其工作要求参照第三篇第九章中"工程质量评定监理工作内容、技术要求和程序"执行。

表 4-2-63　护坡工程施工质量检测内容及频次要求

项次	检验项目	质量要求	检验方法	检验数量
砂(石)垫层	砂、石级配	符合设计要求	室内试验	每500延米检测不少于1处且每分部工程至少1处
	砂、石垫层厚度	允许偏差为±15%设计厚度	量测	
土工织物铺设	土工织物质量	符合设计要求	室内试验	取样频率每20万 m² 取3组，且每个分部不少于1组
	焊接质量		现场、室内试验	焊接质量检测每1 km测1组
护坡工程	护坡材料性能指标	符合设计要求	试验	每500延米检测不少于1处
	护坡厚度	符合设计要求	量测	
	坡面平整度	符合设计要求	量测	每100延米检测不少于1处
	护坡坡度	不陡于设计坡度	量测	每500延米检测不少于1处
	排水孔设置	应连续贯通，孔径和孔距允许偏差为±5%设计值	量测	每100孔检查1孔
	变形缝结构、填充质量	符合设计要求	检查	每100延米检测不少于1处

八、采用的表式清单

监理机构在砌体工程监理工作中采用的表式清单见表4-2-64。

表 4-2-64　砌体工程监理工作中采用的表式清单

《水利工程施工监理规范》(SL 288—2014)

序号	表格名称	表格类型	表格编号		页码
1	现场组织机构及主要人员报审表	CB06	承包[	]机构号	P72
2	原材料/中间产品进场报验单	CB07	承包[	]报验号	P73
3	施工设备进场报验单	CB08	承包[	]设备号	P74
4	施工放样报验单	CB11	承包[	]放样号	P77
5	工程设备采购计划申报表	CB16	承包[	]设采号	P84
6	施工质量缺陷处理方案报审表	CB19	承包[	]缺方号	P87
7	施工质量缺陷处理措施计划报审表	CB20	承包[	]缺陷号	P88
8	旁站监理值班记录	JL26	监理[	]旁站号	P161
9	监理巡视记录	JL27	监理[	]巡视号	P162
10	工程质量平行检测记录	JL28	监理[	]平行号	P163
11	工程质量跟踪检测记录	JL29	监理[	]跟踪号	P164

第十节　监测设施和施工期监测监理实施细则

一、编制依据

本细则适用于水闸及各类结构建筑物监测设施和施工期的监测。

其编制依据如下：

（1）工程施工合同文件、监理合同文件、招标投标文件、监理规划、已签发的设计图纸、设计交底、变更等，已批准的施工组织设计、施工方案等。

（2）《水利工程施工监理规范》（SL 288—2014）。

（3）《水闸施工规范》（SL 27—2014）。

（4）《工程建设标准强制性条文（水利工程部分）》（2020年版）。

（5）《水利水电工程施工质量检验与评定规程》（SL 176—2007）。

（6）《水工混凝土施工规范》（SL 677—2014）。

（7）《混凝土结构工程施工质量验收规范》（GB 50204—2015）。

（8）其他相关标准规范。

二、专项工程特点

（一）止水观测

（1）采用人工施工。止水观测设备安装定位要准确、牢固，沥青井要在清洁、干燥环境下浇灌。渗压观测设备的进水箱填料和测压管安装要避免堵塞。

（2）浇筑止水缝部位的混凝土时，应注意下列事项：

①止水片应在浇筑层的中间，在止水片高程处，不得设置施工缝。

②浇筑混凝土时，不得冲撞止水片，当混凝土掩埋止水片时，应再次清除其表面污垢。

③振捣器不得触及止水片。

④固定止水片的模板，应适当推迟拆除时间。

（3）预留沥青井孔的安装，应符合下列规定：

①混凝土预制件的外壁，必须凿毛，接头封堵密实。

②预制件宜逐节安设，逐节灌注热沥青，若一次灌注沥青井，应在孔内设置热元件。

（二）测压管埋设

（1）测压管的水平段应设有纵坡，宜为5%左右，进水口略低，避免气蚀现象，管段接头必须严密不漏水。

（2）测压管的垂直段应分节架设稳固，确保管身垂直，管口应设置封盖，防止杂物落入以及淤沙倒灌。

（3）安装完毕后，应进行注水试验。

（三）监测设施

各种观测设备埋设前应经检查和率定。观测设备应按规定及时埋设。各观测项目的设备，应由专人负责观测和保护。施工期间所有观测项目，均应按时观测，及时记录及整理分析。

所有观测设备的埋设、安装记录、率定检验和施工期观测记录均应整理汇编,移交管理单位。

沉陷杆埋设后,应立即观测初始值,施工期间,按不同荷载阶段,定期观测,竣工放水前后,应分别观测一次。放水前,应将水下的沉降标点转接到上部结构,以便继续观测。

三、专项工程开工条件检查

本专项工程开工条件检查参照第二篇第一章第二节中"专项工程开工条件检查"相关内容执行。

四、现场监理工作内容和控制要点

(一)工作内容

(1)监测设施的布置,应密切结合永久监测设施,统筹安排,合理布置。

(2)监测设施的选择,应在可靠、耐久、经济、实用的前提下,便于实现自动化监测。

(3)各种监测设施埋设前应经检查和检定。

(4)监测设施应按设计要求和施工进度及时埋设并确保质量。安装和埋设完毕,应及时测读初始值并绘制竣工图、填写考证表,存档备查。

(5)各类监测设施的安装埋设,应采取必要的保护措施,确保监测设施不被损环。

(二)监测设施安装埋设

1.水位监测设施安装

水位监测设施安装应符合下列规定:

(1)应设在水流平顺、水面平稳、受风浪和泄流影响较小处。

(2)根据水流监测需要,可在闸前、闸墩侧壁、消力池、弯道两岸等处增设水位测点。

2.表面变形监测设施安装

表面变形监测设施安装应符合下列规定:

(1)水闸的表面变形监测内容包括水闸的垂直位移和水平位移。

(2)建筑物上各类测点应与建筑物牢固结合,能代表建筑物变形。基准点应尽可能埋设在新鲜或微风化基岩上或稳定土体上。

(3)监测设备应有必要的保护装置。

(4)位于土基上基点的底座埋入土层的深度不应小于 1.5 m,冰冻区应深入冰冻线以下,使其牢固稳定而不受其他外界因素影响。

(5)埋设时,应保持立柱中心线铅直,顶部强制对中,基座水平,倾斜度不应大于 4′。视准线监测墩对中基座中心与视准线的距离允许偏差为±20 mm;当采用小角法时,对中基座中心与工作基点构成的小角角度不宜大于 30″。

3.渗压计安装

渗压计安装应符合下列规定:

(1)渗压计宜采用钻孔埋设法,钻孔孔径依该孔中埋设的仪器数量而定,可采用 90~146 mm。成孔后,应在孔底铺设中粗砂垫层,厚度宜为 0.3~0.5 m。

（2）渗压计的连接电缆，应以软管保护，并铺一钢丝与仪器测头相连。安装埋设时，应自下而上依次进行，并依次以中粗砂封埋仪器测头，在土体内宜采用膨润土干泥球或高崩解性黏土球，在岩体内可采用膨润土、高崩解性黏土与砂的掺合料，或水泥砂浆逐段封孔，封孔段长度应符合设计规定，回填料、封孔料应分段捣实。

（3）渗压计安装与封孔埋设过程中，应随时进行检测，不应损坏仪器与连接电缆，若发现损坏，应及时处理或重新埋设。

4. 测压管安装

测压管安装应符合下列规定：

（1）测压管宜用镀锌钢管或硬塑料管，内径可采用 50 mm。

（2）测压管的透水段应根据监测目的（部位）确定，当用于点压力监测时宜长 1~2 m。外部包扎无纺土工织物，透水段与孔壁之间用反滤料填满。基岩部位的测压管应在帷幕灌浆和固结灌浆后进行安装，以防被浆液堵塞。

（3）测压管的导管段应顺直，内壁光滑无阻，接头应采用外箍接头。管口应加以保护，防止外水进入和人为破坏。

5. 土压力计安装

土压力计安装应符合下列规定：

（1）土压力计的埋设，应注意减小埋设效应的影响。应做好仪器基床面的制备、感应膜的保护和连接电缆的保护及其与终端的连接、确认、登记。

（2）土压力计埋设时，可在埋设点附近适当取样，进行干密度、级配等土的物理性质试验，必要时应适当取样进行有关土的力学性质试验。

（3）土压力计埋设后应认真保护，当填方不能及时掩盖时，应加盖保护罩。当填方即将掩盖时，依覆盖材料的类型、性质应做不同保护。

6. 钢筋计安装

钢筋计安装应符合下列规定：

（1）钢筋计的埋设，应采用焊接法。可在钢筋加工场预焊，亦可在现场截下被测的钢筋就地焊接。焊接时，可在仪器部位浇水冷却，仪器内的温度应不超过 60 ℃，但不应在焊缝处浇水，同时注意保护监测电缆安全。

（2）钢筋计应使用专用电缆，电缆线宜用软管保护。

7. 电阻式温度计安装

电阻式温度计安装应符合下列规定：

（1）温度计的埋设，可采用将仪器在埋设点的钢筋网格中固定的方法进行。

（2）温度计应使用专用电缆，电缆线均应用软管保护。

（三）施工期监测

（1）监测设施安装后应立即监测初始值。施工期间，应按不同荷载阶段定期监测，通水前后应分别监测一次。其监测频次应符合国家现行有关标准的规定。

（2）施工期应对监测设施进行巡视检查，并由专人负责监测和资料整编。

（3）岸、翼墙墙身的倾斜监测，应在标点埋设后、填土过程中及放水前后进行。

（4）各监测设施应根据仪器类型选取相应测读仪，监测后应按仪器厂家提供的计算公式和检定参数进行物理量计算。

(5)表面变形监测应符合下列规定:

①变形监测主要精度指标应符合《水闸施工规范》(SL 27—2014)表 14.3.5 的规定。表中变形监测主要精度指标单位:mm。精度指标项目说明内容平面位置中误差、高程中误差。施工期外部水平位移测点±(3~5)变形监测相对于工作基点垂直位移测点±(3~5)。

②变形监测的正负应按下列规定采用:

垂直位移:下沉为正,上升为负。

水平位移:向下游为正,向左岸为正,反之为负。

水闸闸墩水平位移:向闸室中心为正,反之为负。

倾斜:向下游转动为正,向左岸转动为正,反之为负。

接缝和裂缝开合度:张开为正,闭合为负。

(四)监测资料整编

(1)每次仪器监测或巡视检查后应随即对原始记录加以检查和整理,并应及时做出初步分析。每年应进行一次监测资料整编和年度分析。

(2)资料整理和分析中,若发现异常情况,应及时做出判断,有问题的应及时上报。

(3)仪器监测和巡视检查的各种现场原始记录、图表、影像资料、整编和分析报告等,均应归档保存。

(4)应建立监测资料数据库或信息管理系统。

(5)资料分析宜采用比较法、作图法、特征值统计法及数学模型法。

(6)资料整编包括平时资料整编及定期编印:

①平时资料整编。查证原始监测数据的正确性与准确性,进行监测物理量计算;填好监测数据记录表格;点绘监测物理量过程线图,考察监测物理量的变化,初步判断是否存在变化的异常值。

②定期编印。应在平时资料整理的基础上进行监测物理量的统计,填制统计表格;绘制各种监测物理量的分布与相互间的相关图线;并编写编印说明书。

(7)资料分析的内容应包括下列内容:

①对监测物理量的分析,从分析中获得监测物理量变化稳定性、趋向性及其与工程安全的关系等结论。

②将巡视检查成果、监测物理量的分析成果、设计计算复核成果进行比较,以判断闸的工作状态、存在异常的部位及其对安全的影响程度与变化趋势等。

(8)所有监测设备的埋设、安装记录、检定检验和施工期监测记录均应整理、汇编、移交相关单位。

五、档案资料整理

资料整理见本章第三节围堰工程监理实施细则中"(六)档案资料整理"。

六、质量检验及评定

其要求参照第三篇第九章中"工程质量评定监理工作内容、技术要求和程序"执行。

七、采用的表式清单

监理机构在监测设施和施工期监测监理工作中采用的表式清单见表4-2-65。

表 4-2-65　监测设施和施工期监测监理工作采用表格

《水利工程施工监理规范》（SL 288—2014）

序号	表格名称	表格类型	表格编号		页码
1	现场组织机构及主要人员报审表	CB06	承包[　　]	机构号	P72
2	原材料/中间产品进场报验单	CB07	承包[　　]	报验号	P73
3	施工设备进场报验单	CB08	承包[　　]	设备号	P74
4	施工放样报验单	CB11	承包[　　]	放样号	P77
5	工程设备采购计划申报表	CB16	承包[　　]	设采号	P84
6	施工质量缺陷处理方案报审表	CB19	承包[　　]	缺方号	P87
7	施工质量缺陷处理措施计划报审表	CB20	承包[　　]	缺陷号	P88
8	旁站监理值班记录	JL26	监理[　　]	旁站号	P161
9	监理巡视记录	JL27	监理[　　]	巡视号	P162
10	工程质量平行检测记录	JL28	监理[　　]	平行号	P163
11	工程质量跟踪检测记录	JL29	监理[　　]	跟踪号	P164

第十一节　金属结构设备采购监造监理实施细则

一、编制依据

本实施细则适用于黄河下游引黄闸改建工程金属结构设备监造。
其监理实施细则要求如下。

（一）有关合同文件、设计文件与图纸、施工措施方案、技术说明及资料

（1）监理合同文件。

（2）施工合同文件。

（3）金属结构设备采购投标文件。

（4）工程建设设计图纸、文件。

（5）《工程建设标准强制性条文（水利工程部分）》（2020 年版）。

（二）有关现行规程、规范和规定

（1）《水利工程施工监理规范》（SL 288—2014）。

（2）《水闸施工规范》（SL 27—2014）。

（3）《水利水电工程施工质量检验与评定规程》（SL 176—2015）。

（4）《水利水电建设工程验收规程》（SL 223—2008）。

（5）《水利水电工程施工测量规范》（SL 52—2015）。

（6）《水利水电工程单元工程施工质量验收评定标准—水工金属结构安装工程》（SL 635—2012）。

（7）《水工金属结构防腐蚀规范》（SL 105—2016）。

（8）其他有关规程、规范。

二、监造的前期工作

（1）主要开展设计文件核审、主持设计联络会、审批施工组织措施、开工准备、发布开工令等工作。

（2）对施工详图，主要核对与招标文件中的工程量及技术要求的变动情况、结构尺寸是否有误与漏项、视图是否完整清晰等。在此基础上，结合工厂实际工艺水平和安装简便等因素提出设计优化建议供设计单位参考。图纸核审并经总监签发盖章后，承包人方可进行材料采购和制造组织准备。

（3）设计联络会后，承包人应根据施工图样编制设备制造工艺文件（包括工艺流程、技术措施、焊接工艺规程、质量控制图及停止点检测记录表格等）、进度计划与网络图、劳动力及机械配备计划、制造场地布置等施工组织措施文件，报监理机构审核并经监造处审查总监理工程师审批后实施，并报送发包人一份备案。

（4）监理机构审查承包人开工前的准备工作，开工审批内容和程序：

①金属结构设备制造承包方主要管理、技术人员数量及资格是否与投标书一致。

②加工设备的数量、规格、性能是否与投标书一致。

③进场原坯件、原材料、构配件等质量检验。

④金属结构设备制造方实验室及检验人员是否符合有关规定要求。

⑤施工辅助设施的准备工作。

⑥承包人质量保证体系。

⑦承包人施工安全、环境保护措施、规章制度的制定等。

⑧加工制造的组织设计、进度计划、资金流计划等。

⑨应由承包人负责提供的设计文件和图纸。

⑩加工制造工艺参数试验。

⑪承包人递交的开工申请报告。

待上述工作全部完成后，由总监签发项目制造开工令，并报发包人备案。

三、质量控制

（一）材料质量控制

钢材进厂后，监造工程师将逐项核对材料型号、规格尺寸与材质证明原件等，检查是否符合施工图样规定，并审核材质证明原件所列的化学成分及机械性能是否符合国家标准或规范的要求。

（二）工序和质量点控制

按照工艺流程图，对一般工序实行巡视和跟踪监理，对关键工序实行旁站监理。工序间的转接实行承包人检验和监造工程师检查签证制度,绝不允许上一道不合格产品进入下一道工序。

根据质量控制流程图,监理机构事先确定质量停止点,除检查承包人检验检测记录表格的数据是否完整、签字是否到位外,还要进行抽检或全检并做好记录,确保设备总拼装前每个构件的质量满足设计和规范的要求。

(三) 金属结构设备出厂验收

金属结构设备总拼装检验前,承包人向监造报送出厂验收大纲,监造审批后,承包人按验收大纲所列的检测项目进行总装检测,全部检测合格后,向监理机构提交设备出厂验收申请报告,由监理部审查确认并报发包人审批。金属结构设备出厂验收会由发包人组织、监理部主持,发包人相关部门、设计和安装单位及承包人的代表参加。会议代表对待验设备分别进行现场抽查检测和验收资料审查,经讨论后形成会议纪要,记录遗留问题、解决措施及验收结论。

(四) 涂装质量控制

出厂验收后将设备解体,处理完遗留问题并经监造工程师签证后进行涂装。监造工程师重点检查设备旮旯角落及人不易到达的部位,凡除锈等级和表面粗糙度未达标处,均须返工。对涂料涂装,重点检查每道漆膜是否有漏涂、流挂、皱皮等缺陷;对金属喷涂,应控制除锈与喷涂的时间间隔,喷涂层检查合格后,应及时进行封闭。涂装完毕,监造工程师会同承包人质检人员对涂层进行表面检查、厚度测量,满足合同要求后给予签证。

(五) 其他质量控制

金属结构设备出厂前,监造工程师应检查承包人采购的标准件、备品备件合格证和质量证明文件,检查规格、型号、数量和外观是否符合合同文件和施工图样的规定。

对出厂的金属结构设备包装,监造工程师应审查承包人是否兑现了承诺,检查标牌内容是否齐全、清晰、不掉色,外包是否标明了吊装点、支承(支撑)位置等。

四、进度控制

(一) 承包人进度计划审查

对承包人报送的各项目制造进度计划和进度网络图,监理部主要审查以下内容:各批次交货期和总工期目标的响应性与符合性;重要零部件、关键工序制造的均衡进展及各工序逻辑关系的合理性;关键线路合理性;生产资源(包括人力、物力及设备能力等)投入的保障及其合理性;外购(协)件对进度计划的影响;对发包人提供条件(包括质检中心到厂抽检、出厂验收时间、合同支付等)要求的保障及其合理性等。

(二) 进度实施过程控制

监理部按进度网络图,以周为单位监督、检查、记录进度计划的实施情况,要求承包人分析(说明)未完成原因,并在下一步计划中提出补救措施。当制造进度严重滞后于合同工期时,及时发出监造指令,要求并协助承包人采取有效措施追回工期,保证合同计划的严肃性。

监理部重视分析影响工期的各种因素,在监理月报中详细描述各项目的制造进展情况。对进度计划实施较差的承包人,监理部每周向发包人报告进度情况,与发包人共同督导承包人落实进度计划。

计量支付,协助发包人编制投资控制目标和分年度资金支付计划;审查承包人提交的资金计划;审核承包人分批次上报的结算工程量及费用支付申请,并签发支付凭证;审核合同变更,并提出处理意见,报发包人批准后下达变更指令;受理索赔申请,进行索赔调查、核实、估价、论证和谈判,向发包人提出审核意见报告。

依据制造合同和支付计划,承包人分批次提交各阶段交货设备,完成费用支付申请报告,监理部审核设备质量是否满足合同要求,完成工程量是否在合同规定范围内。经监理部审查,由总监签发支付凭证报发包人审批并支付。

五、档案资料整理

资料整理见本章第三节围堰工程监理实施细则中"(六)档案资料整理"。

六、质量检验及评定

其要求参照第三篇第九章中"工程质量评定监理工作内容、技术要求和程序"执行。

第十二节　平面闸门及其预埋件安装工程监理实施细则

一、平面闸门及其预埋件安装工程监理实施细则

(一)编制依据

本细则适用于闸门及其预埋件安装工程的监理,主要包括水闸工作闸门及其预埋件、水闸检修闸门及其预埋件等,其编制依据如下:

(1)工程施工合同文件、监理合同文件、招标投标文件、监理规划,已签发的设计图纸、设计交底、变更等,已批准的施工组织设计、施工方案等。

(2)有关现行规程、规范和规定:

①《水利工程施工监理规范》(SL 288—2014)。

②《水闸施工规范》(SL 27—2014)。

③《工程建设标准强制性条文(水利工程部分)》(2020年版)。

④《水利水电工程施工质量检验与评定规程》(SL 176—2007)。

⑤《水利水电工程钢闸门制造、安装及验收规范》(GB/T 14173—2008)。

⑥《水工建筑物金属结构制造安装及验收规范》(SDJ 201—80)。

⑦《水工金属结构制造安装质量检验通则》(SL 582—2012)。

⑧ 其他相关标准规范。

(二)专项工程特点

闸门均为平面闸门,预埋件主要包括锚筋、锚板、锚栓和各类门轨。

为提高闸门预埋件的安装精度,门槽一般分两期浇筑混凝土,锚筋在一期混凝土中埋设,锚板、锚栓和门轨预埋在二期混凝土中。为加快施工进度,埋件也可采用一期混凝土直接预埋,预埋时应利用锚固筋将埋件锚固牢固,以防在混凝土浇筑时造成变形。

根据安装工期,闸门轨道分批到货,到货后主要存放在施工总平面布置的金属结构存放场内。存放场地面积约 5 000 m²。存放场布置有一辆 25 t 汽车起重机,用于构件的起吊工作。

闸门预埋件安装前应做好测量定位,确保安装位置准确,闸门轨道利用起重机吊入门槽内,采用手拉葫芦进行拼装。门轨安装完毕验收合格后,按设计要求做好接头焊接部位的防腐。工程闸门门轨参数见表 4-2-66。

表 4-2-66　工程闸门门轨参数

项目名称		数量/个	单重/kg	总重/kg
水闸工作闸门	主轨	2	1 200	2 400
	反轨	2	1 000	2 000
	侧轨	2	800	1 600
	底槛	1	500	500

(三) 专项工程开工条件检查

1. 专项工程开工条件检查

本专项工程开工条件检查参照第二篇第一章第二节中"专项工程开工条件检查"相关内容执行。

2. 现场开工条件检查

(1)监理工程师应督促安装单位在安装工程开工前 14 天内,提交根据施工设计图纸、出厂竣工图纸、安装技术说明书以及合同技术标准和规范的规定编制的安装工程施工措施计划,并应从施工设备、施工程序、安装方案、制造质量保证体系和保证措施、施工进度等方面检查其是否满足安装合同的技术和进度要求。安装施工措施计划至少应包括以下内容:

①工程概况,包括安装工程量、安装场地(主要临时设施)布置及说明、安装方案及安装工序流程图。

②原材料质量标准(焊条、辅助件涂料等)。

③安装工艺流程(安装前的检查、清理、对损伤情况的处理、运输等)。

④安装作业方法(吊运、安装、校正、固定、检查)。

⑤安装设备配置及技术工种配备。

⑥安装进度计划安排。

⑦质量控制和安全措施(含安装质量控制和焊接工艺及焊接变形的控制和矫正措施)。

⑧现场测量放样(核对和校正安装使用的基线、基准点及各部件的尺寸)。

⑨施工安全保障措施(吊装安全和高处作业施工人员安全)。

(2)施工质量保证体系的检查认可。安装单位应建立以项目经理、项目总工、质量检测负责人、专职质量检测员组成的工程质量管理组织,配备质量检验和测量工程师,建立满足工程质量检测的现场实验室或委托有相应资质、资格的检测单位进行检测,建立班组自检、专职质量检测员复检和质量检测负责人终检的"三检"制,完成质量保证体系文件的编制,建立健全施工质量保证体系,并报送监理工程师检查认可。

(3)组织设计交底。在工程开工前,监理工程师应组织设计单位进行设计交底,使安装单位明确设计意图、技术标准和技术要求。

(4)检查施工安装条件。

①施工设备进场查验。安装单位应按施工承包合同要求组织施工设备进场,并向监理工程师报送进场设备报验单(包括设备制造许可证、检验证明文件等)。监理工程师应检查施工设备是否满足施工工期、施工强度和施工质量的要求。未经监理工程师检查批准的设备不得在工程中使用。

②焊接工艺试验评定。若合同技术要求金属结构在安装前应进行焊接工艺试验评定,安装单位应在安装前14天内将焊接工艺评定试验方案报监理工程师审批。在监理工程师到场的情况下,安装单位按批准的试验方案进行试件焊接。焊接完的试件应送有相应资质的单位进行检验。检验合格的焊接工艺经监理工程师批准后,才能作为金属结构安装焊接工艺,否则应重新编制焊接工艺并评定。

③在安装前7天,安装单位应将用于安装工程的所有材料和外购件的出厂合格证和由有相应资质的单位出具的试验报告、参加该工程安装的技术工种人员和质检人员名册及其资格证、金属结构或启闭机安装开工申请单,报监理工程师审查签证。

(5)签发工程开工许可证。上述安装单位报送的报审材料连同审签意见单一式4份经安装单位项目经理或总工签署并加盖公章后报送监理工程师,监理工程师在7天内返回审签意见单一份,审签意见包括"已审阅""照此执行""按意见修改后执行""修改后重新报送"4种。除非审签意见为"修改后重新报送",否则安装单位即可向监理工程师报送开工申请报告,监理工程师将在收到开工申请24小时内签发工程开工许可证。

(6)如果安装单位未能按期向监理工程师报送开工所必需的材料,由此造成施工工期延误和其他损失,均由安装单位承担合同责任。安装单位在期限内未收到监理工程师的审签意见单或批复文件,可视为已报经审阅同意。

(四)现场监理工作内容、程序和控制要点

闸门预埋件安装监理工作内容包括原材料、施工设备和工程设备管理,平面闸门安装过程监理和平面闸门试验监理。

1. 原材料、施工设备和工程设备管理

闸门预埋件安装原材料主要是电焊条。施工设备包括汽车起重机,平板拖车,手拉葫芦,液压千斤顶,气割、气刨和电焊设备等。工程设备为闸门预埋件。原材料、施工设备和工程设备管理在第三篇第一章质量控制监理实施细则中已有说明。

2. 闸门预埋件安装

(1)承包人必须按施工图纸的要求,做好测量放样,准确定位预埋件的高程、里程等。

(2)闸门预埋件可分为一期埋件和二期埋件,一期埋件为插筋,插筋规格尺寸、埋设深度以及间距位置必须符合设计要求,并固定牢靠,确保一期混凝土浇筑过程后不发生偏移。

（3）待一期混凝土达到一定强度后，进行二期埋件的安装。二期埋件包括锚栓、锚板和门轨。轨道两端应先设置定位锚栓，将定位锚栓与一期混凝土中的插筋可靠焊接，通过调整两个方向的锚栓螺母，精确定位轨道的位置。待轨道安装偏差符合设计和规范要求后，将其他锚栓锚板与一期混凝土中的插筋焊接牢靠，并与主接地网可靠连接。

（4）闸门预埋件安装完毕，二期混凝土浇筑前，监理工程师应对预埋件安装质量进行初步验收。

（5）埋件上的所有材料的焊接接头，必须使用对应的焊条进行焊接，焊接人员必须持证上岗。

（6）埋件所有工作面上的连接焊缝，应在安装工作完毕和浇筑二期混凝土后仔细进行打磨。

（7）埋件安装完毕后，应对所有的工作表面进行清理，门槽范围内影响闸门安全运行的外露物必须清除干净。

（8）安装好的门槽，除主轨道轨面、水封座的表面外，其余外露表面均应按有关施工图纸或制造厂技术说明书的规定进行防腐处理。

（9）监理工程师对闸门预埋件安装质量进行验收，评定单元工程施工质量。

（五）检查和检验项目、标准与工作要求

闸门预埋件的检查和检验项目主要包括门轨焊接质量、尺寸偏差等。其检查和检验的质量标准见表4-2-67～表4-2-69［详见《水利水电工程钢闸门制造、安装及验收规范》（GB/T 14173—2008）表1、表2、表21等的质量要求］。

表 4-2-67　焊缝外观质量要求

项次	项目	允许缺欠尺寸		
		一类焊缝	二类焊缝	三类焊缝
1	裂纹	不允许		
2	焊瘤	不允许		
3	飞溅	清除干净		
4	电弧擦伤	不允许		
5	未焊透	不允许	不加垫板单面焊允许值不大于 0.5δ，且不大于 1.5 mm，每 100 mm 焊缝长度内缺欠总长度不大于 25 mm	不大于 0.1δ，且不大于 2 mm，每 100 mm 焊缝长度内缺欠总长度不大于 25 mm
6	表面夹渣	不允许		深不大于 0.2δ，长不大于 0.5δ，且不大于 20 mm
7	咬边	深不大于 0.5 mm	深不大于 1 mm	深不大于 1.5 mm
8	表面气孔	不允许	每米范围内允许 3 个 $\phi1.0$ 气孔，且间距不小于 20 mm	每米范围内允许 5 个 $\phi1.5$ 气孔，且间距不小于 20 mm

续表 4-2-67

项次	项目		允许缺欠尺寸		
			一类焊缝	二类焊缝	三类焊缝
9	焊缝边缘直线度	焊条电弧焊	在焊缝任意 300 mm 长度内不大于 3 mm		
		气体保护焊			
		埋弧焊	在焊缝任意 300 mm 长度内不大于 4 mm		
10	未焊满		不允许		
11	焊缝对接	焊缝余高	焊条电弧焊 气体保护焊	平焊 0~3 mm，立焊、横焊、仰焊 0~4 mm	
			埋弧焊	0 ~3 mm	
12		焊缝宽度	焊条电弧焊 气体保护焊	盖过每侧坡口宽度 2~4 mm，且平滑过渡	
			埋弧焊	开坡口时盖过每侧坡口宽度 2~7 mm，且平滑过渡	
				不开坡口时盖过每侧坡口宽度 4~14 mm，且平滑过渡	
13	角焊缝	角焊缝厚度不足（按焊缝计算厚度）	不允许	不大于 0.3+0.05δ，且不大于 1 mm，每 100 mm 焊缝长度内缺欠总长度不大于 25 mm	不大于 0.3+0.05δ，且不大于 2 mm，每 100 mm 焊缝长度内缺欠总长度不大于 25 mm
14		焊脚	焊条电弧焊	$K<12$ mm：允许缺欠尺寸为 0~3 mm； $K>12$ mm：允许缺欠尺寸为 0~4 mm	
			气体保护焊	$K<12$ mm：允许缺欠尺寸为 0~4 mm； $K>12$ mm：允许缺欠尺寸为 0~5 mm	
15		焊脚不对称		差值不大于 1+0.1K	

注：1. δ 为板厚；K 为焊脚。

　　2. 在角焊缝检测时，凹形角焊缝以检测角焊缝焊脚为主。

表 4-2-68　焊缝无损检测比例

钢种	板厚/mm	射线检测/%		超声波检测/%	
		一类	二类	一类	二类
碳素钢	小于 38	15	10	50	30
	不小于 38	20	10	100	50
钢种	板厚/mm	射线检测/%		超声波检测/%	
		一类	二类	一类	二类
低合金钢	小于 32	20	10	50	30
	不小于 32	25	10	100	50

表 4-2-69　平面闸门埋件安装的公差或极限偏差　　　　　单位:mm

序号	埋件名称		底槛	门楣	主轨(加工)	主轨(不加工)	侧轨	反轨	止水板	护角兼作侧轨	胸墙兼作止水(上部)	胸墙兼作止水(下部)	胸墙不兼作止水(上部)	胸墙不兼作止水(下部)
1	对门槽中心线 a	工作范围内	±5	-1~+2	-1~+2	-1~+3	±5	-1~+3	-1~+2	±5	0~+5	-1~+2	-1~+8	-1~+2
		工作范围外			-1~+3	-2~+5	±5	-2~+5		+5				
2	对门槽中心线 b	工作范围内	±5		±3	+3	±5	±3	±3	±5				
		工作范围外												
3	高程 ▽		±5											
4	门楣中心对底槛面的距离 h			±3										
5	工作表面一端对另一端的高差	L<10 000	2											
		L≥10 000	3											
6	工作表面平面度	工作范围内	2	2	2				2		2	2	4	4
		工作范围外												
7	工作表面组合处的错位	工作范围内	1	0.5	0.5	1	1	1	0.5	1	1	1	1	1
		工作范围外			1	2	2	2		2				
8	表面扭曲值 f	工作范围内表面宽度 B<100	1	1	0.5	1	2		2	1	2			
		工作范围内表面宽度 B=100~200	1.5	1.5	1	2	2.5		2.5	1.5	2.5			
		工作范围内表面宽度 B>200	2		1	2	3		3		3			
		工作范围外允许增加值			2	2	2			2	2			

注:1. L 为闸门宽度。

　　2. 脚墙下部是指和门楣组合处。

　　3. 门槽工作范围高度:静水启闭闸门为孔口高,动水启闭闸门为承压主轨高度。

（六）采用的表式清单

监理机构在平面闸门预埋件安装工程监理工作中采用的表式清单见表 4-2-70。

表 4-2-70　平面闸门预埋件安装工程监理工作中采用的表式清单

《水利工程施工监理规范》（SL 288—2014）

序号	表格名称	表格类型	表格编号		页码
1	施工设备进场报验单	CB08	承包[　]	设备号	P74
2	施工放样报验单	CB11	承包[　]	放样号	P77
3	联合测量通知单	CB12	承包[　]	联测号	P78
4	施工测量成果报验单	CB13	承包[　]	测量号	P79
5	工程设备采购计划申报表	CB16	承包[　]	设采号	P84
6	旁站监理值班记录	JL26	监理[　]	旁站号	P161
7	监理巡视记录	JL27	监理[　]	巡视号	P162
8	工程设备进场开箱验收单	JL32	监理[　]	设备号	P167
9	安装记录表	根据工程实际情况自行编制			

《水利水电工程单元工程施工质量验收评定标准—水工金属结构安装工程》（SL 635—2012）

序号	表格名称	页码
1	单元工程质量评定表	P16

二、平面闸门安装工程监理实施细则

（一）编制依据

本细则适用于平面闸门安装工程的监理，其编制依据如下：

（1）工程施工合同文件、监理合同文件、招标投标文件、监理规划、已签发的设计图纸、设计交底、变更等，已批准的施工组织设计、施工方案等。

（2）有关现行规程、规范和规定：

①《水利工程施工监理规范》（SL 288—2014）。

②《水闸施工规范》（SL 27—2014）。

③《工程建设标准强制性条文（水利工程部分）》（2020 年版）。

④《水利水电工程施工质量检验与评定规程》（SL 176—2007）。

⑤《水利水电工程钢闸门制造、安装及验收规范》（GB/T 14173—2008）。

⑥《水工建筑物金属结构制造安装及验收规范》（SDJ 201—80）。

⑦《水工金属结构制造安装质量检验通则》（SL 582—2012）。

⑧其他相关标准规范。

（二）专项工程特点

水闸工作闸门和检修闸门到现场拼装。支撑滑块、滑轮、止水橡皮等部件与门叶在现场组装。

闸门的防腐蚀采用热喷涂铝封闭漆,再涂覆面漆。喷砂除锈达到 SA2.5 级,表面粗糙度为 R_y 为 $60 \sim 100$ μm(R_y:轮廓最大高度)。铝分 2 遍喷涂,每道厚度不低于 80 μm,总厚度不低于 160 μm。封闭涂料 1 道,采用纯环氧底漆,干漆膜厚度不低于 30 μm,中间漆采用快干型环氧云铁,1 道干漆膜厚度不低于 100 μm,面漆选用聚氨酯面漆,分 2 道,每道干漆膜厚度不低于 30 μm,干漆膜总厚度不低于 190 μm。

根据安装工期闸门、启闭机分批到货,到货后主要存放在施工总平面布置的金属结构存放场内。存放场地面积约 5 000 m²。存放场布置有一辆 25 t 汽车起重机,用于构件的起吊工作。另外配置一台 30 t 平板拖车,用于闸门、启闭机等大件的运输。

闸门安装时需在闸门井附近布置设备拼装场,将分节的闸门在此立式组装,利用起重机吊装施工。施工道路利用永久或混凝土运输道路。闸门拼装完毕验收合格后,采用 1台 60 t 汽车起重机吊入闸门槽。

闸门特征见表 4-2-71。

表 4-2-71　闸门特征

项次	项目名称	闸门、门槽					
		孔口尺寸(宽×高)/m×m	数量	设计水头/m	形式	单重/t	总重/t
1	水闸工作闸门	8.0×6.0	4	4	平面钢闸门	10	40
2	水闸检修闸门	8.0×6.0	1	4	平面钢闸门	10	10

(三)专项工程开工条件检查

1.专项工程开工条件检查

本专项工程开工条件检查参照第二篇第一章第二节中"专项工程开工条件检查"相关内容执行。

2.现场开工条件检查

(1)各个部位的闸门的吊装地点,闸门在闸室两岸上吊装。

(2)吊装前应具备的条件:

①闸门门叶已制造完毕,具备出厂条件,并经出厂验收合格。

②闸门孔口、交通桥的混凝土浇筑至设计高程后,门槽埋件已安装完毕,并经验收合格。

③闸门门槽内杂物已清理干净,并移交工作面。

(3)进场道路及吊装场地已具备吊装条件。

(4)闸门吊装时,有影响施工工作的应停止施工。

(四)现场监理工作内容、程序和控制要点

闸门安装监理工作内容包括原材料、施工设备和工程设备管理,平面闸门安装过程监理和平面闸门试验监理。

1.原材料、施工设备和工程设备管理

闸门安装原材料主要是电焊条。施工设备包括汽车起重机,平板拖车,液压千斤顶,气割、气刨和电焊设备等。工程设备为平面闸门各部件。原材料、施工设备和工程设备管理见第四章第三节"质量控制监理实施细则"。

2. 平面闸门安装

1) 基本要求

(1) 钢闸门制安要由专业生产厂家进行，要求在工厂内制作，由生产厂家在工地进行拼装并经初步验收合格后，进行安装。

(2) 钢闸门制安材料、标准、质量要符合设计图纸和文件要求，若需变更，必须经设计监理和建设单位认可。

(3) 钢闸门制安必须按《水利水电工程钢闸门制作安装及验收规范》(DL/T 5018—2015) 进行。

(4) 钢闸门的防腐蚀质量、工艺等均应符合《水工金属结构防腐蚀规范》(SL 105—2007) 的有关规定。

2) 钢闸门制作、组装精度要求

(1) 钢闸门制作、组装，其公差和编差应符合《水利水电工程钢闸门制作安装及验收规范》(DL/T 5018—2015) 表 7.4.1 规定。

(2) 滑道所用钢铸复合材料物理机械性能和技术性能，应符合设计文件要求，滑动支承夹槽底面和门叶表面的间隙应符合《水利水电工程钢闸门制作安装及验收规范》(DL/T 5018—2015) 表 7.4.6 的规定。

(3) 滑道支承组装时，应以止水底座面为基准面进行调整，所有滑道应在同一平面内，其平面度允许公差应不大于 2.0 mm。

(4) 滑道支承与止水座基准面的平行度允许公差应不大于 1 mm。

(5) 滑道支承跨度的允许偏差不大于 ±2.0 mm，同侧滑道的中心线偏差不应大于 2.0 mm。

(6) 在同一横断面上，滑动支承的工作面与止水座面的距离允许偏差不大于 ±1.5 mm。

(7) 闸门吊耳的纵横中心线的距离允许偏差为 ±2.0 mm，吊耳、吊杆的轴孔应各自保持同心，其倾斜度不应大于 1/1 000。

(8) 闸门的整体组装精度除符合以上规定外，且其组合处的错位应不大于 2.0 mm。其他件与止水橡皮的组装应以滑块所确定的平面和中心为基准进行调整和检查，其误差除符合以上规定外，且其组合处的错位应不大于 1.0 mm。

3) 钢闸门埋件安装要求

(1) 预埋在一期混凝土中的埋体，应按设计图纸制造，由土建施工单位预埋。土建施工单位在混凝土开仓浇筑之前应通知安装单位对预埋件的位置进行检查和核对。

(2) 二期混凝土在施工前，应进行清仓、凿毛，二期混凝土的断面尺寸及预埋件的位置应符合设计图要求。

(3) 闸门预埋件安装的允许公差和偏差应符合《水利水电工程钢闸门制作安装及验收规范》(DL/T 5018—2015) 表 8.1.3 的规定，主轨承压面接头处的错位应不大于 0.2 mm，并应做缓坡处理。两侧主轨承压面应在同一平面内，其平面度允许公差应符合

《水利水电工程钢闸门制作安装及验收规范》（DL/T 5018—2015）表 8.1.4 的规定。

4）钢闸门安装要求

（1）闸门整体组装前后，应对各组件和整体尺寸进行复查，并要符合设计和规范的规定。

（2）止水橡皮的物理机械性能应符合《水利水电工程钢闸门制作安装及验收规范》（DL/T 5018—2015）附录 J 中的有关规定，其表面平滑、厚度允许偏差为±1.0 mm，其余尺寸允许偏差为设计尺寸的 2%。

（3）止水橡皮螺孔位置应与门叶或压板上的螺孔位置一致，孔径应比螺栓直径小 1.0 mm，并严禁烫孔，当均匀拧紧后其端部应低于橡皮自由表面 8 mm。

（4）橡皮止水应采取生胶热压的方法胶合，接头处不得有错位、凹凸不平和疏松现象。

（5）止水橡皮安装后，两侧止水中心距和顶止水中心至底止水底缘距离的允许偏差为±3.0 mm，止水表面的平面度为 2.0 mm。闸门工作时，止水橡皮的压缩量其允许偏差为+2.0~-1.0 mm。

（6）平面钢闸门应作静平衡试验，试验方法为：将闸门吊离地面 100 mm，通过滑道中心测量上、下游与左右向的倾斜，要求倾斜不超过门高的 1/1 000，且不大于 8 mm。

3. 平面闸门试验

闸门安装完毕后，在投入使用前，承包人应会同监理人对平面闸门进行试验和检查。试验前应检查确认自动挂脱梁挂脱钩动作灵活可靠，充水装置在其行程内升降自如、密封良好；吊杆的连接情况良好。具备这些条件，方可试验，其试验项目如下：

（1）无水情况下，全行程启闭试验，试验过程中要检查滑道或滚轮的运行有无卡阻现象；双吊点闸门的同步是否达到设计要求。在闸门全关位置，水封橡皮有无损伤、漏光、止水是否严密。另外，在试验中，必须对水封橡皮与不锈钢水封座板的接触面采用清水冲淋润滑，以防损坏水封橡皮。

（2）静水情况下的全行程启闭试验。当无水试验合格后，进行此项试验，其目的是进一步检查闸门的安装质量，因此检查项目除水封装置漏光检查外，与无水试验相同。

（3）动水启闭试验。对于事故闸门、工作闸门应按施工图纸要求进行动水条件下的启闭试验。试验水头应尽可能与设计水头相一致。动水试验前，承包人应根据施工图纸及现场条件，编制试验大纲报送监理人批准后实施。

（4）通用性试验。对一门多槽使用的闸门，必须分别在每一个门槽中进行无水情况下的全启闭试验，并经检查合格；对利用一套自动挂脱梁操作多孔和多扇闸门的情况，则应逐孔、逐扇进行配合操作试验，并确保挂脱钩动作 100%可靠。

（五）检查和检验项目、标准与工作要求

平面闸门的检查检验项目主要包括闸门门叶焊接、平面闸门门体尺寸偏差、止水橡皮和反向滑块尺寸偏差等。焊缝外观质量要求和焊缝无损检测比例见表 4-2-72 和表 4-2-73 [详见《水利水电工程钢闸门制造、安装及验收规范》（GB/T 14173—2008）中表 1、表 2、表 13、表 15 等的质量要求]。

表 4-2-72 平面闸门门叶的公差或极限偏差　　　　　　单位:mm

项次	项目	门叶尺寸	公差或极限偏差	说明
1	门叶厚度 b	不大于 1 000	±3	
		1 000～3 000	±4	
		大于 3 000	±5	
2	门叶外形高度 H 门叶外形宽度 B	不大于 5 000	±5	
		大于 5 000～10 000	±8	
		大于 10 000～15 000	±10	
		大 15 000～20 000	±12	
		大于 20 000	±15	
3	门叶宽度 B 和高度 H 的对应边之差	不大于 5 000	5	
		大于 5 000～10 000	8	
		大于 10 000～15 000	10	
		大于 15 000～20 000	12	
		大于 20 000	15	
4	对角线相对差 $\lvert D_1 - D_2 \rvert$	不大于 5 000	3	门叶尺寸取门高或门宽中尺寸较大者
		大于 5 000～10 000	4	
		大于 10 000～15 000	5	
		大于 15 000～20 000	6	
		大于 20 000	7	
5	扭曲	不大于 10 000	3	
		大于 10 000	4	
6	门叶横向直线度 f_1		$B/1\,500$,且不大于 6（凸向背本面时为 3）	通过各横梁中心线测量
7	门叶竖向直线度 f_2		$H/1\,500$,且不大于 4	通过两边梁中心线测量

续表 4-2-72

项次	项目	门叶尺寸	公差或极限偏差	说明
8	两边梁中心距	不大于 5 000	±3	
		大于 5 000~10 000		
		大于 10 000~15 000	±4	
		大于 15 000~20 000	±5	
		大于 20 000	±6	
9	两边梁平行度 $|l'-l|$	不大于 10 000	3	
		大于 10 000~15 000	4	
		大于 15 000~20 000	5	
		大于 20 000	6	
10	纵向隔板错位		3	
11	面板与梁组合面的局部间隙		1	
12	面板局部平面度	面板厚度 δ	每米范围内不大于	
		不大于 10	5	
		大于 10~16	4	
		大于 16	3	
13	门叶底缘直线度		2	
14	门叶底缘倾斜值 2C		3	
15	两边梁底缘平面（或承压板）平面度		2	
16	止水座面平面度		2	
17	节间止水板平面度		2	
18	止水座板至支承座面的距离		±1	
19	侧止水螺孔中心至门叶中心距离		±1.5	
20	顶止水螺孔中心至门叶底缘距离		±3	
21	底水封座板高度		±2	
22	自动挂钩定位孔（或销）至门叶中心距离		±2	

表 4-2-73　滚轮或滑道支承组装的公差或极限偏差　　　　　单位:mm

项次	项目	特征尺寸		公差或极限偏差		说明
1	滚轮或滑道支承所组平面的平面度	跨度不大于 10 000		不大于 2		测量时应在每段滑道两端各测一点
		跨度大于 10 000		不大于 3		
2	滑道支承与止水座基准面平行度	滑道长度不大于 500		不大于 0.5		
		滑道长度大于 500		不大于 1		
3	相邻滑道衔接端的高低差			不大于 1		
4	滚轮或承滑道的工作面与止水座面的距离极限偏差			±1.5		同一横断面上
5	反向支承滑块或滚轮的工作面与止水座面的距离极限偏差			±2		
6	滚轮对任何平面的倾斜度			2/1 000		
7	同侧滚轮或滑道的中心线与闸门中心线的极限偏差			±2		
8	滚轮或滑道支承跨度的极限偏差	跨度		滚轮	滑道	
		不大于 5 000		±2	±2	
		大于 5 000~10 000		±3	±2	
		大于 10 000		±4	±2	
9	平面链轮闸门承载走道跨度极限偏差	跨距	不大于 5 000	±1		
			大于 5 000~10 000	±2		
			大于 10 000	±3		

(六)档案资料整理

资料整理见本章第三节围堰工程监理实施细则中"(六)档案资料整理"。

(七)质量检验及评定

要求参照第三篇第九章中"工程质量评定监理工作内容、技术要求和程序"执行。

(八)采用的表式清单

监理机构在平面闸门安装工程监理工作中采用的表式清单见表4-2-74。

表 4-2-74　平面闸门安装工程监理工作中采用的表式清单

《水利工程施工监理规范》(SL 288—2014)

序号	表格名称	表格类型	表格编号	页码
1	施工设备进场报验单	CB08	承包[　　]设备号	P74
2	施工放样报验单	CB11	承包[　　]放样号	P77
3	联合测量通知单	CB12	承包[　　]联测号	P78
4	施工测量成果报验单	CB13	承包[　　]测量号	P79
5	工程设备采购计划申报表	CB16	承包[　　]设采号	P84
6	旁站监理值班记录	JL26	监理[　　]旁站号	P161
7	监理巡视记录	JL27	监理[　　]巡视号	P162
8	工程设备进场开箱验收单	JL32	监理[　　]设备号	P167
9	安装记录表	根据工程实际情况自行编制		

《水利水电工程单元工程施工质量验收评定标准—水工金属结构安装工程》(SL 635—2012)

序号	表格名称	页码
1	单元工程质量评定表	P16

第十三节　启闭机安装工程监理实施细则

一、固定卷扬式启闭机安装工程监理实施细则

(一) 编制依据

本细则适用于固定卷扬式启闭机安装工程的监理。其编制依据如下:

(1)工程施工合同文件、监理合同文件、招标投标文件、监理规划、已签发的设计图纸、设计交底、变更等,已批准的施工组织设计、施工方案等。

(2)有关现行规程、规范和规定:

①《水利工程施工监理规范》(SL 288—2014)。

②《水闸施工规范》(SL 27—2014)。

③《工程建设标准强制性条文(水利工程部分)》(2020 年版)。

④《水利水电工程施工质量检验与评定规程》(SL 176—2007)。

⑤《水利水电工程钢闸门制造、安装及验收规范》(GB/T 14173—2008)。

⑥《水利水电工程单元工程施工质量验收评定标准—水工金属结构安装工程》(SL 635—2012)

⑦《水工金属结构制造安装质量检验通则》(SL 582—2012)。

⑧《水利水电工程启闭机制造安装及验收规范》(SL/T 381—2021)。

⑨其他相关标准规范。

(二)专项工程特点

固定卷扬式启闭机安装包括启闭机基础预埋件安装、启闭机机架吊装就位和调整、钢丝绳和吊具安装、载荷控制装置安装、高度指示装置安装、限位开关安装等。

根据安装工期,启闭机分批到货,到货后主要存放在施工总平面布置的金属结构存放场内。存放场地面积约×× m²,存放场布置有一辆×× t汽车起重机,用于构件的起吊工作,本工程固定卷扬式启闭机特征见表4-2-75。

表4-2-75　本工程固定卷扬式启闭机特征

名称	型号	数量	说明
卷扬式启闭机	×××	××	水闸工作闸门启闭

(三)专项工程开工条件检查

1. 专项工程开工条件检查

本专项工程开工条件检查参照第二篇第一章第二节中"专项工程开工条件检查"相关内容执行。

2. 现场开工条件检查

(1)合同各项目安装前应具备的资料:

设备总图、部件总图、重要的零件图等施工安装图纸及安装技术说明书;

设备出厂合格证和技术说明书;

制造验收资料和质量证书;

安装用控制点位置图。

(2)安装使用的基准线,应能控制门槽的总尺寸、埋件各部位构件的安装尺寸和安装精度。为设置安装基准线用的基准点应牢固、可靠、便于使用,并必须保留到安装验收合格后方能拆除。

(3)安装检测必须选用满足精度要求,并经国家批准的计量检定机构检定合格的仪器设备。

(4)承包人在安装工作中使用的所有材料,应有产品质量证明书,并必须符合施工图纸和国家有关现行标准的要求。

(5)设备起吊和运输。

①起吊和运输措施:承包人应按招标文件规定,根据设备总成及零部件的不同情况,制定详细的吊装和运输方案,其内容包括采用的起重和运输设备、大件吊装和运输方法以及防止吊运过程中构件变形和设备损坏的保护措施。

②超大件设备的吊装和运输。超大件设备的吊装与运输应按招标文件的有关规定执行。

③安装前的检查和清理:

安装前的检查。承包人在进行合同各项设备安装前,应按施工图纸规定的内容,全面检查安装部位的情况、设备构件以及零部件的完整性和完好性。对重要构件和部件应通过预拼装进行检查。

a.埋件埋设部位一、二期混凝土结合面是否已进行凿毛处理并冲洗干净;预留插筋的位置、数量是否符合施工图纸要求。

b.按施工图纸逐项检查各安装设备的完整性。

c.逐项检查设备的构件、零部件的损坏和变形情况。

d.对上述检查中发现的缺件、构件损坏和变形等情况,承包人应书面报送监理单位现场机构,并负责按施工图纸要求进行修复和补齐处理。

(6)清理设备安装前,承包人应对发包人提供的设备,按施工图纸和制造厂技术说明书的要求,进行必要的清理和保养。

(四)现场监理工作内容、程序和控制要点

1.原材料、施工设备和工程设备管理

原材料、施工设备和工程设备管理见第二章"质量控制监理实施细则"。

2.固定卷扬式启闭机安装

(1)安装单位应按制造厂提供的图纸和技术说明书要求进行安装、调试和试运转。安装好后的启闭机,其机械及电气设备等的各项性能应符合施工图纸及制造厂技术说明书的要求。

(2)安装启闭机的基础建筑物必须稳固安全。机座和基础构件的混凝土,应按施工图纸的规定浇筑,在混凝土强度尚未达到设计强度时,不准拆除和改变启闭机的临时支撑,更不得进行调试和试运转。

(3)启闭机械设备的安装应按《水利水电工程启闭机制造安装及验收规程》(SL/T 381—2021)第5.2.2条的有关规定进行。

(4)启闭机电气设备的安装,应符合施工图纸和制造厂技术说明书的规定,全部电气设备应可靠接地。

(5)每台启闭机安装完毕,应对启闭机进行清理,修补损坏的保护油漆,并根据制造厂技术说明书的要求灌注润滑脂。

3.电器设备安装

本规定的电器设备安装要求,应按照《电气装置安装工程施工及验收规范》系列(GB 50168—2018~GB 50173—2014、GB 50254—2014~GB 50259—96)的有关规定执行。

固定卷扬式启闭机的检查检验项目主要包括位置、高程和水平尺寸偏差,双吊点吊距应符合《水利水电工程启闭机制造安装及验收规范》(SL/T 381—2021)中要求。

(1)减速器油位不得低于高速级大齿轮最低处的齿高,但不应高于其2倍齿高,其油封和结合面处不得漏油。

(2)启闭机平台高程偏差不应超过±5 mm,水平偏差不应大于0.5/1 000。

(3)启闭机纵横向中心线偏差不应超过±3 mm。

(4)当吊点在下极限时,钢丝绳留在卷筒上的缠绕圈数应不小于4圈,其中2圈作为固定用,另外2圈为安全圈。当吊点处于上极限位置时,钢丝绳不得缠绕到卷筒绳槽以外。

(5)采取双卷筒串联的双吊点启闭机,吊距偏差±3 mm,当闸门处于门槽内的任意位置时,闸门吊耳轴中心线的水平偏差应满足设计要求,超出设计允许值时,启闭机应提示报警信号或投入纠偏功能。

(6)钢丝绳应有序地逐层缠绕在卷筒上,不应挤叠、跳槽或乱槽。

(7)高度指示装置的示值精度不低于1%,应具有可调节定值极限位置、自动切断主回路及报警功能,仪表的显示应具有纠正指示及调零功能,行程检测元件应具有防潮、抗干扰功能。

(8)荷载控制装置的系统精度不低于2%,传感器精度不低于0.5%,当载荷达到110%额定启闭力时,应自动切断主回路和报警。仪表的显示应满足启闭机容量的要求。2个以上吊点时,仪表应能分别显示各吊点启闭力,传感器及其线路应具有防潮、抗干扰性能。

配电设备安装施工,采用机械吊运、辅以人工定位安装的方法施工。要求定位准确、安装牢固,电气接线正确,保证安全可靠。

电器设备安装技术要求如下:

(1)电器线路的埋件及管道敷设,应配合土建工程及时进行。

(2)接地装置的材料,应选用钢材。在有腐蚀性的土壤中,应用镀铜或镀锌钢材,不得使用裸铝线。

(3)接地线与建筑物伸缩缝的交叉处,应增设 Ω 形补偿器,引出线并标色保护。

(4)接地线的连接应符合下列要求:

①宜采用焊接,圆钢的搭接长度为直径的6倍,偏钢为宽度的2倍。

②有震动的接地线,应采用螺栓连接,并加设弹簧垫圈,防止松动。

③钢管接地与电器设备间应有金属连接,当接地线与钢管不能焊接时,应用卡箍连接。

(5)管的内径不应小于电缆外径的1.5倍。电缆管的弯曲半径应符合所穿入电缆弯曲半径的规定,弯扁度不大于管子外径的10%。每根电缆管最多不超过3个弯头,其中直角弯不应多于2个。

金属电缆管内壁应光滑、无毛刺,管口应磨光。

硬质塑料管不得用在温度过高或过低的场所;在易受机械损伤处,露出地面一段,应采取保护措施。

引至设备的电缆管管口位置应便于与设备连接,并不妨碍设备拆装和进出,并列敷设的电缆管管口应排列整齐。

(6)开关的位置应调整准确,牢固可靠。

(五)检查和检验项目、标准与工作要求

启闭机安装施工,采用机械吊运、辅以人工定位安装的方法施工。要求定位准确、安装牢固,保证安全可靠。安装必须按照《水利水电工程启闭机制造安装及验收规范》(SL 381—2021)的要求进行。

(1)启闭机安装,应以闸门起吊中心为基准,纵、横向中心偏差应小于3 mm,水平偏差应小于0.5/1 000,高程偏差宜小于5 mm。

(2)启闭机安装时应全面检查。开式齿轮、轴承等转动处的油污、铁屑、灰尘应清洗干净,并加注新油;减速箱应按产品说明书的要求,加油至规定油位。

（3）启闭机定位后,机架底脚螺栓应立即浇灌混凝土,机座与混凝土之间应用水泥砂浆填实。

（六）档案资料整理

资料整理见本章第三节围堰工程监理实施细则中"（六）档案资料整理"。

（七）质量检验及评定

其工作要求参照第三篇第九章中"工程质量评定监理工作内容、技术要求和程序"执行。

（八）采用的表式清单

监理机构在固定卷扬式启闭机安装工程监理工作中采用的表式清单见表4-2-70。

二、液压式启闭机安装工程监理实施细则

（一）编制依据

本细则适用于液压式启闭机安装工程的监理。其编制依据如下:

（1）工程施工合同文件、监理合同文件、招标投标文件、监理规划,已签发的设计图纸、设计交底、变更等,已批准的施工组织设计、施工方案等。

（2）《水利工程施工监理规范》（SL 288—2014）。

（3）《工程建设标准强制性条文（水利工程部分）》（2020年版）。

（4）《水利水电工程施工质量检验与评定规程》（SL 176—2007）。

（5）《水利水电工程启闭机制造安装及验收规范》（SL/T 381-2021）。

（二）专项工程特点

液压式启闭机安装包括液压油缸、液压泵站、油管、电气控制柜、高度指示装置等安装。

根据安装工期启闭机分批到货,到货后主要存放在施工总平面布置的金属结构存场内。存放场地面积约××m²,存放场布置有一辆××t汽车起重机,用于构件的起吊工作。

本工程液压式启闭机特征见表4-2-76。

表 4-2-76　本工程液压式启闭机特征

序号	名称	型号	数量/套	说明
1	液压泵站	×××	××	
2	液压油缸	×××	××	
3	电气控制柜	×××	××	

（三）专项工程开工条件检查

本专项工程开工条件检查参照第二篇第一章第二节中"专项工程开工条件检查"相关内容执行。

(四)现场监理工作、程序内容和控制要点

1. 原材料、施工设备和工程设备管理

原材料、施工设备和工程设备管理见第三篇第一章"质量控制监理实施细则"。

2. 液压启闭机的安装

(1)液压启闭机油缸总成、液压站及液控系统、电气系统、管道和基础埋件等应按施工图纸和制造厂技术说明书进行安装、调试和试运转。

(2)液压启闭机油缸支承机架的安装偏差应符合施工图纸的规定,当施工图纸没有规定时,油缸支承中心点坐标偏差应不超过±2 mm;高程偏差不超过±5 mm;浮动支承的油缸,其推力座环的水平偏差不大于0.2/1 000;双吊点液压启闭机的两支承面或支承中心点相对高程不超过±0.5 mm。

(3)安装前应对油缸总成进行外观检查,并对照制造厂技术说明书的规定时限,确定是否应进行解体清洗。如因超期存放,经检查须解体清洗,将方案报送监理人批准实施。现场清洗必须在制造厂技术人员的全面指导下进行。

(4)管路的配置和安装应按以下步骤和要求进行:

①配管前,油缸总成、液压站及液控系统设备已正确就位,所有的管夹基础埋件完好。

②按施工图纸要求进行配管和弯管;管路凑合段长度应根据现场实际情况确定。管路布置应尽量减少阻力,布局应清晰合理,排列整齐。

③预安装合适后,拆下管路,正式焊接好管接头或法兰,清除管路的氧化皮和焊渣,并对管路进行酸洗、中和、干燥及钝化处理。

④液压管路系统安装完毕后,应使用冲洗泵进行油液循环冲洗,冲洗时将管路系统与液压缸、阀组、泵组隔离(或短接)。循环冲洗流速应大于5 m/s。根据液压系统类别和污染度等级不同,循环冲洗后最终应使管路的清洗度达到表4-2-77中的标准。

表4-2-77　液压系统清洗度标准

污染度等级			标准
一般系统	比例系统	伺服系统	
18/15	16/12	15/12	ISO/DTS 4406
9	7	6	ZAS 1638
6	4	3	SAE 749D

⑤管材下料应采用锯割方法,不锈钢管的焊接应采用氩弧焊,弯管应使用专门弯管机,采用冷弯加工。

⑥高压软管的安装应符合施工图纸的要求,其长度、弯曲半径、接头方向和位置均应正确。

(5)液压系统用油牌号应符合施工图纸要求。油液在注入系统以前必须经过过滤,使其清洗度达到表4-2-78所列标准。其成分经化验符合相关标准。

(6)液压站油箱在安装前必须检查清洗度,并符合制造厂技术说明书要求,所有的压力表、压力控制器、压力变送器等均必须校验准确。

（7）液压启闭电气控制及检测设备的安装应符合施工图纸和制造厂技术说明书的规定。电缆安装应排列整齐，全部电气设备应可靠接地。

3.液压启闭机的调试

液压启闭机安装完毕后，承包人应会同监理人进行下列项目试验：

（1）对液压系统进行耐压试验。液压管路试验压力 $P_{额} \leqslant 16$ MPa 时，$P_{试} = 1.5P_{额}$；$P_{额} > 16$ MPa 时，$P_{试} = 1.25P_{额}$。其余试验压力分别按各种设计工况选定。在各种试验压力下保压 10 min，检查压力变化和管路系统漏油、渗油情况，整定好各溢流阀的液压油压力。

（2）在活塞杆吊头不与闸门连接的情况下，做全行程空载往复动作试验 3 次。用以排除油缸和管路中的空气，检验泵组、阀组及电气操作系统的正确性，检验油缸启闭压力和系统阻力，活塞杆运动应无爬行现象。

（3）在活塞杆吊头与闸门连接而闸门不承受承压力的情况下，进行启闭和闭门工况的全行程往复动作试验 3 次。整定和调整好闸门开度传感器、行程极限开关及电液元件的设定值，检测电动机的电流、电压和油压的数据及全行程启闭的运行时间。

（4）在闸门承受压力的情况下，进行液压启闭机额定负荷下的启闭运行试验。检测电动机的电流、电压和系统压力及全行程启闭运行时间；检查启闭过程应无超常振动，启闭应无剧烈冲击现象。

（5）电气控制设备联机试验。此试验应先进行模拟动作试验正确后，再做联机试验。

（五）检查和检验项目、标准与工作要求

液压启闭机的检查检验项目主要包括启闭机安装尺寸偏差、管路及液压系统冲洗等。质量标准详见《水利水电工程启闭机制造安装及验收规范》（SL/T 381—2021）相关规定：

（1）液压启闭机机架的横向中心线与实际起吊中心线的距离不应超过 ±2 mm，高程偏差不应超过 ±5 mm。双吊点液压启闭机支承面的高差不超过 ±0.5 mm。

（2）机架钢梁与推力支座的组合面不应有大于 0.05 mm 的通隙，其局部间隙不应大于 0.1 mm。宽度方向不应超过组合面宽度的 1/3，累计长度不超过周长的 20%，推力支座顶面水平偏差不应大于 0.2/1 000。

（3）现场安装管路进行整体循环油冲洗，冲洗速度宜达到紊流状态，滤网过滤精度应不低于 10 μm，冲洗时间不少于 30 min。

（4）调整上下限位点及充水接点，高度指示装置显示的数据能正确表示出闸门所处位置。

（5）现场注入的液压油型号、油量及油位应符合设计要求，液压油过滤精度应不低于 20 μm。

（六）档案资料整理和质量评定工作要求

资料整理见本章第三节围堰工程监理实施细则中"（六）档案资料整理"。

（七）质量检验及评定

其工作要求参照第三篇第九章中"工程质量评定监理工作内容、技术要求和程序"执行。

（八）采用的表式清单

监理机构在液压式启闭机安装工程监理工作中采用的表式清单见表4-2-65。

第十四节　电气及自动化设备安装工程监理实施细则

一、编制依据

本细则适用于黄河下游引黄闸改建电气设备安装工程的监理。其编制依据如下：

（1）工程施工合同文件、监理合同文件、招标投标文件、监理规划，已签发的设计图纸、设计交底、变更等，已批准的施工组织设计、施工方案等。

（2）有关现行规程、规范和规定：

①《水利工程施工监理规范》（SL 288—2014）。

②《工程建设标准强制性条文（水利工程部分）》（2020年版）。

③《水利水电工程施工质量检验与评定规程》（SL 176—2007）。

④《水闸施工规范》（SL 27—2014）。

⑤《电气装置安装工程 高压电器施工及验收规范》（GB 50147—2010）。

⑥《电气装置安装工程 电力变压器、油浸电抗器、互感器施工及验收规范》（GB 50148—2010）。

⑦《电气装置安装工程 电缆线路施工及验收规范》（GB 50168—2018）。

⑧《电气装置安装工程 接地装置施工及验收规范》（GB 50169—2016）。

⑨《电气装置安装工程 旋转电机施工及验收规范》（GB 50170—2018）。

⑩《电气装置安装工程 盘、柜及二次回路接线施工及验收规范》（GB 50171—2012）。

⑪《电气装置安装工程 电气设备交接试验标准》（GB 50150—2016）。

⑫《电气装置安装工程 低压电器施工及验收规范》（GB 50254—2014）。

⑬《电气装置安装工程 起重机电气装置施工及验收规范》（GB 50256—2014）。

⑭《火灾自动报警系统施工及验收标准》（GB 50166—2019）。

⑮《自动化仪表工程施工及质量验收规范》（GB 50093—2013）。

⑯其他相关标准规范。

二、专项工程特点

主变压器为10 kV油浸式变压器，型号×××，安装于室外升压站；10 kV开关柜采用×××家提供的成套配电柜，安装于10 kV开关室；380 V厂用配电箱及厂用变等安装于低压配电房；电容补偿柜安装于电容室；其他配电设备包括启闭机控制箱、照明系统以及配套的电缆和接地装置等。电气设备特征见表4-2-78。

三、专项工程开工条件检查

（一）专项工程开工条件检查

本专项工程开工条件检查参照第二篇第一章第二节中"专项工程开工条件检查"相

关内容执行。

表 4-2-78　电气设备特征

序号	设备名称	型号	数量	供货厂家	说明
1	主变压器	SFZ10-W-16000/10 GYW	1	×××	
2	10 kV 金属铠装中置式开关柜	KYN28A-12	15	×××	配微机综合保护装置
3	高压补偿柜	80kvar	5	×××	1 000 kV 电机配用
…					

(二)现场开工条件检查

(1)工程设计图纸及其他技术文件完整齐全,已按程序进行了工程交底和图纸会审。

(2)施工组织设计和施工方案已批准,并已进行了技术和安全交底。

(3)安装人员(具有相应的资质)已按有关规定资格要求。

(4)电气设施设备进场前的合格证明材料。

(5)用于管道施工的机械、工器具应安全可靠,计量器具应检定合格并在有效期内。

(6)已制定相应的职业健康安全及环境保护应急预案。

四、现场监理工作内容、程序和控制要点

电气及自动化设备安装前,应按批准的设计文件编制专项施工措施计划。

电气及自动化设备进场条件应符合下列规定:

安装场地的屋顶、楼面、墙体、门窗等均已施工完毕,并且无渗漏。有可能损坏设备或安装后不能再进行施工的装饰工作应全部结束。室内地面基层施工完毕。预埋件、预留孔的位置和尺寸符合要求,预埋件埋设牢固。

电气设备安装监理工作内容包括原材料、施工设备和工程设备管理,主接地网和设备基础埋设,主变压器安装,各配电柜和配电箱安装,电缆敷设,电缆接线和对线,照明系统安装,电气试验和调试运行等的监理。安装过程中,监理机构应督促安装单位按已批准的安装措施计划进行安装,并加强技术管理,做好原始资料的记录和整理、电气试验资料整理。

(一)原材料、施工设备和工程设备管理

电气设备安装原材料主要是电缆管线、接地扁铁、基础槽钢等。施工设备包括汽车起重机、电焊设备等。工程设备为主变压器、配电柜和配电箱等。原材料、施工设备和工程设备管理见第二章"质量控制监理实施细则"。

(二)接地系统安装

(1)水闸或闸房基础开挖完成后,按设计要求敷设接地扁铁,打入接地桩,接地网的横间距需符合设计要求,并需按设计要求与建筑物主钢筋网连接,接地扁铁的交叉连接方式、过结构缝措施和焊接必须符合设计和规范要求,焊接部位应采取涂刷防锈漆等防腐措施,并按设计要求敷设降阻剂等材料。

（2）主接地网安装完成后，采用兆欧表测接地电阻值应符合设计规定，各设备基础应与接地网有效连接。

（三）电气设备安装

1. 变压器和箱式变电所安装

变压器和箱式变电所安装应符合下列规定：

（1）查验合格证和资料文件，资料文件中应含有出厂试验记录。

（2）外观检查：有铭牌，附件齐全，绝缘件无缺损、裂纹，充油部分无渗漏，充气高压设备气压指示正常，涂层完整。

（3）油浸变压器的安装，应能在带电的情况下，便于检查油枕和套管中的油位、上层油温、瓦斯继电器等。

（4）箱式变电所基础应高于室外地坪；金属箱式变电所的箱体应接地（PE）或接零（PEN）可靠，且有标识。

2. 柜、屏、箱、盘安装

柜、屏、箱、盘安装应符合下列规定：

（1）基础槽钢安装不直度偏差不大于 1 mm，相互间接缝不应大于 2 mm，成排盘面全长偏差不大于 5 mm。

（2）金属框架及基础槽钢必须接地（PE）或接零（PEN），门和框架的接地端子间应用裸编制铜线连接，且有标识。

（3）架空配电线路与建筑物等地物交叉接近时的最小距离，应按设计要求执行；设计无要求时，应符合表 4-2-79 的规定。

表 4-2-79　架空配电线路与地物交叉时允许的最小距离　　单位：m

线路通过地区的性质	导线最大弛度下的地物	最小距离	
		导线电压 1 kV 以下	导线电压 1～10 kV
公路	路面	6	7
铁路	轨顶	7.5	7.5
运河	最高水位		
	最高通航水位轨顶	1	1.5
弱电线路	导线与导线	1	2
建筑物	屋顶	2.5	3
居民区	地面	6	6.5
行人密度小的区域（交通不便的地区）	地面	4	4.5
非居民区	地面	5	5.5
架空管道区域	金属管道	1.5	3

（4）接地装置的材料应采用钢材，在有腐蚀的环境中，应采用镀铜或镀锌钢材，不应

采用铝导体。

（5）接地线的连接应符合下列规定：

①宜采用焊接，圆钢的搭接长度为直径的 6 倍，扁钢为宽度的 2 倍。

②有振动的接地线，应采用螺栓连接，并加设弹簧垫圈，防止松动。

③钢管接地与电气设备间应有金属连接，当接地线与钢管不能焊接时，应用卡箍连接。

（6）接地电阻值应进行实测，实测电阻值应满足设计和相关规范要求。

（7）不间断电源安装应符合下列规定：

①主机和电源柜应按设计要求和产品技术要求进行固定。

②不间断电源装置间连线的线间、线对地间绝缘电阻值应大于 0.5 MΩ。

③引入或引出不间断电源装置的主回路电线、电缆和控制电线、电缆应分别穿保护管敷设，在电缆支架上敷设时平行间距不小于 150 mm。

（8）电缆桥架的安装应符合下列规定：

①立柱、托臂所用钢材应平直、无扭曲，下料允许偏差为±5 mm，切口应无卷边、毛刺等，焊接后做好防腐工作。

②直线段大于 30 m 的钢制梯架、托盘或直线段大于 15 m 的铝合金、玻璃钢制梯架、托盘，均应留有不小于 20 mm 的伸缩缝。

③吊臂距离上层楼板不小于 300 mm，距离地面高度不小于 100 mm。

④桥架及吊臂均应有良好的接地，接地干线与每段桥架应至少有一个可靠连接，包括弯头等。

⑤桥架在穿过预留孔洞、楼板及墙壁处应采用防火隔板、防火堵料做密封隔离。

（9）直埋电缆的敷设应符合下列规定：

①埋深应符合设计文件要求。

②直埋电缆的上、下部应铺设不小于 100 mm 厚的软土砂层，并加盖保护板，其覆盖宽度应大于电缆两侧各 50 mm，保护板可用混凝土盖板或砖块。

③直埋电缆在直线段每 50~100 m 处，电缆接头处、转弯处、进人建筑物等处，应有明显的方位标志或标桩。

④电缆之间，电缆与其他管道、道路和建筑物等之间平行和交叉时最小净距应符合国家现行有关标准的规定。

（10）电缆穿管内径不应小于电缆外径的 1.5 倍，内表面应光滑，管材两端管口应有防止电缆损伤的措施，管口宜做成喇叭形。

（11）电缆支架的安装应符合下列规定：

①安装前，电缆沟道应清理干净并找出预埋扁铁。支架间距应符合设计要求。

②将符合设计、规格型号的支架运往现场，支架应无显著扭曲、变形，油漆完整。

③电缆支架安装时，最上层横撑至沟顶距离不小于 150~200 mm，最下层横撑至沟底距离不小于 50~100 mm。

④电缆支架安装后，支架水平和垂直允许偏差为±5 mm。

⑤电缆支架应与接地网有不小于 2 个明显的接地点并可靠连接。

⑥支架安装完后,应除去焊渣,做防锈处理。

(12)电缆敷设前检查应符合下列规定:

①电缆型号、电压、规格应符合设计文件要求,电缆外观应无损伤、绝缘良好。

②电缆放线架应放置稳妥,钢轴的强度和长度应与电缆盘重量和宽度相配合。

③敷设前应按设计文件和实际路径计算每根电缆的长度,合理安排每盘电缆,减少电缆接头。

④在带电区域内敷设电缆,应有可靠的安全措施。

⑤采用机械敷设电缆时,牵引机和导向机构应调试完好。

(四)自动化设备安装

1. 闸控系统安装

闸控系统安装应符合下列规定:

(1)控制台、柜内元件和设备应设置编号标识,内部接插件与设备的连接应牢固可靠,安装间距应满足通风散热的要求,发热量大的设备应安装在机柜的上部,并采取通风散热措施。

(2)接线端子应标明编号,强、弱电端子宜分开排列,最下排距离机柜地板宜大于0.35 m,有触电危险的端子应加盖保护板,并设置警示标记。

(3)通信电缆及信号电缆应采用屏蔽电缆,屏蔽电缆(线)屏蔽层应接地,当有防干扰要求时,多芯电缆中的备用芯线应在一点接地。屏蔽电缆的备用芯线与电缆屏蔽层,应在同一侧接地。

(4)双绞线布放前应布放平直,不应产生扭绞、打圈等现象,不应受到外力的积压和损伤,在布放前两端应贴有标签,以表明起始和终端的位置,标签书写应清晰、端正和正确,布放时应有冗余。

(5)所有的光缆器件,包括光缆、跳线、尾纤、耦合器在进入现场前宜用激光笔打光预测试;光纤连接应按照制造厂规定的工艺方法进行操作,采用专用设备进行熔接,熔接后应对光纤进行测试。

(6)闸门限位开关的安装应能使开关动作准确。开度传感器的安装不应阻碍机械部件的运动,同轴连接的应保证一定的同轴度,联轴器应采用弹性联轴器;采用钢丝绳连接的应保持钢丝绳与出绳口不摩擦。

(7)闸门荷重传感器的安装应检查重力的作用线是否处在传感器的中心线下,以减少因安装不当而引入的误差;荷重传感器精度测试及检测传感器采样显示值与现场实际值的一致性,均应符合设计及产品技术文件的要求。

2. 安全监测系统

安全监测系统应符合下列规定:

(1)各监测仪器、设施的安装和埋设,必须满足设计要求。

安装和埋设完毕,应绘制竣工图,填写考证表,存档备查。

(2)监测自动化设备的安装支架应埋设牢靠,水平度和垂直度应满足设计要求,对扬压力、渗流压力等监测仪器,在安装前应先检查测孔的状态,必要时应进行冲孔及扫孔,然后安装仪器设备。

（3）对于更新改造的监测设施工程，在自动化监测传感器安装时，宜不敲坏原有可用的监测设施。

3.视频监视系统

视频监视系统应符合下列规定：

（1）摄像机安装前应按下列要求进行检查：

将摄像机逐个通电进行检测和粗调，在摄像机处于正常工作状态后，方可安装。

检查云台的水平、垂直转动角度，并根据设计要求定准云台转动起点方向。

检查摄像机防护罩的雨刷动作。

检查摄像机防护罩内紧固情况。

检查摄像机机座与支架或云台的安装尺寸。

（2）交流电源电缆与视频电缆宜分管敷设。

（3）从摄像机引出的电缆宜留有1 m的裕量，不应影响摄像机的转动。摄像机的电缆和电源线应固定，不应用播头承受电缆的自重。

（4）先对摄像机进行初步安装，经通电试看、细调、检查各项功能，观察监视区域的覆盖范围和图像质量，符合要求后方可固定。

（5）监视闸门的摄像机应能观测到闸门的全貌，并能看到闸门的止水情况。

（五）系统调试

1.变压器的调试

变压器的调试应符合下列规定：

（1）变压器冲击合闸试验应在变压器第一次送电时进行，由高压侧投入全电压，观察变压器冲击电流，辨听变压器的声响。变压器冲击试验应进行3~5次，每次冲击间隔时间为3~5 min，冲击电流应不引起保护装置动作。

（2）冲击试验后，变压器正式受电，应用相位测量仪测量变压器三相电压与电网相位是否一致，同时注意其空载电流，一次、二次电压有无变化，空载运行24 h，若无异常情况方可投入负荷运行。

2.闸门电气柜的调试

闸门电气柜的调试应符合下列规定：

（1）电气柜在通电测试和调试前应通过最终检查。

（2）总体上应按照下列顺序调试：

电气设备或装置的单体调整和试验。

配合机械设备的分部试运行。

系统整体启动、调试和调节。

（3）电气柜的试验项目，应包括下列内容：

测量低压电器连同所连接电缆及二次回路的绝缘电阻。

应对低压电机及低压电器分别送电，送电时应核对所送电压等级、相序。

开启闸门时应注意运行时电压、启动电流及运行电流的变化。

控制闸门电机的接触器动作情况检查。

闸门上升至全开位置及下降至全关位置时接触器动作试验。

电机保护器电流值的整定试验。

3. 自动化系统调试

自动化系统调试包括闸门开度调试、闸门自动控制调试、安全监测调试和联合调试四个部分。

1）闸门开度调试

闸门开度的调试应符合下列规定：

操作闸门至某一高度，并测量闸门的实际高度，再与开度仪的显示值比较以确定系统高度校准系数。

根据闸门的实际开度设定检测行程的最大值与最小值。

反复操作闸门到全开和全关位置，测量闸门开度检测装置的系统测量误差。

对弧形闸门，可利用给定的变比或计算方法换算出闸门的开度。

2）闸门自动控制调试

闸门自动控制调试应符合下列规定：

对各受控设备的信号校验应正确。

系统通信应畅通。

PLC 控制应用软件调试应符合闸门控制工艺。

中控室计算机监控后台数据应与实测数据保持一致，控制准确无误。

3）安全监测调试

安全监测调试应符合下列规定：

自动化监测设备安装过程中，应对系统设备进行线体试验、参数标定，并做好详细记录。

监测自动化系统调试时，应与人工观测数据进行同步比测，并应将监测自动化的基准调整到与人工观测相一致，应进行整机和取样检验考核。

4）联合调试

联合调试应按照设计流程，采用闸控系统进行开闸、停、关闸试验。

五、检查和检验项目、标准与工作要求

电气设备安装的检验项目主要包括设备基础安装偏差、接地电阻值、电气交接试验报告、电气调试记录等。各检验项目的允许偏差见表 4-2-80～表 4-2-83。

表 4-2-80　基础型钢安装允许偏差

项次	项目	允许偏差	
		mm/m	mm/全长
1	不宜度	小于 1	小于 5
2	水平度	小于 1	小于 5
3	位置偏差及不平行度	—	小于 5

表 4-2-81　盘柜安装的允许偏差　　　　　　　　　　单位:mm

项目		允许偏差
垂直度/m		小于 1.5
水平偏差	相邻两盘顶部	小于 2
	成列盘顶部	小于 5
盘面偏差	相邻两盘边	小于 1
	成列盘面	小于 5
盘间接缝		小于 2

表 4-2-82　允许最小电气间隙及爬电距离

额定电压/V	电气间隙/mm		爬电距离/mm	
	额定工作电流		额定工作电流	
	$I<63$ A	$I>63$ A	$I \leqslant 63$ A	$I>63$ A
UW60	3.0	5.0	3.0	6.0
60VUW300	5.0	6.0	6.0	8.0
300VUM500	8.0	10.0	10.0	12.0

表 4-2-83　自动化系统

检测项目	分项	检测方法	检测标准	检测数量	说明
数据采集传感器	闸门开度	仪器测量法	《水利水电工程启闭机制造、安装及验收规范》(SL 381—2007)《自动化仪表施工及质量验收规范》(GB 50093—2013)	3孔及以下全检,3孔以上抽检50%	同时核实仪表与计算机开度数据
	水位		《水位测量仪器第1部分:浮子式水位计》(GB/T 11828.1—2019)《水位测量仪器第2部分:压力式水位计》(GB/T 11828.2—2005)《自动化仪表施工及质量验收规范》(GB 50093—2013)	抽样20%,不少于5个	
	闸底板扬压力		《地下水监测规范》(SL 183—2005)《水位测量仪器第2部分:压力式水位计》(GB/T 11828.2—2005)《自动化仪表施工及质量验收规范》(GB 50093—2013)	抽样30%,不少于5个	

续表 4-2-83

检测项目	分项	检测方法	检测标准	检测数量	说明
视频图像系统图像质量和功能	摄像机图像	比对法（标准卡片）	《智能建筑工程质量验收规范》（GB 50339—2013）	5台及以下摄像机全检，5台以上50%抽样	检测参数 （1）图像水平清晰度； （2）图像垂直清晰度； （3）视频信号强度； （4）云台四方向转动
	摄像机基本功能检测	操作试验法	《智能建筑工程质量验收规范》（GB 50339—2013）		
	硬盘录像机基本功能检测		《智能建筑工程质量验收规范》（GB 50339—2013）	全检	
计算机监控中心检测	综合布线检测	仪器测量法	《智能建筑工程质量验收规范》（GB 50339—2013）	抽检6项基本参数	检测参数 （1）衰减。 （2）回波损耗。 （3）传输延时。 （4）直流环路电阻。 （5）光纤功率。 （6）光纤衰减

六、档案资料整理

资料整理见本章第三节围堰工程监理实施细则中"（六）档案资料的整理"。

七、质量检验及评定

质量检验及评定参照第三篇第九章中"工程质量评定监理工作内容、技术要求和程序"执行。

八、采用的表式清单

监理机构在电气设备安装工程监理工作中采用的表式清单见表4-2-84。

表 4-2-84　电气设备安装工程监理工作中采用的表式清单

《水利工程施工监理规范》(SL 288—2014)

序号	表格名称	表格类型	表格编号	页码
1	施工设备进场报验单	CB08	承包[　]设备号	P74
2	施工放样报验单	CB11	承包[　]放样号	P77
3	联合测量通知单	CB12	承包[　]联测号	P78
4	施工测量成果报验单	CB13	承包[　]测量号	P79
5	工程设备采购计划申报表	CB16	承包[　]设采号	P84
6	旁站监理值班记录	JL26	监理[　]旁站号	P161
7	监理巡视记录	JL27	监理[　]巡视号	P162
8	工程设备进场开箱验收单	JL32	监理[　]设备号	P167
9	安装记录表	根据工程实际情况自行编制		

《水利水电工程单元工程施工质量验收评定标准—水工金属结构安装工程》(SL 635—2012)

序号	表格名称	页码
1	单元工程质量评定表	P16

第十五节　闸机房工程监理实施细则

一、编制依据

本细则适用于闸机房建设工程的监理,主要包括常态(常规)混凝土工程、砌砖工程。其编制依据如下:

(1)工程施工合同文件、监理合同文件、招标投标文件、监理规划,已签发的设计图纸、设计交底、变更等,已批准的施工组织设计、施工方案等。

(2)本细则的编制依据如下:

①《水利工程施工监理规范》(SL 288—2014)。

②《工程建设标准强制性条文(水利工程部分)》(2020 年版)。

③《水闸施工规范》(SL 27—2014)。

④《水利水电工程施工质量检验与评定规程》（SL 176—2007）。

⑤《水利水电建设工程验收规程》（SL 223—2008）。

⑥《混凝土结构工程施工质量验收规范》（GB 50204—2015）。

⑦《砌体结构工程施工质量验收规范》（GB 50203—2015）。

⑧《混凝土结构工程施工规范》（GB 50666—2011）。

⑨《建筑装饰装修工程质量验收标准》（GB 50210—2013）。

⑩《建筑工程施工质量验收统一标准》（GB 50300—2018）。

⑪《住宅装饰装修工程施工规范》（GB 50327—2015）。

⑫《民用建筑工程室内环境污染控制标准》（GB 50325—2020）。

⑬《建筑设计防火规范》（GB 50016—2014）。

⑭《建筑内部装修设计防火规范》（GB 50222—2017）。

⑮其他相关标准规范。

二、专项工程特点

（1）水闸主体结构混凝土施工宜按照先深后浅、先重后轻、先高后矮、先主后次的原则进行。

（2）混凝土应满足强度、抗冻、抗渗、抗侵蚀、抗冲刷、抗磨损等性能及和易性的要求。

（3）混凝土的施工，应从原材料选择、配合比设计、温度控制、施工安排等方面，采取综合措施，防止产生裂缝。

（4）大体积混凝土、特殊模板、高大模板支撑系统施工，应编制专项施工措施计划。

（5）砌体施工应平整、稳定、密实和错缝。

三、专项工程开工条件检查

本专项工程开工条件检查参照第二篇第一章第二节中"专项工程开工条件检查"相关内容执行。

四、现场监理工作内容、程序和控制要点

（1）承建单位应按照报经批准的施工措施计划按章作业、文明施工。同时，加强质量和技术管理，做好作业过程中资料的记录、收集与整理，并定期向监理机构报送。

（2）需根据试验或试验性作业成果决定施工措施，或必须调整、修订施工作业程序方法与进度计划，或必须调整混凝土原材料与配合比等，属于对施工措施计划的实质性变更，均应事先报经监理机构书面同意后方可实施。

（3）混凝土工程首仓开仓 5 天以前，承建单位应对浇筑仓面边线及模板安装实地放线成果进行复核，并将放样成果报监理机构审核。为了确保放样质量，避免造成重大失误和不应有的损失，必要时，监理机构可要求承建单位在监理工程师直接监督下进行对照检查。

（4）混凝土开仓浇筑前，承建单位应对各工序质量进行自检，并在"三检"合格的基础上填报《水利水电工程施工质量终检合格开仓证》。检查内容如下：

①基础面、层面或缝面处理。

②钢筋布设。

③模板安装。

④止水安装及伸缩缝处理。

⑤灌浆、排水等系统布设，观测仪器、设备及预埋件安装。

⑥混凝土生产与浇筑准备。

⑦其他必须检查检测的项目。

（5）承建单位自检合格后，在开仓前3～12小时通知监理工程师对上述内容进行检查确认，并在认证合格后办理单元工程开仓签证手续。

（6）检查标准参照《水电水利基本建设工程单元工程质量等级评定标准 第5部分：发电电气设备安装工程》（DL/T 5113.5—2012）工程承建合同技术规范和设计技术要求执行。

（7）承建单位应按合同、施工技术规程规范和质量等级评定标准规定的数量及方法对拌和混凝土及各种原材料进行取样检测。

（8）每一规定时段（通常为每月），承建单位或其实验室应一式两份向监理机构提交书面试验报告，包括如下内容：

①所用的各种材料及其试验数据的详细描述。

②试验方法、程序及试验仪器设备情况。

③试验过程和结果的详细陈述。

④结论意见。

（9）金属止水片的焊接、金属止水片与塑性止水的连接等作业，必须将试焊、试接样品送请监理工程师认可后，方可实施焊接作业。

（10）如果因施工方面的原因要求增加或改变施工缝，必须在浇筑程序详图中标明，并报监理机构批准。

（11）重要部位混凝土浇筑过程中，承建单位应有技术人员、质量检测人员以及调度人员在施工现场进行技术指导、质量检查和作业调度。

（12）承建单位应严格按批准的混凝土配合比拌制混凝土，对于运送或浇筑不合格混凝土入仓的，监理工程师有权按承建合同文件规定拒绝入仓或指令返工处理。

（13）回填预留孔混凝土或砂浆之前，均必须事先报送作业措施并征得监理工程师的同意后方可实施。

（14）预制构件应具备所有必需的标志、标记及说明书，构件安装校正、完成焊接作业后，必须在报经监理工程师检查认可、开出开仓签证后，方可浇灌接头混凝土。

（15）施工期间，承建单位必须按月向监理机构报送详细的施工记录或原始施工记录复制件，包括如下内容：

①每一构件、块体混凝土数量,所用原材料的品种、质量,混凝土强度等级及配合比。

②各构件、块体的实际浇筑顺序,起讫时间,养护及表面保护时间、方式,模板,钢筋及止水设施,仪器埋件,预埋件等的情况。

③浇筑地点的气温,各种原材料的湿度,混凝土的出机口与入仓温度,各部位模板拆除的日期和时间。

④混凝土试件的试验结果及其分析。

⑤混凝土试件裂缝的部位、长度、宽度、深度、裂缝条数、发现的日期及发展情况。

⑥施工中发生的质量、安全事故及其处理措施。

⑦按合同文件或监理机构规定必须报告的其他事项。

(16)对于施工中发生的质量事故,承建单位应立即查明其范围、数量,填报质量事故报告单,分析产生质量事故的原因,提出处理措施,及时向监理机构报告,经监理机构批准后,方可进行处理。

对于一般的混凝土缺陷,应在拆模后 24 h 内修复、修补完毕。修复、修补措施应报经监理工程师同意后进行,修复、修补过程中,均须有详细的记录。

(17)为了确保施工质量,承建单位必须按照有关施工规范和设计文件进行施工。对发生的违规作业行为,监理工程师可发出违规警告、返工指令,直至指令停工整顿。

五、检查和检验项目、标准与工作要求

(一)检查和检验项目、标准

1. 模板工程

(1)模板的制作和安装允许偏差应符合表 4-2-85 的规定。

(2)模板及支架的拆除,不承重的侧面模板,混凝土表面及棱角不因拆模而受损坏;承重模板及支架,应按设计要求拆除,无要求时,应符合表 4-2-87 中的规定;有温控防裂要求的部位,应考虑拆模后对混凝土内外温差的影响。承重模板及支架拆除规定应符合表 4-2-86 中相关的规定。

(3)现浇钢筋混凝土梁、板底模板,当跨度不小于 4 m 时,模板应设置预拱;当结构设计无具体要求时,预拱高度宜为全跨长度的 1%~3%。

2. 钢筋的制作安装

(1)加工后钢筋允许偏差见表 4-2-87。

(2)钢筋安装允许偏差见表 4-2-88。

3. 混凝土工程

(1)混凝土的配合比应通过计算和试验确定,除满足设计强度、耐久性及施工要求外,还应做到经济、合理。

(2)混凝土坍落度允许偏差见表 4-2-89。

表 4-2-85 模板制作和安装允许偏差 （单位：mm）

项目				允许偏差
钢模板制作	模板的长度和宽度			±2
	模板表面局部不平			2
	连接配件的孔眼位置			±1
木模板制作	模板的长度和宽度			±3
	相邻两板面高差			1
	平面刨光模板局部不平			5
模板安装	相邻两面板错台	外露表面		+2
		隐蔽内面		+5
	局部平整度（含大体积混凝土）	外露表面		+5
		隐蔽内面		+10
		钢模板		+2
	结构物水平断面内部尺寸（含大体积混凝土）			±20
	结构物边线与设计边线	外露表面	外模板	−10~0
			内模板	0~+10
		隐蔽内面		+15
	板面缝隙	外露表面		+2
		隐蔽内面		+2
		钢模板		+1
	结构断面尺寸（排架、梁、板、柱、墙）			±10
	轴线位置（排架、梁、板、柱、墙）			±10
	垂直度（排架、梁、板、柱、墙）			±5
	承重模板底面高程（含大体积混凝土）			0~+5
预留孔、洞	尺寸			−10
	位置			±10

表 4-2-86 承重模板及支架拆除规定

构件类型	构件跨度 L/m	按达到设计混凝土强度标准值的百分率计/%
悬壁板、梁	$L \leq 2$	75
	$L > 2$	100
其他梁、板、拱	$L \leq 2$	50
	$2 < L \leq 8$	75
	$L > 8$	100

表 4-2-87　加工后钢筋允许偏差

偏差名称		允许偏差
受力钢筋全长净尺寸的允许偏差		±10 mm
箍筋各部分长度的允许偏差		±5 mm
钢筋弯起点位置的允许偏差	构件	±20 mm
	大体积混凝土	±30 mm
钢筋转角的允许偏差		±3°
圆弧钢筋径向允许偏差	薄壁结构	±10 mm
	大体积混凝土	±25 mm

表 4-2-88　钢筋安装允许偏差

偏差名称		允许偏差
钢筋长度方向的偏差		1/2 倍净保护层厚
同一排受力钢筋间距的局部偏差	柱及梁	0.5 倍钢筋直径
	板、墙	0.1 倍间距
双排钢筋,其排与排间距的局部偏差		0.1 倍排距
梁与柱中钢箍间距的偏差		0.1 倍箍筋间距
保护层厚度的局部偏差		1/4 倍净保护层厚

表 4-2-89　混凝土坍落度允许偏差　　　　　　单位:mm

坍落度	允许偏差
不小于 40	±10
50～90	±20
不小于 100	±30

(3)混凝土浇筑层的允许最大厚度见表 4-2-90。

表 4-2-90　混凝土浇筑层允许最大厚度

振捣设备类别		浇筑层允许最大厚度
插入式	振捣机	振捣棒(头)长度的 1.0 倍
	电动或风动振捣器	振捣棒(头)长度的 0.8 倍
	软轴式振捣器	振捣棒(头)长度的 1.25 倍
平板式	无筋或单层钢筋结构	250 mm
	双层钢筋结构	200 mm

(4)混凝土浇筑应连续进行。浇筑混凝土允许间歇时间见表 4-2-91。

表 4-2-91　浇筑混凝土允许间歇时间

仓面浇筑气温 （℃）	允许间歇时间/min	
	普通硅酸盐水泥、中热硅酸盐水泥、 硅酸盐水泥	低热矿渣硅酸盐水泥、矿渣硅酸盐水泥、 火山灰质硅酸盐水泥
20~30	90	120
10~20	135	180
5~10	195	—

（5）混凝土浇筑完毕后，应及时覆盖，面层凝结后，应及时养护，使混凝土面和模板保持湿润状态，连续养护时间见表 4-2-92。

表 4-2-92　混凝土连续养护时间　　　　　　　　　　　单位：d

水泥品种	湿润养护时间
普通硅酸盐水泥、硅酸盐水泥、抗硫酸盐水泥	14
矿渣硅酸盐水泥、火山灰质硅酸盐水泥、粉煤灰硅酸盐水泥	28

4. 砖砌体工程

砖砌体墙、柱施工应符合下列规定：

（1）砖砌体砌筑内外搭砌、上下错缝，砖柱不应采用包心砌法。

（2）砖砌体砌筑时，根据砌块规格宜采用随铺浆随砌筑的方法。当采用挤浆法砌筑时，铺浆长度不应大于 0.75 m，施工期间气温超过 30 ℃时，铺浆长度不应大于 0.5 m。

（3）厚度为 240 mm 的承重墙每层墙最上一皮砖，砖砌体的阶台水平面上及挑出层的外皮砖，应整砖丁砌。

（4）灰缝不应出现瞎缝、透明缝和假缝。

（5）砖砌体的灰缝应横平竖直、厚薄均匀，水平灰缝厚度及竖向灰缝宽度宜为 10 mm，水平灰缝的砂浆饱满度不应小于 80%，砖柱水平灰缝和竖向灰缝饱满度不应小于 90%。

（6）砖砌体施工临时间断处补砌时，应将接槎处表面清理干净，浇水湿润，并填实砂浆，保持灰缝平直。

（二）工作要求

（1）运至工地用于主体工程的水泥，应有产品出厂日期、厂家的品质试验报告，承建单位实验室必须按规定进行复检，必要时还应进行化学分析。袋装水泥储运时间超过 3 个月，散装水泥超过 6 个月，使用前应重新检验。

（2）外加剂应有产品出厂日期、厂家出厂合格证、产品质量检验结果及使用说明，否则应按《水工混凝土外加剂技术规程》（DL/T 5100—2014）进行质量检验。当储存时间超过产品有效存放期，或对其质量有怀疑时，承建单位必须进行质量检验鉴定。

（3）混凝土的坍落度应符合合同技术规范和设计文件的规定，若技术规范和设计文件未明确，则应当根据结构部位的性质、含筋率、混凝土运输、浇筑方法和气候条件等决定，并尽可能采用小的坍落度。

（4）因设计或施工要求，必须在混凝土中掺用减水、缓凝、引气、调稠等外加剂及其他胶凝材料和掺合料时，其掺量及材料必须符合设计文件和技术规范的规定，并经过试验确定后报监理机构批准。

（5）泄洪面和边墙迎水面的模板应能保证混凝土表面平整、光滑，避免有可能导致气蚀的错台及局部凹凸。

（6）模板安装前应检查模板质量（平面尺寸、清洁、破损等），安装时必须按混凝土结构物的施工详图测量放样，确保模板的刚度和支撑牢固，重要结构部位应多设控制点，以利于检查校正。浇筑过程中，若发现模板变形走样，应立即采取纠正措施，直至停止混凝土浇筑。

（7）用于主体工程的钢筋应有出厂说明书或试验报告单。使用前应做拉力、冷弯试验，需要焊接的钢筋应做焊接工艺试验。钢号不明的钢筋，经试验合格后方可使用，并不得用于承重结构的重要部位。

（8）钢筋的调直和清除污锈应符合下列要求：

①钢筋的表面应洁净，使用前应将表面的油渍、漆污、锈皮、鳞锈等清除干净。

②钢筋应平直、无局部弯折和表面裂纹，钢筋中心线同直线的偏差不应超过其长度的1%，成盘的钢筋或弯曲的钢筋均应矫正调直后才允许使用。

③钢筋在调直机上调直后，其表面伤痕使钢筋截面面积减少不得大于5%。

④若用冷拉法调直钢筋，则其矫直冷拉率不得大于1%（1级钢筋不得大于2%）。

（9）以另一种钢号或直径的钢筋代替设计文件规定的钢筋时，必须征得设计单位或监理工程师的书面同意，并应遵守以下规定：

①以另一种钢号或种类的钢筋代替设计文件规定的钢号或种类的钢筋时，应将两者的计算强度进行换算，并对钢筋截面面积做相应的改变。

②以同种钢号钢筋代换时，直径变更范围不宜超过4 mm，变更后的钢筋总截面面积不得小于设计截面面积的98%或超过其103%。

③钢筋等级的变换不能超过一级，也不宜采用改变钢筋根数的方法来减少钢筋截面面积，必要时应校核构件的裂缝和变形。

④以较粗的钢筋代替较细的钢筋，必要时应校核代替后构件的握裹力。

（10）在加工厂中，钢筋的接头应尽量采用闪光对头焊接。现场作业或不能进行闪光对焊时，宜采用电弧焊（搭接焊、帮条焊、熔槽焊等）。焊接前，应将施焊范围内的浮锈、漆污、油渍等清除干净。直径小于25 mm的钢筋可采用绑扎接头，但轴心受拉、小偏心受拉构件和承受振动荷载的构件均应采用焊接接头。钢筋接头的布置应符合设计要求和技术规范有关规定。

（11）为保证电弧焊接质量，在开始施焊前，或每次改变钢筋的类别、焊条牌号以及调换焊工之前，特别是在可能干扰焊接操作的不利环境下现场施焊时，应预先用相同的材料、相同的焊接操作条件与参数，制作2个抗拉试件并经抗拉试验合格后，才允许正式施焊。

（12）为了保证混凝土保护层的必要厚度，应在钢筋与模板之间设置强度不低于构件设计强度的埋设有铁丝的混凝土垫块，并与钢筋扎紧。垫块应互相错开，分散布置。各排钢筋之间应用短钢筋支撑，以保证钢筋布设位置准确。

（13）在混凝土浇筑施工中，应安排值班人员经常检查钢筋架立位置，若发现变动，应及时矫正,严禁为方便浇筑擅自移动或割除钢筋。

(14)伸缩缝止水材料的形式、结构尺寸、材料的品种规格和物理力学指标均应符合设计要求。其原材料的品种、生产批号、质量等均应记录备查。采用代用品时,须经过试验论证并征得设计单位同意后方可使用。

(15)金属止水铜片表面应光滑平整并有光泽,其浮皮、锈污、油漆、油渍均应清除干净,若有砂眼、钉孔,应予焊补。金属止水片宜用机械加工成型,成型的金属止水片,在运输、安装中应避免扭曲变形。

(16)塑料止水片接头不允许现场烧焊,应采用黏结方法,施工前应做现场试验报监理机构确认。塑料止水与金属止水片连接,采用搭接螺栓紧固,接头搭接长度应满足规范要求。

(17)金属止水铜片的接头数量应按实际需要尽可能少,焊接材料符合设计和合同技术规范的规定,焊接形式应采用双面搭接焊;搭接长度须符合设计和技术规范的规定,或经过监理工程师的批准。焊接作业必须在试焊样品经过试验证明符合设计和技术规范要求后方可进行。

(18)浇筑混凝土时,应防止止水片产生变形、变位或遭到破坏。止水片周围的混凝土必须特别注意振捣密实。已安装的暴露时间较长的周边缝止水片必须及时用钢或木保护罩保护。

(19)成品嵌缝填料应抽样检验其主要技术指标。同嵌缝填料接触的混凝土表面必须平整、密实、洁净、干燥,嵌缝填料施工完毕后应及时保护。

(20)混凝土的运输应遵照以下原则:

①混凝土运输设备应根据施工条件选用。运输过程中应避免发生分离、漏浆、严重泌水或过多降低坍落度。

②运输不同强度等级的混凝土时,应在运输设备上设置明显的标志,以免混仓。

③运输过程中,应尽量缩短运输时间或转运次数。因故停歇过久,混凝土产生初凝时,应做废料处理。在任何情况下,严禁中途加水后运入仓内。

④不论采用何种运输设备,当混凝土入仓自由下落高度大于 2 m 时应采取措施。

(21)在倾斜面浇筑混凝土时,应从低处开始浇筑,并使浇筑面保持水平。仓内的泌水应及时排除,严禁在模板上开孔赶水,以免带走灰浆。严禁在流水中浇筑混凝土,已浇筑的混凝土在硬化之前不得受水流的冲刷。

(22)混凝土浇筑应保证连续性。如因故中止且超过允许间歇时间,则应按施工缝处理。若能重塑,经监理工程师认定,仍可继续浇筑混凝土。

(23)浇入仓内的混凝土应随浇随平仓,不得堆积。仓内若有粗骨料堆积,应均匀地散铺于砂浆较多处或未经振捣的混凝土上,但不得用水泥砂浆覆盖,以免造成内部蜂窝。

(24)混凝土施工缝的处理,应遵守下列规定:

①已浇好的混凝土,在强度未达到 2.5 MPa 前,不得进行上一层混凝土浇筑的准备工作。

②混凝土表面应加工成毛面并清洗干净,排除积水,铺设 2~3 cm 厚水泥砂浆后,方可浇筑新混凝土。

（25）混凝土模板拆除的期限,应得到监理机构的同意。除非设计文件另有规定,否则应遵守下列规定:

①不承重的侧面模板,应在混凝土强度达到 2.5 MPa 以上,并能保证其表面及棱角不因拆模而损坏时才能拆除。

②钢筋混凝土结构的承重模板,至少应在混凝土强度达到设计强度的 70% 以上,对于跨度较大的构件必须达到设计强度的 100%,才能拆除。

（26）混凝土浇筑完毕后,当硬化到不因洒水而损坏时,就应采取洒水等养护措施。混凝土表面应经常保持湿润状态直到养护期满。在炎热或干燥气候条件下,早期混凝土表面应经常保持水饱和或用覆盖物进行遮盖,避免太阳暴晒。

（27）砖砌体施工前检查砖的品种、规格尺寸、强度是否符合设计要求。

（28）砌筑前,砖应提前适度湿润,不应采用干砖或处于饱和状态的砖砌筑。

（29）砌筑时,检查墙体、柱的砌筑灰缝,以及垂直度和平整度。

六、档案资料的整理和质量评定工作要求

资料整理见本章第三节围堰工程监理实施细则中"（六）档案资料的整理"。

七、质量检验及评定

其工作要求参照第三篇第九章中"工程质量评定监理工作内容、技术要求和程序"执行。

八、采用的表式清单

监理机构在闸机房工程监理工作中采用的表式清单见表 4-2-93。

表 4-2-93　闸机房工程监理工作中常采用的表式清单

《水利工程施工监理规范》（SL 288—2014）

序号	表格名称	表格类型	表格编号
1	混凝土浇筑开仓报审表	CB17	承包[ ]开仓号
2	工序/单元工程施工质量报验单	CB18	承包[ ]质报号

第五篇 安全生产、文明施工监理实施细则

第一章　安全生产监理实施细则

第一节　编制依据

本细则的编制依据如下：

（1）工程施工合同文件、招标文件、监理合同文件、监理规划、已批准的施工组织设计方案及安全保证措施等。

（2）《水利工程施工监理规范》（SL 288—2014）。

（3）《水利水电工程施工安全管理导则》（SL 721—2015）。

（4）《水利水电工程施工安全防护设施技术规范》（SL 714—2015）。

（5）《监督检查办法问题清单（2020 年版）》（办监督〔2020〕124 号）。

（6）《水利工程建设稽察常见问题清单（试行）》（水利部建设管理与质量安全中心）。

（7）《中华人民共和国安全生产法》（新）（中华人民共和国主席令第八十八号）。

（8）《建设工程安全生产管理条例》（国务院令第 393 号）。

（9）《水利工程建设监理单位安全生产标准化评审规程》（T/CWEC 18—2020）。

（10）其他安全生产管理相关法律法规、条例、办法、规定等文件。

第二节　施工安全监理工作特点

水利工程具有参建单位多、作业人员多、涉及工种多、大型机械设备多、施工战线长、建设周期长、露天作业受自然条件影响大等特点，由此产生的各类安全隐患多，安全管理难度大，主要表现为：①作业人员安全意识薄弱，安全技能低；②特种作业多，手工作业多；③机械设备投入大，临时用电要求高；④施工难度大，技术复杂，易造成安全隐患；⑤受自然条件影响大，水利工程大部分为野外作业，天气、地形、地质等因素会给施工安全管理带来困扰；⑥工程规模较大，场地分散，施工班次、班组多，系统安全管理难度大；⑦施工现场均为开敞式，难以有效封闭隔离，给工地设备器材和人员安全的管理增加了难度；⑧有导流和度汛要求，受汛期影响大。

为加强工程施工安全监督管理，防止和减少安全事故，保障工程建设顺利实施，各参建单位应贯彻"安全第一，预防为主，综合治理"的方针，建立安全管理体系，落实安全生产责任制，健全规章制度，保障安全生产投入，加强安全教育培训，依靠科学管理和技术进步，提高施工安全管理水平。

第三节　施工安全监理工作内容

施工安全监理内容包括安全目标职责、制度化管理、教育培训、现场管理、安全风险分级管控及隐患排查治理、应急管理、事故管理和持续改进等项目。

施工安全监理工作内容:监理机构应按照相关法律、法规规定和监理合同约定实施安全监理,宜配备专职安全监理人员,明确监理人员的安全生产监理职责,对所监理工程的施工安全生产进行监督检查,并对工程安全生产承担监理责任。监理人员应满足水利水电工程施工安全管理的需要。具体的安全监理工作包括下列内容:

(1)根据施工现场监理工作需要,监理机构应为现场监理人员配备必要的安全防护用具。

(2)监理机构应审查承包人编制的施工组织设计中的安全技术措施、施工现场临时用电方案,以及灾害应急预案、危险性较大的分部工程或单元工程专项施工方案是否符合《工程建设标准强制性条文(水利工程部分)》(2020年版)及相关规定的要求。

(3)监理机构编制的监理规划应包括安全监理方案,明确安全监理的范围、内容、制度和措施,以及人员配备计划和职责。监理机构对中型及以上项目、危险性较大的分部工程或单元工程应编制安全监理实施细则,明确安全监理的方法、措施和控制要点,以及对承包人安全技术措施的检查方案。

(4)监理机构应按照相关规定核查承包人的安全生产管理机构,以及安全生产管理人员的安全资格证书和特种作业人员的特种作业操作资格证书,并检查安全生产教育培训情况。

(5)施工过程中监理机构的施工安全监理应包括下列内容:

①督促承包人对作业人员进行安全交底,监督承包人按照批准的施工方案组织施工,检查承包人安全技术措施的落实情况,及时制止违规施工作业。

②定期和不定期巡视检查施工过程中危险性较大的施工作业情况。

③定期和不定期巡视检查承包人的用电安全、消防措施、危险品管理和场内交通管理等情况。

④核查施工现场施工起重机械、整体提升脚手架和模板等自升式架设设施与安全设施的验收等手续。

⑤检查承包人的度汛方案中对洪水、暴雨、台风等自然灾害的防护措施和应急措施。

⑥检查施工现场各种安全标志和安全防护措施是否符合《工程建设标准强制性条文(水利工程部分)》(2020年版)及相关规定的要求。

⑦督促承包人进行安全自查工作,并对承包人自查情况进行检查。

⑧参加发包人和有关部门组织的安全生产专项检查。

⑨检查灾害应急救助物资和器材的配备情况。

⑩检查承包人安全防护用品的配备情况。

(6)监理机构发现施工安全隐患时,应要求承包人立即整改,必要时,可按"暂停施工和复工管理监理工作技术要求"指示承包人暂停施工,并及时向发包人报告。

（7）当发生安全事故时，监理机构应指示承包人采取有效措施防止损失扩大，并按有关规定立即上报，配合安全事故调查组的调查工作，监督承包人按调查处理意见处理安全事故。

（8）监理机构应监督承包人将列入合同施工安全措施的费用按照合同约定专款专用。

第四节 施工安全监理控制要点

按照《水利工程建设监理单位安全生产标准化评审规程》（TCWEC 18—2020）督促现场落实安全生产、文明施工及扬尘污染措施。监理项目部负责监理区域的安全监理，配备专职安全监理，制定相应的施工安全监理措施，并承担由于监理措施不力造成的经济损失和责任。监督施工承包人按照施工组织设计的安全技术措施和专项施工方案组织施工，及时制止违规施工作业。不定期巡视检查施工过程中的危险性较大工程作业情况。监理项目部委派的安全监理工程师需负责核实塔吊维保人员的证件，监督维修保养过程，对维保过程进行旁站并拍照存档；对脚手架、模板支撑、临边防护、临时用电等安全设施，监理人员对照施工组织设计和专项施工方案及相应的标准规范进行全面检查，对存在问题要求施工承包人限期整改并保存整改前后的照片；检查安全生产费用的使用情况，督促施工承包人进行安全自查工作，并对施工承包人自查情况进行抽查，参加委托人组织的安全生产专项检查。危险性较大作业的专项施工方案（深基坑、高支模等），监理人必须进行审核，并经总监理工程师签字确认，施工过程必须进行旁站、验收，经总监验收方可进行下道工序作业，并留存总监到场检查验收的影像资料，以备核查。

引黄闸改建工程施工作业影响安全情况的主要类型有土建工程施工、金属结构及机电设备安装施工现场临时起重吊装作业及施工用电等。根据风险等级的大小来确定施工作业安全的控制措施。

一、安全控制方案编制依据

（1）国家、部、省及有关部门制定的有关安全生产的法律、法规、规定及规程。

（2）建设单位制定的有关安全施工的规定及制度。

（3）工程施工合同文件及施工监理合同文件。

（4）本细则适用于水利涵闸工程施工安全监理工作。

（5）监理人对安全施工监督管理所承担的职责。

①协助建设单位对施工承包人安全资质、安全保证体系、安全施工技术措施、安全操作规程、安全度汛措施等进行审批，并监督检查实施情况。

②负责施工现场的安全生产监督管理工作，参与协调和处理施工过程中急需解决的安全问题，并监督施工承包人落实必要的安全施工技术措施。

③当施工承包人安全生产严重失控时，建议建设单位下令进行停工整改。

④协助对各类安全事故的调查处理工作，定期向建设单位报告安全生产情况。

二、安全生产保证措施

施工安全生产管理就是对工程项目实施中一切可能出现的或已经出现的情况(不安全问题)进行指挥、组织、协调和控制,从技术上、经济上、管理上采取有效措施预防和消除各类施工险情与事故隐患,最大程度地降低损失,保证从事施工生产各类人员的生命安全,不造成人身伤亡和财产损失事故,减少施工中人员、机械、材料和环境等方面的隐患,以实现安全生产的目的。

本工程地质条件复杂,工程内容多,必然存在安全隐患。必须按照"安全第一,预防为主,综合治理"的指导思想,建立健全安全生产责任制,强化安全生产管理,真正做到"警钟长鸣,常抓不懈",把安全生产管理措施贯彻落实到整个施工过程中。

(一)安全生产管理体系、措施

根据本工程的特点,在施工过程中容易发生安全事故的潜在因素很多,应着重注意几点:

基坑开挖支护、泵站开挖支护、临边防护、脚手架搭设、施工车辆的交通安全、用电安全、吊装安全、机械安全等。

在施工过程中,应针对潜在的安全事故因素,采取得力措施,以保证从事施工生产各类人员的生命安全,不造成人身伤亡和财产损失事故,减少施工中人员、机械、材料、技术和环境等方面的隐患,以实现安全生产的目的。

施工过程中,安全监理包括以下工作。

1. 在施工准备阶段安全监理工作

制定安全监理工作文件,建立和完善内部安全生产监理规章制度、岗位责任制,规范安全监理规划、监理实施细则、施工现场安全例会等。

在审查勘察、设计文件时,发现不满足有关法律、法规、强制性标准的规定,或存在较大施工安全隐患时,应及时向建设单位、施工承包人提出。

审查总包单位、专业分包和劳务分包单位资质、安全生产许可证。

审查施工现场项目负责人、专职安全员及电工、焊工、脚手架工、起重机械工、吊车司机及指挥人员、爆破工等特种作业人员的从业资格。

审查施工承包人编制的施工组织设计、专项安全施工方案等。

检查施工承包人是否制定确保安全生产的各项规章制度和安全监管机构的设置及专职安全人员的配备情况,以及建立岗位责任制的情况。

检查施工承包人是否针对施工现场实际制定应急救援预案、建立应急救援体系。

检查施工承包人拟投入施工使用的大型施工机械的检测检验、验收、备案手续。

2. 单独编制危险性较大工程安全监理实施办法

危险性较大工程包括:

(1)基坑支护与降水工程。

(2)土方开挖工程。

(3)模板工程。各类工具式模板工程,包括滑模、爬模、大模板等,水平混凝土构件模板支撑系统及特殊结构模板工程。

(4)施工现场临时用电。

（5）起重机械、整体提升脚手架安装、拆除工作。

（6）起重吊装工程。

（7）脚手架工程：高度超过 24 m 的落地式钢管脚手架；附着式升降脚手架，包括整体提升与分片式提升；悬挑式脚手架；门型脚手架；吊篮脚手架；卸料平台。

（8）爆破工程。

（9）其他危险性较大的工程。

3.督促施工承包人按照专家组意见完善施工方案

开挖深度超过 5 m（含 5 m）或深度虽未超过 5 m（含 5 m），但地质条件和周围环境及地下管线极其复杂的深基坑工程。

水平混凝土构件模板支撑系统高度超过 5 m，或跨度超过 18 m，施工总荷载大于 10 kN/m²，或集中线荷载大于 15 kN/m 的模板支撑系统。

土石方工程。

施工安全难度较大的起重吊装工程。

其他危险性较大需要专家论证审查的工程。

4.安全保证体系

建立项目安全责任制，明确总监理工程师、各职能部门（或岗位）的责任范围和考核标准。

总监理工程师参加工程安全生产委员会，这是安全管理的高层机构，由参建各方和有关部门的主要领导组成，负责安全生产工作的领导、监督与协调。

在监理机构内部建立以总监理工程师为第一责任人，各专责、兼职监理工程师参加的三级安全生产监督管理体系，实行全方位、全过程的安全监督管理体制。安全生产监理组织保证体系和现场安全管理网络见图 5-1-1～图 5-1-4。

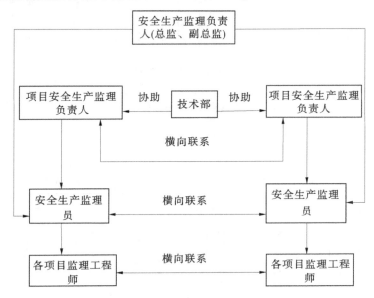

图 5-1-1　安全生产监理组织保证体系框图

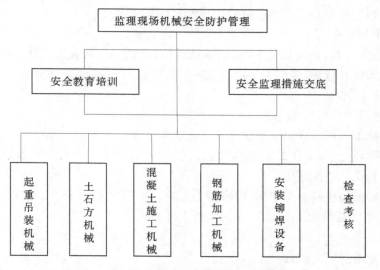

图 5-1-2　监理现场机械安全防护管理网络

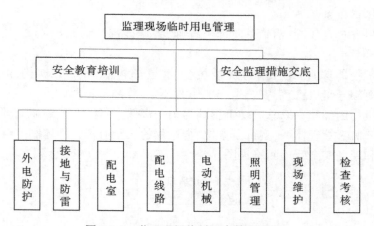

图 5-1-3　监理现场临时用电管理网络

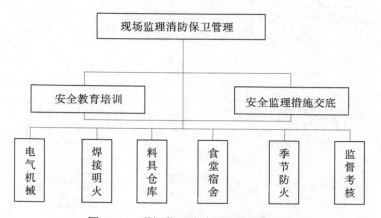

图 5-1-4　现场监理消防保卫管理网络

5. 文件签署

编制的项目监理规划、监理实施细则、监理工程师通知单,包括工作程序、工作制度和有关措施等监理文件必须由监理工程师按照规定签字。

6. 在施工过程中的安全监理工作

监督施工承包人按照国家有关法律法规、工程建设安全技术标准和已经通过审查批准的施工组织设计及专项安全施工方案组织施工。

对施工现场安全生产情况进行巡视检查,检查施工承包人各项安全措施的具体落实情况。对易发生事故的关键部位和关键工序、重点部位和环节实施旁站监理。对临时用电、脚手架、模板、起重机械等其他需要安全技术验收的工程实施平行检验。对于不符合安全技术规范,违反强制性标准,并存在事故隐患的行为,应当立即下发《监理工程师通知单》,要求施工承包人限期整改。情况严重,危及作业人员人身安全的,由总监理工程师下达暂时停工令并报告建设单位;施工承包人拒不整改的,应及时向工程所在地建设行政主管部门(安全监督机构)报告。

督促施工承包人进行安全自查(班组检查、项目部检查、公司检查);参加施工现场的安全生产检查;定期或不定期抽查施工人员持证上岗情况。

审核施工现场大型施工机械使用登记备案情况。对未按照规定执行的,总监理工程师应当下达暂停使用指令,责令施工承包人整改,并报告建设单位。施工承包人拒不整改的,应当及时向工程所在地建设行政主管部门(安全监督机构)报告。

检查施工承包人安全文明措施费的使用情况,检查施工承包人对大型施工机械维护保养、检测检验、验收情况。督促施工承包人按规定投入、使用安全文明施工措施费。对未按照规定使用安全文明施工措施费用的,总监不予签认,并向建设单位报告。

发生重大安全事故或突发性事件时,应当立即下达暂时停工令,并督促施工承包人立即向当地建设行政主管部门安全监督机构和有关部门报告,积极配合有关部门、单位做好应急救援和现场保护工作;协助有关部门对事故进行调查分析;督促施工承包人按照"四不放过"原则对事故进行调查处理。

7. 建立和规范安全监理全过程资料

建立严格的安全监理资料管理制度,规范资料管理工作;工程竣工后应将安全监理资料立卷归档。

安全监理资料必须真实、完整,能够反映依法履行安全监理职责的全貌。在实施安全监理过程中,应当以文字材料作为传递、反馈、记录各类信息的凭证。

监理人员应在监理日志中记录当天施工现场安全生产监理工作情况。总监理工程师应定期审阅监理日志。

监理月报应包含安全监理内容,对当月施工现场的安全施工状况和安全监理工作做出评述,报建设单位。必要时,应当报工程所在地建设行政主管部门(安全监督机构)。

使用音像资料记录施工现场安全生产重要情况和施工安全隐患,并摘要载入安全监理月报。

表 5-1-1　安全管理考核情况

工作内容	行为主体	工作时限	考核标准
施工方案报审	施工承包人提交报审表	提前 15 天报审	规范、合同、补充协议、《建设工程安全生产管理条例》
	监理人审查、批示	3 天内审批完	
现场安全巡视	监理人检查安全隐患	随时	规范、合同、补充协议、《建设工程安全生产管理条例》
	施工承包人整改隐患	随时	
安全事故处理	施工承包人启动应急救援预案,上报有关部门	事故发生后,立刻执行	规范、合同、补充协议、《建设工程安全生产管理条例》
	监理人督促施工承包人救援并配合施工承包人保护现场,做好有关取证工作	事故发生后,立刻执行	

(二)安全生产监督措施

(1)贯彻执行"安全第一,预防为主,综合治理"的方针,监督施工承包人认真执行国家现行有关安全生产的法律、法规,建设行政主管部门有关安全生产的规章和标准。

(2)督促施工承包人落实安全生产组织保护体系,建立健全安全生产责任制。

(3)审查施工方案及安全技术措施。

(4)督促施工承包人对施工人员进行安全生产教育及分部、分项工程的安全技术交底。

(5)检查并督促施工承包人按照建筑施工安全技术标准和规范要求,落实分部、分项工程或各工序、关键部位的安全防护措施。

(6)督促检查施工承包人现场消防、冬季防寒、夏季防暑、文明施工、卫生防疫等项工作。

(7)不定期地组织安全综合检查,按《建筑施工安全检查评分标准》进行评价,提出处理建议并限期整改。

(8)发现违章作业的要责令其停止作业,发现隐患要责令其停工整顿。

(三)施工准备阶段的安全监理

(1)在工程开工前,施工承包人应向建设单位、监理人上报的有关安全生产的文件包括:

①安全资质及证明文件(含分包单位)。

②安全生产保证体系。

③安全管理组织机构及安全专业人员配备。

④安全生产管理制度、安全检查制度、安全生产责任制。

⑤安全施工组织设计、专项安全生产技术措施、安全度汛措施、安全操作规程。

⑥主要施工机械设备等技术性能及安全条件。

⑦特种作业人员资质证明。

⑧职业安全教育、培训记录,安全技术交底记录。

(2)根据施工承包人上报的有关文件,监理人配合施工承包人进行审查,经检查并具备以下条件后才能开工：

施工承包人(含包分单位)安全资质应符合有关法律、法规及工程施工合同的规定，并建立、健全施工安全保证体系。

建立相应的安全生产组织管理机构，并配备各级安全管理人员，建立各项安全生产管理制度、安全生产责任制。

编制实施性安全施工组织设计，编制并落实专项安全措施、安全度汛措施和防护措施。

检查开工时所必需的施工机械、材料和主要人员是否到达现场，是否处于安全状态，施工现场的安全设施是否已经到位，避免不符合要求的安全设施和设备进入施工现场，造成人员伤亡事故。

特种作业人员必须具备相应的资质及上岗证。

对所有从事管理和生产的人员施工前应进行全面的安全教育，重点对专职安全员、班组长和从事特殊作业的操作人员进行培训教育，加强职业安全意识。

分部工程开工前应严格执行安全技术交底制度。

在施工开始之前，应了解现场的施工环境、人为障碍等因素，以便掌握有关资料，及时提出防御措施。

掌握新技术、新材料的施工工艺和技术标准，在施工前对作业人员进行相应的培训、教育。

(四)施工阶段的安全监理

施工过程中，施工承包人应贯彻执行"安全第一，预防为主，综合治理"的方针，严格执行国家现行有关安全生产的法律、法规，建设行政主管部门有关安全生产的规章和标准，建设单位有关安全生产的规定和有关安全生产的过程文件。

施工过程中应确保安全保证体系正常运转，全面落实各项安全管理制度、安全生产责任制。

全面落实各项安全生产技术措施及安全防护措施，认真执行各项安全技术操作规程，确保人员、机械设备及工程安全。

认真执行安全检查制度，加强现场监督与检查，专职安全人员应每天进行巡视检查，安全监察部每旬进行一次全面检查，视工程情况在施工准备前、施工危险性大、季节性变化、节假日前后等组织专项检查，对检查中发现的问题，按照"三不放过"的原则制定整改措施，限期整改和验收。

施工承包人接受监理人和建设单位的安全监督管理工作，积极配合监理人和建设单位组织的安全检查活动。

安全监理人员对施工现场及各工序安全情况进行跟踪监督、检查，发现违章作业及安全隐患应要求施工承包人及时进行整改。

加强安全生产的日常管理工作，并于每月 25 日将承包项目的安全情况以安全月报的形式报送监理人和建设单位。

按要求及时提交各阶段工程安全检查报告。

组织或协助对安全事故的调查处理工作，按要求及时提交事故调查报告。

1. 安全防护用品

监理机构检查施工现场的安全防护用品应符合下列规定：

(1)施工生产使用的安全防护用品如安全帽、安全带、安全网等,应符合国家规定的质量标准,具有厂家安全生产许可证、产品合格证和安全鉴定合格证,否则不应采购、发放和使用。

(2)安全防护用品应按规定要求正确使用,不应使用超过使用期限的安全防护用具,常用安全防护用具应经常检查和定期试验,其检查、试验的要求和周期应符合有关规定。

(3)安全防护用具,严禁作其他工具使用,并应妥善保管,安全帽、安全带等应放在空气流通、干燥处。

(4)高处临空作业应按规定架设安全网,作业人员使用的安全带应挂在牢固的物体上或可靠的安全绳上,安全带严禁低挂高用。

(5)在有毒有害气体可能泄漏的作业场所,应配置必要的防毒护具,以备急用,并应及时检查、维护、更换,保证其始终处在良好的待用状态。

(6)特种作业人员及特殊区域如接触粉尘、噪声等作业人员应根据工作条件选用适当的安全用具和安全防护用品。

2. 临时用电

监理机构应对施工现场的临时用电设施进行检查,包括下列内容。

1)施工现场施工变电所(配电室)

施工现场施工变电所(配电室)应符合下列规定：

施工变电所(配电室)应选择在靠近电源、无灰尘、无蒸汽、无腐蚀介质、无振动的地方,能自然通风并采取防雨雪和动物的措施。

施工变电所周围设有高度不低于 2 m 的实体围墙或围栏,围栏上端与垂直上方带电部分的净距,不得小于 1 m。

设有避雷装置,接地电阻不大于 10 Ω,成列的配电屏(盘)和控制屏(台)两端应与重复接地线及保护零线做电气连接。

设有排水沟、槽等设施,其坡度不应小于 5%。

室内配电屏(盘)正面的操作通道宽度,单列布置应不小于 1.5 m,双列布置应不小于 2 m,侧面的维护通道宽度应不小于 1 m,盘后的维护通道应不小于 0.8 m,室外配电装置区设有巡视小道。

通往室外的门外开,并配锁。

高压电气设备设有高度不低于 1.7 m、网孔不大于 40 mm×40 mm 的栅栏,并有安全警告标志。

室内设值班或检修室时,距电屏(盘)的水平距离应大于 1 m,并采取屏障隔离。

室内的裸母线与地面垂直距离小于 2.5 m 时,应采用遮栏隔离,遮栏下面通行道的高度不低于 1.9 m。

室内配电装置的上端距天棚应不小于 0.5 m。

母线均应涂刷有色油漆(以屏、盘的正面方向为准),油漆颜色应符合要求。

施工变电所(配电室)的建筑物和构筑物的耐火等级应不低于 3 级,室内应配置沙箱和适宜于扑救电气类火灾的灭火器。

施工变电所(配电室)应配置相应高压操作安全工具。

2)施工现场变压器的安装使用

检查施工现场变压器的安装使用应符合下列规定:

施工使用的 10 kV 及以下变压器装于地面时,应设有不低于 0.5 m 的平台,平台的周围应装设栅栏和带锁的门,栅栏高度不低于 1.7 m,栅栏与变压器外廓的距离不得小于 1 m,杆件结构平台上变压器安装的高度应不低于 2.5 m,并挂"止步,高压危险!"的警示标志。变压器的引线应采用绝缘导线。

采用柱式安装,底部距地面不应小于 2.5 m。

外壳接地电阻不大于 4 Ω。

变压器运行中应定期进行检查。

3)施工现场的配电箱、开关箱等安装使用

检查施工现场的配电箱、开关箱等安装使用应符合下列规定:

配电箱、开关箱及漏电保护开关的配置应实行"三级配电,两级保护",应严格执行"一机一箱一闸一漏"的配电原则,必须安装漏电保护器。

配电箱、开关箱内的工作零线应通过接线端子板连接,并应与保护零线接线端子板分设。金属箱体、金属电器安装板以及箱内电器不应带电的金属底座、外壳等应保护接零,保护零线应通过接线端子板连接。

配电箱、开关箱应采用铁板或优质绝缘材料制作,安装于坚固的支架上,固定式配电箱、开关箱的下底与地面的垂直距离应大于 0.3 m、小于 1.5 m,移动式分配电箱、开关箱的下底与地面的垂直距离宜大于 0.6 m、小于 1.5 m。

配电箱与开关箱的距离不得超过 30 m,开关箱与其控制的固定式用电设备的水平距离不宜超过 3 m。

4)配电箱、开关箱内的开关电器(含插座)

配电箱、开关箱内的开关电器(含插座)应选用合格产品,并按其规定的位置安装在电器安装板上,不得歪斜和松动。箱内的连接线应采用绝缘导线,接头不得松动,不得有外露带电部分。

配电箱、开关箱应装设在干燥、通风及常温场所,设置防雨、防尘和防砸设施。不应装设在有瓦斯、烟气、蒸汽、液体及其他有害介质环境中,不应装设在易受外来固体物撞击、强烈振动、液体浸溅及热源烘烤的场所。

配电箱、开关箱周围应有足够 2 人同时工作的空间和通道,不得堆放妨碍操作、维修的物品,不得有灌木、杂草。

5)施工用电线路架设使用

施工用电线路架设使用应符合下列规定:

施工供电线路应架空敷设,其高度不得低于 5 m,并满足电压等级的安全要求。

架空线应设在专用电杆上,宜采用混凝土杆或木杆,混凝土杆不得有露筋、环向裂纹和扭曲,木杆不得腐朽,其梢径应不小于 130 mm。

电杆埋设深度宜为杆长的 1/10 加 0.6 m,但在松软土质处应适当加大埋设深度或采用卡盘等加固。

拉线宜用镀锌铁线,其截面不得小于 φ 4×3,拉线与电杆的夹角应为 45°～30°。拉线埋设深度不得小于 1 m,钢筋混凝土杆上的拉线应在高于地面 2.5 m 处装设,拉紧绝缘子。

因受地形环境限制不能装设拉线时,宜采用撑杆代替拉线,撑杆埋深不得小于 0.8 m,其底部应垫底盘或石块,撑杆与主杆的夹角宜为 30°。

配电干线电缆可采用埋地敷设,敷设深度不应小于 0.6 m,并应在电缆上下铺设 0.3 m 厚的细砂保护层。埋设电缆线路应设明显标志。

线路穿越道路或易受机械损伤的场所时必须设有套管防护,管内不得有接头,其管口应密封。

在构筑物、脚手架上安装用电线路,必须设有专用的横担与绝缘子等。

作业面的用电线路高度不低于 2.5 m。

大型移动设备或设施的供电电缆必须设有电缆绞盘,拖拉电缆人员必须佩戴个体防护用具。

井、洞内敷设的用电线路应采用横担与绝缘子沿井(洞)壁固定。

架空线导线应采用绝缘铜线或绝缘铝线,截面的选择应满足用电负荷和机械强度要求。接户线在挡距内不得有接头,进线处离地高度不得小于 2.5 m;接户线最小截面面积和接户线线间及与邻近线路间的距离应符合相关规定。

跨越铁路、公路、河流、电力线路挡距内的架空绝缘线铝线截面面积不小于 25 mm²。

架空线路与邻近线路或设施的距离应符合相关规定。

6)施工现场或车间内的变配电装置

施工现场或车间内的变配电装置均应设置遮拦或栅栏屏护,并符合下列规定:

高压设备屏护高度不应低于 1.7 m,下部边缘离地高度不应大于 0.1 m。

低压设备室外屏护高度不应低于 1.5 m,室内屏护高度不应低于 1.2 m,屏护下部边缘离地高度不应大于 0.2 m。

遮拦网孔不应大于 40 mm×40 mm,栅栏条间距不应大于 0.2 m。

3. 高空作业

检查施工现场高处作业应符合下列规定:

(1)高空作业面(如坝顶、屋顶、原料平台、工作平台等)的临空边沿,必须设置安全防护栏杆及挡脚板。

(2)为作业人员提供安全带、安全绳,并将安全绳高挂在牢固处。

(3)为作业人员设置可靠的立足点,或在作业面下方设置水平安全网。

(4)安全带、安全绳以及吊篮、吊笼、平台等器具,必须在购置时经过试验,被鉴定为合格品方可投入使用。

(5)承包人进行高处作业前,应检查安全技术措施和人身防护用具落实情况;凡患高血压、心脏病、贫血病、癫痫病以及其他不适于高空作业的,不得从事高空作业。

(6)有坠落可能的物件应固定牢固,无法固定的应放置在安全处或先行清除;高处作业时应安排专人进行监护。

(7)遇有 6 级及以上大风或恶劣气候时,应停止露天高处作业;雨天和雪天进行高处作业时,必须采取可靠的防滑、防寒和防冻措施。

4. 基坑支护与降水工程

施工现场的基坑支护与降水工程应符合下列规定。

1)临边防护

深度超过 2 m 的基坑施工,必须进行临边防护。

临边防护栏杆离基坑边口的距离不得小于 50 cm。

2)坑壁支护

坑槽开挖时设置的边坡应符合安全要求。

坑壁支护的做法以及对重要地下管线的加固措施必须符合专项施工方案和基坑支护结构设计方案的要求。

支护设施产生局部变形,应会同设计人员提出方案并及时采取相应措施进行调整加固。

3)排水措施

基坑施工应根据施工方案设置有效的排水、降水措施。

深基坑施工采用坑外降水的,必须有防止临近建筑物危险沉降的措施。

5. 高边坡安全控制

1)总则

为加强对高边坡施工作业的安全监督管理,严格执行《水利水电工程施工通用安全技术规程》(SL 398—2007)的规定,防止发生人身、机械设备及工程安全事故。

现场监理工程师应根据本规定的监督管理要点,检查、督促施工承包人做好高边坡作业的安全管理工作。

2)一般原则

开工前,施工承包人根据工程特点制定行之有效的安全措施,报监理及建设单位批准后实施。

高边坡施工期间,应建立一套科学完善的边坡安全监理体系,定期进行内外部观测,用观测资料指导施工。

边坡应自上而下逐层开挖,严禁采取自下而上的开挖方式,并及时支护,在边坡架设防护墙等安全措施。

边坡所有暴露的岩石根据需要及时进行喷护处理,易风化瓦解的土层开挖后及时进行支护。

在开挖边坡上部及时挖截水沟,防止水流冲刷边坡。

高边坡施工时,应仔细检查边坡稳定性,所有危岩或不稳定块体均应及时进行撬挖、清理、支护等处理。

高边坡施工时,应设置专门的安全警戒人员,发现不安全因素,及时报警并进行处理。

各项防护措施必须落实到位,确保机械设备、材料、施工通道等处于良好的安全状态,凡不符合安全要求的,应及时进行停工整顿。

加强施工人员安全教育,熟悉有关高空及高边坡作业的安全操作规程,定期进行高边坡及高空作业人员身体检查。

6. 土石方开挖工程

1）总则

为加强对施工现场大型土石方工程施工的安全监督管理，严格执行《水利水电工程施工通用安全技术规程》(SL 398—2007)的规定。

监理工程师应根据规定的监督管理要点检查，督促施工承包人做好大型土石方工程作业的安全管理工作。

2）一般原则

施工承包人在进行大型土石方工程施工时，应认真贯彻执行国家颁布的劳动保护法令和工业卫生标准，不断改善劳动条件，保护劳动者在生产中的安全和健康。开工前，施工承包人应按照施工组织设计确定的施工方案、方法和总平面布置图制定行之有效的安全技术措施，并逐级向施工人员交底，确保实施。

施工中应加强技术管理，严格控制施工质量，合理组织施工程序，采取安全措施，防止事故发生。

对整个施工期的地质工作应足够重视。在开挖过程中，当岩体壁面裸露后，当发现与原设计所依据的地质条件有较大差别，或未能预见不良地质现象危及人身安全时，则应及时做出明确判断，采取果断的施工措施，以防止发生事故。

在开挖区域内，若发现有不能辨认的物品、地下埋设物、古物等，均不得任意拆毁或移动，应立即报告有关单位处理后方可继续施工。

在高边坡、滑坡体、洞挖及重要构筑物附近进行开挖时，应加强安全检测措施。

在有瓦斯地区作业时，应严格按照煤矿有关规程执行。

合理地布置出渣路线和弃渣堆放地点，并应做到不妨碍其他工程的施工，施工排水顺畅，不影响后续施工和本身的施工安全。

在大风、大雨和照明不足的情况下，禁止在边坡上工作，更不得在危险的边坡、峭壁处休息。

3）土方作业安全监督管理要点

严禁使用掏根发底挖土或将坡面挖成反坡，以免塌方造成事故。若土坡上发现有浮石或其他松动突出的危石，应通知下面的作业人员离开，立即进行处理。发现边坡有不稳定现象时，应立即进行安全检查和处理。

对已开挖的地段，严禁顺土坡面流水，必要时坡顶应设截水沟排水，以防渗漏或冲毁边坡，造成坍塌。

在开挖过程中，发现有地下水时，应设法将水排除后再进行开挖。根据土质和填挖深度等情况，设计安全边坡及马道，未经设计部门同意，不得任意修改边坡坡度。当在边坡高于 3 m、陡于 1:1 的坡上工作时，须挂安全绳，在湿润的斜坡上工作，应有防滑措施。

施工地区受其他条件限制，不能按规定放坡时，应采取固壁支撑措施。雨后、春溶、解冻以及处于爆破区放炮后，均应对支撑进行认真检查，发现问题，及时处理。

大型机械挖土时，应对机械停放地点、行走路线、运土方式、挖土分层、电源架设等制定施工方案并进行安全施工交底工作。

采用特殊方法进行土方开挖,应制定相应的施工措施并进行安全施工交底,作业过程中应有人员进行安全监护。

4)施工现场土石方开挖工程

施工现场土石方开挖工程应符合下列规定。

(1)土石方明挖施工应符合以下要求:

作业区应有足够的设备运行场地和施工人员通道。

悬崖、陡坡、陡坎边缘应有防护围栏或明显警告标志。

施工机械设备颜色鲜明,灯光、制动、作业信号、警示装置齐全可靠。

凿岩钻孔宜采用湿式作业,若采用干式作业,必须有捕尘装置。

供钻孔用的脚手架,必须设置牢固的栏杆,开钻部位的脚手板必须铺满绑牢,架子结构应符合有关规定。

在高边坡、滑坡体、基坑、深槽及重要建筑物附近开挖,应有相应可靠的防止坍塌的安全防护和监测措施。

在土质疏松或较深的沟、槽、坑、穴作业时,应设置可靠的挡土护栏或固壁支撑。

(2)坡高大于 5 m、小于 100 m,坡度大于 45°的低、中、高边坡和深基坑开挖作业,应符合以下规定:

清除设计边线外 5 m 范围内的浮石、杂物。

修筑坡顶截水天沟。

坡顶应设置安全防护栏或防护网,防护栏高度不得低于 2 m,护栏材料宜采用硬杂圆木或竹跳板,圆木直径不得小于 10 cm。

坡面每下降一层台阶应进行一次清坡,对不良地质构造应采取有效的防护措施。

坡高大于 100 m 的超高边坡和坡高大于 300 m 的特高边坡作业,还应符合以下规定:

边坡开挖爆破时应做好人员撤离及设备防护工作。

边坡开挖爆破完成 20 min 后,由专业炮工进入爆破现场进行爆后检查,若存在哑炮及时处理。

在边坡开挖面上设置人行及材料运输专用通道,在每层马道或栈桥外侧设置安全栏杆,并布设防护网以及挡板。安全栏杆高度要达到 2 m 以上,采用竹夹板或木板将马道外缘或底板封闭。施工平台应专门设置安全防护围栏。

在开挖边坡底部进行预裂孔施工时,应用竹夹板或木板做好上下立体防护。

边坡各层施工部位移动式管、线应避免交叉布置。

边坡施工排架在搭设及拆除前,应详细进行技术交底和安全交底。

边坡开挖、甩渣、钻孔产生的粉尘浓度按相关规定进行控制。

7.上下游段施工安全控制

1)安全监理的主要工作内容

审查施工承包人项目安全保证体系,在组织领导、人员配置、岗位责任、管理制度等方面督促健全和落实;审查施工承包人施工组织设计中安全施工的规划与措施内容;检查施工承包人在开工前是否进行安全技术交底,不进行安全技术交底的不予审批开工报告,督促施工承包人定期组织安全生产学习培训,提高施工作业人员的安全意识和安全知识。

督促施工承包人落实安全生产管理机构,严格执行安全生产规章制度及操作规程,要求施工承包人专职安全员对施工现场的安全生产"纵向到底、横向到边",实施全员、全过程、全方位、全天候的动态监控管理。

对施工危险性大、技术难度高、事故多发易发的分项工程和临时设施工程,要求施工承包人编制专项施工技术方案,并进行相关的力学计算。超过一定规模的危险性较大的分部分项工程的专项方案,应检查施工承包人组织专家进行论证、审查的情况,以及是否附具安全验算结果。监督施工承包人加强特种作业人员的管理,所有特种作业人员包括电工、焊工、起重吊装工等,均必须持证上岗;无证人员不得上岗。对电工、起重工、信号工、电焊工等特种作业人员的持证上岗情况进行动态跟踪管理。

要求施工承包人认真落实安全防护措施,注重安全防护用品的投资,对施工安全生产所需的各种安全设施,在资金上予以充分保证。对安全帽、气体检测仪器、通风设备、安全绳、长管呼吸器等安全防护用品的配备进行检查,确保防护用品投入到位。监理工程师应采取巡视、旁站以及专题会议等手段,检查督促施工承包人安全措施的落实情况,及时制止违章作业,消除安全隐患。对现场开挖沟槽围护、安全防护用品配备及使用、施工降排水、沟槽坡度、槽边堆载、有限空间作业等方面进行巡视和旁站。

2)安全监理要点

在工程施工前,监理机构首先应当理解施工图纸,例如明渠和暗涵的结构断面尺寸、地基埋深等,以此初步推定后续施工中可能采取的施工工艺以及面临的安全风险。其次,监理机构应当对施工现场周边环境进行充分调查,包括地下管线的分布情况、地上杆线的分布情况、周边构筑物与渠道开挖线的距离、渠道及暗涵施工对周边通行的影响等。最后,监理机构应当在上述工作的基础上,制定详细的安全监理的重点、措施以及方法。有针对性地对地下管线保护、高压线下施工安全监护、有限空间作业、交通组织等安全风险较大的因素进行重点监控。

8.闸室段主体施工安全控制

1)审核施工承包人安全技术措施或专项施工方案

基坑开挖支护:地上障碍物的防护措施是否齐全完整;地下隐蔽物的保护措施足否齐全完整;相邻构筑物的保护措施是否齐全完整;场区的排水防洪措施是否齐全完整;基坑开挖时的施工组织及施工机械的安全生产措施是否齐全完整;基坑边坡的稳定支护措施和计算书是否齐全完整;基坑四周的安全防护措施是否齐全完整。

脚手架:脚手架设计方案是否齐全、完整、可行,脚手架设计验算书是否正确、齐全、完整,脚手架施工方案及验收方案是否齐全、完整,脚手架使用安全措施是否齐全、完整;脚手架拆除方案是否齐全、完整。

模板施工:模板结构设计计算书的荷载取值是否符合工程实际,计算方法是否正确;模板设计应包括支撑系统自身及支撑模板承受能力的强度等;模板设计图包括结构构件大样及支撑系统体系、连接件等的设计是否安全合理,图纸是否齐全;模板施工中安全措施是否周全。

高空作业:临边作业的防护措施是否齐全、完整,洞口作业的防护措施是否齐全、完整,悬空作业的安全防护措施是否齐全、完整。

交叉作业:交叉作业时的安全防护措施是否齐全、完整;安全防护棚(通道)的设置是否合理,并满足安全要求;安全防护棚(通道)的搭设方案是否完整、齐全。

塔式起重机:地基与基础工程施工是否能满足使用安全和设计需要;起重机拆装的安全措施是否齐全、完整;起重机使用过程中的检查维修方案是否齐全、完整;起重机驾驶员的安全教育计划和班前检查制度是否齐全;起重机的安全使用制度是否健全。

临时用电:电源的进线、总配电箱的装设位置和线路走向是否合理;施工用电负荷计算是否准确,是否满足安全生产的需要;选择的导线截面和电气设备的类型规格是否匹配;电气平面图、接线系统图是否正确、完整;施工用电是否采用 TN-S 接零保护系统;是否实行"一机一闸一漏"制,是否满足分级分段漏电保护;照明用电措施是否满足安全要求。

2) 现场安全施工监理控制要点

现场安全管理:现场安全首先应建立总包单位专职管理,应在施工组织设计中明确,设立现场安全保卫的专职岗位及人员。监理方将督促检查总包单位安全责任制的落实情况,进行经常性教育、安全技术交底、安全纪律检查、安全标志、安全标语宣传和现场道路畅通等检查工作。

安全用具:督促检查安全帽、安全带、安全网是否齐全。

"六口"防护:台阶口、电梯口、预留洞口、出入通道口、井字架进料出人口,防护措施是否及时和可靠。

临边防护:施工卸料台周边、斜道周边等是否有防护措施。

脚手架:符合施工作业标准,牢固可靠。

龙门架、井架、塔吊等:塔吊的避雷接地、缆风绳、锚固保险可靠。检查塔吊安装就位情况,塔吊就位后,应由法定检测单位提供认可检测报告。

基坑支护、降水:检查基坑土方是否严格按设计工况施工,"开槽支撑、先撑后挖、分层开挖、严禁超挖"的原则是否得以贯彻,检查土方开挖方案及落实情况,检查支护结构、降水施工情况,密切观察监测支护结构和周边环境的影响,若有异常及时处理。

9. 模板工程

模板工程应符合下列规定:

(1)木模板加工厂(车间)应采取相应的安全防火措施,并符合以下要求:

车间厂房与原材料储堆之间应留不小于 10 m 的安全距离。

储堆之间应设有路宽不小于 3.5 m 的消防车道,进出口畅通。

车间内设备与设备之间、设备与墙壁等障碍物之间的距离不得小于 2 m。

设有水源可靠的消防栓,车间内配有适量的灭火器。

场区入口、加工车间及重要部位应设有醒目的"严禁烟火"警告标志。

加工厂内配置不少于 2 台泡沫灭火器、0.5 m³ 沙池、10 m³ 水池和消防桶,消防器材不应挪作他用。

木材烘干炉池建在指定位置,远离火源,并安排专人值班、监督。

(2)木材加工机械安装运行应符合以下规定:

每台设备均装有事故紧急停机单独开关,开关与设备的距离应不大于 5 m,并设有明显的标志。

刨车的两端应设有高度不低于 0.5 m、宽度不少于轨道宽 2 倍的木质防护栏杆。

应配备有锯片防护罩、排屑罩、皮带防护罩等安全防护装置,锯片防护罩底部与工件的间距不应大于 20 mm,在机床停止工作时防护罩应全部遮盖住锯片。

锯片后离齿 10~15 mm 处安装齿形楔刀。

电刨子的防护罩不得小于刨刀宽度。

应配备足够供作业人员使用的防尘口罩和降噪耳塞。

(3)大型模板加工与安装应符合以下规定:

大型模板应有专用吊耳,应设有宽度不小于 0.4 m 的操作平台或走道,其临空边缘设有钢防护栏杆。

高处作业安装模板时,模板的临空面下方应悬挂水平宽度不小于 2 m 的安全网,配有足够的安全带、保险绳。

(4)模板拆除的安全防护应符合下列规定:

拆除高度在 5 m 以上的模板时,宜搭设脚手架,并设操作平台,不得上下在同一垂直面操作。

拆除模板应用长撬棒,拆除拼装模板时,操作人员不应站在正在拆除的模板上。

拆模时必须设置警戒区域,并派人监护。

拆模操作人员应采取佩戴安全带、保险绳双保险措施。安全带、保险绳不得系挂在正在拆除的模板上。

10.起重吊装工程

监理机构检查施工现场起重吊装工程应符合下列规定:

(1)各种起重机械必须经国家专业检验部门检验合格。

(2)机械运行空间内不得有障碍物、电力线路、建筑物和其他设施,空间边缘与建筑物或施工设施或山体的距离应不小于 2 m,与架空输电线路的距离应符合规定。

(3)起重机械设备移动轨道应符合以下规定:

距轨道终端 3 m 处应设置高度不小于行车轮半径的极限位移阻挡装置,设置警告。

轨道的外侧应设置宽度不小于 0.5 m 的走道,走道平整满铺,当走道为高处通道时,应设置防护栏杆。

轨道外侧应设置排水沟。

(4)起重机械安装运行应符合以下规定:

起重机械应配备荷载、变幅等指示装置和荷载、力矩、高度、行程等限位、限制及连锁装置。

操作司机室应防风、防雨、防晒、视线良好,地板铺有绝缘垫层。

设有专用起吊作业照明和运行操作警告灯光音响信号。

露天工作起重机械的电气设备应装有防雨罩。

吊钩、行走部分及设备四周应有警告标志和涂有警示色标。

(5)门式、塔式、桥式起重机械安装运行还应符合以下规定:

设有距轨道面不高于 10 mm 的扫轨板。

轨道及机上任何一点的接地电阻应不大于 4 Ω。

露天布置时,应有可靠的避雷装置,避雷接地电阻应不大于 30 Ω。

桥式起重机供电滑线应有鲜明的对比颜色和警示标志,扶梯、走道与滑线间和大车滑线端的端梁下应设有符合要求的防护板或防护网。

多层布置的桥式起重机,其下层起重机的滑线应沿全长设有防护板。

门式、塔式起重机应有可靠的电缆自动卷线装置。

门式、塔式起重机最高点及臂端应装有红色障碍指示灯和警告标志。

(6)轮胎式起重机械在公路上行走还应符合机动车辆有关标准的规定。

(7)使用桅杆式起重机、简易起重机械应符合以下要求:

按施工技术和设备要求进行设计安装使用。

安装地点应能看清起吊重物。

制动装置可靠且设有排绳器。

设有高度限制器或限位开关。

开关箱除应设置过负荷、短路、漏电保护装置外,还应设置隔断开关。

固定桅杆的缆风绳不得少于 4 根。

吊篮与平台的连接处应设有宽度不小于 0.5 m 的走道,边缘设有扶手和栏杆。

卷扬机应搭设操作棚。

(8)塔式、门式、桥式和缆索起重机等大型起重机械,在拆除前应根据施工情况和起重机特点,制定拆除施工技术方案和安全措施。大型起重机械的拆除应符合以下规定:

严格按照大型起重机械拆除方案规定的作业程序施工。

拆除现场周围应设有安全围栏或用色带隔离,并设置警告标志。

拆除空间与输电线路的最小距离应符合规定。

拆除工作范围内的设备及通道上方应设置防护棚。

设有防止在拆除过程中行走机构滑移的锁定装置。

不稳定的构件应设有缆风钢丝绳,缆风绳的安全系数不应小于 3.5,与地面夹角应为 30°~40°。

在高处空中拆除结构件时,应架设工作平台。

配有足够的安全绳、安全网等防护用品。

11. 脚手架工程

施工现场脚手架工程应符合下列规定:

(1)脚手架作业面高度超过 3 m 时,临边必须挂设水平安全网,还应在脚手架外侧挂密目式安全立网封闭,脚手架的水平安全网必须随建筑物升高而升高,安全网距离工作面的最大高度不得超过 3 m。

(2)钢管脚手架。

脚手架应根据施工荷载经设计计算确定,其中常规承载力不得小于 2.70 kPa,高度超过 25 m 和特殊部位使用的脚手架,必须专门设计,履行相关审批手续并进行技术交底后方可组织实施。应建立排架验收、使用和拆除等专项管理制度。

脚手架的钢管外径宜为 48.3 mm,厚度 3.6 mm,钢管扣件式脚手架的扣件应使用可锻铸铁和铸钢制造的扣件,其紧固力矩为 45~60 N·m,搭结长度应不小于 1 m、不少于 2

只扣件。钢管及扣件应有出厂合格证,不得有裂纹、气孔、砂眼、变形滑丝,钢管无锈蚀脱层、裂纹与严重凹陷。

脚手架应夯实基础,立杆下部加设垫板,在楼面或其他建筑物上搭设脚手架时,必须验算承重部位的结构强度。

脚手架的搭设要求为:立杆间距不大于 2 m,大横杆间距不大于 1.2 m,小横杆间距不大于 1.5 m,底脚扫地杆、水平横杆离地面距离不大于 30 cm。

脚手架各接点应连接可靠、拧紧,各杆件连接处互相伸出的端头长度应大于 10 cm,以防杆件滑脱,脚手架相邻立杆和上下相邻平杆的接头应相互错开,应置于不同的框架格内。

脚手架外侧及 2~3 道横杆应设剪刀撑,排架基础以上 12 m 范围内每排横杆均应设置剪刀撑。剪刀撑的斜杆与水平面的交角宜为 45°~60°,水平投影宽度不小于 2 跨或 4 m 和不大于 4 跨或 8 m。

脚手架与边坡相连处设置连墙杆,采用钢管横杆与预埋锚筋相连,每 18 m³ 宜设 1 个点,连墙杆竖向间距应不大于 4 m。锚筋深度、结构尺寸及连接方式应经计算确定。

扣件式钢管排架的搭接杆接头长度应不小于 1 m。钢管立杆、大横杆的接头应错开,搭接长度不小于 50 cm,承插式的管接头不得小于 8 cm,水平承插或接头应穿销,并用扣件连接,拧紧螺栓。

脚手架的两端、转角处以及每隔 6~7 根立杆,应设剪刀撑和支杆,剪刀撑和支杆与地面的角度应不大于 60°,支杆的底端应埋入地下不小于 30 cm。架子高度在 7 m 以上或无法设支杆时,竖向每隔 4 m、水平每隔 7 m,应使脚手架牢固地连接在建筑物上。

走道脚手架应铺牢固,临空面应有防护栏杆,并钉有挡脚板。斜坡板、跳板的坡度不应大于 1:3,宽度不应小于 1.5 m,防滑条的间距不应大于 0.3 m。

平台脚手板铺设应平稳、满铺,绑牢或钉牢,与墙面距离不应大于 20 cm,不应有空隙和探头板,脚手板搭接长度不得小于 20 cm;对头搭接时,应架设双排小横杆,其间距不大于 20 cm,不应在跨度间搭接,脚手架的拐弯处脚手板应交叉搭接。

(3)脚手架的拆除。

在拆除物坠落范围的外侧应设有安全围栏与醒目的安全标志,设置专人警戒,无关人员严禁逗留和通过。

脚手架拆除作业前,应将电气设备、其他管路和线路、机械设备等拆除或加以保护。

脚手架拆除时,应统一指挥,按顺序自上而下地进行,严禁上下层同时拆除或自下而上地进行,严禁用将整个脚手架推倒的方法进行拆除。拆下的材料,严禁往下抛掷,应用绳索捆牢,用滑车卷扬等方法慢慢放下,集中堆放在指定地点。

三级、特级高处作业及悬空高处作业使用的脚手架拆除时,应事先制定可靠的安全措施才能进行拆除。

对于施工安全风险较大的工程,应单独编制安全监理实施细则。按照《建设工程安全生产管理条例》的规定,实施细则具体应包含以下内容:

基坑支护工程是指开挖深度超过 5 m(含 5 m)的基坑(槽)并采用支护结构施工的工程;或基坑虽未超过 5 m,但地质条件和周围环境复杂、地下水位在坑底以上等工程。

土方开挖工程:土方开挖工程是指开挖深度超过 5 m(含 5 m)的基坑、槽的土方开挖。

模板工程:各类工具式模板工程,包括滑模、爬模、大模板等,水平混凝土构件模板支撑系统及特殊结构模板工。

起重吊装工程。

脚手架工程:整体提升与分片式提升,门型脚手架,挂脚手架,卸料平台。

拆除、爆破工程:采用人工、机械拆除或爆破拆除的工程。

其他危险性较大的工程。

对以上工程,监理单位应当根据专家组论证审查的意见完善安全监理实施细则,督促施工单位按照专家组意见完善施工方案,并予以审查签认。

监理单位在施工过程中的安全生产管理的监理工作:

监督施工单位按照国家有关法律法规、工程建设强制性标准和已经通过审查批准的专项安全施工方案组织施工。

对施工现场安全生产情况进行巡视检查,检查施工单位各项安全措施的具体落实情况。对易发生事故的重点部位和环节实施旁站监理。发现存在事故隐患的,应当要求施工单位立即进行整改;情况严重的,由总监理工程师下达暂时停工令并报告建设单位;施工单位拒不整改的,应及时向工程所在地建设行政主管部门(安全监督机构)报告。

督促施工单位进行安全自查工作(班组检查、项目部检查、公司检查)参加施工现场的安全生产检查;不定期抽查现场持证上岗情况。

检查施工现场使用的大型施工机械安全设施的验收备案情况,施工单位对大型施工机械的定期检查和维护保养情况等。对未按照规定进行检测检验、验收、备案,以及定期检查和维护保养的,总监理工程师应当下达暂停使用指令,责令施工单位整改,并报告建设单位,施工单位拒不整改的,应当及时报告工程所在地建设行政主管部门(安全监督机构)。

检查施工单位安全文明措施费的使用情况,督促施工单位按规定投入、使用安全文明施工措施费。对未按照规定使用安全文明施工措施费用的,总监不予以签认,应当向建设单位报告。

发生重大安全事故或突发性事件时,应当立即下达暂时停工令,并督促施工单位立即向当地建设行政主管部门(安全监督机构)和有关部门报告,并积极配合有关部门、单位做好应急救援和现场保护工作;协助有关部门对事故进行调查分析;督促施工单位按照"四不放过"原则对事故进行调查处理。

(五)施工用电安全控制

1.总则

(1)为了贯彻"安全第一,预防为主,综合治理"的安全生产方针,保障施工现场用电安全,防止触电事故发生,确保施工现场的安全生产。

(2)加强工程项目现场施工用电安全监督管理。

(3)施工现场用电中的有关技术问题应遵守现行的国家标准、规范或规程规定。

(4)现场监理工程师应根据本规定的监理监督管理要求,检查、督促施工承包人做好施工现场用电的安全管理工作。

2. 施工用电安全监督管理要点

1) 用电的施工组织设计

施工项目用电设备在 5 台及 5 台以上或设备总容量在 50 kW 及 50 kW 以上者,应编制相应的用电专项施工组织设计。

用电设备在 5 台以下和设备总容量在 50 kW 以下者,应制定安全用电技术措施和电气防火措施。

用电施工组织设计的内容和步骤应包括:

现场勘察。

确定电源进线、变电所、配电室、总配电箱、分配电箱等位置及线路走向。

进行负荷计算。

选择变压器容量、导线截面和电器的类型、规格。

绘制电气平面图、立面图和接线系统图。

制定安全用电技术措施和电气防火措施。

用电工程图纸必须单独绘制,并作为用电施工的依据。

用电施工组织必须由电气工程技术人员编制,技术负责人审核,经主管领导批准后实施。

2) 专业人员

安装、维修或拆除用电工程,必须由专职电工完成。电工必须持有效的特种作业人员安全操作证。电工等级应同工程难易程序和技术复杂性相适应。

各类用电人员应做到以下几点:

掌握安全用电基本知识和所用设备的性能。

使用设备前,必须按规定穿戴和配备好相适应的劳动防护用品和安全用具,并检查电气装置和保护设施是否完好,严禁设备带“病”运转;电工作业安全用具要定期检验,以保障适用性能可靠。

停用的设备必须拉闸断电,锁好开关箱。

负责保护所用设备的负荷线,保护零线和开关箱。发现问题,及时报告解决。

搬迁或移动用电设备,必须经电工切断电源并做妥善处理后进行。

3) 安全技术档案

施工现场用电必须建立安全技术档案,其内容应包括:

用电施工组织设计和安全技术措施和电气防火措施的全部资料。

修改用电施工组织设计及有关措施的资料。

图纸会审和技术交底资料。

用电工程检查验收表。

电气设备的试验、检验凭单和测试记录。

接地电阻测定记录表。

定期检(复)查表。

电工维修工作记录。

有关的电工作业票。

安全技术档案应由主管该现场的电气技术人员负责建立与管理,其中《电工维修工作记录》可指定电工代管,并于用电工拆除后统一归档。

用电工程的定期检查时间。施工现场每月不少于一次,值班电工的现场用电安全巡查每月1次。但每年不同季度来临前做有针对性的检查,例如:梅雨季节前、雷雨季节前、高温、严冬等季前。检查情况记录要保持完好。

检查工作应按分部、分项工程和不同作业面进行。对不安全因素,必须及时处理,并应履行复验手续。

4)用电安全的基本规定

现场施工用临时线路一般应架空,用固定瓷瓶绝缘。动力与照明线路要分开架设。在施工现场专用的中性点直接接地的电力线路中必须采用TIV-S接零保护系统。

施工现场所用电设备,除做保护接零外,必须在设备负荷线的首端处设置漏电保护装置。

配电系统应设置室内总配电屏和室外分配电箱,或设置室外总配电箱和分配电箱,实行三级配电、两级保护。动力配电箱与照明配电箱宜分别设置,如合置在同一配电箱内,动力和照明线路应分别设置。

配电屏(盘)内应装设有功、无功电度表,并应分路装设电流、电压表。还应装设短路、过负荷保护装置和漏电保护器。

严格实行"一机、一闸、一漏、一箱"。施工现场用于电动建筑机械或手持电动工具的开关箱内,除应装设过负荷、短路、漏电保护器外,还必须装隔离开关。开关箱均应有门可锁、能防雨。

现场变压器周边,必须设安全围栏,并有醒目的安全警示牌。配电室、动力配电箱、接线开关箱均应有明显的安全警示标识。

现场照明:照明专用回路应加装漏电保护器;灯具金属外壳做接零保护;室内线路及灯具安装高度低于2m应使用安全电压;潮湿作业场所、洞内、井下和手持照明灯必须使用安全电压;夜间施工时,作业场所和人员、车辆行走的道路、通道必须保障足够的照明。禁止通行或危险处应设红灯警示。

现场作业面使用的照明灯具、电动工具(如振捣器、电焊机等)的电源必须使用配备的电缆线,不得使用塑料线。

闸具、熔断器参数与设备容器应匹配,安装应固定,符合要求。严禁使用其他金属丝代替熔丝。

电气器材、物资、材料的采购和仓储:电器材、物资、材料的采购必须符合国家规定的质量标准。严禁购买无生产许可证和产品合格证的物资。仓储人员应加强对电气物资、器材的保管,防止受潮、污染、损坏。

5)外电防护检查要点

在建工程(含脚手架具)的外侧边缘与外电架空线路之间必须保持安全操作距离。最小安全操作不应小于表5-1-2所列数值。

表 5-1-2　在建工程外侧边缘与外电架空线路最小安全操作距离

外电线路电压/kV	1 以下	1~10	3~110	154~220	33~500
最小安全操作距离/m	4	6	8	10	15

施工现场的机动车道与外电架空线路交叉时,架空线路的最低点与地面的垂直距离应不小于表 5-1-3 所列数值。

表 5-1-3　架空线路的最低点与地面的垂直安全距离

外电线路电压/kV	1 以下	1~10	3~110
最小安全操作距离/m	6	7	7

对达不到表 5-13 中规定的最小距离的,必须编制外电线路防护方案,采取防护措施,增设屏障遮拦、围栏或保护围,并悬挂醒目的警告标志牌。防护屏障应采用绝缘材料搭设。

外电线路与遮拦、屏障等防护设施之间的安全距离小于表 5-1-4 所列数值时,必须会同有关部门予以解决,采取迁移外电线路或改变工程位置等措施,否则不得强行施工。

表 5-1-4　外电线路与遮拦、屏障等防护设施之间的最小安全距离

外电线路电压/kV	1~3	6	10	35	60	110	220
线路边线至遮拦的安全距离/m	0.95	0.95	0.95	1.15	1.35	1.75	2.65
线路边线至网状防护的安全距离/m	0.3	0.3	0.3	0.5	0.7	1.1	1.9

脚手架下斜道严禁搭设在有外电线路的一侧。

6)接地与接零保护系统核查要点

在施工现场专用的中性点直接接地的电力系统中必须采用 TN-S 接零保护系统。

施工现场每一处重复接地电阻值应不大于 10 Ω,不得少于 3 处(总配电箱、线路的中间和末端处),重复接地线应与保护零线相连。接地电阻每季度公司至少复测 1 次,现场每月检测 1 次。

接地装置的接地线应采用 2 根以上导体,在不同点与接地体连接。垂直接地体应采用角钢、钢管或圆钢,不得采用螺纹钢材。

保护零线应由工作接地线、配电室的零线或第一级漏电保护器电源的零线引出。保护零线应单独敷设,不得装设任何开关与熔断器。保护零线应接至每一台用电设备的金属外壳(包括配电箱)。

保护零线的截面面积应不小于工作零线的截面面积,并使用统一标志的绿/黄双色线,任何情况下不得将绿/黄双色线做负荷线。与电气设备相连的保护零线应为截面面积不小于 2.5 mm² 的绝缘多股铜线。

保护零线与电气设备连接应采用铜鼻子等可靠连接,电气设备接线柱应镀锌或涂防腐油脂;工作零线和保护零线在配电箱内应通过端子板连接,其中保护零线在其他地方不得有接头。

同一施工现场的电气设备不得一部分保护接零,一部分保护接地。

7) 配电箱、开关箱核查要点

施工现场配电系统应设置总配电箱(屏)、分配电箱、开关箱,实行三级配电、三级保护。分配电箱与开关箱的距离不得超过 30 m,开关箱与其控制的固定式用电设备的水平距离不得超过 3 m。配电箱周围应有足够二人同时工作的空间和通道。

开关箱应由末级分配电箱配电。动力配电箱与照明配电箱应分别设置。

每台用电设备应有各自专用的开关箱。开关箱内严禁用同一个开关电器直接控制 2 台及 2 台以上用电设备(含插座)。

所有配电箱内应在电源侧装设有明显断点的隔离开关,漏电保护应装设在电源隔离开关负荷侧。分配电箱漏电保护器的额定漏电动作电流为 50~75 mA,开关箱漏电保护器的额定漏电动作电流不得大于 30 mA,手持式电动工具的漏电保护器额定漏电动作电流不得大于 15 mA;额定漏电动作时间均应小于 0.1 s。

配电箱进出线应在箱底进出,并分路成束加 PVC 套管保护;配电箱内的连接应采用绝缘导线,排列整齐,不得有外露带电部分;箱内应设置铜质的保护零线端子板和工作零线端子板。

固定式配电箱安装高度为底口距地面应大于 1.3 m 且小于 1.5 m,安装牢固;移动式配电箱安装高度为底口距地面应大于 0.6 m 且小于 1.5 m,有固定的支架。

配电箱必须采用铁板制作,铁板厚度应大于 1.5 mm;配电箱应编号,标明其名称、用途、维修电工姓名,箱内应有配电系统图,标明电器元件参数及分路名称,严禁使用倒顺开关。

配电箱门应配锁,有防雨、防砸措施;箱内应保持清洁,不得有杂物。

所有配电箱、开关箱应每月进行检查、维修一次。

8) 现场照明核查要点

施工现场照明用电应单独设置照明配电箱,箱内设置隔离开关、熔断器和漏电保护器,熔断器的熔断电流不得大于 15 A,漏电保护器的漏电动作电流应小于 30 mA,动作时间小于 0.1 s。

施工现场照明器具金属需要保护接零,必须使用三芯橡皮护套电缆,严禁使用花线和护套线,导线不得随地拖拉或缠绑在脚手架等设施构架上。

照明灯具的金属外壳和金属支架必须做保护接零。

室外灯具的安装高度应大于 3 m,室内灯具应大于 2.4 m,大功率的金属卤化灯和钠灯应大于 5 m。

在下列情况下现场照明应采用 36 V 以下安全电压:

室内线路和灯具安装低于 2.4 m 的。

在潮湿和易触及带电体的工作场所。

使用手持照明灯具的。

9) 配电线路核查要点

架空线必须设在专用电杆上,严禁架在树木、脚手架上。电杆应采用混凝土杆或木杆,不得采用竹杆。木杆梢径应不小于 130 mm。

架空线路应装设横担、绝缘子并采用绝缘导线。绝缘铝线截面面积不小于 16 mm²,

绝缘铜线截面面积不小于 10 mm²。挡距不得大于 35 m,线间距离不得小于 0.3 m,横担间的最小垂直距离不得小于 0.6 m。

架空线的相序排列为:

和保护零线在同一横担架时,面向负荷从左侧起为 L1、L2、N、PE;动力、照明线在两个横担上下分别架设时,上层横担:面向负荷从左侧为 L1、L2、L3、N、PE,下层横担:面向负荷从左侧起为 L1(L2、L3)、N、PE。

配线应分色(包括配电箱内连线),相线 L1 为黄色,L2 为绿色,L3 为红色,工作零线 N 为黑色,保护零线 PE 为绿/黄双色。

施工现场电缆干线应采用埋地或架空敷设,严禁沿地面明设、随地拖拉或绑架在脚手架上。

电缆在室外直接埋地敷设的深度不得小于 0.6 m,并在电缆上下各均匀铺设不小于 50 mm 的细砂后覆盖硬质保护层,电缆接头应设在地面上的接线盒内;架空敷设时,应沿墙壁或电杆设置,并用绝缘子固定,严禁用金属裸线作绑线,橡皮电缆的最大弧垂距地不得小于 2.5 m。

电缆穿越构筑物、道路和易受机械损伤的场所,必须采取加设套管等措施进行线路过路保护。

严禁采用四芯或三芯电缆外加一根电线代替五芯或四芯的电缆。

电线必须符合有关规定,禁止使用老化线,破皮的应进行包扎或更换。

10)临时用电核查要点

临时用电设备在 5 台及 5 台以上或设备总容量在 50 kV 及 50 kV 以上的,必须编制临时用电施工组织设计;临时用电设备在 5 台及 5 台以下或设备总容量在 50 kV 及 50 kV 以下的,应制定切实可行的安全用电技术措施。

临时用电施工组织设计内容应包括:工程概况,用电负荷计算书,确定导线截面和电器的类型、规格,电气平面图、立面图和接线系统图,制定安全用电技术措施和电气防火措施。

安全用电技术措施内容应包括:工程概况,负荷计算书,用电平面图和系统图,电气防火措施。

临时用电施工组织设计必须由电气工程技术人员编制,企业(公司级)技术负责人审批,有关部门批准盖章后实施;变更临时用电施工组织设计必须由原编制者、审批者和批准部门同意后实施。

临时用电施工组织设计的编制者必须参加临时用电的验收工作。

临时用电技术档案应有专人负责,各项验收、检查、测试、维修记录内容真实,填写详细,数据量化。

施工方建立现场用电定期检查制度,做到施工现场每月检查 1 次,基层公司每季度检查 1 次。对检查、检测中发现的不安全因素,必须及时处理并履行复查验收手续。

11)事故报告

施工用电发生事故时,施工承包人必须严格按国家和工程局有关规定进行统计报告和处理。

用电事故按其性质可分为设备事故和人身触电伤亡事故。用电设备事故由施工承包人设备主管部门按设备管理有关规定处理。触电事故导致人员因工伤亡的按国家有关规定调查处理。

发生人员触电事故后,施工承包人、现场人员要积极组织抢救,并立即通知(或送)工地业务室或附近医院进行救护。

事故单位应对事故发生的原因进行认真的调查、研究分析。事故原因涉及设计、安装、维修等部门时,应请有关部门共同参加事故调查,吸取教训,改进工作;造成严重后果的,主要责任部门要承担责任。事故原因涉及运行管理方面时,要追究领导和当事人的责任。

(六) 设备及物资存放安全控制

1. 总则

(1)加强设备、物资存放的安全监督管理工作。

(2)现场监理工程师应根据本规定的监督管理要点,检查、督促施工承包人做好设备及物资存放的安全管理工作。

2. 设备和物资存放的安全要求

(1)设备、物资的堆放和存储要尽可能定点放置,分类保管,符合安全、文明生产的要求。

(2)物资仓储要符合 12 防(防锈、防火、防盗、防霉烂变质、防爆、防漏、防水、防潮、防尘、防蛀、防损、防混,沥青应放置在干燥通风的场所)。

(3)对职工健康有害的物资,如油漆及其稀释剂等应存放在通风良好、严禁烟火的专用库房;沥青应放置在干燥通风的场所。

(4)搞好仓库卫生,勤清扫,经常保持货垛、货架、包装物、衬垫材料及地面的清洁,防止灰尘及污染物飞扬,侵蚀物资。

(5)做好不同季节的预防措施。根据气候变化做好防护工作,如汛期到来前,要做好疏通排水沟,加固露天物资的遮盖物和防潮防霉工作;梅雨季节,注意通风散潮,使库内湿度保持在一定范围内;高温季节,对怕热物资要采取降温措施;寒冷季节,对怕冷物资要做好防冻保暖工作。

3. 物资存放安全保卫监督管理要点

(1)保管员每日上下班前,要检查库房、库区、场区周围是否有不安全的因素存在,门窗、锁是否完好,若有异常,应采取必要措施并及时向保卫部门反映。

(2)在规定禁止吸烟的地段和库区内,应严禁明火吸烟,仓库禁止携入火种。保管员对入库人员有进行宣传教育、监督、检查的义务。

(3)对危险品物资要专放,对易燃易爆物品要采取隔离措施,单独存放,消灭不安全因素,防止事故的发生。

(4)保管员应保持库区内的消防设备、器具的完整、清洁,不许他人随意挪用;对他人在库区内进行不安全作业的行为,有权监督和制止。

(5)保管员对自己所管物资,对外有保密的责任,领料员和其他人员不得随意进出库房,如确需领料人员进行出入库搬运的物资,要在库内点交清楚,不得在搬运途中点交,以防出现差错和丢失。

（6）保管员休假或较长时间外出时，不得把仓库钥匙带出去，工作时间不得将钥匙乱扔乱放，人离库时应立即锁门，不得擅离职守。

（7）保管员在发完料后，应在发料凭证上签字，同时要请领料人员签认，并给领料人员办理出库手续。

（8）仓库是存放公共物资的场所，任何人不得随意将私人物品存入库内。

三、交通运行安全控制措施

（1）成立交通运行安全控制领导小组。

安排施工承包人成立交通运行安全控制领导小组，安排专人负责交通安全工作，切实做到责任到人、落到实处，层层签订安全责任书。

（2）落实交通标志的具体设置：

现场交通标志的设置，要在遵守国家规范的基础上，提高要求，适当加密标志的设置间距，防止其他车辆闯入，引发交通事故。

一是拌和场路口、取土场的出入口，在既有道路的左右两侧顺车流方向提前设立标志牌。二是为方便车辆安全出入在建作业面，在每一个作业面设置太阳能指向灯、"前方施工、减速慢行"反光牌。

（3）施工车辆安全保证措施。

驾驶员必须持证上岗，严禁无证驾驶，施工车辆上路时悬挂"施工车辆"的醒目标志牌，应特别注意的是车辆在掉头时，要看清相向与对向的车辆，在均无车辆时方可掉头，同时要礼貌行车，严禁超速行驶、不按规定行驶。

（4）交通运行安全控制分流的总体方针是"提前预告、重点分流、逐级设防、现场处置"。

提前预告：在车辆驶往本区域的各个方向，在可以分流的相关路网的互通立交、收费站等交通枢纽位置，提前设置大型指示牌，提示车辆绕行，提前疏导交通压力。同时，在各施工区域的显著位置上设置提示标志牌及分流图。

重点分流：对具体路况提前预告后，在关键的互通立交、收费站等分流地点，均设专人指挥交通，确保车辆安全顺利通过。

逐级设防：在每个分流点前均设置提示牌，对过往车辆进行多次提示，以免驾驶人员错过提示标志；在提示标语上，做到简洁明晰，确保驾驶人员重视。

现场处置：在施工现场安排专职安全人员，对个别驶入重点路段的大型车辆采取及时疏导，使其顺利驶离施工区域。

（5）提示标志要清楚、详细，反光效果好，提示标志的设置地点、内容，要经过交警、路政部门的审批。在夜晚、雨天视线不好时，若需要，则配以电子指示牌或安装灯光主动照射指示牌，以指示分流。

（6）对于绕行提示牌的维护更换，组织专门的人员及队伍负责，需要更换时，提前通知路政、交警部门，做到快速、准确。

（7）在正式封路施工前，联系交警、路政部门，做好施工人员的安全教育工作，在施工时，积极配合交警、路政部门维护交通秩序。

(8)在正式封路施工前,做好每一施工路段的应急预案,并上报交警、路政部门。通过媒体发布的施工公告、绕行提示,均需经过交警、路政部门的审批。

(9)保证交通畅通的应急预案:在本标段施工时,一旦车辆出现故障或事故,极易发生堵车,在交通封闭前,必须制定合理的应急预案。

(10)提高各种机械设备和车辆的安全性能。

施工承包人拟投入本工程的各种机械设备均按照机械设备的管理规定进行了年检、维修,机械处于正常使用状态,这是保证机械设备安全的有效措施。施工期间安排机械工及时对各种机械设备进行检修,保证机械始终处于安全运行状态。

(11)加强对操作人员的安全培训。

加强对各种机械设备操作人员的安全培训工作,提高参加施工的机械操作人员安全意识、安全操作技术,可以有效降低各种安全事故的发生。

(12)制定严格的机械操作规程和安全保障措施。

针对各种不同机械特点制定机械操作规程和安全保障措施,要求机械操作人员严格按规程操作,并定期和不定期进行检查、监督。

(13)设置安全护栏和安全标志。

施工期间在车辆行驶路线旁设置安全标志和交通标志,方便车辆驾驶人员判断行驶路线状况。

在施工现场的陡坡、井口周边设置安全护栏设施,悬挂安全标志,降低安全事故的发生。

四、安全监理的方法和措施

(一)安全生产管理制度

监理机构应建立但不限于下列安全生产管理制度:

(1)安全生产责任制度。

(2)安全生产教育培训制度。

(3)安全生产费用、技术、措施、方案审查制度。

(4)生产安全事故隐患排查制度。

(5)危险源监控管理制度。

(6)安全防护设施、生产设施及设备、危险性较大的单项工程、重大事故隐患治理验收制度。

(7)安全例会制度及安全生产档案管理制度等。

(二)安全生产例会

监理机构应根据安全生产管理需要和施工现场安全检查情况,定期召开安全生产会议,总结前期安全管理工作,分析解决存在的问题,安排下一步安全生产管理任务。安全生产例会一般包括:①首次安全监理工作会议;②安全生产管理会议;③安全生产现场会议。

(三)安全生产档案管理

监理机构应根据施工合同、监理合同和相关协议对安全生产档案的收集、整理、移交

提出的明确要求,开展安全生产档案管理工作。安全生产档案管理监理工作一般包括以下内容:

(1)建立安全生产档案管理制度,安排管理经费,划分人员及岗位职责。

(2)根据《水利水电工程施工安全管理导则》(SL 721—2015)附录 C 中要求的"监理单位安全生产档案目录"建立安全生产档案,总监理工程师和安全生产档案管理负责人应监督、检查和指导相关责任人对安全生产档案的收集、整理、移交工作。

(3)检查施工安全时,监理机构应同时审查承包人对安全生产档案的收集、整理情况。

(4)进行技术鉴定、阶段验收和竣工验收时,应对承包人提交的安全生产档案材料履行审核签字手续,包括审查、验收安全生产档案的内容和质量,并做出评价。凡承包人未按规定要求提交安全生产档案的,不得通过验收。

(四)施工安全管理

1. 安全技术措施检查

承包人的施工组织设计应包含安全技术措施,监理机构应检查承包人的安全技术措施是否符合工程建设强制性标准。一般检查下列内容:

(1)安全生产管理机构设置、人员配备和安全生产目标管理计划。

(2)危险源的辨识、评价及采取的控制措施,生产安全事故隐患排查治理方案。

(3)安全警示标志设置。

(4)安全防护措施。

(5)危险性较大的单项工程安全技术措施。

(6)对可能造成损害的毗邻建筑物、构筑物和地下管线等专项防护措施。

(7)机电设备使用安全措施。

(8)冬季、雨季、高温等不同季节及不同施工阶段的安全措施。

(9)文明施工及环境保护措施。

(10)消防安全措施。

(11)危险性较大的单项工程专项施工方案等。

2. 安全技术交底

工程开工前,监理机构应参与发包人组织的安全技术交底会议。发包人、监理机构和承包人应定期组织对安全技术交底情况进行检查,并填写检查记录。一般检查下列内容:

(1)工程开工前,承包人的技术负责人应就工程概况、施工方法、施工工艺、施工程序、安全技术措施和专项施工方案,向施工技术人员、施工作业队(区)负责人、工长、班组长和作业人员进行安全技术交底。

(2)单项工程或专项施工方案施工前,承包人的技术负责人应组织相关技术人员、施工作业队(区)负责人、工长、班组长和作业人员进行全面、详细的安全技术交底。

(3)各工种施工前,技术人员应进行安全作业技术交底。

(4)每天施工前,班组长应向工人进行施工要求、作业环境的安全技术交底。

(5)交叉作业时,项目技术负责人应根据工程进展情况定期向相关作业队和作业人员进行安全技术交底。

（6）施工过程中,施工条件或作业环境发生变化的,应补充交底。相同项目连续施工超过 1 个月或不连续重复施工的,应重新交底。

（7）安全技术交底应填写安全交底单,由交底人与被交底人签字确认。安全交底单应及时归档。

（8）安全技术交底必须在施工作业前进行,任何项目在没有交底前不得进行施工作业。

（五）消防安全技术管理

监理机构应全面履行消防安全职责,并监督承包人履行消防安全职责。消防安全职责包括下列内容:

（1）制定消防安全制度、消防安全操作规程、灭火和应急疏散预案,落实消防安全责任制。

（2）按标准配置消防设施、器材,设置消防安全标志。

（3）定期组织对消防设施进行全面检测。

（4）开展消防宣传教育。

（5）组织消防检查。

（6）组织消防演练。

（7）组织或配合消防安全事故调查处理等。

（六）度汛安全管理

为保证度汛安全,监理机构应做好下列工作:

（1）参与组成发包人设置的防汛度汛指挥机构。

（2）与发包人签订安全度汛目标责任书,明确监理机构的防汛度汛责任。

（3）监督承包人按照发包人批准的防汛度汛及抢险措施落实防汛抢险队伍和防汛器材、设备等物资准备工作,做好汛期值班,保证汛情、工情、险情信息渠道畅通。

（4）参与发包人组织的汛前全面检查,对重点防汛部位和可能诱发滑坡、垮塌、泥石流等灾害区域进行安全评估,制定和落实防范措施。

（5）参与发包人组织的防汛应急演练。

（6）监督承包人落实汛期值班制度,开展防汛度汛专项安全检查,及时整改发现的问题。

（七）安全生产教育培训

1. 一般规定

监理机构应做好监理人员的安全生产教育培训工作,同时监督检查承包人的安全生产教育培训落实情况。开展安全生产教育培训工作一般应符合下列规定:

（1）建立安全生产教育培训制度,明确安全生产教育培训的对象与内容、组织与管理、检查与考核等要求。

（2）定期对从业人员进行安全生产教育和培训,保证从业人员具备必要的安全生产知识,熟悉安全生产有关法律、法规、规章、制度和标准,掌握本岗位的安全操作技能。

（3）每年至少应对管理人员和作业人员进行 1 次安全生产教育培训,并经考试确认其能力符合岗位要求,其教育培训情况记入个人工作档案,安全生产教育培训考核不合格的人员不得上岗。

（4）定期识别安全生产教育培训需求，制定教育培训计划，保障教育培训费用、场地、教材、教师等资源，按计划进行教育培训，建立教育培训记录、台账和档案，并对教育培训效果进行评估和改进。

（5）及时统计、汇总从业人员的安全生产教育培训和资格认定等相关记录，定期对从业人员持证上岗情况进行审核、检查。

2. 安全生产管理人员教育培训

安全生产管理人员的教育培训应符合下列规定：

（1）各参建单位的现场主要负责人和安全生产管理人员应接受安全教育培训，具备与其所从事的生产经营活动相应的安全生产知识和管理能力。

（2）承包人的主要负责人、项目负责人、专职安全生产管理人员的安全教育培训，必须取得省级以上水行政主管部门颁发的安全生产考核合格证书，方可参与水利水电工程投标，从事施工管理工作。

（3）各参建单位主要负责人安全生产教育培训应包括下列内容：

①国家安全生产方针、政策和有关安全生产的法律、法规、规章。

②安全生产管理基本知识、安全生产技术。

③重大危险源管理、重大生产安全事故防范、应急管理及事故管理的有关规定。

④职业危害及其预防措施。

⑤国内外先进的安全生产管理经验。

⑥典型事故和应急救援案例分析。

⑦其他需要培训的内容等。

（4）安全生产管理人员安全生产教育培训应包括下列内容：

①国家安全生产方针、政策和有关安全生产的法律、法规、规章及标准。

②安全生产管理、安全生产技术、职业卫生等知识。

③伤亡事故统计、报告及职业危害防范、调查处理方法。

④危险源管理、专项方案和应急预案编制、应急管理及事故管理知识。

⑤国内外先进的安全生产管理经验。

⑥典型事故和应急救援案例分析。

⑦其他需要培训的内容等。

3. 其他从业人员安全教育培训

监理机构应监督检查承包人进行的其他安全教育培训，应包括下列内容：

（1）承包人的新进场工人必须进行公司、项目、班组三级安全教育培训，经考核合格后，方能允许上岗。三级安全教育培训包括公司安全教育培训、项目安全教育培训、班组安全教育培训。

（2）承包人应每年对全体从业人员进行安全生产教育培训，时间不得少于 20 学时；待岗、转岗的职工，上岗前必须经过安全生产教育培训，时间不得少于 20 学时。

（3）特种作业人员应按规定取得特种作业资格证书；离岗 3 个月以上重新上岗的，应经实际操作考核合格。

（4）承包人采用新技术、新工艺、新设备、新材料时,应根据技术说明书、使用说明书、操作技术要求等,对有关作业人员进行安全生产教育培训。

（八）生产安全事故隐患排查与重大危险源管理

1. 生产安全事故隐患排查

监理机构应建立生产安全事故隐患排查及治理制度,包括下列内容:

（1）建立健全事故隐患排查制度,逐级建立并落实从主要负责人到每个从业人员的事故隐患排查责任制。

（2）采用定期综合检查、专项检查、季节性检查、节假日检查和日常检查等方式,开展隐患排查。

（3）对排查出的事故隐患,应及时书面通知有关单位,定人、定时、定措施进行整改,并按照事故隐患的等级建立事故隐患信息台账。

（4）对于危害和整改难度较小,发现后能够立即整改排除的一般事故隐患,应立即组织整改。

（5）重大事故隐患治理方案应由承包人的主要负责人组织制定,经监理机构审核,报发包人同意后实施。发包人应将重大事故隐患治理方案报项目主管部门和安全生产监督机构备案。

2. 重大危险源管理

重大危险源的识别与评价应符合下列规定:

（1）承包人应根据项目重大危险源管理制度制定相应的管理办法,并报监理机构、发包人备案。

（2）承包人应在开工前,对施工现场危险设施或场所组织进行重大危险源辨识,并将辨识成果及时报监理机构和发包人。

（3）发包人或监理机构应组织相关参建单位对重大危险源防控措施进行验收。

（4）对可能导致一般或较大安全事故的险情,发包人、监理机构、承包人等知情单位应当按照项目管理权限立即报告项目主管部门、安全生产监督机构。

（5）对可能导致重大安全事故的险情,发包人、监理机构、承包人等知情单位应按项目管理权限立即报告项目主管部门、安全生产监督机构和工程所在地人民政府,必要时可越级上报至水利部工程建设事故应急指挥部办公室;对可能造成重大洪水灾害的险情,发包人、监理机构、承包人等知情单位应当立即报告所在地防汛指挥部,必要时可越级上报至国家防汛抗旱总指挥部办公室。

（九）应急管理

1. 应急救援预案

（1）监理机构应参与发包人组织的项目生产安全事故应急救援预案、专项应急预案制定。

（2）监理机构应参与发包人组建的项目事故应急处置指挥机构,并履行相关职责。

（3）承包人应根据项目生产安全事故应急救援预案,组织制定施工现场生产安全事故应急救援预案,经监理机构审核,报发包人备案。

2. 生产安全事故处置

（1）发生生产安全事故，事故现场有关人员应当立即报告本单位负责人和发包人。

（2）事故单位负责人接到事故报告后，应在规定时间内向有关部门报告，可先采用电话口头报告，随后递交正式书面报告，生产安全事故报告的内容应符合要求。

（3）各参建单位应每月按规定报送生产安全事故月报，并填写《水利行业生产安全事故月报表》。

（4）发生生产安全事故后，发包人、监理机构和事故单位必须迅速、有效地实施先期处置；发包人及事故单位主要负责人应立即到现场组织抢救，启动应急预案、采取有效措施，防止事故扩大。

（5）监理机构应积极配合发包人进行事故的调查、分析、处理和评估等工作。

五、监理安全标准化

（一）监理安全目标

（1）监理单位的安全生产目标管理制度应明确目标的制定、分解、实施、检查、考核等内容。监理机构应监督检查承包人开展此项工作。

（2）监理单位应根据自身安全生产实际和有关要求，编制包含安全生产总目标的中长期安全生产规划，每年编制年度安全生产工作计划。总目标和年度目标应包括生产安全事故控制、安全风险管控、生产安全事故隐患排查治理、职业健康、安全生产管理等内容，并将其纳入单位总体和年度生产经营目标。监理机构应监督检查承包人开展此项工作。

（3）监理单位应根据内设部门和所属单位、监理机构在安全生产中的职能、工作任务分解安全生产总目标和年度目标。

监理机构应根据所属部门在安全生产中的职能，将安全生产目标进行分解；监督检查承包人开展此项工作。

（4）监理单位和监理机构应逐级签订安全生产责任书，并制定目标保证措施。

监理机构应监督检查承包人开展此项工作。

（5）监理单位和监理机构至少每半年对安全生产目标完成情况进行监督检查、评估、考核，并形成记录。必要时，及时调整安全生产目标实施计划。

监理机构应监督检查承包人开展此项工作。

（6）监理单位应定期对所属各部门、单位、监理机构目标完成情况进行奖惩。

监理机构应监督检查承包人开展此项工作。

（二）监理安全机构和职责

（1）监理单位应成立由主要负责人、分管负责人、各职能部门负责人、所属单位负责人和监理机构负责人等组成的安全生产委员会（或安全生产领导小组），人员变化时及时调整并发布。监理机构应参加项目法人牵头组建的安全生产委员会（或安全生产领导小组），并监督检查承包人开展此项工作。

（2）监理单位安全生产委员会（或安全生产领导小组）每季度应至少召开一次会议，跟踪落实上次会议要求，分析安全生产形势，研究解决安全生产工作中的重大问题。

监理机构应每月至少召开一次安全生产监理例会,通报工程安全生产监理工作情况,分析存在的问题,并提出解决措施,监督检查承包人开展此项工作。

(3)监理单位应按规定设置安全生产管理机构或者配备专(兼)职安全生产管理人员,建立健全安全生产管理网络。监理机构应按规定或者合同约定配备专(兼)职安全监理人员,同时监督检查承包人现场主要管理人员、专职安全管理人员、技术人员等是否与工程承包合同一致,任职条件、持证上岗情况是否符合相关规定及合同约定。

(4)监理单位应建立健全并落实全员安全生产责任制,明确各岗位的责任人员、责任范围和考核标准等内容。主要负责人是本单位安全生产第一责任人,对本单位的安全生产工作全面负责。其他负责人对职责范围内的安全生产工作负责,各级管理人员应按照安全生产责任制的相关要求,履行其安全生产职责。其他从业人员按规定履行安全生产职责。监理机构应监督检查承包人开展此项工作。

(三)全员参与

(1)监理单位应建立相应的机制,定期对全员安全生产责任制的适宜性、履职情况进行监督考核,保证全员安全生产责任制的落实。

监理机构应监督检查承包人开展此项工作。

(2)监理单位应建立激励约束机制,鼓励从业人员积极建言献策,建言献策应有回复。

(四)安全生产费用

(1)监理单位的安全生产费用保障制度应明确费用的提取、使用、管理的程序、职责及权限。监理机构制定的安全生产费用监理实施细则应包括安全生产费用的控制要点、工作内容和工作程序等内容,监督检查承包人开展此项工作。

(2)监理单位应编制本单位安全生产费用计划,并按规定进行审批。监理机构应审批承包人安全生产费用使用计划。

(3)监理单位应落实安全生产费用使用计划,并保证专款专用;定期对使用情况进行统计、汇总,建立安全生产费用使用台账。监理机构应按合同约定审核承包人安全生产费用计划落实及使用情况,主要用于施工安全防护用具及设施的采购和更新、安全施工措施的落实、安全生产条件的改善等,保证专款专用,不应挪作他用;监督检查承包人对安全生产费用使用情况定期进行统计、汇总,建立安全生产费用使用台账,并在监理月报中反映安全生产费用监理的工作情况。

(4)监理单位应每年对本单位安全生产费用的落实情况进行检查,并以适当方式公开安全生产费用提取和使用情况。监理机构应监督检查承包人开展此项工作。

(5)监理单位应按照有关规定,为本单位从业人员及时办理相关保险。监理机构应监督检查承包人开展此项工作。

(五)安全文化建设

(1)监理单位应确立安全生产和职业病危害防治理念及行为准则,并教育、引导全体人员贯彻执行。

(2)监理单位应制定安全文化建设规划和计划,按照 AQ/T 9004、AQ/T 9005 的要求开展安全文化活动。

（六）安全生产信息化建设

监理单位及监理机构应根据监理工作需要，建立安全生产电子台账管理、重大危险源监控、职业病危害防治、应急管理、安全风险管控和隐患排查治理、安全生产预测预警等信息系统，利用信息化手段加强安全生产管理工作。

（七）法规标准识别

（1）监理单位的安全生产和职业健康法律法规及其他要求的管理制度应明确归口管理部门、识别、获取、评审、更新等内容。监理机构应监督检查承包人开展此项工作。

（2）各职能部门、监理机构应及时识别和获取适用的安全生产法律法规和其他要求，归口管理部门每年发布一次适用的清单，并建立文本数据库。监理机构应监督检查承包人开展此项工作。

（3）及时向员工传达并配备适用的安全生产法律法规和其他要求。监理机构应监督检查承包人开展此项工作。

（八）规章制度

（1）监理单位应及时将识别、获取的安全生产法律法规和其他要求转化为本单位规章制度，结合本单位实际，建立健全安全生产规章制度体系，制度内容应包括（但不限于）：目标管理；全员安全生产责任制；安全生产会议；安全生产投入；法律法规、标准管理；文件、记录和档案管理；安全生产教育培训；安全技术措施审查；设备设施管理；消防安全管理；职业健康管理；劳动防护用品管理；安全风险分级管控；安全检查及生产安全事故隐患排查治理；变更管理；应急管理（含施工现场紧急情况报告管理）；事故管理；标准化绩效评定。监理机构应根据工程建设实际、本单位及合同约定，建立安全生产管理制度。制定下列监理工作制度（或监理实施细则），制度内容应包括（但不限于）：

①全员安全生产责任制。

②监理会议。

③安全技术措施审查。

④工程建设强制性标准审查。

⑤消防管理。

⑥安全检查、巡视、旁站等工作。

⑦安全防护设施、生产设施及设备、危险性较大的单项工程验收。

⑧安全风险分级管控。

⑨安全检查及隐患排查治理。

⑩应急管理。

⑪事故报告（紧急情况报告）。

⑫信息管理（包括文件、记录、档案等内容）。

监理机构应监督检查承包人开展此项工作。

（2）监理单位及监理机构应将安全生产规章制度发放到相关工作岗位，并组织教育培训。监理机构应监督检查承包人开展此项工作。

（九）监理规划及监理细则

（1）监理机构应依据《水利工程施工监理规范》（SL 288—2014）及相关规定，由总监理工程师主持编制包含施工安全监理工作方案的监理规划，明确安全监理的范围、内容、制度和措施，以及人员配备计划和职责；监理规划应符合现场实际情况，根据工程实际情况及工作需要定期进行修订、完善；监理规划经监理单位技术负责人审批后实施。

（2）监理机构应依据《水利水电工程施工安全管理导则》（SL 721—2015）及相关规定，对达到一定规模和超过一定规模的危险性较大单项工程，编制安全工作监理实施细则，明确工作方法、措施和控制要点，以及对承包人安全技术措施、方案执行情况的监督检查等内容。监理实施细则应经总监理工程师审批。

（3）监理机构应监督检查承包人引用或编制安全操作规程；在新技术、新材料、新工艺、新设备、新设施投入使用前，组织编制或修订相应的安全操作规程，并确保其适宜性和有效性；监督检查承包人将安全操作规程发放到相关作业人员。

（十）文档管理

（1）监理单位的文件管理制度应明确文件的编制、审批、标识、收发、使用、评审、修订、保管、废止等内容，并严格执行。

监理机构应制定信息管理制度（或监理实施细则），明确文件管理要求；监督检查承包人开展此项工作。

（2）监理单位的记录管理制度应明确记录管理职责及记录的填写、收集、标识、保管和处置等内容，并严格执行。

监理机构应制定信息管理制度（或监理实施细则），明确记录管理要求；监督检查承包人开展此项工作。

（3）监理单位的档案管理制度应明确档案管理职责及档案的收集、整理、标识、保管、使用和处置等内容，并严格执行。监理机构应制定信息管理制度（或监理实施细则），明确档案管理要求；监督检查承包人开展此项工作。

（4）监理单位及监理机构每年应至少评估一次安全生产法律法规、标准规范、规范性文件、规章制度的适用性、有效性和执行情况。监理机构应监督检查承包人开展此项工作。

（5）监理单位及监理机构根据评估、检查、自评、评审、事故调查等发现的相关问题，及时修订安全生产规章制度。监理机构应监督检查承包人开展此项工作。

（十一）教育培训管理

（1）监理单位的安全教育培训制度应明确归口管理部门、培训的对象与内容、组织与管理、检查与考核等要求。监理机构应监督检查承包人开展此项工作。

（2）应定期识别安全教育培训需求，编制年度教育培训计划，按计划进行培训，对培训效果进行评价，并根据评价结论进行改进，建立教育培训记录、档案。监理机构应监督检查承包人开展此项工作。

（十二）人员教育培训

（1）监理单位应对各级管理人员包括单位主要负责人，各级专（兼）职安全管理人员、各部门、所属单位、监理机构负责人等进行教育培训，确保其具备正确履行岗位安全生产职责的知识与能力，每年按规定进行再培训。监理机构应监督检查承包人开展此项工作。

（2）新员工上岗前应经过监理单位和监理机构的安全教育培训，培训内容和培训时间应符合有关规定。监理机构应监督检查承包人开展此项工作。

（3）监理机构应监督检查承包人特种作业人员及特种设备作业人员持证上岗情况。

（4）监理单位每年对在岗从业人员进行安全生产教育培训，培训时间和培训内容应符合有关规定。监理机构应监督检查承包人开展此项工作。

（5）监理机构应监督检查承包人对其分包单位进行安全教育培训管理情况。

（6）监理机构应监督检查承包人对外来人员进行安全教育，主要内容包括安全管理要求、可能接触到的危险有害因素及其防护措施、应急知识等，由专人带领，并做好相关监护工作。

（十三）设备设施管理

（1）监理机构应按合同约定协助项目法人向承包人提供现场及施工可能影响的毗邻区域内供水、排水、供电、供气、供热、通信、广播电视等管线资料，拟建工程可能影响的相邻建筑物和构筑物、地下工程的有关资料；开工前分别检查发包人提供的施工条件和承包人的施工准备情况是否满足开工要求。

（2）监理单位的设备设施管理制度应明确设备设施管理的责任部门或专（兼）职管理人员，并形成设备设施安全管理网络，负责自有设备设施管理。

监理机构应制定设备设施管理制度（或监理实施细则），明确责任部门或专（兼）职监理人员，内容应包括自有设备的管理和对承包人设备设施的管理情况的监督检查；监督检查承包人开展此项工作。

（3）监理单位设备设施采购及验收严格执行设备设施管理制度，购置合格的设备设施，验收合格后方能投入使用。

监理机构应对承包人进场的设备（含特种设备）及其合格性证明材料进行核查，经确认合格后方可进场；监督检查承包人的安全防护用具、施工机械设备、施工机具及配件、消防设施和器材是否符合安全生产和职业健康要求。对不符合要求或报废的设备应监督检查承包人及时进行封存或退场。

（4）监理单位及监理机构应对自有检测、测量、车辆等设备（仪器）定期进行检查、维修和保养，保证完好有效。

监理机构应监督检查承包人对设备设施运行前及运行中的设备性能、运行环境等实施必要的检查；监督检查承包人设备设施维护保养、防护措施到位情况，确保设备设施处于良好状态并安全运行。

（5）监理机构应监督检查承包人建立设备设施台账及档案管理资料。

（6）监理机构应监督检查承包人将租赁的设备和分包方的设备纳入本单位的安全管理范围，实施统一管理。

（7）监理机构应对承包人所用特种设备的安装，拆除方案进行审批，监督检查承包人特种设备安装、拆除的人员资格、单位资质，方案落实以及验收、定期检测、运行管理情况。

监督检查其他设备设施安装，拆除前按规定制定方案，办理作业许可，作业前进行安全技术交底，现场设置警示标识并采取隔离措施，按方案组织拆除。

（8）监理机构应审批承包人提交的临时设施设计；监督检查承包人按批复的设计方

案实施;监督检查承包人对临时设施进行检查、维护,对设施拆除实施有效管理,保证符合安全生产及职业健康要求;按合同约定组织或督促承包人进行验收。

(9)监理机构应监督检查承包人严格执行建设项目安全设施"三同时"制度的落实;施工现场临边、沟、坑、孔洞、交通梯道等危险部位的栏杆、盖板等设施齐全、牢固可靠;高处作业等危险作业部位按规定设置安全网等设施;施工通道稳固、畅通;垂直交叉作业等危险作业场所设置安全隔离棚;机械、传送装置等的转动部位安装可靠的防护栏、罩等安全防护设施;临水和水上作业有可靠的救生设施;暴雨、台风、暴风雪等极端天气前后组织有关人员对安全设施进行检查或重新验收。监理机构应在安全防护设施设备投入使用前,按合同约定组织或督促承包人进行验收。

(十四)作业安全管理

(1)监理机构应按合同约定协助项目法人对施工现场进行合理规划;对承包人的施工总布置进行审批,监督检查承包人对现场进行合理布局与分区,规范有序管理,施工总布置符合安全文明施工、度汛、交通、消防、职业健康、环境保护等有关规定。

(2)监理单位的安全技术措施管理制度(含工程建设标准强制性条文符合性审核制度)应明确技术审查内容、工作程序和工作要求,并严格执行。

监理机构应按合同约定协助项目法人编制安全生产措施方案;审批承包人施工组织设计中的安全技术措施;审批承包人编制的危险性较大单项工程专项施工方案,对超过一定规模的危险性较大单项工程,要求承包人按规定组织专家论证、备案,并参加论证会;审查安全技术措施、方案、防洪度汛方案等是否符合工程建设强制性标准(包括工程建设标准强制性条文)的规定。

(3)监理机构应监督检查承包人在施工前按规定将批准的施工安全技术措施及专项方案对作业人员进行安全技术交底,严格按批准的措施方案组织施工,及时制止违规作业行为;组织或参与需要验收的危险性较大单项工程的验收工作。

(4)作业安全管理:

①监理机构应审批承包人编制的现场临时用电专项施工方案,监督检查承包人专项施工方案的实施情况,临时用电工程应经承包人验收合格后方可投入使用。

②监理机构应审批承包人编制的脚手架搭设及拆除专项施工方案;监督检查承包人方案的落实情况,监督检查承包人对脚手架工程验收合格后,挂牌投入使用。

③监理机构应监督检查承包人按有关规定实施易燃易爆危险化学品管理。

④监理机构应监督检查承包人按规定实施现场消防安全管理。

⑤监理机构应监督检查承包人按规定实施场内交通安全管理,审查承包人大型设备运输、搬运等专项安全措施,并监督检查其落实情况。

⑥监理机构应审批承包人防洪度汛方案和超标准洪水应急预案;监督检查承包人度汛组织机构、安全度汛工作责任制、险情应急抢护措施建立情况;监督检查承包人防汛抢险队伍和防汛器材、设备等物资准备工作,及时获取汛情信息,按度汛方案和预案的演练情况,组织或督促承包人开展汛前、汛中和汛后检查,发现问题及时处理。

监理机构应对下列(不限于)危险性较大单项工程和作业行为按有关规定进行监督检查,包括措施方案审批、批复的措施方案落实、承包人资源配置、组织管理、现场安全防护措施情况等，并开展定期、不定期巡视检查：高边坡或深基坑作业；高大模板作业；洞室作业；拆除、爆破作业；水上或水下作业；高处作业；起重吊装及安装拆卸作业；临近带电体作业；焊接作业；交叉作业；有（受）限空间作业；围堰工程；沉井工程等。

⑦监理单位应定期开展安全生产和职业卫生教育培训、安全生产管理技能训练、岗位作业危险预知、作业现场隐患排查、事故分析等岗位达标活动，并做好记录。从业人员应熟练掌握本岗位安全职责、安全生产和职业卫生管理知识、安全风险及管控措施、防护用品使用、自救互救及应急处置措施。

⑧监理机构应对承包人的分包申请进行审核并报项目法人批准；监督承包人对分包方的安全管理。

⑨监理机构应核查项目法人或承包人提供的图纸，并签发。按规定组织或参与施工图设计交底、施工图会审；按合同约定发出变更指示。

（5）作业安全管理。

①监理机构应对供应商或承包人提供的原材料、中间产品、工程设备和配件进行检验或验收，保证产品的质量和安全性能达到设计及标准要求。

②监理机构应组织监理范围内交叉作业各方制定协调一致的施工组织措施和安全技术措施，签订安全生产协议，并监督实施。

③监理机构不应对承包人提出违反建设工程安全生产法律、法规、规章和强制性标准规定的要求。

④监理单位应与平行检测等相关方在委托合同（或签订安全生产协议）中明确安全要求及双方安全责任，并对相关方的作业行为进行有效监督管理。

（十五）职业健康

（1）监理单位的职业健康管理制度应明确职业危害的管理职责、作业环境、劳动防护品及职业病防护设施、职业健康检查与档案管理、职业危害告知、职业病治疗和康复、职业危害因素管理的职责和要求。监理机构应监督检查承包人开展此项工作。

（2）监理机构应监督检查承包人定期开展职业危害因素辨识，制定职业危害场所检测计划，对职业危害场所进行检测，并保存实施记录。

（3）监理机构应监督检查承包人为从业人员提供符合职业健康要求的工作环境和条件，在产生职业病危害的工作场所设置相应的职业病防护设施。采取有效措施确保砂石料生产系统、混凝土生产系统、钻孔作业、洞室作业等场所的粉尘、噪声、有毒物指标符合有关标准的规定。

（4）监理机构应监督检查承包人在可能发生急性职业危害的有毒、有害工作场所设置报警装置，制定应急处置预案，现场配置急救用品、设备。

（5）为从业人员提供符合国家标准或者行业标准的劳动防护用品，并监督、教育从业人员按照使用规则佩戴、使用。监理机构应监督检查承包人开展此项工作。

（6）监理单位应对从事接触职业危害因素的从业人员进行职业健康检查（包括上岗前、在岗期间和离岗时），建立健全职业卫生档案和员工健康监护档案。按规定给予职业病患者治疗、疗养；患有职业禁忌的员工，应及时调整到合适岗位。监理机构应监督检查承包人开展此项工作。

（7）监理单位应如实告知从业人员。

工作过程中可能产生的职业危害及其后果、防护措施等,并在劳动合同中写明,使其了解工作过程中的职业危害、预防和应急处理措施。应关注从业人员的身体、心理状况和行为习惯,加强对从业人员的心理疏导、精神慰藉,严格落实岗位安全生产责任,防范从业人员行为异常导致事故发生。监理机构应监督检查承包人开展此项工作。

（8）监理机构应监督检查承包人按有关规定及时、如实申报职业病危害项目,并及时更新信息。

（十六）警示标志及安全隔离防护设施

监理机构应监督检查承包人按照规定和场所的安全风险特点,在施工现场重大风险、较大危害因素和严重职业病危害因素等场所,根据 GB 2893、GB 2894、GB/T 5768、GB 13495.1、GBZ 158 等技术标准的要求设置明显、符合有关规定的安全和职业病危害警示标志、标识;根据需要设置警戒区或安全隔离、防护设施,安排专人现场监护,定期进行维护,确保其完好有效。

（十七）安全风险管理

（1）监理单位及监理机构的安全风险分级管控制度应明确职责、辨识范围、流程、方法等内容。监理机构应监督检查承包人开展此项工作。

（2）监理机构应参与项目法人组织的危险源辨识及风险评价工作;统计、分析、整理和归档危险源辨识及风险评价资料。监督检查承包人按规定从施工作业、机械设备、设施场所、作业环境及其他类型等方面入手,开展危险源辨识及风险评价工作;审查承包人提交的工作成果。

（3）监理机构应监督检查承包人在施工期对危险源实施动态管理,及时掌握危险源及其风险状态和变化趋势。

（4）监理机构应监督检查承包人制定并落实风险防控措施（包括工程技术措施、管理措施和个体防护措施等）,对安全风险进行管控;制订应急预案,建立应急救援组织或配备应急救援人员、必要的防护装备及应急救援器材、设备、物资,并确保完好有效。参与需要进行验收的重大风险防控措施的验收工作。

（5）监理机构应监督检查承包人按有关规定将重大危险源按规定报有关部门和单位备案,并以适当方式告知可能受影响的单位、区域及人员;监督检查承包人对评价为重大风险的危险源进行登记、建档,明确管理的责任部门或责任人。

（6）监理机构应定期对监理人员进行重大风险监理工作的培训,对其他一般危险源,应将风险评价结果及所采取的控制措施告知监理人员,使其了解重大风险危险源的特性,熟悉工作岗位和作业环境存在的安全风险,熟悉相关管理要求和控制措施。监理机构应监督检查承包人开展此项工作。

（7）监理机构的变更管理制度或监理实施细则应明确变更事项的监理工作要求。监理机构应监督检查承包人开展此项工作。

（8）监理机构应对承包人组织机构、施工技术措施、方案等的变更履行审批手续。监理机构应监督检查承包人对变更可能产生的风险进行分析;制定控制措施;履行审批及验收程序;告知相关从业人员并组织教育培训。

（十八）隐患排查治理

（1）监理单位及监理机构的安全检查和事故隐患排查制度（或监理细则）应明确包括隐患排查范围、内容、方法、频次、要求，隐患登记建档及监控等内容；逐级建立并落实隐患治理和监控责任制。监理机构应监督检查承包人开展此项工作。

（2）监理单位应根据事故隐患排查制度定期开展事故隐患排查，排查前应制定排查方案，明确排查的目的、范围、内容、频次和方法。

监理机构应参加项目法人和有关部门组织的安全检查；根据隐患排查治理制度，定期开展事故隐患排查，排查前应制定排查方案，明确排查的目的、范围、内容、频次和方法；排查方式主要包括定期综合检查、专项检查、季节性检查、节假日检查和日常检查等；按照事故隐患的等级建立事故隐患信息台账；监理机构至少每月组织一次安全生产综合检查（可与项目法人和承包人联合开展上述工作）。监理机构应监督检查承包人开展此项工作。

（3）监理单位对排查出的事故隐患，应及时通知责任单位组织整改，并对整改结果进行验证。

监理机构对排查出的一般事故隐患，应及时书面通知有关单位，定人、定时、定措施进行整改，整改后及时进行验证；对重大事故隐患（或情况严重的），应按规定要求承包人暂时停止施工，重大事故隐患排除前或排除过程中无法保证安全的，应督促承包人采取安全防范措施，防止事故发生，应从危险区域内撤出作业人员，疏散可能危及的人员，设置警示标志；承包人拒不整改或者不停止施工的，监理机构应及时向水行政主管部门、流域管理机构或者其委托的安全生产监督机构以及项目法人报告。

（4）对于重大事故隐患，监理机构应要求承包单位主要负责人组织制定治理方案，经监理机构审查，报项目法人同意后实施。治理方案应包括下列内容：重大事故隐患描述；治理的目标和任务；采取的方法和措施；经费和物资的落实；负责治理的机构和人员；治理的时限和要求；安全措施和应急预案等。

（5）监理机构应监督检查承包人对自行排查出的一般事故隐患及时进行整改、验证；重大事故隐患治理完成后，对承包人的治理情况进行验证和效果评估，并签署审核意见后报项目法人。

（6）对于地方人民政府或有关部门挂牌督办并责令全部或者局部停止施工的重大事故隐患，治理工作结束后，监理机构应监督检查承包人对治理情况进行评估。治理后符合安全生产条件的，经有关部门审查同意后，方可允许承包人恢复施工。

（7）监理单位应按月、季、年将隐患排查治理情况上报主管部门（若有），并向全体员工进行通报。监理机构应定期将隐患排查治理统计分析情况报项目法人及监理单位，并在监理机构范围内进行通报。监理机构应监督承包人开展此项工作。

（十九）预测预警

（1）监理机构应监督检查承包人根据项目地域特点和自然环境情况、工程建设情况、安全风险管理、隐患排查治理及事故等情况，运用定量或定性的安全生产预测预警技术，建立项目安全生产状况及发展趋势的安全生产预测预警体系。

（2）监理机构应监督检查承包人采取多种途径及时获取水文、气象等信息，在接到有关自然灾害预报时，及时发出预警通知；发生可能危及作业人员安全的情况时，采取撤离人员、停止作业、加强监测等安全措施。

（3）应根据安全风险管理、隐患排查治理及事故等统计分析结果进行安全生产预测预警。监理机构应监督检查承包人开展此项工作。

（二十）应急准备

（1）监理单位按照有关规定设置或明确应急管理组织机构或指定专人负责应急管理工作。

监理机构应监督检查承包人开展此项工作。

（2）监理单位应针对可能发生的生产安全事故的特点和危害，在风险评估和应急资源调查的基础上，根据《生产经营单位生产安全事故应急预案编制导则》（GB/T 29639—2020）建立健全生产安全事故应急预案体系，明确应急组织体系、职责分工以及应急救援程序，并与相关预案保持衔接，报有关部门备案，并向本单位人员公布。

监理机构应结合项目特点、风险类型等因素编制应急预案；审查承包人提交的应急预案，监督检查承包人编制重点岗位、人员应急处置卡，监督检查承包人开展应急预案管理的其他工作。

（3）监理单位及监理机构应按规定指定兼职应急救援人员，并组织教育培训，经培训合格后参加应急救援工作。

监理机构应监督检查承包人按应急预案组建应急救援队伍，根据需要与当地具备能力的应急救援队伍签订应急支援协议，对应急救援人员组织教育培训，经培训合格后参加应急救援工作。

（4）监理单位及监理机构应根据可能发生的生产安全事故特点和危害，储备必要的应急救援装备和物资，进行经常性的维护和保养，确保其完好可靠。监理机构应监督检查承包人开展此项工作。

（5）监理单位及监理机构应按规定开展生产安全事故应急知识和应急预案培训。监理单位应根据事故风险特点，编制年度应急演练计划，按照 AQ/T 9007 等有关要求，每年至少组织一次综合应急预案演练或者专项应急预案演练，每半年至少组织一次现场处置方案演练（监理机构可参加由项目法人、承包人组织的演练），做到一线从业人员参与应急演练全覆盖，掌握相关的应急知识。按照 AQ/T 9009 等有关要求，对演练进行总结和评估，根据评估结论和演练发现的问题，修订、完善应急预案，改进应急准备工作。监理机构应监督检查承包人开展此项工作。

（6）监理单位及监理机构应根据 AQ/T 9011 和有关规定定期评估应急预案，根据评估结果及时进行修订和完善，并及时报备。监理机构应监督检查承包人开展此项工作。

（二十一）应急处置

（1）发生事故后，监理单位及监理机构应启动相关应急预案，采取应急处置措施，开展事故救援，必要时寻求社会支持。监理机构应协助项目法人开展事故应急救援，并监督检查承包人开展此项工作。

（2）应急救援结束后，监理单位及监理机构应尽快完成善后处理、环境清理和监测等工作。

监理机构应监督检查承包人开展此项工作。

（3）应急评估。

监理单位及监理机构每年至少应进行一次应急准备工作的总结评估。完成险情或事故应急处置结束后，对应急处置工作进行总结评估。监理机构应监督检查承包人开展此项工作。

（二十二）事故报告

（1）监理单位制定的事故报告、调查和处理制度应明确事故报告（包括程序、责任人、时限、内容等）、调查和处理内容（包括事故调查、原因分析、纠正和预防措施、责任追究、统计与分析等），应将造成人员伤亡（轻伤、重伤、死亡等人身伤害和急性中毒）、财产损失（含未遂事故）和较大涉险事故纳入事故调查和处理范畴。监理机构应监督检查承包人开展此项工作。

（2）发生事故后，监理单位应按照有关规定及时、准确、完整地向有关部门报告，事故报告后出现新情况时，应当及时补报。监理机构应监督检查承包人开展此项工作。

（二十三）事故调查和处理

（1）发生事故后，监理单位及监理机构应采取有效措施，防止事故扩大，并保护事故现场及有关证据。监理机构应监督检查承包人开展此项工作。

（2）事故发生后，监理单位应按规定组织事故调查组对事故进行内部调查，查明事故发生的时间、经过、原因、波及范围、人员伤亡情况及直接经济损失等。事故调查组应根据有关证据、资料，分析事故的直接、间接原因和事故责任，提出应吸取的教训、整改措施和处理建议，编制事故调查报告。监理机构应监督检查承包人开展此项工作。

（3）事故发生后，由有关人民政府组织事故调查的，监理单位及监理机构应积极配合开展事故调查。

（4）监理单位应按照"四不放过"的原则进行事故处理。监理机构应监督检查承包人开展此项工作。

（5）监理单位应做好事故的善后工作。监理机构应监督检查承包人开展此项工作。

（6）事故档案管理。

（二十四）绩效评定

（1）监理单位的安全生产标准化绩效评定制度应明确评定的组织、时间、人员、内容与范围、方法与技术、报告与分析等要求。

（2）监理单位应每年至少组织一次安全标准化实施情况的检查评定，验证各项安全生产制度措施的适宜性、充分性和有效性，检查安全生产管理工作目标、指标的完成情况，提出改进意见，形成评定报告。发生生产安全责任死亡事故后，应重新进行评定，全面查找安全生产标准化管理体系中存在的缺陷。

（3）评定报告以正式文件印发，向所有部门（单位）、监理机构通报安全标准化工作评定结果。

（4）监理单位应将安全生产标准化自评结果纳入单位年度绩效考评。

（5）监理单位应落实安全生产报告制度，定期向有关部门报告安全生产情况，并公示。

(二十五)持续改进

监理单位应根据安全生产标准化绩效评定结果和安全生产预测预警系统所反映的趋势,客观分析本单位安全生产标准化管理体系的运行质量,及时调整完善相关规章制度和过程管控,不断提高安全生产绩效。

六、安全检查记录和报表格式

监理机构在安全施工管理工作中采用的表式清单见表 5-1-5。

表 5-1-5 安全施工管理工作中采用的表式清单

《水利工程施工监理规范》(SL 288—2014)

序号	表格名称	表格类型	表格编号	页码
1	施工技术方案申报表	CB01	承包[ ]技案号	P67
2	安全检查记录	JL31	监理[ ]安检号	P166

注:其他安全施工管理常用表格见《水利水电工程施工安全管理导则》(SL 721—2015)附录 E。

第二章　文明施工监理实施细则

监理人对文明施工负监督责任,审查施工承包人文明施工方案是否符合工程建设相关标准,发现不文明施工行为的,应当及时制止并要求施工承包人整改,施工承包人拒不整改的,监理人应当及时向建设单位和建设行政部门报告。

第一节　编制依据

本细则的编制依据如下:
(1)《黄委基本建设样板工程标准(试行)》(黄建管〔2017〕90 号)。
(2)《水利建设工程文明工地创建管理办法》(水精〔2014〕3 号)。
(3)《水利建设工程文明工地创建管理办法实施细则》(水利部文明办、建设与管理司)。
(4)《水利建设工程文明工地考核赋分标准(试行)》(水利部文明办、建设与管理司)。

第二节　水利工程文明工地建设目标和标准

一、文明工地建设目标

全面提高干部职工的思想道德素质和科学文化水平,充分调动各参建单位和全体建设者的积极性,大力倡导文明施工、安全施工、营造和谐建设环境,确保工程安全、资金安全、干部安全、生产安全,更好地发挥水利工程在国民经济和社会发展中的重要支撑作用。

二、文明工地建设标准

(一)体制机制健全
工程基本建设程序规范;项目法人责任制、招标投标制、建设监理制和合同管理制落实到位;建设管理内控机制健全。

(二)质量管理到位
质量管理体制完善,质量保证体系和监督体系健全,参建各方质量主体责任落实,严格开展质量检测、质量评定,验收管理规范;工程质量隐患排查到位,质量风险防范措施有力,工程质量得到有效控制;质量档案管理规范,归档及时完整,材料真实可靠。

(三)安全施工到位
安全生产责任制及规章制度完善;事故应急预案针对性、操作性强;施工各类措施和资源配置到位;施工安全许可手续健全,持证上岗到位;施工作业严格按相关规程规范进行,定期开展安全生产检查,无安全生产事故发生。

(四)环境和谐有序

施工现场布置合理有序,材料、设备堆停管理到位;施工道路布置合理,维护常态跟进、交通顺畅;办公区、生活区场所整洁、卫生,安全保卫及消防措施到位。

工地生态环境建设有计划、有措施、有成果;施工粉尘、噪声、污染等防范措施得当。

(五)文明风尚良好

参建各方关系融洽,精神文明建设组织、措施、活动落实;职工理论学习、思想教育、法制教育常态化、制度化,教育、培训效果好,践行敬业、诚信精神;工地宣传、激励形式多样,安全文明警示标牌等醒目;职工业余文体活动丰富,队伍精神面貌良好;加强党风廉政建设,严格监督、遵纪守法教育有力,保证干部安全有手段。

第三节 文明施工现场监理要点

(1)检查施工现场标志标牌设置齐全、规格统一。

(2)检查办公、生活区和作业区划分是否合理、区域功能是否清晰;办公、生活区是否干净、整洁、美观。

(3)检查作业区道路平整、畅通;施工设备和器具等停放、摆放布局合理,管线布设规范,料物存放整齐;施工组织有序。

(4)检查防尘、降噪和水污染控制等环境保护措施到位,符合设计要求。

(5)检查是否配备必要的文化娱乐设施,文体生活丰富;定期开展职工教育,职工遵纪守法、团结协作。

第四节 文明施工现场监理工作内容

(1)检查施工现场设置工程概况牌、管理人员名单及监督电话牌(含省局农民工工资支付监督电话)、消防保卫牌、安全生产牌、文明施工牌等标牌和安全生产管理网络图、施工现场平面图情况。"五牌二图"应规格统一、位置合理、字迹端正、线条清晰、内容明确。安装采用单牌双柱式或联排布置,设于主要现场入口,顺序不得变动。五牌尺寸长 1.5 m、宽 0.9 m,牌头高 25 cm;二图尺寸长 2.4 m、宽 1.6 m,图头高 30 cm;材质均采用钢框架、铁板、塑基板材制作,不锈钢衬边;采用喷绘,标题蓝底黑体红字,正文蓝底宋体白字。检查施工现场是否配备有安全帽,以备检查佩戴。

(2)检查封闭施工区现场道路是否硬化,满足行车要求。道路维护及时,保证路面平整,晴天无浮土,车行无扬尘,雨天无积水、无泥浆。施工道路与作业区域明晰,路边标明施工车辆行进线路,保证进、出车辆互不影响,定期清扫、洒水。路边安装照明灯,保证夜间行车安全。严禁无关人员、车辆通行、出入。

(3)检查施工作业区、材料堆放区、现场办公区和生活区是否分开设置(或采取措施隔离),保持安全距离,保证区域功能明晰,作业不交叉。

①施工作业是否应采取措施围挡,根据施工功能分类划线标识,并设警示标志;土方集中堆放在划定区域,并采取覆盖、固化、绿化等水环保措施,刮风不扬尘,下雨不流浆;混

凝土拌和站成立组织专门管理,要明确站长、调度员、材料员、试验员、搅拌操作员、发料员等人员的责任,制定相应质量、安全、环保制度和生产流程,采取封闭、降尘措施,工人佩戴防尘护具;夜间设置照明设施,保证满足夜间作业要求。

②材料堆放区是否硬化,按照现场平面布置图堆放材料,材料标识要清晰,要分类、分批、分规格堆放,坚持整齐、整洁、安全、"先进先用"原则。砂石料分仓堆放,无厚大底脚,归堆整齐。挂牌标明产地、规格、进场日期等;砖砌体堆放整齐,不得歪斜,堆放高度不超过2.5 m;钢筋、钢模板、钢管、零配件和半成品、成品构件要下垫上盖,必须分类、分品种整齐放置,并放置在指定地点,挂牌标明产地、规格、批次及进场日期等;进场水泥分强度等级堆放整齐,标明强度等级、进场日期等,并保证有良好的避雨设施和排水设施,保证干燥;灰膏池远离砂、石料或其他材料,以免交叉污染,池内外应保持整洁,膏不乱溅、灰不外溢、渣不乱倒;竹木材分规格堆放整齐,10 m内不得有明火,并设置灭火措施;焊接场地不得放置易燃、易爆物品;油料、易燃物、危化品、炸药等要规范存放,满足消防安全要求,并标明数量、批次、日期、危险等级等内容,明确收料员、保管员、责任人;使用后多余的材料要及时清理。

③现场办公区是否按照办公要求进行管理。办公室及会议室门口要挂标识牌;机构设置、岗位职责、规章制度、工程进度图、晴雨表等要张贴上墙,办公桌的摆设应统一规范;工作人员严禁酗酒、赌博等不良行为,不得泄露项目有关信息;要保持办公环境的清洁。

④生活区是否划明食堂、宿舍、文体等固定场所。食堂要制定食堂卫生管理制度和安全制度并上墙,厨师要有健康证,实行厨房和餐厅分离,保持食堂内整洁卫生;宿舍内严禁存放易燃、易爆、剧毒、放射性物品等危险品及公安管制品,严禁斗殴、赌博、酗酒等不良行为,不得随意私拉乱接电线,禁止使用大功率用电器,房间内保持卫生、整洁、通风;文体场所要配置相应器材设施,制度、标语上墙,定期开展文体活动;浴室配备热水器、洗衣机等设备;厕所采用水冲式设施,保证厕所内卫生、整洁及排污处理得当。

第三章　防汛度汛安全监理实施细则

第一节　编制依据及原则

一、本细则的编制依据

（1）《水利部关于进一步做好在建水利工程安全度汛工作的通知》（水建设〔2022〕99号）。

（2）《黄委建设局转发水利部关于进一步做好在建水利工程安全度汛工作的通知》（黄建设〔2022〕4号）。

（3）《在建水利工程度汛风险隐患排查整治工作方案》（黄建设〔2022〕48号）。

（4）《中华人民共和国防汛条例》（国务院令第86号）。

（5）《山东省黄河防汛条例》（山东省人民代表大会常务委员会公告第8号）。

（6）《山东省防汛抗旱应急预案》（鲁政办字〔2020〕90号）。

二、编制原则

（1）防洪工作实行全面规划、统筹兼顾、预防为主、防抢结合、综合治理的原则。

（2）坚持以人为本、科学防汛的原则,把确保人民群众生命财产安全作为《防洪度汛方案》编制的出发点和首要目标。

（3）度汛措施紧密结合工程现状,因地制宜,在实施过程中根据情况变化不断修订。

（4）在安全度汛实施过程中实行统一指挥、统一协调、统一部署、快速反应、科学应对、分级实施的原则。

（5）为有效防止和减轻洪水灾害,做到有计划、有准备地防御洪水,针对可能发生的各类洪水灾害而预先制定防御方案、对策和措施。

（6）防汛工作实行“安全第一、常备不懈、以防为主、全力抢险”的方针。高度重视安全工作,克服麻痹大意和侥幸心理,做到早宣传、早组织、早落实,确保工程以及人民生命和国家财产安全。

（7）做好施工范围内发生超标准洪水时的防范与处置工作,建立快速反应机制,确保抗洪抢险工作高效有序进行,最大程度地减少人员伤亡和财产损失。

（8）工程措施和非工程措施相结合的原则。

第二节　防汛度汛安全目标及措施

一、防洪度汛总目标

防洪抢险、安全度汛、组织保障、万无一失。

二、度汛措施

汛期期间施工必须采取切实可行的措施,将洪涝灾害的影响降到最低,确保汛期期间施工无人员伤亡、无重大设备损坏、生活生产设施不受损失,保证工程安全。根据以往施工经验,防洪度汛工作将采取主动控制、早研究、早布置、早着手、早落实,防患于未然。

采取积极有效的防御措施,确保各个基坑、弃渣场、施工工厂、施工营地等度汛安全,把汛期可能带来的灾害影响和损失减少到最低限度,以保障员工生命财产的安全和工程建设的顺利进行。通过计划、组织、领导、控制等管理过程,采取不同的方法来实现这一既定的目标,参建单位应增强底线意识、忧患意识、责任意识、担当意识,充分认识做好在建水利工程安全度汛的重要意义,坚决守好在建工程度汛安全底线。加强组织协调,做到抓早抓细抓实,扎实做好度汛各项措施,确保工程安全度汛。

三、本工程易发生险情部位的抢险措施

本工程易发生险情的部位分别在新筑堤防、堤防基础边坡、水闸建筑物的基础及上下游连接段,易发生施工围堰冲毁、基坑边坡塌方、上下游连接段冲刷失稳造成威胁。堤身部分已衬砌但未完成的回填工作区域,会发生底部掏空等。针对以上已发生险情的部位施工,施工单位应报送专项施工及安全方案,对作业工人进行全面、有针对性的安全技术交底,加强施工期间的安全巡视,易发生边坡塌方处、水位急涨段督促施工单位安排人员24 h 观测边坡稳定性及水位情况,堤防施工部分在暴雨和洪水来临之前对未加固的部位应采取加固措施,预防冲垮,确保堤防绝对安全,对暴雨洪水期间的设备、人员全面撤离。及时发现隐患,及时消除隐患。根据实际需要及时启动应急预案。

第三节　防汛度汛安全组织

一、成立防汛应急救援领导小组

成立以总监理工程师为组长,安全监理工程师为副组长,专业监理工程师、监理员为成员的防洪度汛小组,认真分析施工期特别是汛期可能发生的险情及问题,制定防汛方案及责任措施,层层落实责任,各负其职地投入到抢险救灾中。

二、防汛值班制度

(1)黄河防汛工作实行安全第一、常备不懈、以防为主、全力抢险的方针,遵循团结协

作和局部利益服从全局利益的原则。各级防汛抗旱指挥部办公室实行昼夜值班,监理部24 h 不离人。

(2)值班人员必须坚守岗位,忠于职守,熟悉业务,及时处理日常防汛工作中的问题。严格执行领导带班制度,主汛期(6—9 月)由领导带班,汛情紧急时,主要领导亲自值班。

(3)积极主动搞好情况的搜集和整理,及时了解和掌握气象、水文、工情、险情、灾情等有关信息,认真做好值班记录。

(4)重要情况及时向有关领导和部门报告,做到不误报、漏报,并登记处理结果。

(5)值班期间坚守岗位,通信工具保持 24 h 畅通。

(6)正确应答电话,正确记录电话内容。

(7)值班人员要坚守岗位,忠于职守,及时处理日常防汛工作中的问题;注意自身安全,沉着应对突发事件。

(8)值班人员应在班内处理完本班日常事务,特殊情况需下班继续办理的,应交待清楚,签名交接。

三、防汛期间主要工作

(1)认真贯彻国家防汛管理工作的有关法律、法规和政策,接受本工程防洪领导小组的业务指导。

(2)各施工单位对防洪抢险部署、信息收集上报,以及抢险任务具体组织负检查督导责任。

(3)做好安全宣传教育工作,做好防汛工作,预防各类防汛事故发生。

(4)要建立健全安全度汛组织机构,严格落实预报预警措施、物资设备和抢险队伍,严格按照方案(预案)要求开展应急演练,加强对一线施工人员的应急教育和避险自救培训,确保现场作业人员安全。建立和健全防汛工作和制度,明确各位监理人员的职责。

(5)及时收听、收看专业气象部门发布的气象预报,及时掌握天气变化情况,建立工情、水情、风情、险情的预报信息系统,做到有计划、有机构、有资料的信息系统,提前准备,及早安排,做到有备无患。

(6)汛前彻底检查沿线料场、预制场、临河防护,以及防汛物资、用品储备情况。

(7)对施工单位的防汛工作进行监督检查,汛期来临前,要把影响防洪的材料堆放、农民工在地,以及临时排水设施等薄弱环节作为控制和排查的重点,发现隐患及时通知施工单位进行处理。

(8)对施工单位的防汛工作进行监督检查,并安排防汛值班,做好防汛值班记录,遇有汛情及时向防汛领导小组及有关部门报告,并及时启动防汛应急预案。

(9)加强现场巡视力度,一旦发现险情,及时将信息传递给防洪度汛领导小组的值班人员。

(10)在防洪度汛领导小组的领导下,组织防汛事故的抢险、救灾工作。

四、备汛工作检查及隐患排查制度

(1)检查施工承包人防洪度汛准备工作,落实工作开展检查活动,并将检查结果提交给建设单位。

（2）备汛工作检查活动可与安全检查相结合，也可开展专项检查，特别是汛期前检查、汛期期间检查最为重要。

（3）备汛工作检查的内容根据法规和规范性标准要求，结合防洪度汛目的和工程具体情况确定，包括防汛应急预案的报批、防汛应急措施、防汛应急物资、现场安全和相关资料方面。

（4）检查过程中发现防汛措施不到位、防汛应急物资无法满足等问题，应采取措施及时处理，消除隐患，保证工程安全。要严格按照《在建水利工程度汛风险隐患排查整治工作方案》（黄建设〔2022〕48号），开展全覆盖、拉网式的度汛风险隐患排查，建立问题台账，明确整改责任和整改时限，督促落实整改，实行闭环管理。对度汛风险隐患排查整治情况进行重点抽查，对发现的问题整改情况进行复查。

（5）应做好检查记录，并将检查结果通过监理通知单、工程例会等形式向建设工程各方主体通报。

（6）应急预案及人员撤离。

对撤离过程的控制做到严格按照示警等级要求，安全撤离到安全地带，相关示警等级分为一级（立即启动应急预案，现场施工工作全部停止并进入警戒状态）、二级（组织人员、设备、物资的安全撤离）、三级（进入紧急状态，停止设备物资的撤离，全体人员全部紧急撤离至安全地带）。

在汛前检查施工单位是否按要求认真核查各班组实际到位人员，建立档案，明确作业范围和居住地址，做好汛期撤离的交底工作，明确撤离路线。同时，对参与应急救援人员，应搞好人身安全防护，明确进出场和紧急撤离的条件与秩序，确保参与应急救援人员的安全。

（7）汛后的生产恢复措施。

汛后立即会同有关单位组织人员普查洪水对现场施工设施、设备物资造成的破坏情况，按照轻重缓急的原则，重点恢复影响工程施工关键线路，制定汛后恢复生产的详细计划和措施，把洪水对工程的影响降到最低程度。督促及配合施工单位在汛前及时向保险公司报案，汛后积极配合保险公司予以查勘、定额，严格按照双方签订的保险条款执行，迅速、准确、合理地做好工程出险的理赔工作，通过保险理赔，降低灾害风险，迅速恢复生产。汛后迅速组织基坑排水、清渣、道路、临时设施及工作面的恢复，适时调整施工工期网络计划，重新组织人力、物力、材料，增加机械设备，抢回因遭受灾害而被延误的工期，确保工程按计划保质保量地完成。

后 记

本书由刘瑞伟、张生同志担任主编;常宏伟、杨栋、张书龙、林慧等担任副主编。刘瑞伟负责全书的统稿及书稿谋划。

该书第一篇由山东龙信达咨询监理有限公司张生、王德利、孟晓祎编著;第二篇由山东龙信达咨询监理有限公司常宏伟、张昭编著;第三篇由山东龙信达咨询监理有限公司杨栋、林慧、吴浩文、杨鹏编著;第四篇由山东龙信达咨询监理有限公司刘瑞伟、修林发、王晔编著;第五篇由梁山黄河河务局张书龙、天桥黄河河务局陈茂军编著。

本书成稿后,得到了山东黄河河务局工程建设中心主任刘兴燕首席专家的审查和把关。